J.-F. BOIS

Expériences et manipulations

TOME I

CHIMIE
PHYSIQUE
MÉCANIQUE

750 Expériences
150 Gravures

PARIS — LIBRAIRIE LAROUSSE.

EXPÉRIENCES

ET

MANIPULATIONS

TROISIÈME ÉDITION

J.-F. BOIS

EXPÉRIENCES
ET
MANIPULATIONS

TOME Ier
CHIMIE – PHYSIQUE – MÉCANIQUE

PARIS
LIBRAIRIE LAROUSSE
17, rue Montparnasse, 17
Succursale : rue des Écoles, 58 (Sorbonne)

PRÉFACE

Nous présentons aujourd'hui au public un nouveau manuel de travaux scientifiques, lequel est plus particulièrement destiné à deux catégories de personnes.

En premier lieu, il doit servir de manuel opératoire aux élèves des écoles moyennes (Lycées, Écoles normales, Écoles professionnelles, Écoles d'agriculture), dans lesquelles, en vue d'étudier les sciences de la manière la plus sûre et la plus profitable, ils se livrent à des exercices pratiques, c'est-à-dire à des manipulations scientifiques. Chaque élève, ayant entre les mains son manuel d'expériences, procédera à son travail, guidé pas à pas par le texte, sans aucun danger de faire fausse route, car le genre de rédaction adopté par nous lui constitue, pour chaque opération, un programme qu'il n'a qu'à suivre d'un bout à l'autre. Le professeur, presque débarrassé de tout souci du côté expérimental, verra son rôle allégé, et pourra se consacrer tout entier à donner les explications d'ordre théorique, et à vérifier si les élèves comprennent bien les résultats qu'ils constatent.

En second lieu, ce livre doit être un guide expérimental pour les instituteurs et professeurs de classes élémentaires, qui, chargés par les programmes actuels de donner un enseignement scientifique rudimentaire, sont souvent fort embarrassés pour passer de la théorie à la pratique, c'est-à-dire faire devant leurs élèves de petites expériences ou démonstrations pratiques. Ils y trouveront tous les conseils nécessaires, une foule de petits renseignements d'ordre technique qu'ils chercheraient vainement dans les manuels de science théorique, et un grand nombre d'expériences portant sur tous les sujets principaux. Ils y verront qu'avec un matériel très restreint on peut faire beaucoup de choses, et qu'il n'est point besoin d'avoir un cabinet de physique, ou un laboratoire de chimie, pour donner l'enseignement scientifique au degré où ils ont à le donner.

En dehors de ces deux catégories de personnes, nous avons aussi pensé aux amateurs qui font de la science par goût, et ne jugent pas nécessaire, pour cela, de faire les frais d'un matériel scientifique, aux agriculteurs qui se livrent à quelques essais de tout genre en vue de leurs travaux, et même aux gens qui cherchent à distraire leurs amis par des expériences intéressantes ou amusantes. Le nombre et le choix des expériences indiquées dans cet ouvrage, ainsi que la manière de les effectuer, sont tels, que tous pourront, nous l'espérons, y trouver de quoi satisfaire leurs goûts ou leurs besoins.

Les expériences que nous indiquons sont donc généralement simples, avons-nous dit. Il en est cependant quelques-unes qui sont des travaux précis, et qui nécessitent un matériel approprié : ce sont celles dont la connaissance est nécessaire aux candidats à certains examens comportant des épreuves pratiques, tels que l'examen pour l'obtention du Certificat d'aptitude au professorat des Écoles normales. Dans le but d'être utile à ces candidats, nous avons inséré dans l'ouvrage toutes les expériences mentionnées dans les programmes, en indiquant le meilleur moyen de les faire avec exactitude et élégance.

En principe, ce livre n'est pas destiné aux étudiants des Facultés, qui ont à leur disposition des ouvrages beaucoup plus techniques et le secours constant de leurs professeurs. Néanmoins, il pourra peut-être rendre quelques services aux étudiants de première année des Facultés des sciences, qui préparent leur Certificat d'études physiques et naturelles.

Nous n'avons indiqué aucune formule chimique, afin de conserver à cet ouvrage un caractère exclusivement expérimental ; de même, le principe de la plupart des préparations chimiques a été passé sous silence, pour bien marquer que ce livre ne doit pas dispenser de l'emploi des manuels théoriques. Nous avons conservé les dénominations des corps telles qu'elles existaient avec la notation par équivalents, car il existe encore bien des personnes qui n'ont jamais étudié la chimie avec la notation atomique ; néanmoins, partout où cela était nécessaire, nous avons ajouté les nouvelles dénominations.

On remarquera que, à la fin de beaucoup d'expériences, surtout en chimie, nous prescrivons de remarquer et de noter les résultats, sans les signaler pour cela : c'est afin d'obliger l'opérateur à bien se rendre compte de ce qu'il fait, et à le raisonner. C'est surtout en vue de l'emploi de ce livre par les élèves des écoles que nous avons adopté cette disposition ; l'expérience nous a appris, en effet, que lorsque les élèves savent d'avance le résultat précis qu'ils doivent obtenir, ils ne s'occupent guère de la vérification, et aux questions qu'on leur adresse à ce sujet répondent parfois résolument qu'ils ont obtenu le résultat connu d'avance, alors que, par suite d'une mauvaise opération ou de quelque maladresse, ils ont obtenu tout autre chose. En cas d'incertitude, les professeurs, s'il s'agit d'élèves, ou les manuels théoriques, s'il s'agit d'expérimentateurs isolés, seront là pour lever les doutes.

Un certain nombre des expériences que nous indiquons sont ce que l'on pourrait appeler des expériences d'application, destinées qu'elles sont à fournir des recettes de ménage plutôt qu'à développer un cours. Telles sont les recettes pour fabriquer de l'encre, la préparation d'un tableau noir, le retaillage d'une lime, etc. C'est un autre genre d'utilité qui devait, croyons-nous, appartenir à un ouvrage de vulgarisation comme celui-ci.

Ce volume est suivi d'un second, conçu dans le même esprit, et rédigé de la même façon. Ce dernier contient des études expérimentales sur l'histoire naturelle et ses applications. On y trouve des dissections d'animaux et de plantes, des analyses de minéraux, la manière de faire des collections, quelques expériences de physiologie, de nombreuses expériences agricoles et des expériences relatives à l'hygiène, notamment la recherche des falsifications des denrées alimentaires.

Parmi les expériences décrites dans le présent ouvrage, beaucoup ont été exécutées pour la première fois par nous ou nos élèves. La réunion des autres est le résultat d'une compilation des meilleurs auteurs qui ont écrit sur la matière. Nous citerons notamment, pour ce qui concerne la physique et la chimie, MM. Buignet, Jungfleisch, L. Mathieu, P. Poiré, Boudreaux, Réné Leblanc, Tom Tit, Girardin, Feydeau, G. Tissandier. En tout cas, toutes ont été exécutées sous notre direction, et rédigées après le résultat constaté, de sorte que nous les présentons toutes avec la sanction de la pratique. Nous espérons que cet ouvrage, tel qu'il est conçu et exécuté, sera de quelque utilité à tous ceux qui voudront bien nous faire l'honneur de s'en servir.

J.-F. BOIS

Ancien élève de l'école normale supérieure de Saint-Cloud,
Professeur à Lyon.

EXPÉRIENCES
ET
MANIPULATIONS

EXERCICES GÉNÉRAUX

I. — EMPLOI DES APPAREILS DE CHAUFFAGE

1. — LAMPE A ALCOOL

1° Choisir une lampe à alcool, de préférence en verre. — 2° La remplir avec de l'alcool dénaturé, dit *alcool à brûler*. — 3° La garnir d'une mèche lâche. — 4° Pour un chauffage faible, donner 1/2 à 1 centimètre de mèche. Pour un chauffage fort, donner 2 à 4 centimètres de mèche. — Pour un chauffage fort, sur une surface large, étaler les brins de la mèche. — 5° Après l'opération, couvrir le col d'un couvercle. — 6° Remplir la lampe d'alcool avant chaque expérience. — 7° Employer une *douille à éventail* quand on veut avoir une *flamme papillon* (*fig.* 1).

Figure 1.

PRÉCAUTIONS. — Ne pas remplir la lampe chaude. — Éviter d'avoir une flamme voisine au moment du remplissage. — En cas d'explosion ou de renversement accidentel de la lampe, avec inflammation, se borner à préserver les objets voisins et à jeter sur l'alcool enflammé des linges mouillés.

Lampe à alcool rudimentaire.

1° Choisir un encrier à col régulier. — 2° Percer un bon bouchon.
— 3° Y engager une douille de porte-plume renversée, ou même un simple tube de verre. — 4° Percer une rondelle de fer-blanc d'un orifice ayant un diamètre égal à celui de la douille. — 5° Placer cette rondelle sur le bouchon en l'enfilant sur la douille. — 6° Passer une mèche cylindrique dans la douille (*fig.* 2).

Figure 2.

2. — BRULEURS A GAZ

1° Adapter le brûleur à la conduite de gaz par un tuyau en caoutchouc d'un diamètre approprié. — 2° Régler le robinet du brûleur, ou celui de la conduite, d'après la chaleur que l'on veut obtenir. — 3° Employer un *couronnement* (*fig.* 3) pour avoir une flamme *étalée*. — 4° Employer une *douille à éventail* pour avoir une flamme *papillon*.

Brûleur de Bunsen

Figure 3.

1° Préparer le brûleur comme un brûleur ordinaire. —
2° Tourner lentement la douille d'admission de l'air, suivant la température à laquelle on veut arriver.

PRÉCAUTIONS. — S'assurer, après l'expérience, que la conduite du gaz est bien fermée par le robinet.

A. — Emploi de la soufflerie.

1° Prendre un bec à deux branchements ou *bec-chalumeau*; adapter à celui des deux qui aboutit au centre de la flamme le tube venant de la soufflerie. — 2° Régler la flamme par les robinets. — 3° Souffler modérément et régulièrement.

B. — Emploi du chalumeau ordinaire.

1° A défaut de soufflerie, prendre un chalumeau ordinaire (*fig.* 54, *page* 61). — 2° Souffler doucement, et aussi régulièrement que possible, en dirigeant la flamme sur l'objet à chauffer.

REMARQUE. - Une pipe en terre peut constituer un excellent chalumeau.

C. — *Emploi du soufflet.*

1° Le chalumeau ordinaire peut être remplacé par le simple *soufflet d'appartement*. — 2° S'en servir comme d'un chalumeau.

D. — *Emploi des lampes-chalumeau.*

1° Certaines lampes à alcool sont montées pour recevoir un courant d'air au centre de la flamme. — 2° Adapter le tuyau du centre de la lampe à une soufflerie ou, à son défaut, à un soufflet. — 3° Souffler doucement et régulièrement.

3. — FOURNEAUX A CHARBON

1° Choisir du charbon de bois, et en petits morceaux. — 2° Garnir le fourneau comme un fourneau ordinaire. — 3° Surmonter l'orifice de la fumée d'une cheminée en tôle portative. — 4° Allumer, et se servir du soufflet au besoin. — 5° Entourer complètement le récipient ou l'objet à chauffer de charbons incandescents.

PRÉCAUTIONS. — Éviter de mouiller le fourneau pendant qu'il est chaud.

4. — FOURNEAUX A PÉTROLE

1° Choisir un fourneau à trois mèches au moins. — 2° Garnir le réservoir du pétrole en entier. — 3° Allumer et régler la flamme suivant la température à obtenir, et la marche de l'expérience. — 4° Remplir chaque fois que l'on veut s'en servir.

PRÉCAUTIONS. — Ne pas remplir en ayant près de soi une flamme quelconque. N'employer que du pétrole ininflammable. Pour s'en assurer, en verser un peu sur une assiette et présenter une allumette; il ne doit pas prendre feu.

Tout fourneau, ou toute lampe à pétrole, se nettoie à l'eau de chaux.

5. — FOURNEAUX A GAZ

S'en servir comme d'un brûleur à gaz.

II. — TRAVAIL DU VERRE

I. — COUPER UN TUBE

1° Appuyer le tube sur le bord d'une table. — 2° Mouiller légèrement l'arête d'une lime. — 3° De cette arête, faire un trait sur le tube per-

pendiculairement à son axe. — 4° Faire effort de flexion sur le tube,
en tenant les pouces près du trait. — 5° Chauffer les bords du tranchant dans une flamme jusqu'à ramollissement, pour qu'ils ne coupent
plus (*border* un tube).

REMARQUE. — Lorsque les arêtes d'une lime sont émoussées, on use la lime
sur une meule d'un seul côté de chaque arête. Si le verre est très mince,
on fait le trait à la lime, puis on pose sur le trait un corps très chaud, un
morceau de charbon incandescent, par exemple. On entend un coup sec, c'est
la rupture du verre. La fêlure peut être prolongée en portant le corps chaud
dans cette direction. On peut ainsi détacher une calotte d'un ballon pour s'en
faire une capsule.

2. — COURBER UN TUBE

1° Allumer une lampe à bec papillon (*lampe éventail*). — 2° Y chauffer le tube au point à courber, en le tenant en
long dans la flamme, et le tournant sans cesse. —
3° Dès qu'il fléchit sous son propre poids, relever
doucement les deux mains sans sortir le tube de
la flamme. La courbure doit être parfaitement
ronde, et le diamètre intérieur ne doit pas être
changé (*fig.* 4).

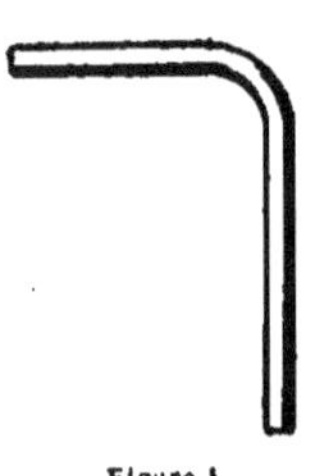

REMARQUE. — Un tube à parois minces peut être
sorti de la flamme au moment de la courbure. On
peut faire un serpentin en verre pour distillation, en
courbant le tube autour d'un cylindre en argile ou en
plâtre, maintenu chaud, que l'on peut ensuite effriter ou délayer pour laisser
le serpentin libre.

Figure 4.

3. — ÉTIRER UN TUBE

1° Chauffer le tube dans la lampe éventail au point où l'on veut
l'étirer. — 2° Tenir le tube comme pour le courber, et le faire tourner. —
3° Dès qu'il rougit, le sortir de la flamme et écarter les mains doucement en tournant toujours, jusqu'à ce qu'il soit à la dimension
voulue.

4. — EFFILER UN TUBE

1° Étirer le tube comme précédemment. — 2° Le réchauffer jusqu'à
ce que le milieu de la partie étirée soit ramolli ; étirer de nouveau jusqu'à séparation.

5. — ÉVASER UN TUBE

1° Chauffer l'extrémité à évaser en pleine flamme, en la faisant tourner. — 2° Au moment du ram·llissement, y introduire une aiguille à tricoter en l'inclinant de 45° sur l'axe du tube, et tourner toujours jusqu'à évasement complet et régulier.

REMARQUE. — On peut aussi évaser en enfonçant dans l'extrémité ramollie un cône en charbon de bois confectionné à la râpe.

6. — CONFECTION D'UN TUBE A ESSAI

1° Choisir un tube d'au moins 15 millimètres de diamètre intérieur. — 2° En séparer un tube de 30 centimètres pouvant donner deux tubes à essai. — 3° L'étirer au milieu et séparer les deux moitiés par effilage. — 4° Chauffer la pointe restante en tournant le tube jusqu'à sa fusion en une gouttelette. — 5° Chauffer seulement la gouttelette, puis souffler dans le tube légèrement; il se forme un fond à parois arrondies, et isolé de la gouttelette. — 6° Chauffer l'étranglement de la gouttelette en tournant toujours. Souffler de nouveau en tournant. La partie étranglée se réunit au fond qui devient hémisphérique (*fig.* 5).

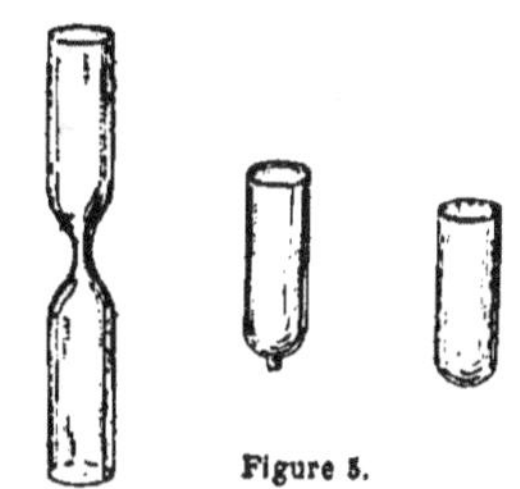

Figure 5.

REMARQUE. — La délicatesse de forme importe peu; ce qu'il faut avant tout, c'est un fond à parois également minces.

7. — FERMER UN TUBE

Mêmes opérations que précédemment.

8. — CONFECTION D'UNE AMPOULE SUR UN TUBE

1° Fermer le tube à une extrémité, soit en l'effilant, soit à l'aide d'un bouchon. — 2° Chauffer sur une longueur suffisante pour donner l'ampoule, et cela en tournant le tube. — 3° Dès le ramollissement, souffler doucement en tournant toujours.

REMARQUE. — En détachant une calotte d'une ampoule, on peut avoir un petit entonnoir.

9. — SOUDURE DE DEUX TUBES

1º Choisir deux tubes de même nature et de même diamètre. — 2º Trancher les extrémités à souder bien perpendiculairement aux axes. — 3º Chauffer également et simultanément les deux bouts dans une flamme étroite. — 4º Au moment du ramollissement, appliquer exactement les deux bouts l'un sur l'autre, en appuyant un peu. — 5º Chauffer plus largement, puis souffler en tournant, de façon à forcer la soudure à s'égaliser : en s'élargissant un peu, le retrait la ramènera au diamètre voulu ; sinon, on réchauffe en maintenant une certaine pression de l'air à l'intérieur, et on tire légèrement jusqu'à obtention du diamètre cherché.

Remarque. — Si les tubes ne sont pas de même diamètre, on étire le plus gros jusqu'à ce qu'il présente en un point une section égale à celle du petit, et c'est en ce point que l'on pratique la soudure.

IO. — PERCER DU VERRE

1º Se munir d'un foret ou d'une simple pointe en acier. — 2º La chauffer fortement. — 3º La tremper dans du mercure froid. — 4º S'en servir comme d'une vrille, en ayant soin de maintenir le point à percer constamment humecté avec une solution de camphre dans l'essence de térébenthine.

Remarques. — 1º Le trempage au mercure n'est pas absolument indispensable, si l'outil est en acier fin, mais le travail réussit mieux. C'est ainsi que l'on perce aussi la porcelaine. — 2º Pour percer latéralement un tube, chauffer fortement le point à percer, en tenant les deux extrémités du tube fermées avec les doigts. L'air dilaté perce le verre.

II. — COUPER UNE FEUILLE DE VERRE

1º Prendre la feuille de la main gauche et la plonger *entièrement* dans l'eau d'une cuvette assez grande. — 2º Armer la main droite d'une paire de bons ciseaux, et la plonger *entièrement* dans l'eau. — 3º Couper sous l'eau la feuille de verre comme si c'était du papier [1].

Remarque. — L'opération ne réussit que si la feuille et les ciseaux sont entièrement dans l'eau. On peut aussi, par ce procédé, découper une capsule dans un fond de ballon détérioré, etc.

---

1. Tom Tit. *La Science amusante.*

III. — PRÉPARATION DES BOUCHONS ET DES FLACONS

I – PRÉPARATION DES BOUCHONS

1º Choisir un bouchon d'un liège mou, homogène, serré, d'un diamètre de 1 millimètre supérieur à celui de l'ouverture à boucher. — 2º Amollir le bouchon en le frappant, ou en le roulant sur une table, tout en appuyant dessus avec un objet dur, une râpe, par exemple. — 3º S'il ne peut entrer dans l'ouverture, râper sa surface avec une râpe à deux faces : la face à grains grossiers sert pour dégrossir, la face à grains fins pour finir. Le râpage se fait en appuyant le bouchon sur une table, et en dirigeant la râpe dans le sens de la longueur du bouchon, tout en faisant tourner celui-ci pour qu'il reste bien cylindrique. — 4º Si l'on doit percer le bouchon pour y introduire un tube, prendre une *râpe-percerette*, dite *queue-de-rat*. — 5º Plaçant le bouchon verticalement, percer un trou dans l'une de ses faces. — 6º Retourner le bouchon, percer un trou pareil sur l'autre face, et continuer de la sorte en agissant alternativement sur l'une et l'autre face, jusqu'à ce que les deux percées se joignent. — 7º Perfectionner l'orifice et l'égaliser à l'aide du même outil fonctionnant comme râpe, en faisant tourner le bouchon sur la table. —

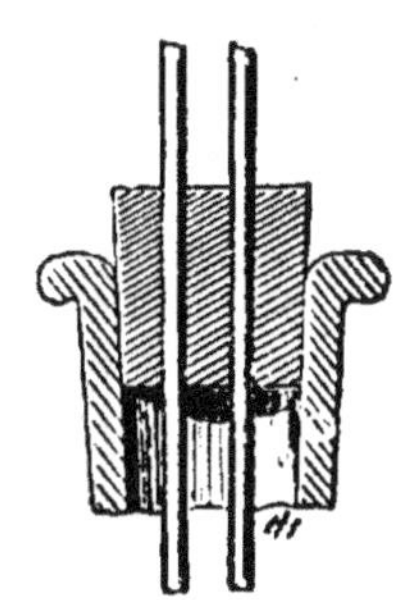

Figure 6.

8º Saisir le tube à introduire de la main droite près de l'extrémité à enfoncer, laquelle a dû être bordée au préalable, l'introduire doucement dans le bouchon par un mouvement de vrille. — 9º Si l'on a un deuxième trou à percer dans le même bouchon, procéder de même en ayant soin de faire les deux percées parallèles ; l'introduction du deuxième tube se fait comme précédemment (*fig.* 6).

REMARQUE. — Le tube ne doit pas pouvoir sortir du bouchon par une simple traction modérée ; sinon, il y a trop de jeu, et il faut un autre bouchon. Si l'on a des bouchons perméables aux gaz, on peut les imperméabiliser, pour la plupart des cas, en les plongeant dans un bain de suif ou de paraffine, après les avoir plongés dans l'eau bouillante. Les bouchons de caoutchouc sont très commodes, mais ils coûtent fort cher et, à la longue, perdent leur élasticité. On peut les travailler comme les bouchons de liège.

2. — PRÉPARATION DES FLACONS

1° Choisir un flacon à tubulures bien cylindriques, et sans rupture apparente. — 2° Le nettoyer soigneusement à grande eau. — 3° Introduire le bouchon en tenant le col de la main gauche, et faisant un mouvement de vrille avec le bouchon de la main droite. — 4° Si le bouchon doit porter un tube, introduire d'abord le tube dans le bouchon, et ne boucher le flacon qu'après. — 5° Dans ce dernier cas, s'assurer après fermeture, et en soufflant par le tube, que l'air ne peut s'échapper nulle part.

REMARQUE. — Si le flacon a déjà servi, il est souvent utile de le laver à l'eau chaude. L'emploi d'un alcali est nécessaire s'il a contenu des matières grasses. Quelquefois un acide est indispensable pour enlever certains dépôts adhérents aux parois; l'eau acidulée d'acide azotique est le meilleur acide à employer. On rince ensuite à l'eau pure. On peut aussi employer un mélange d'acide azotique et d'acide sulfurique, ou encore un mélange d'acide sulfurique et de bichromate de potasse. Il peut se faire que l'on soit obligé de laisser séjourner quelque temps le liquide nettoyeur. On peut enfin laver à l'éther ou à la benzine.

IV. — CHAUFFAGE ET RÉFRIGÉRATION

A. — Chauffage.

I. — CHOIX DES VASES

Vases de verre allant au feu :

Figure 7. Figure 8.

Ballon, matras (fiole à fond plat [*fig.* 7]), *matras d'essai* (fiole à très long col [*fig.* 8]), *cornue.*

Vases de verre n'allant pas au feu :

Flacon (à tubulure ou non), *bocal, cantine, cristallisoir, vase à précipité, verre à pied.*

Tous les autres récipients, quelle que soit leur matière (fonte, fer, porcelaine, grès, terre réfractaire), vont au feu.

REMARQUE. — Pour le chauffage des vases de verre allant au feu il est prudent d'interposer une toile métallique entre la flamme et le vase ; cette toile ne doit pas rougir. Toutefois, avec une flamme très étalée et pas trop chaude, la toile est moins utile. Les vases de verre n'allant pas au feu peuvent cependant être chauffés, mais par le chauffage indirect, c'est-à-dire au *bain-marie*, au *bain de sable* ou au *bain d'air* (étuve). Même avec des vases allant au feu, quand il s'agit d'expériences délicates à conduire, on emploie le chauffage indirect. Quand on doit porter les ballons ou les cornues en verre à une haute température, il faut les luter. A cet effet, on fait une bouillie d'argile et de sable dans l'eau légèrement alcalinisée par du carbonate de soude ou du borax, on trempe la partie du vase qui doit être chauffée dans cette bouillie ; on l'en retire après dessiccation ; on la retrempe, et ainsi de suite, jusqu'à ce que l'on ait une couche de lut de 2 ou 3 millimètres sur le verre.

2. — CHAUFFAGE DIRECT A L'ALCOOL, AU GAZ OU AU PÉTROLE

1° Monter une lampe à alcool ou un bec de gaz, ou une lampe à pétrole, comme il a été dit. — 2° A l'aide d'un support quelconque, assujettir solidement un ballon, un matras ou une cornue au-dessus de la lampe. — 3° Verser le corps à chauffer, de l'eau par exemple. — 4° Chauffer d'abord légèrement, puis augmenter la température progressivement.

3. — CHAUFFAGE DIRECT AU CHARBON

1° Monter un fourneau comme il a été dit. — 2° Placer dedans ou au-dessus, à l'aide d'un support (suivant la température à laquelle on veut atteindre ou la nature de l'expérience à faire), le vase dans lequel on doit chauffer, par exemple une casserole. — 3° Introduire le corps à chauffer, par exemple de l'eau. — 4° Allumer ; la progression de la température ira d'elle-même.

REMARQUE. — Après le chauffage d'un vase en verre, en terre, ou en porcelaine, effectué par l'un des deux procédés de chauffage précédents, éviter de poser le vase sur une surface froide, de peur de rupture.

4. — CHAUFFAGE AU BAIN DE SABLE

1° Choisir du sable fin, aussi homogène que possible. — 2° En remplir à moitié une casserole en terre ou en fonte. — 3° Enterrer dans ce sable le vase contenant le corps à chauffer, de l'eau par exemple. — 4° Chauffer ensuite. — 5° S'assurer à l'aide d'un thermomètre que la température croît plus lentement et plus régulièrement que par les modes de chauffage précédents.

5. — CHAUFFAGE AU BAIN-MARIE

1° Remplir à demi une casserole d'eau. — 2° Y plonger le vase contenant le corps à chauffer, en évitant de lui faire toucher le fond. — 3° Chauffer. — 4° Observer la température à l'aide d'un thermomètre. — 5° Maintenir à peu près la même masse d'eau, mais en la versant par petites quantités.

Remarque. — Si l'on veut la température de l'ébullition du liquide, il suffit que le vase à chauffer soit plongé dans la vapeur, c'est là le *bain de vapeur*.

Nota. — Si l'on veut une température supérieure à 100°, il faut retarder le point d'ébullition de l'eau par l'addition de substances salines.

TABLEAU DES POINTS D'ÉBULLITION DES SOLUTIONS SALINES USUELLES

Sulfate de soude........	103°	Carbonate de potasse......	135°
Eau de mer...........	103°,7	Potasse caustique.........	175°
Carbonate de soude.....	104°,6	Chlorure de calcium.......	179°,5
Chlorure de sodium.....	108°,4	Acide sulfurique monohydraté.	326°
Chlorhydrate d'ammoniaque	114°,2	Huile de lin.............	387°,5

6. — CHAUFFAGE A L'ÉTUVE

1° On se procure une étuve portative, telle que celle de Gay-Lussac; on peut se contenter du four d'un fourneau de cuisine ordinaire. — 2° Y introduire le vase contenant le corps à chauffer. — 3° Chauffer, en maintenant la porte fermée. — 4° Observer au thermomètre, lequel doit être placé de telle sorte que la tige sorte au dehors.

Remarque. — Éviter d'introduire un vase froid dans une étuve ou un four déjà très chaud.

B. — Réfrigération.

I. — RÉFRIGÉRATION A L'AIR

1° Monter l'appareil à chauffer et le récipient que l'on veut chauffer. — 2° Y introduire le corps dont on veut refroidir la vapeur ou l'un des gaz constituants (on peut expérimenter sur de l'eau si l'air est assez froid). — 3° Ajouter au récipient une allonge (un verre de lampe par exemple) au delà de laquelle se trouvera le récipient destiné à recueillir le produit refroidi. — 4° Faire fonctionner l'appareil.

REMARQUE. — Si l'allonge n'assure pas un séjour suffisant du gaz dans l'atmosphère, on dispose une série de tubes assemblés en zigzag, d'une certaine longueur totale, et le gaz doit tous les traverser pour arriver au récipient destiné à le recueillir.

2. — RÉFRIGÉRATION A L'EAU. CONDENSATION DES VAPEURS

1° Monter et garnir un appareil comme précédemment. — 2° Remplacer l'allonge par un tube en spirale (serpentin) ou un ballon, ou un autre vase, plongeant dans de l'eau froide renouvelée constamment. — 3° Dans ce dernier cas, il faut souvent aider la réfrigération en faisant couler de l'eau sur le ballon qui n'est pas complètement immergé.

REMARQUE. — On peut refroidir un liquide en le faisant circuler dans un tube qui traverse un autre tube dans lequel circule de l'eau froide. Ce dernier doit être incliné, et l'eau froide doit lui arriver par le bas. ·

3. — RÉFRIGÉRATION A LA GLACE

1° Se procurer de la glace. — 2° Y plonger le vase contenant le corps à refroidir.

4. — RÉFRIGÉRATION PAR UN MÉLANGE RÉFRIGÉRANT

1° Préparer un mélange réfrigérant. — 2° Y plonger le vase contenant le corps à refroidir. — 3° Observer avec un thermomètre.

REMARQUE. — *Préparation* d'un mélange réfrigérant.
Mettre ensemble dans un vase les produits. Agiter le tout. Plonger ce vase dans un vase plus grand plein d'eau, ou mieux de sciure de bois. Agiter plusieurs fois avec une baguette en verre (*agitateur*).

PRINCIPAUX MÉLANGES

Eau...................... 1 partie.	Neige..................... 1 partie.
Azotate d'ammoniaque.. 1 partie.	Sel marin............. 1 partie.

Eau....................................	1 partie.
Chlorhydrate d'ammoniaque.....	1 partie.
Azotate de potasse......................	1 partie.

V. — DIVISION

I. — CONTUSION

1° Se procurer un mortier en fer, en porcelaine, en grès, ou en verre, avec un pilon de même nature. — 2° Y introduire la substance à concasser (granit, par exemple). — 3° Frapper verticalement jusqu'à pulvérisation suffisante.

REMARQUE. — Pour concasser une faible quantité de matière, l'envelopper au préalable dans plusieurs feuilles de papier et frapper dessus. On a ainsi la poudre sans pertes.

2. — ÉTONNEMENT

1° Prendre la substance et la chauffer fortement. — 2° La plonger dans l'eau froide : elle se fendille intérieurement. — 3° La concasser ensuite dans un mortier.

REMARQUE. — On n'*étonne* que les substances très dures, et qui ne peuvent s'altérer à une forte chaleur, comme les roches siliceuses compactes : le jaspe, l'agate, etc.

3. — TRITURATION

1° Mettre la substance dans un mortier (sel marin). — 2° Concasser pour avoir des fragments moins gros. — 3° Frotter circulairement avec le pilon.

REMARQUE. — Pour certains corps très durs, pouvant rayer le mortier, on emploie des mortiers et des pilons en agate. (Ex. : pulvérisation des pyrites.)

4. — MOUTURE

1° Se procurer un moulin à bras, tel que le moulin à café ou le moulin à poivre. — 2° Y introduire la substance. — 3° Moudre comme à l'ordinaire.

REMARQUE. — Quand il s'agit de corps ductiles comme le plomb, on pratique la *trituration* ou la *mouture par intermède;* à cet effet, on mêle le corps à une substance facile à pulvériser, et pouvant être éliminée ensuite de la poussière par lavage ou dissolution, puis on broie le tout. La séparation des deux corps s'opère ensuite par un lavage ou une dissolution. On peut ainsi pulvériser du plomb avec du sucre. L'eau, dissolvant le sucre, l'enlèvera à la poussière de plomb. La pulvérisation du camphre en le mouillant au préalable avec de l'alcool est un autre procédé *par intermède.*

5. — PRÉCIPITATION

1° Dissoudre le corps à diviser dans un dissolvant (sel marin dans l'eau). — 2° L'en précipiter par l'addition d'un non-dissolvant (alcool absolu). — 3° Décanter ou filtrer.

REMARQUE. — La précipitation s'emploie aussi lorsque le corps à obtenir en poudre est déjà dissous. Elle s'emploie également lorsque le corps à obtenir en poudre n'existe pas encore, mais peut être le résultat d'une réaction chimique s'accomplissant au sein du liquide. Ainsi, en versant une solution de chlorure de sodium dans une solution d'azotate de mercure, on a du proto-chlorure de mercure en poudre.

6. — SUBLIMATION

1° Chauffer jusqu'à vaporisation, dans un ballon, le corps à réduire en poudre (soufre, iode). — 2° Conduire les vapeurs dans un récipient très refroidi. Les vapeurs s'y condensent en poussière. — 3° Recueillir la poudre obtenue.

REMARQUE. — La sublimation ne s'emploie qu'avec le corps dont le point de fusion est très voisin du point d'ébullition. Quelquefois, on peut se borner à recouvrir une capsule en porcelaine, dans laquelle on chauffe le corps à sublimer, d'un cône en carton qui reçoit les cristaux ou la poudre sur sa paroi. On opère ainsi avec l'acide benzoïque et le camphre. Le chauffage s'effectue toujours au bain de sable.

7. — TRIAGE DES POUSSIÈRES

A. — *Tamisage*.

1° Se procurer un tamis à mailles proportionnées, en largeur, à la finesse de la poussière à obtenir. — 2° Tamiser ensuite, en évitant les courants d'air qui entraînent la poussière.

B. — *Lévigation*.

1° Délayer dans l'eau la poudre à trier. — 2° Laisser reposer un instant, mais sans attendre l'éclaircie du liquide. — 3° Décanter. — 4° Laisser reposer le liquide jusqu'à éclaircie. — 5° Décanter de nouveau. La poudre la plus fine reste au fond. — 6° La sécher doucement, en s'aidant d'un papier buvard sur lequel on l'étale, et, s'il n'y a pas crainte d'altération, d'une douce chaleur.

REMARQUE. — Ce procédé ne peut être employé si l'eau peut altérer ou dissoudre la poudre à trier. Plus on laisse reposer le liquide, plus on obtient de finesse dans la poudre qui résulte de la deuxième décantation.

VI. — VAPORISATION

1. — ÉVAPORATION

A. — *Évaporation spontanée.*

1° Disposer de l'eau dans un cristallisoir ou une assiette. — 2° Fixer au-dessus une feuille de papier à filtrer pour préserver le liquide de la poussière. — 3° Placer le tout dans un endroit sec.

Remarque. — S'il s'agit d'un objet mouillé, tel qu'un filtre, le placer dans un endroit sec ou au-dessus d'un appareil de chauffage.

B. — *Évaporation activée.*

1° Supposons qu'il s'agisse d'un filtre mouillé. — 2° Le chauffer sur un bain de sable. — 3° Ou bien souffler dessus avec un soufflet.

Remarque. — S'il s'agit d'un liquide, le mettre dans une capsule en porcelaine et chauffer légèrement.

2. — ÉBULLITION

1° Monter un ballon pour chauffer de l'eau. — 2° Y mettre un bouchon à deux trous. — 3° Placer dans l'un de ces trous un thermomètre, et dans l'autre un tube coudé, pour éloigner la vapeur du thermomètre. — 4° Chauffer. — 5° Observer la température au moment de l'ébullition.

Remarque. — 1° Le thermomètre ne plonge pas dans le liquide. — 2° N'employer qu'un thermomètre ayant une échelle assez haute pour contenir le point d'ébullition du liquide.

3. — DISTILLATION

1° Monter un ballon pour chauffer de l'eau. — 2° Y adapter un bouchon à un trou. — 3° Introduire dans ce trou un tube adducteur conduisant à une allonge de verre (verre de lampe), et la traversant pour aboutir dans un vase quelconque. — 4° Boucher l'allonge avec des bouchons à deux trous : l'un pour le tube adducteur, l'autre pour le tube qui amène ou emmène l'eau froide qui va circuler dans l'allonge. — 5° Disposer l'allonge en pente douce (*fig.* 9). — 6° Verser de l'eau froide dans le tube de circulation d'en bas ; l'eau, s'échauffant, monte dans l'allonge et vient sortir par le tube d'en haut. Veiller à ce qu'il y ait un courant continu.

Remarque. — En disposant le tube inférieur de circulation à une certaine hauteur, la différence des niveaux de l'allonge et de ce tube suffit à entretenir la circulation. — 2° Si l'allonge ne suffit pas pour la réfrigération de la vapeur, le vase dans lequel on la fait arriver est plongé dans l'eau froide, et un courant d'eau froide peut encore être disposé pour couler dessus. — 3° Souvent, pour l'acide azotique, par exemple, l'allonge est inutile: le vase d'arrivée n'a besoin que d'être plongé dans l'eau froide.

4. — DISTILLATION FRACTIONNÉE

1° Monter un appareil de distillation comme précédemment, mais avec un thermomètre dans le bouchon du ballon. — 2° Y introduire un mélange d'eau, d'alcool et d'éther ordinaire. — 3° Faire bouillir et recueillir les produits comme il suit.— 4° Jusqu'à 35°, recueillir tout ce qui se condense, c'est de l'éther. — 5° De 35 à 78°, recueillir dans un autre récipient, c'est de l'alcool. — 6° Au delà de 78°, recueillir dans un troisième récipient, c'est de l'eau.

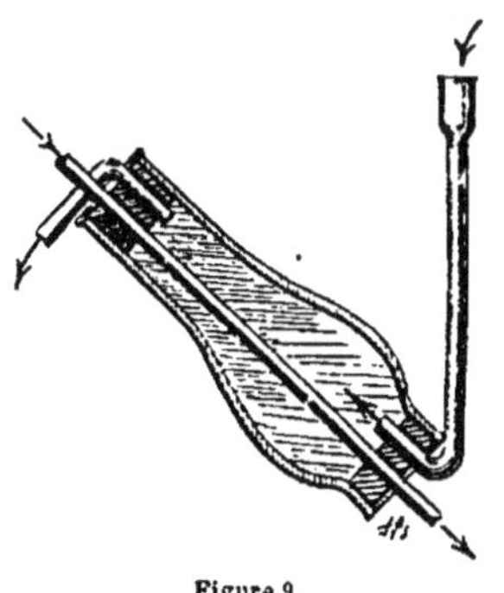

Figure 9.

Remarque. — 1° Il est bon de cesser de recueillir un produit deux ou trois degrés avant son point d'ébullition, et de ne commencer à recueillir le suivant que deux ou trois degrés après le point d'ébullition du précédent, afin d'éviter tout mélange. — 2° Malgré cette précaution, pour avoir des produits à peu près purs, il est ordinairement nécessaire de soumettre ensuite séparément chaque produit obtenu à une distillation simple.

5. — SUBLIMATION

Voir *page* 19.

6. — DISTILLATION SÈCHE

1° Prendre une cornue de grès, ou une cornue de verre lutée, ou un ballon luté. — 2° Y introduire le solide à distiller (bois, houille). — 3° Adapter un réfrigérant organisé comme précédemment, muni d'un tube à dégagement, s'il doit se dégager du gaz non condensable dans les conditions de l'expérience. — 4° Chauffer fortement.

Remarques. — 1° Souvent, notamment pour la houille, il faut faire passer les vapeurs à condenser dans une série de vases où elles doivent rester, quelque-

fois même il s'y trouve des produits destinés à les arrêter. — 2° On peut distiller la houille dans une pipe en terre que l'on bouche avec de l'argile et que
l'on chauffe fortement : les vapeurs se dégagent par le tuyau. Mais ce dernier
s'obstrue bientôt, aussi ne faut-il pas avoir bouché la pipe autrement qu'avec
de l'argile pour éviter une explosion.

Dans toutes les distillations sèches, adapter des tubes de dégagement d'un
grand diamètre, pour éviter les obstructions.

7. — DESSICCATION DE L'AIR OU D'UN GAZ

1° Se procurer du chlorure de calcium, ou tout autre produit très
hygroscopique. — 2° En mettre dans un petit vase restant ouvert. —
3° Introduire ce vase dans le milieu dont on veut dessécher l'air. —
4° Le renouveler quand le produit commence à se liquéfier.

REMARQUE. — On dessèche les gaz en circulation en les faisant passer dans
un récipient plein de chlorure de calcium, ou de pierre ponce imbibée d'acide
sulfurique.

VII. — DISSOLUTION

I. — DISSOLUTION SIMPLE

1° Choisir de l'eau pure (distillée, si la solution obtenue doit
servir à quelque réaction). — 2° L'introduire dans un ballon. —
3° Pulvériser le corps à dissoudre, le sel marin par exemple. — 4° L'introduire dans le liquide. — 5° Chauffer, pour accélérer la dissolution.

REMARQUE. — 1° Beaucoup de solides se dissolvent facilement à froid, tels le
sucre, le sel marin. — 2° Un certain nombre ne se dissolvent qu'à chaud, tel
le chlorate de potasse. — 3° Si l'on veut saturer le liquide, ajouter de temps en
temps une certaine quantité de solide, jusqu'à ce qu'il ne s'en dissolve plus.

2. — MACÉRATION

1° Mélanger du sel marin et du chlorate de potasse en poudre. —
2° Verser sur le mélange de l'eau pure. — 3° Abandonner le tout à
lui-même pendant quelques heures. — 4° Décanter ou filtrer. — 5° Recueillir le liquide qui n'a dissous que le sel marin, seul soluble à froid.

REMARQUE. — La macération peut se faire à chaud (sans ébullition); on l'appelle alors *digestion*.

3. — DÉCOCTION

1° Introduire dans un ballon de l'eau pure. — 2° Y ajouter des morceaux de bois de campêche. — 3° Chauffer jusqu'à ébullition. —
4° Filtrer et recueillir le liquide.

4. — LIXIVIATION

1° Dans le col d'un matras engager le col d'une
allonge. — 2° Mettre le corps à lixivier dans l'allonge après l'avoir réduit en poudre mi-fine, par
exemple le bois de campêche, ou les cendres de
bois (*fig.* 10). — 3° Verser le liquide, chaud ou
froid, suivant le cas, qui doit dissoudre les principes
solubles. — 4° Recueillir ce liquide qui est dans le
matras.

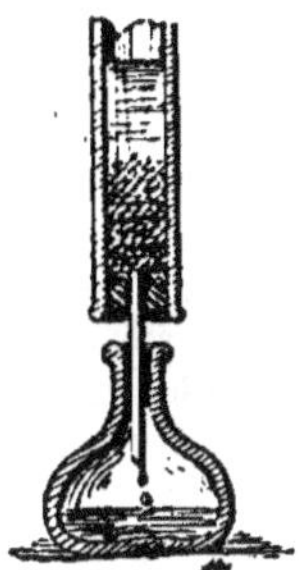

Figure 10.

REMARQUES. — 1° La lixiviation s'emploie quand on veut
avoir au maximum les principes solubles d'un mélange
avec une quantité minimum de dissolvant. — 2° Éviter
de trop tasser la poudre dans l'allonge. — 3° Laisser
l'air circuler dans tout l'appareil en ne bouchant pas complètement le matras.

VIII. — CALCINATION

I. — CALCINATION PROPREMENT DITE

1° Prendre un creuset propre, en terre réfractaire. — 2° Y introduire de la craie. — 3° Fermer avec le couvercle, de sorte qu'il n'y ait
qu'un petit orifice. — 4° Pla-
cer le creuset sur un fourneau donnant une haute température. — 5° Essayer la
chaux obtenue, en en jetant
un fragment dans l'eau. —
6° S'il n'y a pas effervescence,
continuer à chauffer jusqu'à
ce que l'on obtienne cette effervescence dans l'eau.

Figure 11.

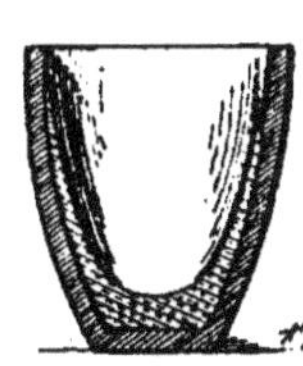

Figure 12.

REMARQUES. — 1° Dans certains cas, on couvre le corps de poussier de charbon
de bois pour le mettre à l'abri de l'air. — 2° On peut aussi, surtout si l'on tient

à ménager le creuset, *brasquer* ce dernier, c'est-à-dire le garnir à l'intérieur d'une ou plusieurs couches de charbon formant pâte avec l'eau (*fig.* 11 et 12), que l'on applique couche par couche. — 3° Les matières alcalines doivent être calcinées dans des vases de fer ou de fonte. — 4° Un creuset dont la propreté n'est pas absolue doit être flambé avant l'opération, puis lavé et essuyé.

2. — CARBONISATION

C'est la calcination des matières organiques. L'opération est terminée quand il ne se dégage plus de vapeur ; il ne reste dans le creuset que du charbon. On peut l'essayer sur le bois, le sucre, etc.

3. — GRILLAGE

1° Se procurer une capsule, de préférence en terre réfractaire (têt à rôtir). — 2° Y introduire le corps à griller, c'est-à-dire à débarrasser de son combustible, par exemple un sulfure (pyrite ou autres). — 3° Mettre le tout sur un fourneau, et à l'air. — 4° Chauffer fortement et remuer la masse, jusqu'à résidu complètement métallique. On remue avec une baguette de fer.

Remarques. — 1° Le fourneau doit être sous une hotte, une cheminée, ou près d'une fenêtre ouverte. — 2° Il est bon, pour certains corps, de griller en plusieurs fois. — 3° La matière à griller doit être en poudre fine.

4. — INCINÉRATION

C'est le grillage des matières organiques. Il n'en reste que les *cendres*, qui contiennent les principes fixes.

Remarque. — Tout corps destiné à être carbonisé, ou calciné, ou grillé, ou incinéré, doit être préalablement desséché.

5. — FUSION

A. — *Fusion ignée.*

1° Disposer dans un vase le corps à fondre (étain, plomb, suif, soufre). — 2° Chauffer jusqu'à fusion complète. — 3° Déterminer la température de fusion comme il suit : Introduire un morceau du corps à fondre dans un tube large en verre mince effilé à un bout. Appliquer et attacher ce tube à un thermomètre, de façon que la partie qui contient la substance touche le réservoir. Disposer le tout dans un bain-marie dont le liquide est choisi de manière à pouvoir se chauffer sans se vaporiser entièrement jusqu'à la température cherchée. Observer le thermomètre au moment de la fusion.

Remarques. — Le vase à fondre doit être approprié à la substance qu'on veut fondre ; c'est ainsi que l'étain peut être fondu sur une carte de visite, le plomb dans un creuset de terre, le soufre dans un ballon, le suif dans une capsule, etc.

Pour empêcher l'oxydation, inévitable dans certains cas, on recouvre le corps à fondre d'un isolant; ainsi, on fond les métaux sous le borax pulvérisé, le potassium sous le pétrole, le phosphore sous l'eau.

B. — *Fusion aqueuse.*

• Dans un creuset ou une capsule, verser un sel, l'alun par exemple. — 2° Chauffer doucement. — 3° Bientôt le sel fond dans son eau de cristallisation : c'est la *fusion aqueuse.* — 4° En continuant, il se solidifie. — 5° Puis il fond de nouveau, c'est la *fusion ignée.*

REMARQUES. — 1° Presque tous les sels sont susceptibles de subir les deux fusions successivement. — 2° Il se produit presque toujours un boursouflement de la masse, lors de la première fusion.

IX. — CRISTALLISATION

I. — CRISTALLISATION PAR ÉVAPORATION

1° Dissoudre du sel marin ou de l'alun dans de l'eau, à chaud ou à froid. — 2° Verser la dissolution dans une assiette profonde. — 3° Recouvrir l'assiette d'une feuille de papier à filtrer. — 4° Exposer le tout à l'air. — 5° Recueillir les cristaux quand ils sont formés.

2. — CRISTALLISATION PAR REFROIDISSEMENT

1° Dissoudre du sulfate de zinc dans de l'eau, à chaud, jusqu'à saturation. — 2° Abandonner ensuite la dissolution à un refroidissement lent, après l'avoir couverte. — 3° Décanter pour recueillir les cristaux quand ils sont formés.

REMARQUES. — 1° Les deux modes précédents sont appelés cristallisation *par voie humide.* — 2° Dans le deuxième mode, si l'on veut de beaux cristaux, il faut un refroidissement très lent. Dans ce but, on place le vase dans de la sciure de bois, ou dans de l'eau qui soit à la température de la dissolution; tout refroidit ensemble. — 3° Lorsqu'on fait cristalliser un solide *par refroidissement* dans le but de le purifier, il faut, au contraire, de tout petits cristaux; pour cela, on refroidit brusquement en plongeant le vase qui contient la dissolution dans l'eau froide, et on l'y laisse.

3. — CRISTALLISATION PAR FUSION

1° Fondre du soufre dans un creuset en terre, ou un ballon à large col. — 2° Aussitôt qu'il est fondu, retirer le feu. — 3° Dès qu'une légère croûte se montre à la surface, la percer de plusieurs trous avec une baguette en fer. — 4° Écouler le liquide intérieur par ces trous, en faisant tomber le soufre dans l'eau. — 5° Attendre le refroidissement complet, et briser alors la croûte : on aperçoit les cristaux.

4. — CRISTALLISATION PAR SUBLIMATION

1° Chauffer au bain de sable un peu d'iode ou de camphre dans un ballon armé d'une longue tubulure, ou surmonté d'un cornet de papier en forme de cône (*fig.* 13). — 2° Observer le dépôt des cristaux sur les parois du ballon, dans la tubulure, ou sur le papier.

Figure 13.

Remarque. — Ces deux derniers modes de cristallisation sont appelés cristallisation *par voie sèche.*

X. — SÉPARATION MÉCANIQUE

S'emploie pour séparer des corps non miscibles avec les liquides.

I. — DÉCANTATION

A. — *Un liquide avec un solide : Décantation par épanchement.*

1° Mettre de la terre dans de l'eau, contenue dans un vase à précipité. — 2° Laisser *déposer* jusqu'à clarification. — 3° Verser doucement le liquide surnageant, en penchant le vase. — 4° S'arrêter lorsque le solide arrive au bord, et laisser reposer de nouveau, sans redresser complètement le vase. — 5° Répéter l'opération autant de fois qu'il est nécessaire.

Remarque. — Si on ne laisse pas clarifier complètement, on peut avoir une suite de dépôts de plus en plus ténus, et cela jusqu'au dernier obtenu par clarification complète.

B. — *Un liquide avec un liquide : Décantation par écoulement.*

1° Se procurer un entonnoir au tube duquel on ajoute un petit tube en verre par un ajutage en caoutchouc. — 2° Confectionner avec du fil de fer une pince *automatique* (telle qu'elle serre quand on cesse de la tenir [*fig.* 14]). — 3° Serrer avec cette pince le tube en caoutchouc en engageant celui-ci en *a*. — 4° Fixer l'entonnoir sur un support. — 5° Verser dedans un ensemble d'eau et d'huile et laisser reposer. — 6° Presser la pince, ce qui la fait ouvrir. — 7° L'eau, étant au-dessous de l'huile, tombe la première. — 8° Lâcher la pince au moment où l'huile se présente pour passer.

Figure 14.

REMARQUE. — On peut aussi se servir, pour cette expérience, du *récipient florentin*.

2. — SIPHONATION

1° Opérer un mélange comme précédemment, et laisser reposer. — 2° Courber un tube en siphon. — 3° L'adapter au vase, et l'amorcer pour soutirer le liquide surnageant.

REMARQUE. — Le siphon a l'avantage de pouvoir aussi soutirer un liquide sous-nageant.

3. — ASPIRATION

1° Opérer un mélange comme précédemment, et laisser reposer. — 2° Confectionner une *pipette* (tube que l'on effile à une extrémité, et au milieu duquel on souffle une ampoule). — 3° Aspirer le liquide surnageant ou sous-nageant, avec la bouche ou un *flacon aspirateur* (flacon volumineux que l'on remplit d'eau et qui, par une tubulure inférieure ou un siphon, laisse échapper son eau, ce qui crée un vide, et, par suite, une aspiration dans les récipients reliés avec lui par des tubulures).

REMARQUE. — On ne peut aspirer que de petites quantités de liquide avec la pipette.

4. — FILTRATION.

1° Confectionner un filtre plissé avec du papier buvard solide, d'après les indications suivantes. (V. *Nota*, page 28.) — 2° Placer ce filtre sur un entonnoir un peu évasé. — 3° Confectionner un mélange comme précédemment; inutile de laisser reposer. — 4° Verser doucement le liquide sur le filtre vers les bords, en s'aidant d'une baguette de verre, le long de laquelle coule le liquide à clarifier. — 5° Recueillir le solide déposé sur le filtre, s'il doit être conservé.

REMARQUES. — 1° La filtration ne convient qu'à la séparation d'un liquide d'avec un solide. — 2° Un filtre ne peut servir qu'une fois. — 3° Un filtre non plissé suffisamment fonctionne plus lentement. — 4° Un filtre en papier ne peut s'employer que si le liquide le mouille. — 5° Si l'on ne tient pas à conserver le solide du mélange, on peut filtrer sur du sable pur, sur du charbon de bois pulvérisé, sur de la sciure de bois, etc., placés dans un récipient laissant écouler le liquide sans livrer passage à la matière filtrante. — 6° Un filtre en papier doit être moins long que le pavillon de l'entonnoir.

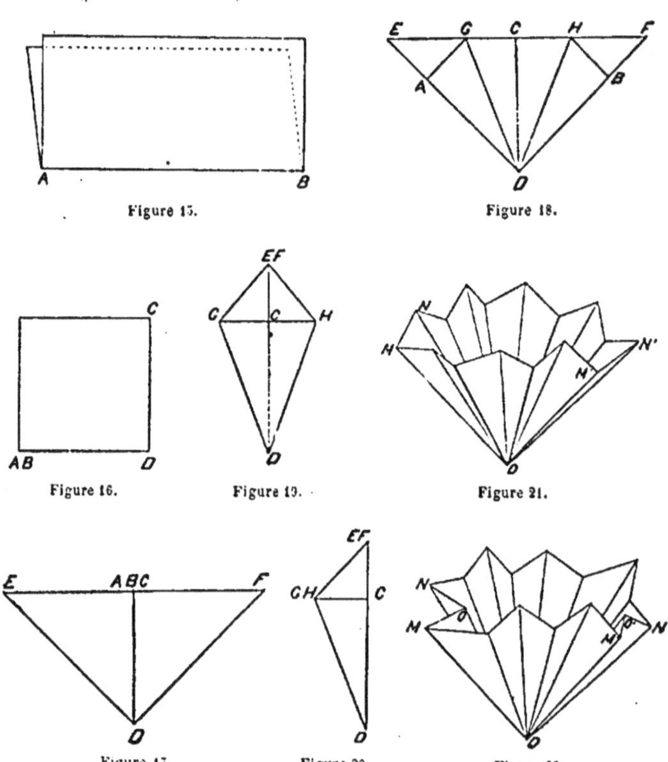

Figure 15.

Figure 18.

Figure 16.

Figure 19.

Figure 21.

Figure 17.

Figure 20.

Figure 22.

Nota. — 1° *Confection d'un filtre plissé.*

a. Prendre une feuille carrée, ou à peu près. — b. La plier en deux, on a la figure 15; le pli est en AB. — c. La plier en quatre, on a la figure 16; le pli est en CD. — d. Plier chaque quart en diagonale, on a la figure 17; les plis sont en DE et DF. — e. Diviser en deux les triangles ainsi formés, on a la figure 18; les plis sont en DG et DH. — f. Ramener en arrière les triangles extrêmes, on a la figure 19; les plis sont toujours en DG et DH. — g. Plier en avant suivant CD, on a la figure 20. Couper les parties anguleuses du papier, perpendiculairement à CD. Le trait doit être d'une seule ligne.

h. Développer le filtre en soufflant sur les bords, il est alors comme dans la figure 21.
— i. Remarquer l'alternance des angles rentrants et sortants, observer que cette alternance est rompue en MN et M'N'. — j. Plier en dedans les faces MDN et M'DN' pour
avoir des angles rentrants en ces points. Le filtre est alors comme en 22; il est fini,
les plis sont en DO et DO' [1].

2º La *pince à serrer* dont il est parlé en B peut être remplacée économiquement par
une bille en verre ou en agate, analogue à celle dont se servent les enfants pour leurs
jeux. Elle doit être choisie d'un diamètre un peu supérieur au tube de caoutchouc. On
l'engage dedans au point où le liquide doit être arrêté. Pour faire écouler ce dernier, il
suffit de presser le caoutchouc sur la bille entre le pouce et l'index; il en résulte une
déformation du tube qui permet au liquide de passer.

3º On peut aussi employer comme pince la pince en bois, dite *pince des blanchisseuses*.

4º On peut fortifier le papier à filtrer en le trempant pendant quelques minutes dans
l'acide azotique de densité = 1,42, puis le lavant à l'eau. Ce papier peut être lavé et
brossé comme lu linge.

XI. — MANIPULATION DES GAZ

I. — PRODUCTION

Disposer dans un flacon, ou ballon, ou cornue, le mélange nécessaire
pour préparer le gaz à obtenir. Supposons qu'il s'agisse d'obtenir
l'hydrogène.

1º Prendre un flacon à large goulot e \
deux tubulures (le large goulot permet l'e .-
ploi d'un bouchon à deux trous, ce qui dispense de l'emploi d'un flacon à deux tubulures). — 2º Y introduire de l'eau à moitié;
y ajouter le cinquième de son poids de zinc.—
3º Adapter un bouchon à chaque tubulure et
placer, dans chaque bouchon ou chaque trou
du bouchon unique, un tube. Le premier est
droit, plonge dans le liquide et se termine
en haut par un évasement. Le deuxième est
coudé à angle droit et s'adapte par un ajutage
en caoutchouc à un tube en S (*fig.* 23). —

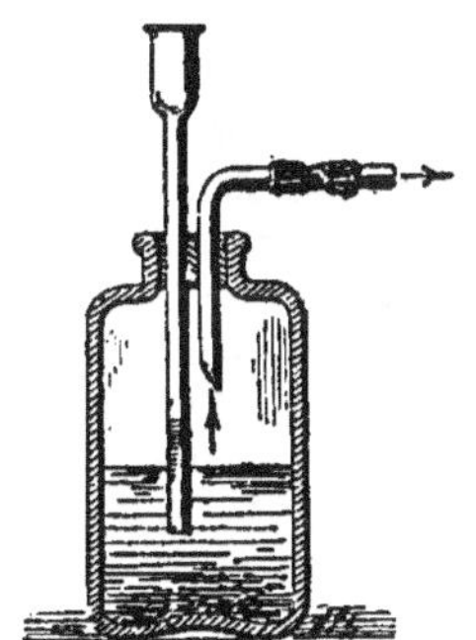

Figure 23.

4º Disposer une cuvette d'eau, où l'on assure
au dedans du liquide une planchette de bois, ou mieux une lame de
tôle ou de zinc percée d'un trou. — 5º Faire arriver le tube en S dans
l'eau de cette cuvette et l'engager dans le trou (*fig.* 24). — 6º Recouvrir
l'orifice du tube, ainsi fixé, d'une cloche, une éprouvette, un verre ren-

1. P. Poiré.

versé ou un flacon renversé, rempli d'eau au préalable. — 7° Ajouter au mélange, par l'évasement du tube droit, et en plusieurs fois, un poids d'acide sulfurique concentré égal au cinquième du poids de l'eau.

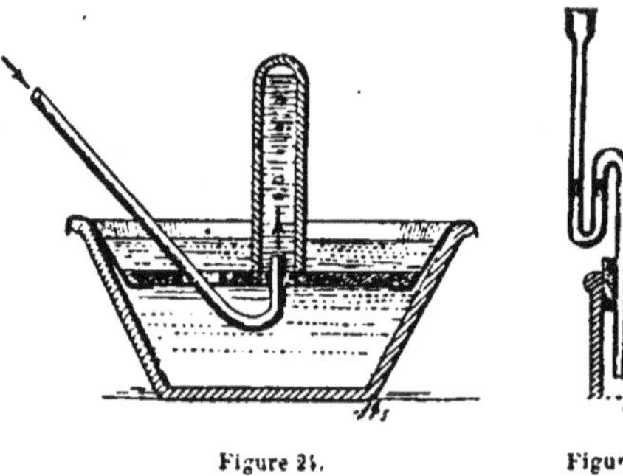

Figure 24.

Figure 25.

REMARQUES. — 1° Le tube droit s'appelle *tube de sûreté*. Si l'opération est trop activée, le liquide et le gaz peuvent s'échapper par là sans que le flacon soit brisé par une explosion. — 2° Si le mélange n'est pas liquide, le tube de sûreté est en S, et dans la courbure on introduit un liquide approprié qui intercepte la communication entre l'atmosphère et le dedans du flacon. De plus, le tube ne descend pas jusqu'au mélange. Le liquide de la courbure ne doit pas dissoudre ou altérer le gaz produit (*fig.* 25). — 3° Pour les gaz solubles dans l'eau, comme l'ammoniaque, l'eau de la cuvette est remplacée par le *mercure*.

2. — RECUEILLEMENT

1° Le vase renversé sur la cuvette se remplit de gaz dès que l'on verse l'acide. — 2° Quand il est plein, le sortir de la cuvette en passant une soucoupe ou une assiette au-dessous, et sans le redresser, et le déposer en lieu sûr pour servir à l'usage. — 3° Quand le gaz est soluble dans l'eau, ou attaque le mercure, comme le chlore, on le recueille *par déplacement*, en profitant de sa différence de densité avec l'air; on fait arriver le tube de dégagement au fond d'un flacon incomplètement bouché; le gaz se dispose au fond et remonte peu à peu en chassant l'air; quand ce flacon est rempli, on le bouche et on le remplace par un autre flacon qui se remplit à son tour.

3. — TRANSVASEMENT

1° Remplir d'eau ou de mercure le récipient dans lequel on veut faire passer le gaz. — 2° L'enfoncer à la renverse dans la cuve à eau ou à mercure et redresser le récipient qui contient déjà le gaz, sous l'orifice du premier; quelquefois on s'aide d'un entonnoir.

4. — LAVAGE

1° Au lieu d'adapter de suite le tube de dégagement au tube en S, on l'adapte à un tube coudé à angle droit qui plonge dans un flacon à trois tubulures (ou à un bouchon à trois trous) et arrive jusque dans le liquide suivant. — 2° On verse dans ce flacon le liquide qui doit laver ou purifier le gaz. Pour l'hydrogène, on prendra une solution d'acétate de plomb, afin de lui enlever l'acide sulfhydrique dont il est souillé. — 3° Dans la tubulure du milieu, on engage un tube de sûreté droit plongeant dans le liquide. — 4° Dans la troisième tubulure, on dispose un tube coudé à angle droit qui s'adapte à un autre *flacon laveur* ou au tube en S.

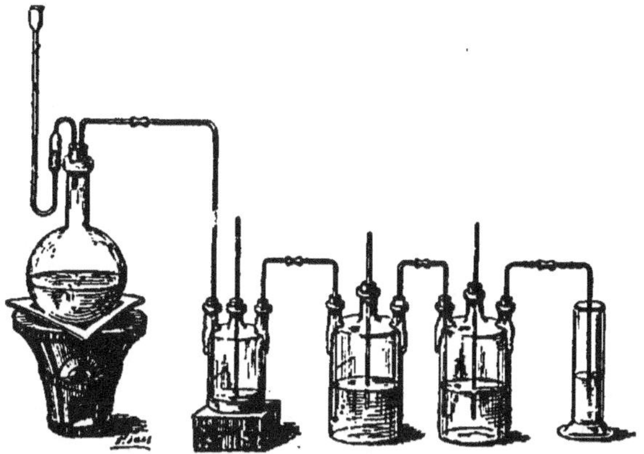

Figure 26.

REMARQUE. — Ces flacons laveurs à trois tubulures sont dits *flacons* de Wolf. On s'en sert pour préparer des dissolutions du gaz obtenu. On y met pour cela de l'eau distillée (*fig.* 26).

5. — DESSICCATION

1° Disposer un flacon de Wolf contenant un liquide avide d'eau, l'acide sulfurique monohydraté, par exemple. — 2° Forcer le gaz à traverser ce flacon comme précédemment; il y laisse son eau.

REMARQUES. — 1° L'action desséchante du liquide avide d'eau est plus active si on lui fait humecter un solide poreux placé sur le trajet du gaz. Ainsi, l'acide sulfurique imbibant la pierre ponce en petits fragments est souvent employé. Ce solide, ainsi imbibé, est mis dans un tube très large (un verre de lampe), et le gaz est amené à le traverser. — 2° Quelquefois on dispose dans ce tube large un solide avide d'eau par lui-même, tel que le chlorure de calcium ou la potasse fondue solidifiée de nouveau par refroidissement, et concassée immédiatement pour être employée de suite.

6. — MESURAGE

1° Jauger un récipient allongé, tel qu'une éprouvette, une bouteille à long col, etc., avec un liquide, de façon à connaître son volume, le volume de sa moitié, de son quart, de son tiers, etc., ou bien le point qu'atteindrait sur l'eau un décimètre cube de gaz, 50 centimètres cubes, etc. — 2° Le graduer aux points indiqués s'il doit servir plusieurs fois. — 3° Y transvaser le gaz, comme il est dit plus haut. — 4° Relever le récipient jusqu'à ce que le niveau du liquide de la cuvette soit le même dans la cuvette et dans ce récipient. — 5° Lire à ce moment le *volume* occupé par le gaz dans le récipient. — 6° Multiplier par sa densité, si l'on veut avoir le *poids*.

Nota. A. — *Appareil à production continue.* — Pour la préparation des gaz qui peut se faire à froid (hydrogène, acide carbonique, chlore, etc.), on peut employer l'appareil suivant : 1° Prendre un bocal à large ouverture, dans lequel on mettra le liquide actif (acide sulfurique et eau s'il s'agit de l'ydrogène). — 2° Fermer avec un bouchon traversé par la partie supérieure d'un verre de lampe rétréci. — 3° Introduire dans le verre de lampe un morceau ou deux de brique ou de porcelaine un peu gros, destinés à reposer sur son étranglement. — 4° Mettre au-dessus le corps destiné à agir sur le liquide actif (grenaille de zinc, s'il s'agit de l'hydrogène). — 5° Fermer le verre de lampe (lequel doit arriver presque au fond du bocal) à l'aide d'un bouchon traversé par un tube de dégagement, auquel est adapté un tube de caoutchouc serré par une pince, à défaut de robinet. Il suffit d'ouvrir la pince pour voir se dégager le gaz. Quand elle est fermée, le gaz refoule le liquide hors du verre de lampe, et l'appareil reste inactif. On n'a donc à le remonter que lorsque le zinc est complètement usé (*fig.* 27).

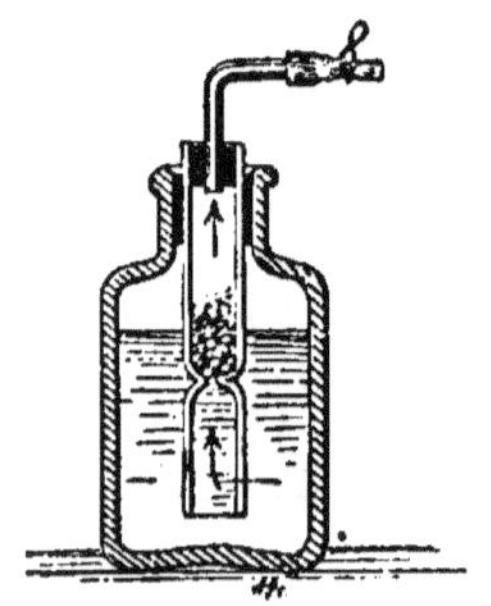

Figure 27.

B. — *Têt.* — On fait souvent reposer l'éprouvette à recueillir le gaz sur un têt en terre, percé d'un trou en son centre, et d'un autre sur le côté pour le passage du tube adducteur. On peut le remplacer par une demi-peau d'orange, percée de la même manière.

MANIPULATIONS DE CHIMIE

Première Division

CHIMIE SYSTÉMATIQUE

I. — ÉTUDE DE L'HYDROGÈNE

I. — PRÉPARATION

1° Monter l'appareil (flacon à deux tubulures, cuve à eau, bouchons, tube à entonnoir, tube abducteur [*fig.* 28]). — 2° Y introduire 100 grammes d'eau et 20 grammes de zinc. — 3° Constater qu'il ne perd pas, en soufflant par le tube abducteur. — 4° Verser à l'aide d'un verre, et peu à peu, 20 grammes d'acide sulfurique concentré, par le tube à entonnoir. — 5° Observer les divers phénomènes qui se produisent dans le flacon. — 6° Recueillir le gaz dans des éprouvettes sur la cuve à eau.

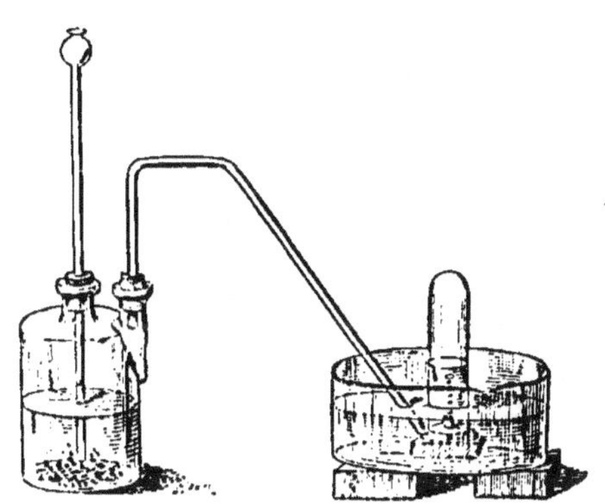

Figure 28.

— 7° Caractériser l'hydrogène en l'enflammant dans une éprouvette.

2. — PROPRIÉTÉS PHYSIQUES

1° *Sa légèreté.* — *a*) Constater que l'hydrogène demeure dans une éprouvette dont l'ouverture est en bas (l'enflammer). — *b*) Répéter l'expérience en retournant l'éprouvette, puis en l'enflammant après quelques instants. — *c*) Mettre l'éprouvette d'hydrogène au-dessus d'une éprouvette d'air, retourner, et, quelques instants après, constater, comme plus haut, que l'hydrogène s'est élevé dans l'éprouvette supérieure (*fig.* 29). — 2° Adapter au tube abducteur un tube de caoutchouc terminé par un tube de verre; ce dernier se rend dans de l'eau de savon préparée. Le relever lentement en serrant le caoutchouc; secouer pour détacher la bulle d'hydrogène. — 3° Recouvrir l'éprouvette de papier-filtre, et enflammer l'hydrogène au-dessus du papier. — 4° *Diffusion.* — *a*) Boucher hermétiquement une pipe en terre. — *b*) Adapter au tuyau un tube en verre recourbé, dans la courbure duquel se trouve un liquide coloré. — *c*) Plonger le fourneau de la pipe dans une éprouvette d'hydrogène, et constater le refoulement du liquide dans le tube.

Figure 29.

Nota. — L'expérience réussi. avec e gaz d'éclairage et bien d'autres gaz légers.

3. — PROPRIÉTÉS CHIMIQUES
COMBUSTION — LAMPE PHILOSOPHIQUE

1° Remplacer le tube abducteur par un tube effilé; obtenir un dégagement de gaz bien régulier, et, quand on suppose le flacon privé d'air, *enflammer le gaz avec précaution.* — 2° Disposer une soucoupe froide au-dessus de la flamme pour recueillir l'eau. — 3° Rendre la flamme brillante en versant quelques gouttes de pétrole par le tube à entonnoir et en agitant le flacon. — 4° *Harmonica.* Introduire la flamme dans un grand tube de verre ouvert aux deux extrémités et l'y enfoncer graduellement (*fig.* 30). Observer les phénomènes produits. — 5° *Réduction de l'oxyde de cuivre.* — *a*) Monter l'appareil (flacon à hydrogène, éprouvette à dessécher, tube à réduction et lampe à alcool [*fig.* 31]). — *b*) Introduire l'oxyde de cuivre dans le tube à réduction. — *c*) Produire un dégagement régulier de gaz. — *d*) Chauffer l'oxyde de cuivre quand

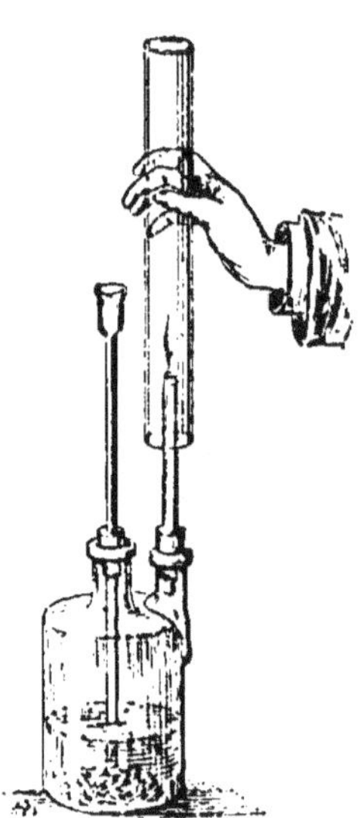

Figure 30.

le flacon est privé d'air. — c) Recueillir la vapeur d'eau contre une soucoupe froide.

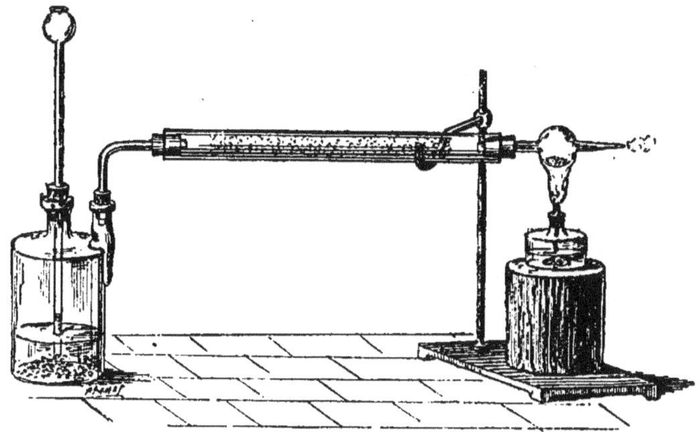

Figure 31.

Nota. — *Autre préparation.*

On peut préparer l'hydrogène avec du fer (vieux clous, rebuts) et de l'acide chlorhydrique.

1° Dans un flacon de verre mettre 28 grammes de fer. — 2° Ajouter un peu d'eau, de manière à remplir le flacon à moitié. — 3° Ajouter 33 grammes d'acide chlorhydrique en le versant peu à peu par le tube à entonnoir. — 4° Observer les divers phénomènes qui se produisent dans le flacon. — 5° Recueillir le gaz dans des éprouvettes, sur la cuve à eau. — 6° Caractériser l'hydrogène en l'enflammant dans une éprouvette. — 7° Filtrer le liquide résidu et le laisser déposer. — 8° Recueillir au fond du flacon du chlorure de fer.

Remarques. — 1° Dans la préparation par l'eau et le zinc, on peut recueillir le sulfate de zinc formé en filtrant immédiatement le liquide résidu et en laissant cristalliser par refroidissement. — 2° On peut avoir un appareil à hydrogène tout monté, en enroulant le zinc pris en feuille autour du tube à entonnoir. Lorsqu'on ne s'en sert pas, on remonte ce tube à travers le bouchon, de sorte que le zinc ne plonge plus dans le liquide. — 3° Dans l'expérience de l'harmonica, après avoir terminé l'observation, il faut éteindre la flamme en soufflant dessus. — 4° *Lumiè e Drummond* à bon marché. — a) Monter un appareil à oxygène (chlorate de potasse), mais dont le tube à dégagement, au lieu d'aller sous une éprouvette, soit effilé, et arrive en face de la mèche d'une bougie. — b) Au sommet de la bougie, attacher un bâton de craie aminci à l'opposé du tube, et courber un peu la mèche vers ce bâton. — c) Faire fonctionner l'appareil à oxygène et allumer la bougie. — d) Remarquer l'effet obtenu [1].

1. Feydeau. *Chimie amusante.*

II. — ÉTUDE DE L'OXYGÈNE

I. — PRÉPARATION

1º Monter un ballon (ou un grand tube à essai) avec tube à dégagement et tube de sûreté. — 2º Y introduire poids égaux de chlorate de potasse et de bioxyde ou d'oxyde brun de manganèse bien mélangés (30ᵍʳ). — 3º Verser de l'eau dans le tube de sûreté. — 4º Faire arriver le tube à dégagement sous une éprouvette sur la cuve à eau. — 5º Chauffer, d'abord doucement, puis plus fortement. — 6º Recueillir plusieurs récipients d'oxygène.

REMARQUE. — Dissoudre à chaud le résidu, filtrer la solution, laisser sécher l'oxyde de manganèse resté sur le filtre; il pourra resservir indéfiniment. Laisser cristalliser par refroidissement le chlorure de potassium, et le recueillir

2. — PROPRIÉTÉS

Étude des propriétés comburantes de l'oxygène.

A. — Présenter, à l'extrémité du tube à dégagement, un charbon incandescent pour voir s'aviver sa combustion.

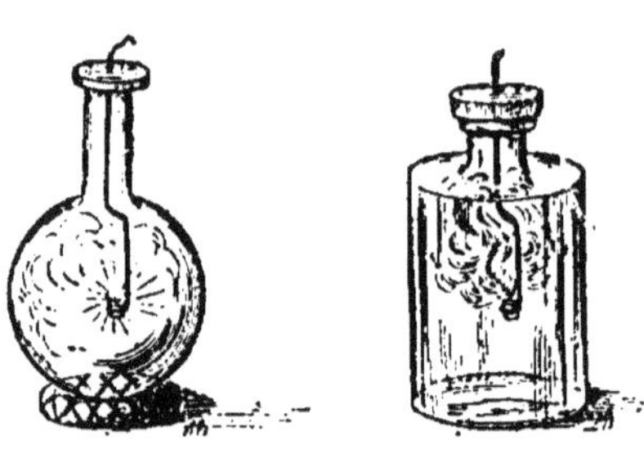

Figure 32.

B. — Descendre dans une éprouvette d'oxygène un morceau de bougie dont la mèche est encore en ignition; on la descend à l'aide d'un fil de fer recourbé.

C. — 1º Allumer du charbon, du soufre, du phosphore. — 2º Placer ces fragments enflammés sur une coupelle d'argile, attachée à un support par un fil de fer (*fig.* 32). — 3º Descendre la coupelle dans un flacon d'oxygène. — 4º Vérifier la production d'acide carbonique, d'acide sulfureux et d'acide phosphorique, suivant le combustible, en versant de la teinture de tournesol dans le flacon et agitant; elle doit rougir.

D. — 1º Monter une grande aiguille d'acier sur un bouchon. — 2º Porter sa pointe au rouge dans une flamme quelconque. — 3º Présenter cette pointe à l'extrémité du tube à dégagement et avancer la main jusqu'à combustion complète de l'aiguille [1]. L'expérience peut être faite dans le flacon à oxygène.

E. — 1º Introduire un fragment de phosphore dans un récipient d'oxygène, et l'y enfermer. — 2º Vérifier le lendemain la production d'acide phosphoreux par combustion lente, à l'aide de la teinture de tournesol. — On peut faire la même expérience avec du fer pur, et constater qu'il se recouvre d'oxyde.

F. — Introduire un insecte dans un flacon d'oxygène et constater son redoublement d'activité, suivi de l'abattement et de la mort.

Remarques. — 1º On peut aussi brûler du zinc dans l'oxygène. — 2º *Ozone :* *a)* Pulvériser du bioxyde de baryum et le laisser à l'air une heure pour qu'il devienne humide. — *b)* Préparer du papier révélateur : dans 100 grammes d'eau distillée, mettre 1 gramme d'iodure de potassium et 1 gramme d'amidon, chauffer et prendre de la pâte formée avec un pinceau pour en étendre sur du papier en bande. — *c)* Laisser sécher ce papier. — *d)* Verser dans une éprouvette le bioxyde de baryum en poudre, et un peu d'acide sulfurique concentré. — *e)* Constater à l'aide du papier, qui bleuit, la production de l'ozone. Le papier doit être conservé dans un flacon bien bouché, et à l'abri de la lumière. — 3º Dans la préparation de l'oxygène, le bioxyde de manganèse peut être remplacé par du sable bien calciné.

III. — ÉTUDE DE L'EAU

I. — SUBSTANCES DISSOUTES DANS L'EAU ORDINAIRE

1º Verser de l'eau de chaux dans de l eau ordinaire. — 2º Verser de l'eau de chaux dans de l'eau distillée. — 3º Verser de l'eau distillée sur un filtre contenant de la craie. — 4º Mettre une goutte d'eau filtrée sur une lame de couteau. — Faire la même expérience avec de l'eau distillée et de l'eau ordinaire. — 5º Verser de la teinture de bois de campêche : *a)* dans l'eau de chaux ; *b)* dans l'eau distillée ; *c)* dans l'eau ordinaire. — 6º Faire de l'eau de savon avec de l'eau distillée et de l'eau de chaux, puis avec de l'eau ordinaire.

Constater dans chaque cas le résultat obtenu.

2. — DÉCOMPOSITION DE L'EAU PAR LE FER

1º Monter l'appareil (fourneau avec du charbon allumé, tube de porcelaine, ballons, tube de sûreté, cuvette à eau, bouchons [*fig.* 33]). —

J. Boudréaux.

2º Introduire du fil de fer dans le tube de porcelaine. Faire bouillir l'eau. — 3º Recueillir le gaz sur une cuve à eau dans une éprouvette.

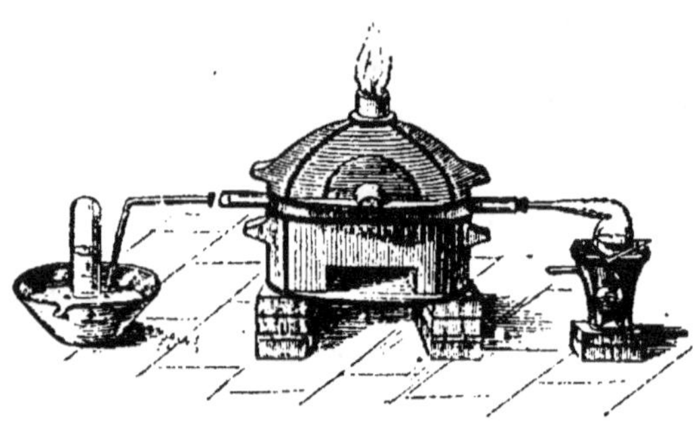

Figure 33.

— 4º Caractériser le gaz en l'enflammant. — 5º Retirer le tube et faire tomber l'oxyde de fer formé.

3. — SUBSTANCES SOLIDES DISSOUTES DANS L'EAU

1º *Sulfates.* Avec l'azotate de baryte, l'eau donne un précipité blanc. — 2º *Chlorures.* Avec l'azotate d'argent, l'eau donne un précipité cailleboté blanc. — 3º *Chaux.* Avec l'oxalate d'ammoniaque, elle donne un précipité d'oxalate de chaux. — 4º *Matières organiques.* Avec le permanganate de potasse, l'eau devient violette, et se décolore par l'ébullition.

4. — ANALYSE DE L'EAU PAR LE VOLTAMÈTRE

1º Dans un verre à pied, introduire de l'eau légèrement acidulée par de l'acide sulfurique. — 2º Y renverser deux petites éprouvettes (tubes à essai) également pleines d'eau. — 3º Introduire dans chaque éprouvette l'extrémité d'un fil de platine (ou, à défaut, de cuivre, et mieux, d'aluminium ou de cuivre argenté). — 4º Relier l'autre extrémité de chaque fil aux pôles d'une pile électrique. — 5º Observer ce qui se passe. — 6º Constater la nature de chaque gaz dégagé. — 7º Vérifier que le volume de l'hydrogène est le double de celui de l'oxygène.

REMARQUE. — Lorsqu'on n'a pas de platine, il est bon de remplacer l'acide sulfurique par de la soude caustique.

5. — SYNTHÈSE EUDIOMÉTRIQUE

1º Monter un eudiomètre à eau et le remplir d'eau (*fig.* 35). — 2º Le placer sur la cuve à eau. — 3º Y introduire 100 centimètres cubes d'oxygène et 100 centimètres cubes d'hydrogène. — 4º A l'aide d'un électrophore, ou d'une bouteille de Leyde, ou d'une bobine de Ruhmkorff, exciter une étincelle électrique dans l'eudiomètre. — 5º Constater qu'après l'explosion, le liquide de la cuve a monté dans l'appareil, et de l'eau a ruisselé sur les parois. — 6º Faire passer le résidu gazeux dans le tube supérieur pour le mesurer, et voir qu'il doit en rester 50 centimètres cubes. — 7º Vérifier que c'est de l'oxygène. — 8º Conclure.

6. — DÉTERMINATION DE LA QUANTITÉ DE MATIÈRES TERREUSES EN SUSPENSION DANS L'EAU

1º Monter un support vertical à deux anneaux. — 2º Remplir un ballon de deux litres de l'eau à essayer. — 3º Boucher le ballon avec un bouchon traversé de deux tubes, dont l'un va jusqu'au fond du ballon, pour laisser entrer l'air, et l'autre sert à l'écoulement de l'eau. — 4º Sur l'anneau inférieur, placer un entonnoir couvert d'un filtre double. — 5º Placer au-dessous un vase quelconque. — 6º Renverser le ballon sur le filtre en introduisant le col dans l'anneau supérieur (*fig.* 34).

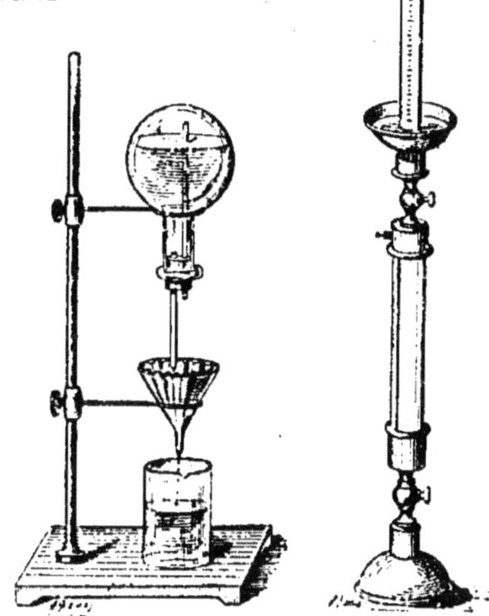

Figure 34.   Figure 35.

— 7º Quand toute l'eau s'est écoulée, égoutter le filtre, puis le sécher à 100º. — 8º Le peser ensuite, en mettant le filtre extérieur du côté des poids où il sert de tare.

IV. — ÉTUDE DU SOUFRE ET DE L'ACIDE SULFUREUX

1. — PROPRIÉTÉS PHYSIQUES DU SOUFRE

Caractériser le minerai de soufre en le brûlant dans un tube.

1° Dissoudre le soufre dans le bisulfure de carbone, et dans la benzine (éviter la proximité d'une flamme). — 2° Laisser évaporer les solutions à l'air sur des soucoupes. — 3° Observer les cristaux à la loupe. — 4° Électriser un bâton de soufre, et attirer des morceaux de papier. — 5° Faire craquer un bâton de soufre par la chaleur de la main. — 6° Faire fondre du soufre dans un tube à essai ; observer son aspect jusqu'à son point d'ébullition. — 7° Verser le soufre fondu dans une cuvette d'eau, d'abord quand il est visqueux, puis vers son point de fusion. — 8° Fondre du soufre dans un creuset et le faire cristalliser. — 9° Mouler une médaille, après l'avoir enduite d'huile ou de vaseline.

2. — PROPRIÉTÉS CHIMIQUES

1° Faire brûler à l'air le soufre dans une coupelle chauffée.— 2° Dans un tube à essai introduire du soufre et de la tournure de cuivre, et chauffer. On obtient du sulfure de cuivre. — 3° Dans une capsule chauffer du soufre et de l'acide azotique concentré. — 4° Broyer lentement du soufre et du chlorate de potasse. — 5° Faire détoner le mélange dans du papier sous le choc d'un marteau. — 6° *Volcan de Lémeri*, réalisé sur une assiette avec 100 grammes de limaille de fer et 50 grammes de fleur de soufre, et un peu d'eau chaude pour obtenir une pâte épaisse.

3. — PRÉPARATION DE L'ACIDE SULFUREUX

1° Monter l'appareil (ballon, tube abducteur, cuve à mercure). — 2° Introduire 20 grammes de tournure de cuivre et 60 grammes d'acide sulfurique (33^{cmc}), ou 20 grammes de charbon de bois et 120 grammes d'acide sulfurique (66^{cmc} [*fig.* 36]). — 3° *Chauffer modérément* et observer les phénomènes. — 4° Recueillir et caractériser le gaz par le tournesol et par son odeur. — 5° Adapter les flacons de Wolf où l'on a mis de l'eau bouillie.

Nota. — On peut obtenir la dissolution en brûlant du soufre sous une cloche placée ur une assiette d'eau.

4. — PROPRIÉTÉS PHYSIQUES

1° Porter sur l'eau une éprouvette remplie de gaz. — 2° Liquéfier le gaz en le recevant dans un tube à essai entouré d'un mélange réfrigérant.

Figure 36.

5. — PROPRIÉTÉS CHIMIQUES

1° Constater qu'il n'est ni combustible ni comburant. — 2° Faire passer un courant d'acide sulfureux dans de l'acide azotique. (Constater l'acide sulfurique formé par le chlorure de baryum.) — 3° Faire passer le gaz dans une solution de permanganate de potasse. — 4° Enlever une tache de vin en brûlant du soufre au-dessous de l'étoffe. Laver à l'eau. — 5° Constater son acidité par la teinture de tournesol, le sirop de violette, ou l'*eau de mauve*.

REMARQUES. — 1° L'*eau de mauve* se prépare ainsi : faire infuser des fleurs de mauve dans l'eau pendant un jour. Décanter et conserver dans un flacon bien bouché. (L'eau de mauve *rougit les acides, verdit les bases* et *bleui les neutres.*) — 2° Certaines fleurs, les violettes surtout, ont leurs couleurs très facilement enlevées par l'acide sulfureux. On peut faire l'expérience que voici : a) Décolorer un gros bouquet de violettes en l'exposant au-dessus du soufre qui brûle. — b) Plonger le tiers de ces violettes dans l'eau aiguisée d'acide sulfurique : elles deviennent rouges. — c) Exposer un deuxième tiers aux vapeurs d'ammoniaque : elles deviennent vertes. — d) Réunir les deux tiers à un lot de violettes non décolorées; on a un bouquet de violettes à quatre couleurs [1]. — 3° La cristallisation du soufre peut être effectuée dans un cornet de fort papier bien collé, dans lequel on verse le soufre fondu et que l'on bouche avec une feuille de carton, jusqu'à formation de la couche superficielle. — 4° *Préparation du sirop de violettes* : a) Prendre 100 grammes de fleurs de violettes fraîches, débarrassées de leurs calices. — b) Les broyer dans un mortier avec 50 grammes d'alcool, et laisser la masse en repos pendant cinq ou six heures dans un vase en verre. — c) Presser. Soumettre le tourteau à l'action d'un peu d'eau et presser de nouveau. — d) Réunir les deux liquides et mélanger à froid avec neuf fois son poids de sirop de sucre épais. — e) Conserver dans un flacon bien bouché.

1. Feydeau. *Chimie amusante.*

V. — ÉTUDE DE L'ACIDE SULFURIQUE ET DE L'ACIDE SULFHYDRIQUE

1. — PRÉPARATION DE L'ACIDE SULFURIQUE

1º Monter l'appareil (grand ballon, bouchon à quatre tubes dont deux ouverts [*fig.* 37]). — 2º Introduire de l'eau chaude, puis des courants gazeux de bioxyde d'azote et d'acide sulfureux. — 3º De temps en temps insuffler de l'air par l'un des tubes ouverts. — 4º Observer les phénomènes produits. — 5º Refroidir les parois du ballon. — 6º Caractériser l'acide sulfurique par le chlorure de baryum.

2. — PROPRIÉTÉS DE L'ACIDE SULFURIQUE

1º Verser peu à peu de l'acide sulfurique dans un verre d'eau ; constater l'élévation de température. — 2º Verser beaucoup d'acide sur de la glace. — 3º En verser peu, et observer ce qui se passe dans chaque cas. — 4º Verser de l'acide sulfurique dans de la teinture de tournesol. — 5º Saturer une solution de potasse. — 6º Dissoudre du fer ou du zinc dans l'acide sulfurique. — 7º Décaper du cuivre dans de l'acide sulfurique étendu. — 8º Verser de l'acide sulfurique sur du permanganate de potasse, et, avec une baguette de verre trempée dans ce mélange, toucher du papier

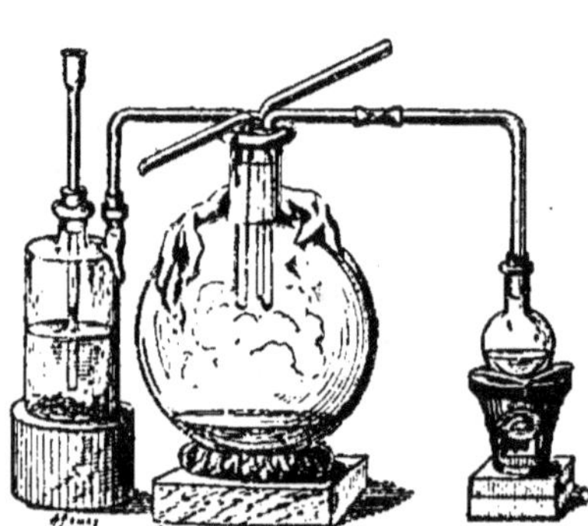

Figure 37.

buvard qui peut s'enflammer. — 9º Verser de l'acide sulfurique sur de la craie. — 10º Verser de l'acide sulfurique sur du sel marin. — 11º Plonger sucre, bois, étoffe dans l'acide. L'expérience avec le sucre doit être faite dans une éprouvette. On peut aussi écrire sur du papier avec une baguette de verre trempée dans l'acide ; les caractères deviennent noirs, surtout si on les chauffe. — 12º Jeter du sulfate de fer dans l'acide ; le cristal devient blanc, puis tombe au fond, ensuite la liqueur devient rose. — 13º Graver sur fer ou acier. Mêmes opérations que pour la gravure sur cuivre par l'acide azotique.

3. PRÉPARATION DE L'ACIDE SULFHYDRIQUE

1º Monter l'appareil (ballon, flacon laveur [*fig*. 38]). — 2º Introduire 50 grammes de sulfure de fer ou d'antimoine, et 100 grammes d'acide chlorhydrique étendu (67^{cmc}). On ne chauffe que si l'on emploie le

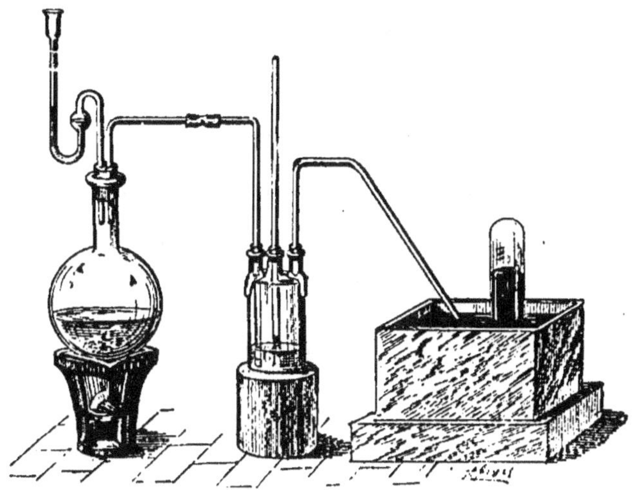

Figure 38.

sulfure d'antimoine. — 3º Observer les phénomènes. — 4º Recueillir sur l'eau. — 5º Faire une dissolution dans de l'eau bouillie.

REMARQUE. — Il faut plusieurs minutes pour recueillir un peu de ce gaz sur la cuve à eau ; car il faut d'abord que l'eau qui est dans l'éprouvette s'en soit saturée.

4. — PROPRIÉTÉS DE L'ACIDE SULFHYDRIQUE

1º Enflammer une éprouvette d'acide sulfhydrique. — 2º Mettre une goutte de la solution sur une pièce d'argent. — 3º Écrire sur papier avec azotate d'argent, sulfate de cuivre, acétate de plomb, et présenter à un courant d'acide sulfhydrique. — 4º Verser de l'acide azotique dans une dissolution d'acide sulfhydrique.

VI. — ÉTUDE DE L'AIR ET DE L'AZOTE

1. — ANALYSE DE L'AIR PAR LE PHOSPHORE A CHAUD ET PRÉPARATION DE L'AZOTE

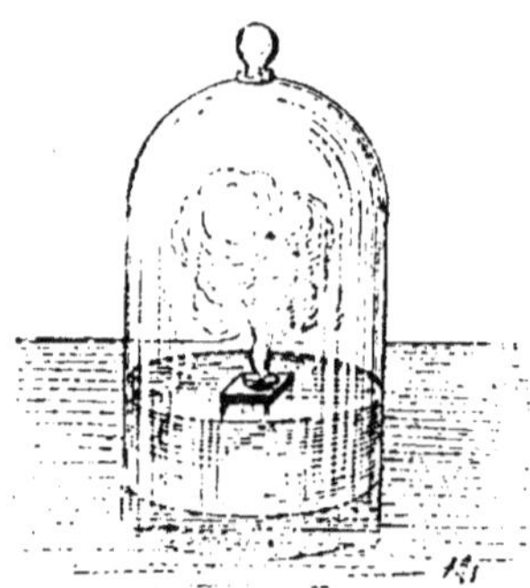

Figure 39.

1° Monter l'appareil (cuvette d'eau, flotteur, coupelle, cloche pour recouvrir le tout [*fig.* 39]. — 2° Mettre du phosphore dans la coupelle. — 3° L'enflammer, et recouvrir de la cloche. — 4° Observer les phénomènes produits. — 5° Évaluer la diminution de volume de la masse gazeuse lorsque l'acide phosphorique blanc a disparu. — 6° Transvaser le résidu gazeux dans une éprouvette sous l'eau. — 7° Caractériser l'azote obtenu : *a*) Il éteint une allumette. — *b*) Il ne trouble pas l'eau de chaux [1].

REMARQUE. — La même expérience peut être faite avec une bougie allumée dans une carafe renversée sur une assiette contenant de l'eau.

2. — AUTRES MATIÈRES CONTENUES DANS L'AIR

1° *Vapeur d'eau*. — Laisser à l'air libre un fragment de potasse caustique sec sur une soucoupe, et constater le lendemain ce qu'il est devenu. — 2° *Acide carbonique*. — Verser à l'air libre de l'eau de chaux dans un verre, et constater le lendemain ce qu'elle est devenue. — 3° *Matières solides organiques* : *a*) Prendre une allonge effilée (verre de lampe renflé); la remplir de glace et la suspendre au-dessus d'un matras à long col (on la bouche à ses deux extrémités [*fig.* 40]). — *b*) Observer la condensation de la vapeur sur ses parois, laquelle y en-

1. Les chimistes anglais Rayleigh et Ramsay ont montré à la fin de 1894 que le gaz ainsi préparé n'est pas de l'azote pur, mais qu'il contient, dans la proportion de 1 pour 100 environ, un élément jusqu'alors passé inaperçu, doué de moins d'affinités chimiques que l'azote lui-même. Ils ont donné à cet élément le nom d'*argon*, qui signifie inerte, inactif.

traîne les corpuscules organiques; l'eau condensée s'écoule dans le matras. — *c*) Dans ce dernier, ajouter de l'acide sulfurique faible. — *d*) Chauffer, et ajouter du permanganate de potasse en dissolution qui se décolore. — *e*) A défaut de permanganate de potasse, évaporer à siccité l'eau condensée, et ajouter de l'acide sulfurique concentré qui noircit par la carbonisation des matières organiques. (Le procédé au permanganate est plus sensible.)

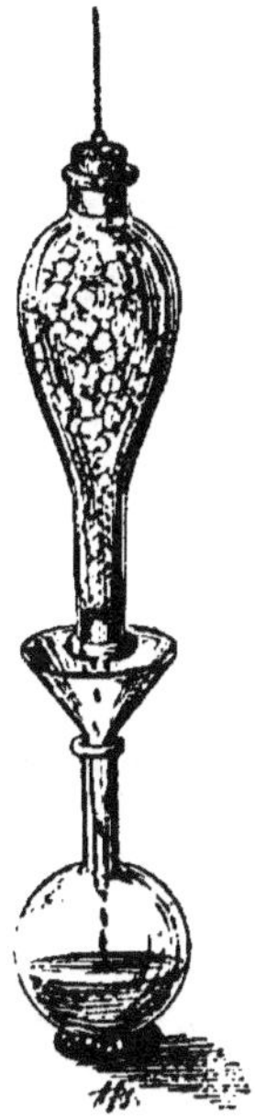

3. — ANALYSE DE L'AIR PAR LE PYROGALLATE DE POTASSE

1° Remplir presque complètement d'air une éprouvette graduée, sur la cuve à mercure. — 2° Y introduire une dissolution de potasse, et une dissolution d'acide pyrogallique faite au moment même. — 3° Boucher avec le doigt et agiter. Observer la coloration du liquide. — 4° Écarter un peu le doigt sur le mercure; ce dernier monte pour remplacer l'oxygène disparu. On fait cet essai plusieurs fois, jusqu'à ce que le mercure ne monte plus. — 5° Alors transporter le tube sur la cuve à eau et ôter le doigt; agiter un instant pour rincer les parois du tube. — 6° L'enfoncer de manière que le niveau de l'eau soit le même à l'intérieur qu'à l'extérieur; le volume observé est celui de l'azote.

4. — PRÉPARATION DE L'AZOTE PAR L'AZOTITE D'AMMONIAQUE

Figure 40.

1° Introduire dans un ballon de l'amidon et de l'acide azotique. — 2° Chauffer doucement, et conduire l'acide azoteux qui se dégage dans une solution de soude (*fig.* 41). — 3° Introduire 69 grammes de l'azotite de soude formé dans un autre ballon. — 4° Mélanger avec lui du chlorhydrate d'ammoniaque (53gr,5). — 5° Chauffer et conduire l'azote obtenu sous une éprouvette, sur la cuve à eau [1].

Nota. — Avec 30 grammes d'azotite d'ammoniaque, on obtient immédiatement le même résultat.

---

[1] Jungfleisch. *Manipulations de chimie.*

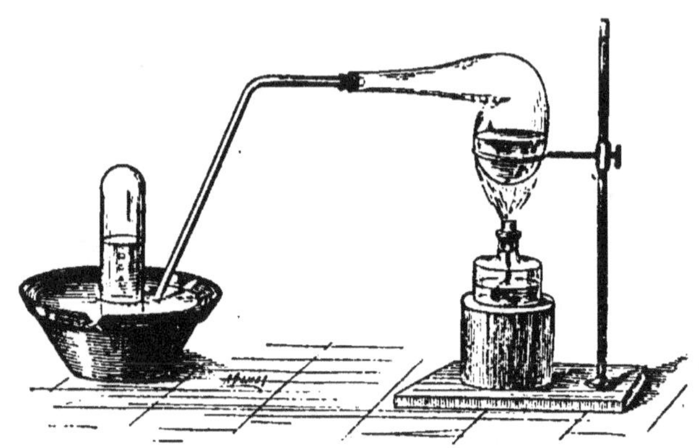

Figure 41.

5. — PROPRIÉTÉS DE L'AZOTE

1° Constater que l'azote n'est ni combustible, ni comburant. — 2° Remplir un eudiomètre d'air, y faire passer une série d'étincelles électriques produites par une bobine de Ruhmkorff, et constater qu'il se produit de l'acide hypoazotique.

6. — COMBUSTION RENVERSÉE

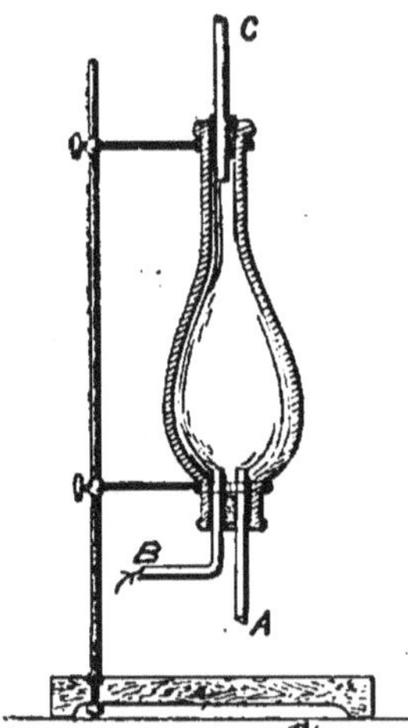

Figure 42.

1° Se procurer un verre de lampe renflé et le monter sur un support vertical à deux anneaux (*fig.* 42). — 2° Le fermer à ses deux orifices par deux bouchons percés, celui d'en bas ayant deux trous. — 3° Engager des tubes dans les trous des bouchons. Celui du bas reçoit un tube droit un peu large A et un tube coudé B, par où l'on fera arriver un gaz combustible (hydrogène ou gaz d'éclairage). Celui du haut reçoit un petit tube droit C. — 4° Adapter le tube B à la conduite du gaz, et le laisser arriver ; quand l'air est expulsé, fermer le tube A avec le doigt pour que le récipient se remplisse du gaz. — 5° Mettre le feu à l'extrémité du tube A, après avoir fermé le tube C avec le doigt. — 6° Pour renverser la combustion, enlever le doigt de C; la flamme passe à l'intérieur et brûle à l'extrémité intérieure du tube A. — 7° Pour la ramener à l'extérieur, boucher en C.

VII. — ÉTUDE DU BIOXYDE ET DU PROTOXYDE D'AZOTE

I. — PRÉPARATION DU BIOXYDE D'AZOTE

1° Monter l'appareil (flacon à deux tubulures, cuve à eau [voir *fig.* 23, *page* 33]). — 2° Introduire de l'eau (60^{cmc}) et de la tournure de

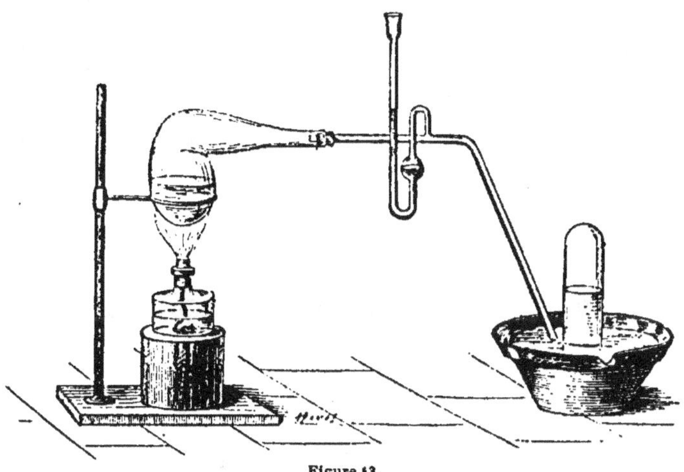

Figure 43.

cuivre (30^{gr}). — 3° Verser de l'acide azotique par petites portions (100 centimètres cubes d'acide azotique de densité $= 1,2$). — 4° Observer ce qui se passe. — 5° Recueillir le gaz.

2. — SES PROPRIÉTÉS

1° Laisser une éprouvette de bioxyde d'azote ouverte à l'air. — 2° Dans un flacon de bioxyde d'azote, faire brûler du charbon. — 3° Dans un flacon de bioxyde d'azote, essayer de faire brûler du soufre.

— 4° Dans un flacon de bioxyde d'azote, faire brûler du phosphore. — 5° Mettre dans la main quelques gouttes de sulfure de carbone; introduire alors la main sous une éprouvette de bioxyde d'azote; agiter et enflammer.

3. — PRÉPARATION DU PROTOXYDE D'AZOTE

1° Monter l'appareil (ballon ou cornue, cuve à eau [*fig.* 43]). — 2° Y introduire 40 grammes d'azotate d'ammoniaque. — 3° Chauffer en surveillant le dégagement, pour éviter l'engorgement du tube. — 4° Observer, et recueillir le gaz. — 5° Arrêter l'opération avant la disparition complète du liquide.

4. — SES PROPRIÉTÉS

Mêmes essais que pour le bioxyde d'azote. Noter les différences.

REMARQUES. — 1° Dans les manipulations sur les composés oxygénés de l'azote, éviter de respirer les vapeurs nitreuses. (Si l'on en est déjà incommodé, respirer de l'ammoniaque étendue, et, si cela ne suffit pas pour faire disparaître le malaise, respirer de l'oxygène pur.) — 2° La cinquième expérience sur le bioxyde d'azote peut être faite autrement : *a)* Introduire dans un flacon du coton imprégné de sulfure de carbone. — *b)* Le boucher avec un bouchon à deux tubulures. — *c)* Adapter l'une d'elles à l'appareil producteur de bioxyde d'azote. — *d)* Lorsqu'on juge que tout l'air est expulsé, enflammer le jet de gaz à l'extrémité de la deuxième tubulure.

~~~~~~

VIII. — ÉTUDE DE L'ACIDE AZOTIQUE

I. — PRÉPARATION DE L'ACIDE AZOTIQUE

1° Monter l'appareil (cornue ou ballon pour chauffer l'azotate de soude; ballon pour recevoir l'acide azotique; cuvette; linge mouillé recouvrant le ballon pour le refroidir). Humecter constamment le linge. — 2° Introduire l'azotate de soude (85^{gr}), puis l'acide sulfurique ($100^{gr} = 55^{cmc}$), à l'aide d'un tube à entonnoir [*fig.* 44]). — 3° Chauffer et observer les phénomènes produits. — 4° Arrêter l'opération quand apparaissent les vapeurs d'acide hypoazotique. — 5° Verser le produit distillé dans un verre. — 6° Caractériser l'acide azotique en en versant quelques gouttes sur du cuivre ou du sulfate de fer.

NOTA. — Les 85 grammes d'azotate de soude peuvent être remplacés par 101 grammes d'azotate de potasse.
~~~~~~

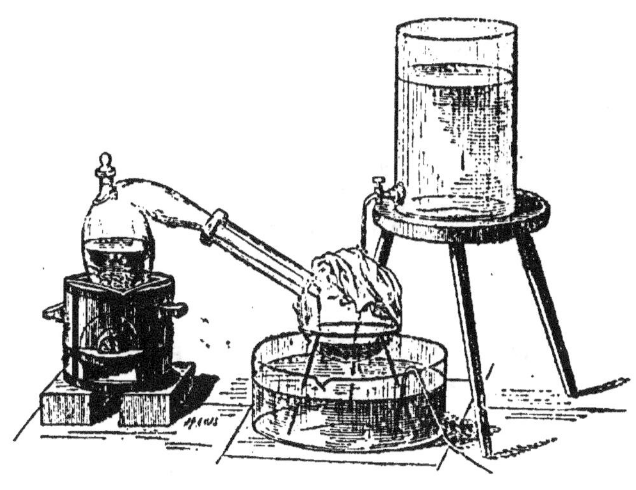

Figure 44.

2. — ÉTUDE DES PROPRIÉTÉS DE L'ACIDE AZOTIQUE

A. — *Oxydation.*

1° Verser à l'aide d'une pipette de l'acide azotique concentré sur du noir de fumée calciné. (Réduction par le charbon.) — 2° En chauffer dans un tube à essai avec du soufre. (Action des métalloïdes.) — 3° En chauffer dans un tube à essai avec du cuivre. (Action des métaux.) — 4° Mettre des clous dans de l'acide azotique étendu, puis dans l'acide azotique concentré, et alors dans l'acide azotique étendu; toucher le fer avec un fil de cuivre. (Fer passif.) — 5° En verser sur de l'étain. (Formation d'acide stannique.) — 6° En verser sur de l'antimoine. (Formation d'acide antimonique.) — 7° En verser sur de l'arsenic. (Formation d'acide arsénique).

B. — *Coloration.*

1° Mettre une goutte d'acide azotique étendu sur une étoffe teinte en bleu. (Décoloration.) — 2° Plonger dans l'acide, de la laine, de la soie, des plumes. (Coloration en jaune.)

4

C. — *Gravure sur cuivre.*

1° Recouvrir de cire ou de vernis une lame de cuivre ou d'acier. — 2° Graver des caractères avec une pointe fine. — 3° Déposer de l'acide azotique sur les caractères gravés. — 4° Dissoudre la cire dans l'eau chaude.

REMARQUES.—1° La cire à employer pour la gravure est plus facile à appliquer si elle est en dissolution dans l'essence de térébenthine. Elle s'enlève ensuite à l'aide de la même essence. — 2° On peut rendre le caractères gravés plus apparents, en les frottant avec un mélange d'huile et de noir de fumée, ou d'huile et de minium.

IX. — ÉTUDE DE L'AMMONIAQUE

I. — PRÉPARATION

1° Monter un appareil à gaz, et une cuve à mercure (*fig.* 45). — 2° Introduire du mercure dans le tube de sûreté. — 3° Adapter un

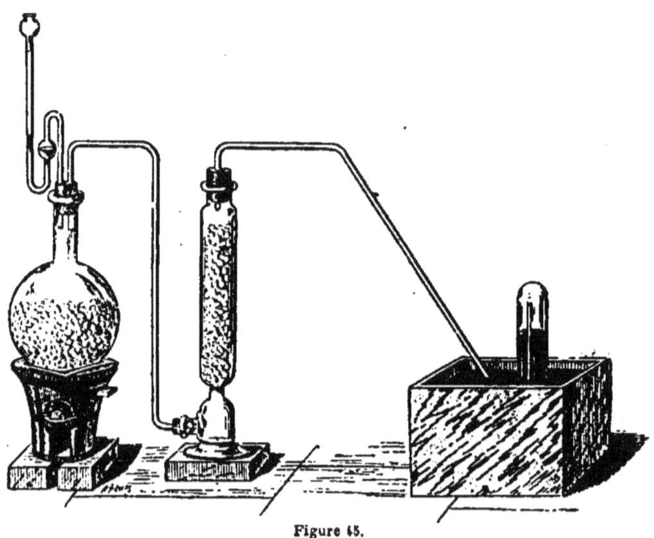

Figure 45.

tube dessécheur contenant des fragments de potasse caustique. — 4° Mêler intimement, dans un mortier, 50 grammes de sel ammoniac et

120 grammes de chaux vive. — 5° Introduire ce mélange dans le ballon. — 6° Chauffer, d'abord peu, puis plus vivement, et recevoir le gaz.

REMARQUE. — Si l'on ne veut que la dissolution, remplacer le tube à des-sécher par un flacon laveur contenant une solution de potasse, et la cuve à mercure par l'appareil de Wolf. Dans ce cas, employer du sulfate d'ammoniaque et de la chaux éteinte.

2. — PROPRIÉTÉS

1° Constater l'odeur, en évitant de trop respirer le gaz. — 2° Si l'on recueille le gaz, constater sa solubilité comme suit : *a*) Introduire ce gaz dans un flacon. — *b*) Fermer ce flacon avec un bouchon traversé d'un tube effilé aux deux bouts, le bout externe étant fermé. — *c*) Renverser le flacon sur un récipient conte-nant de l'eau rougie par le tour-nesol acidifié. — *d*) Casser sous cette eau la pointe effilée, le liquide se précipite en jet dans le flacon, et y bleuit (*fig.* 46). — 3° Avec la dissolution, bleuir le tournesol acidifié. — 4° Avec la dissolution faire l'*eau céleste* en la versant dans un sel de cuivre en dissolution. — 5° Avec la dissolution faire de l'azotite de cuivre, en la versant sur de la tournure de cuivre, dis-posée sur un entonnoir ; con-

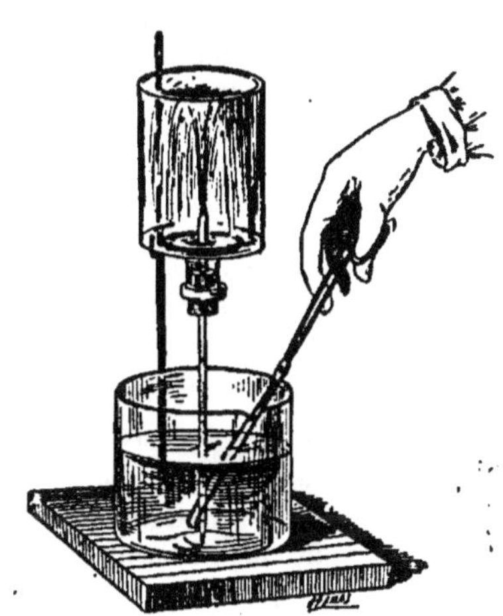

Figure 46.

stater que cet azotite dissout le coton. — 6° Avec la dissolution, enlever une tache grasse, une tache d'acide. — 7° Avec la dissolution, constater son rôle dans l'ivresse et dans la météorisation, en y fai-sant barboter un courant d'acide carbonique ou d'acide sulfhydrique. — 8° Étudier son action sur les fleurs, pélargonium, rose, etc., et notamment sur les fleurs tachées par les cendres.

REMARQUE. — On peut recueillir le gaz ammoniac sans mercure. Pour cela, on le reçoit dans un flacon renversé, le tube adducteur allant jusqu'à en tou-cher le fond. Lorsqu'une allumette enflammée s'éteint quand on la présente au goulot, le flacon est plein.

X. — ÉTUDE DU PHOSPHORE ET DE L'ACIDE PHOSPHORIQUE

1. — OS

1º Calciner des os concassés dans un creuset ouvert. — 2º Constater le dégagement d'acide carbonique produit par l'action de l'acide chlorhydrique sur les os calcinés. — 3º Laisser digérer un os frais dans l'acide chlorhydrique étendu.

2. — PROPRIÉTÉS DU PHOSPHORE

1º Dissoudre du phosphore dans le sulfure de carbone. — 2º Absorber la dissolution par du papier buvard et *laisser sécher*, en évitant de le poser sur un support combustible. — 3º Faire brûler le phosphore sous l'eau : *a*) Dans un verre, mettre du chlorate de potasse et de l'eau. — *b*) Au fond, de petits morceaux de phosphore. — *c*) Verser goutte à goutte de l'acide sulfurique par un tube à entonnoir plongeant au fond sans toucher le phosphore. *Éviter les projections de phosphore.* (L'expérience réussit même avec des bouts d'allumette.) — 4º Distinguer : le *phosphore rouge* (A) du *phosphore blanc* (B).

(A) Insoluble dans le sulfure de carbone. A l'air ne s'oxyde pas.

(B) Soluble dans le sulfure de carbone. S'oxyde à l'air.

3. — ACIDES PHOSPHORIQUES

A. — *Préparation de l'acide orthophosphorique.*

1º Monter l'appareil (cornue, ballon, cuve à eau, fourneau [voir *fig*. 44, *page* 49]). — 2º Introduire de l'acide azotique et du phosphore rouge. — 3º Chauffer modérément. — 4º Observer les phénomènes produits. — 5º Cohober quand la moitié du liquide de la cornue a distillé. — 6º Chauffer le produit de la cornue pour chasser l'acide azotique.

B. — *Préparation des acides phosphorique anhydre et métaphosphorique.*

1º Brûler le phosphore sur une assiette, sous une cloche à eau. — 2º Laisser se dissoudre le phosphore anhydre dans l'eau.

C. — *Caractères à vérifier.*

	AZOTATE D'ARGENT	CHLORURE DE BARYUM
Acide orthophosphorique.	Précipité jaune.	Pas de précipité.
Acide pyrophosphorique.	Précipité blanc.	Pas de précipité.
Acide métaphosphorique.	Précipité blanc.	Précipité blanc.

4. — PRÉPARATION DU PHOSPHURE D'HYDROGÈNE INFLAMMABLE

Jeter du phosphure de calcium dans un verre d'eau, et observer l'effet produit (*fig.* 47).

5. — DISTINGUER UN PHOSPHATE D'UN ARSÉNIATE

Action de l'azotate d'argent.

Phosphate, précipité jaune. — Arséniate, précipité rouge[1].

6. — MOYEN D'OBTENIR UN LIQUIDE LUMINEUX

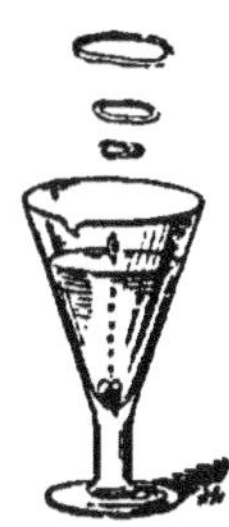

A. — 1° Prendre une petite bouteille en verre clair, mince. — 2° Y faire bouillir de l'eau avec quelques petits fragments de phosphore. — 3° Avant refroidissement, boucher et enduire de cire à cacheter pour avoir une fermeture hermétique. — 4° Quand on agitera la bouteille, le liquide luira.

B. — 1° Dans une petite bouteille, introduire les deux tiers de son volume d'huile d'olive. — 2° Y laisser tremper un morceau de phosphore. — 3° Boucher soigneusement. — 4° Chaque fois qu'on débouchera la bouteille, le liquide luira. Le liquide bien conservé peut servir à obtenir des dessins phosphorescents[2].

Figure 47.

XI. — ÉTUDE DU CHLORE ET DE L'IODE

1. — PRÉPARATION DU CHLORE

1° Monter l'appareil (ballon, bouchon de liège, etc. [*fig.* 48]). — 2° Y introduire 60 grammes de bioxyde de manganèse et 100 grammes d'acide chlorhydrique. — 3° Chauffer lentement. — 4° Recueillir le gaz par déplacement dans des flacons recouverts. — 5° Éviter de respirer le gaz. — 6° En faire une dissolution dans des flacons de Wolf.

REMARQUE.— Le chlore peut se préparer à froid par l'action de l'acide chlorhydrique sur le chlorure de chaux.

---

1. L. Mathieu. *Vade-mecum des travaux pratiques du laboratoire de chimie.*
2. G. Tissandier. *Recettes et procédés utiles.*

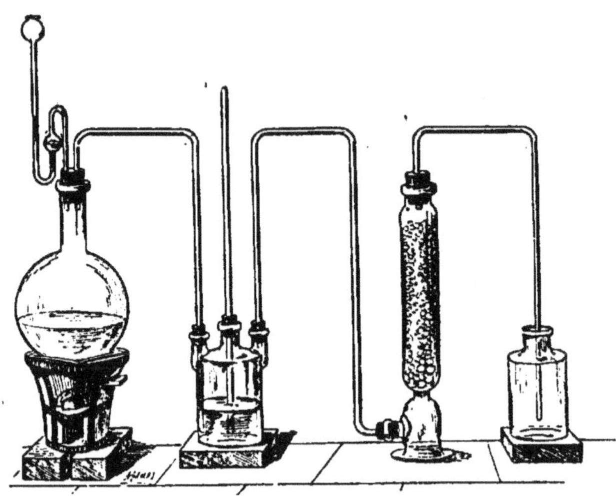

Figure 48.

2. — SES PROPRIÉTÉS CHIMIQUES

1º *Combustion dans le chlore.* — Introduire dans un flacon de chlore une spirale de cuivre chauffée. — 2º *Préparation de l'hypochlorite de chaux :* a) Faire passer un courant de chlore dans une éprouvette à dessécher horizontale, contenant de la chaux éteinte. — b) Lessiver et constater le pouvoir décolorant de l'hypochlorite. — 3º *Enlever une tache d'encre :* a) Laver à l'eau de chlore, ou à l'eau de Javel. — b) Laver avec de l'acide chlorhydrique étendu. — c) Laver à l'eau ordinaire. — 4º *Décolorer du vin :* a) Mettre du vin dans un verre. — b) Y ajouter un peu d'eau de Javel. — c) Additionner le tout d'eau de Seltz. (Le vin se décolore.)

3. — PROPRIÉTÉS DE L'IODE

1º Vaporiser et sublimer quelques cristaux d'iode dans un ballon. — 2º Dissoudre un cristal d'iode dans de l'alcool (teinture d'iode). — 3º Chauffer dans une capsule de l'eau et de l'amidon ; ajouter une goutte de teinture d'iode. (Observer le changement de coloration après une ébullition prolongée.)

REMARQUE. — En cas d'asphyxie par le chlore ou les vapeurs d'iode, respirer au-dessus d'eau légèrement ammoniacale, ou d'eau bouillante.

4. — IODURE D'AZOTE

1° Disposer un entonnoir de verre et un filtre au-dessus, lequel doit être bien enfoncé. — 2° Boucher avec un bouchon l'extrémité inférieure de l'entonnoir. — 3° Remplir l'entonnoir d'ammoniaque. — 4° Y jeter quelques paillettes d'iode. — 5° Remuer sans crever le papier. — 6° Enlever le bouchon, et remarquer la poudre grise qui est sur le filtre : c'est l'iodure d'azote. — 7° Pendant que le filtre est humide, couper la portion qui contient la poudre en plusieurs parties que l'on isole et laisse sécher. — 8° Il suffit de frotter avec une plume cette poudre sèche pour qu'elle détone.

NOTA. — N'opérer que sur une très petite quantité de matière.

5. — ÉCRAN DIATHERMANE

1° Dissoudre de l'iode dans du sulfure de carbone, à froid jusqu'à saturation. — 2° Verser le liquide dans un flacon carré. — 3° Placer une bougie d'un côté; constater l'opacité de ce liquide. — 4° Placer d'un côté une source de chaleur; de l'autre un thermomètre, et remarquer que ce dernier monte.

XII. — ÉTUDE DE L'ACIDE CHLORHYDRIQUE

I. — PRÉPARATION

1° Monter l'appareil (ballon, tube abducteur et cuve à mercure [voir *fig.* 38, *page* 43]). — 2° Faire fondre 100 grammes de chlorure de sodium ; le couler sur une pierre; quand il est solidifié, le concasser et le mettre dans le ballon. — 3° Y introduire ensuite par le tube à entonnoir, et progressivement, un mélange de 120 grammes (87^{cmc}) d'acide sulfurique et de 29 centimètres cubes d'eau. — 4° Recueillir le gaz sur la cuve à eau ou à mercure.

2. — PRÉPARATION D'UNE SOLUTION

On fait arriver le gaz dans des flacons de Wolf.

NOTA. — Comme la dissolution d'acide chlorhydrique est plus dense que l'eau (1,247), il est nécessaire de ne pas enfoncer trop les tubes dans l'eau des flacons.

3. — PROPRIÉTÉS PHYSIQUES

1º Constater son odeur piquante et suffocante. — 2º Montrer sa solubilité en ouvrant sous l'eau une éprouvette de gaz. On voit l'eau monter rapidement et quelquefois l'éprouvette est brisée. — 3º Constater également sa solubilité par l'*Expérience* 2 (2º) de la Manipulation sur l'ammoniaque, *page* 51, le liquide étant bleui par le tournesol.

4. — PROPRIÉTÉS CHIMIQUES

1º Constater qu'il n'est ni combustible ni comburant. Une allumette s'éteint dans ce gaz. — 2º Neutraliser une solution de ce gaz par la potasse. — 3º Décaper une barre de fer. — 4º Verser de l'acide sur de la craie. — 5º Dans un tube à essai verser de l'acide sur du bioxyde de manganèse : production de chlore. — 6º Verser l'acide chlorhydrique dans de l'azotate d'argent et dissoudre le précipité dans de l'ammoniaque.

5. — EAU RÉGALE

1º Mêler un volume d'acide azotique titrant 35º Baumé avec 4 volumes d'acide chlorhydrique titrant 22º Baumé. — 2º Introduire dans ce mélange une feuille d'or. — 3º Remarquer sa disparition rapide.

XIII. — ÉTUDE DU CHARBON

I. — NOIR ANIMAL

A. — *Préparation*

1º Calciner, dans un creuset, des os concassés. — 2º Constater l'ammoniaque dans les produits volatils qui se dégagent. — 3º Arrêter quand il n'y a plus de dégagement de produits volatils.

B. — *Propriétés décolorantes.*

1º Piler les os calcinés. — 2º Disposer la poudre sur deux filtres. — 3º Décolorer le vin. — 4º Décolorer un sirop de glucose.

2· — NOIR DE FUMÉE

1º Le préparer en brûlant de la résine chauffée dans un têt en terre ;
le recueillir dans un cornet de papier. — 2º Faire une encre indélébile
en mélangeant le noir de fumée à l'encre ordinaire. Vérifier sa résistance aux acides.

3· — PRÉPARATION DU CARBONE PUR

1º Calciner du sucre dans un têt en terre. — 2º Observer les phénomènes jusqu'à la transformation en charbon. — 3º Calciner du pain.

4· — PROPRIÉTÉS RÉDUCTRICES

1º Chauffer au rouge un creuset, où un tube à essai, contenant de
l'oxyde de cuivre et du charbon. — 2º Remuer avec une tige de fer et

Figure 49.

constater l'existence du cuivre (*fig.* 49). Si l'on fait barboter le gaz
dégagé dans de l'eau de chaux, on constate que c'est de l'acide carbonique. — 3º Action sur l'eau : *a*) Introduire des charbons enflammés
sous une cuve à eau.— *b*) Faire brûler les gaz recueillis dans une éprouvette, et additionner d'eau de chaux.

5. — PROPRIÉTÉS ABSORBANTES

1º Remplir une éprouvette de gaz ammoniac, une autre d'acide
chlorhydrique sur la cuve à mercure. — 2º Introduire sous chaque

éprouvette un morceau de charbon chauffé (*fig.* 50). — 3° Rapprocher les deux charbons. — 4° Épurer une eau corrompue : *a*) Fermer la tubulure inférieure d'une éprouvette à dessécher, à l'aide d'un bouchon traversé par un tube de verre — *b*) Remplir cette éprouvette de charbon en fragments à la partie inférieure, et de poussière en dessus (*fig.* 51). — *c*) Verser de l'eau corrompue et la recueillir à

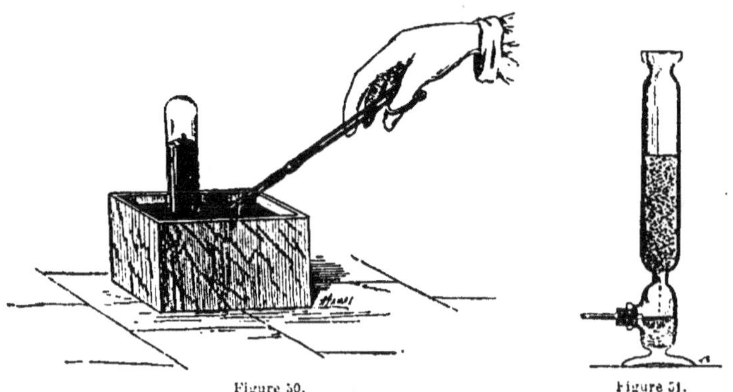

Figure 50. Figure 51.

la sortie. — 5° La même expérience peut être faite à l'aide d'une pipe en terre remplie de charbon et bouchée avec de la ouate; l'extrémité du tuyau est fixée à un caoutchouc disposé pour faire siphon. On l'amorce comme les autres siphons. — 6° On peut encore le faire avec une solution d'acide sulfhydrique, et constater qu'elle ne décompose plus l'acétate de plomb.

6. — PRÉPARATION DU CHARBON DE BERZÉLIUS A COUPER LE VERRE

1° Dissoudre dans l'eau 30 grammes de gomme arabique et 13 grammes de gomme adragante. — 2° Dissoudre dans l'alcool 5 grammes de storax calamite et 13 grammes de benjoin. — 3° Mêler les deux solutions et ajouter 100 grammes de noir de fumée. — 4° Malaxer la pâte, et en façonner des crayons en la roulant entre deux plaques de verre saupoudrées de charbon.

Un crayon ainsi préparé, quand on en touche le verre avec sa pointe rougie au feu, le coupe très aisément. (G. Tissandier.)

7. — PEINTURE POUR TABLEAUX NOIRS

1° Mélanger 10 parties de noir de fumée, 10 parties de blanc d'Es-

pagne et 9 par.ies d'essence de térébenthine, les solides en poudre
très fine. — 2° Au moment de s'en servir, ajouter 8 parties de vernis
copal. —' 3° Étendre ce mélange sur la planche préalablement bien unie.
— 4° La couche met trois jours à sécher. Si elle ne suffit pas, en ajouter
une seconde [1].

8. — PRÉPARATION DU CHARBON DE CORNUE

1° Prendre une bouteille en terre; faire un trou dans le fond et le
boucher avec de l'argile. — 2° Remplir la bouteille de houille concassée
et lavée. — 3° Boucher avec un bouchon d'argile traversé par un tube
éloignant le gaz qui se dégagera. — 4° Mettre la bouteille dans un
fourneau. — 5° Quand elle est rouge, la retirer, déboucher le trou du
fond avec une tige de fer, et laisser couler le goudron. — 6° Remettre
la bouteille dans le feu pendant cinq minutes. — 7° La retirer, laisser
refroidir, briser la bouteille, et retirer le charbon [1].

XIV. — ÉTUDE DE L'OXYDE DE CARBONE — PROPRIÉTÉS DE LA FLAMME

I. — PRÉPARATION DE L'OXYDE DE CARBONE PAR L'ACIDE OXALIQUE

1° Monter l'appareil : ballon, flacon, laveur à potasse. — 2° Introduire 30 grammes d'acide oxalique. — 3° Introduire 180 grammes
d'acide sulfurique (100^{cmc}). — 4° Chauffer et observer. — 5° Recueillir le gaz sur une cuve à eau. — 6° Caractériser l'oxyde de carbone en l'enflammant, et ajoutant de l'eau de chaux dans l'éprouvette.

2. — SES PROPRIÉTÉS

1° Constater sa combustibilité et sa flamme. — 2° Réduire, à l'aide
d'un courant de ce gaz, de l'oxyde de cuivre chauffé dans un tube de
verre vert. Constater le dégagement d'acide carbonique.

3. — ÉTUDE DES PROPRIÉTÉS DE LA FLAMME

A. — *Nature de la flamme.*

Comparer la combustion de la houille à celle du coke ténu projetés

---

1. G. Tissandier.

l'un et l'autre sur une toile métallique placée sur un bec de Bunsen à flamme sombre.

B. — Pouvoir éclairant (bec de Bunsen).

1° Couper la flamme brillante d'un gaz avec une soucoupe. — 2° Même expérience avec flamme incolore. — 3° Rendre brillante la flamme en projetant de la poussière de charbon.

C. — Recueillir les gaz d'une flamme
de bougie (fig. 52).

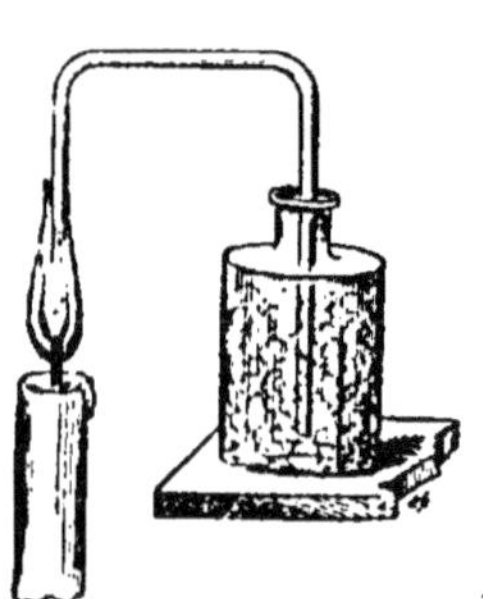

Figure 52.

Prendre un tube en U dont l'une des extrémités plonge dans la partie obscure de la flamme, et l'autre au travers d'un bouchon de flacon fermant mal. Le flacon se remplit de ces gaz lourds. Ensuite remplacer ce bouchon par un autre muni de deux tubes, l'un à entonnoir, l'autre effilé. Verser de l'eau dans l'entonnoir, et enflammer les gaz à l'extrémité effilée.

D. — Observer les zones de la flamme d'une bougie à la vue.

Puis les faire se dessiner elles-mêmes sur une feuille de papier blanc bien appuyée sur une feuille de fer-blanc (fig. 53). La flamme doit lécher le papier.

E. — En reconnaître les propriétés avec fil de platine ou de fer.

F. — Souffler dans le chalumeau (fig. 54) et obtenir un jet continu.

G. — Constater l'oxydation d'un sulfure sur lame de platine à l'extrémité
de la flamme (feu d'oxydation), non au milieu (feu de réduction)

II. — Toile métallique.

1° Couper la flamme d'une bougie avec une toile ; enflammer le gaz au-dessus. — 2° Couper la flamme et laisser rougir la toile.

I. — *Coloration de la flamme par les métaux.*

Sur les bords de la flamme incolore d'un bec de Bunsen :
1º Mettre fil de platine trempé dans chlorure de sodium. — 2º Mettre fil de platine trempé dans chlorure de calcium. — 3º Mettre fil de platine trempé dans chlorure d'étain. — 4º Mettre fil de platine trempé dans chlorure de baryum.

(Constater les teintes obtenues.)

J. — *Flamme spectrale*
(dans l'obscurité).

a) Arroser un peu d'étoupe avec de l'alcool. — *b*) La saupoudrer avec du sel marin finement pulvérisé. — *c*) L'enflammer, et observer l'aspect des figures des spectateurs.

K. — *Flamme chantante.*

Voir *Lampe philosophique* dans la Manipulation sur l'hydrogène, *vage* 34. L'expérience peut être faite plus commodément et avec moins de danger au moyen du gaz d'éclairage, sous faible pression.

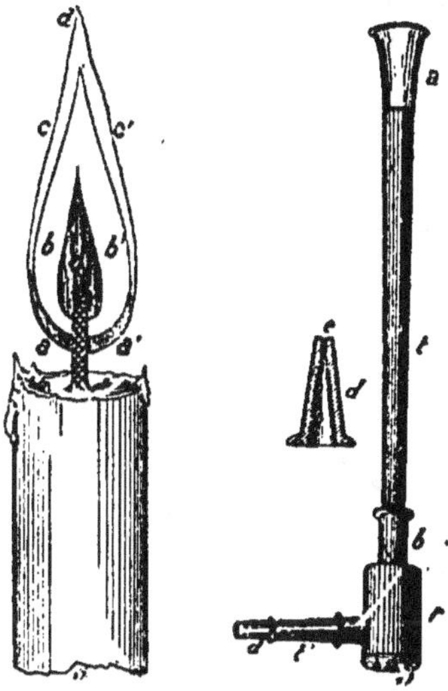

Figure 53.   Figure 54.

L. — *Flamme sensible.*

1º Se procurer un miroir plan assez long dans un sens. — 2º Le suspendre verticalement dans le sens de sa plus petite longueur. — 3º Le faire balancer après l'avoir placé devant une bougie. — 4º Parler dans un cornet acoustique devant la flamme, et observer les effets produits sur son image. On observe les mêmes résultats en jouant d'un instrument à vent devant la flamme.

XV. — ÉTUDE DE L'ACIDE CARBONIQUE

1. — PRÉPARATION DE L'ACIDE CARBONIQUE PAR LE MARBRE OU LA CRAIE

1º Monter l'appareil (flacon, tube abducteur [voir *fig.* 28, *page* 33]). — 2º Y introduire de l'eau au tiers du vase, 50 grammes de craie ou de marbre blanc, et quelques gouttes d'acide chlorhydrique. — 3º Observer les phénomènes produits. — 4º Recueillir sur l'eau. — 5º Caractériser l'acide carbonique. — *a)* Éteint une allumette enflammée. — *b)* Trouble l'eau de chaux.

2. — PROPRIÉTÉS PHYSIQUES DE L'ACIDE CARBONIQUE

1º Faire dégager l'acide carbonique dans un verre d'eau; ou encore, le faire dégager dans   verre, y mettre un peu d'eau, c   ppliquer la main dessus; le verre adhère bientôt à la main. — 2º Constater sa saveur aigrelette. — 3º Expériences sur la densité. — *a)* Bulle de savon flottant sur l'acide carbonique. — *b)* La fumée aussi flotte sur lui. — *c)* Verser une éprouvette de gaz sur une bougie allumée disposée au fond d'une éprouvette (*fig.* 55). — *d)* Le siphoner comme de l'eau. — *e)* Construire une roue à augets en papier et la faire fonctionner en versant de l'acide carbonique (*fig.* 56) dans les augets [1].

Figure 55.

3. — ÉTUDE DES PROPRIÉTÉS CHIMIQUES DE L'ACIDE CARBONIQUE

1º Vérifier qu'il n'est ni combustible, ni comburant; son action sur le tournesol. — 2º Faire dégager le gaz dans la potasse, dans l'eau de chaux. — 3º Préparation de l'eau de Seltz : introduire dans une bou-

[1]. G. Tissandier.

teille 2 grammes d'acide tartrique et 2 grammes de bicarbonate de soude; boucher vivement; après dissolution, verser dans un verre.

REMARQUES. — 1° La préparation peut être faite avec de la craie. — 2° Un courant d'acide carbonique ou une addition d'eau de Seltz trouble l'eau de chaux; mais, si l'on fait continuer le courant ou si l'on verse davantage d'eau de Seltz, le trouble disparaît. L'eau, qui contient maintenant du bicarbonate de chaux dissous, peut être troublée de nouveau, soit en la chauffant, soit en la laissant tomber goutte à goutte d'une certaine hauteur. — 3° La roue à augets.

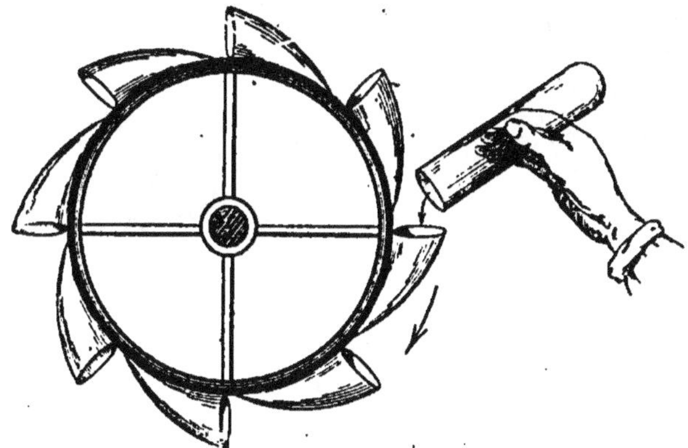

Figure 56.

disposée à la renverse, peut être employée à montrer la légèreté de l'hydro-gène. — 4° Le gaz acide carbonique peut montrer la diffusion des gaz les uns dans les autres : a) Remplir un flacon avec de l'acide carbonique. — b) Le boucher avec un bouchon percé. — c) Adapter un autre flacon au même bouchon. — d) Disposer le tout, le flacon à acide carbonique en bas, dans un endroit à l'abri des trop grandes variations de température. — e) Si l'on a soin de mettre dans le flacon supérieur une feuille de papier tournesol, on la verra rougir au bout de quelques heures, car l'acide carbonique a monté.

XVI. — ÉTUDE DU SULFURE DE CARBONE

I. — PRÉPARATION DU SULFURE DE CARBONE

1° Préparer l'appareil (tube, cornue ou creuset de grès débouchant dans une allonge dont le col se rend sous l'eau dans un flacon [*fig.* 57]). — 2° Remplir le tube de braise, puis de soufre. — 3° Le fermer et le chauffer au rouge dans un fourneau. — 4° *Éviter les fuites*, de crainte des explosions. — 5° Séparer le sulfure de carbone de l'eau, au moyen d'un entonnoir.

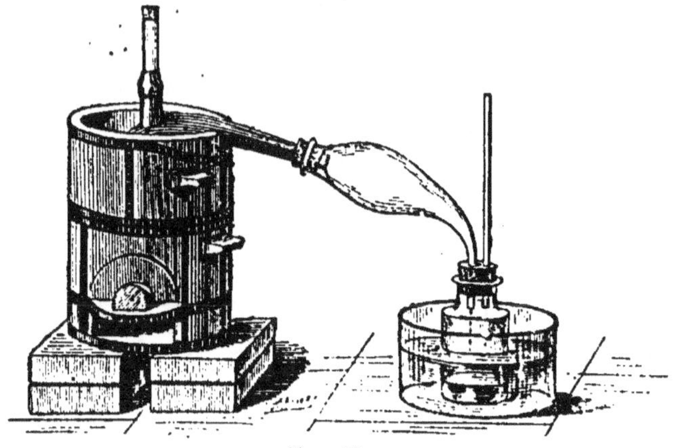

Figure 57.

2. — SES PROPRIÉTÉS PHYSIQUES

A. — Dans des tubes à essai contenant du sulfure de carbone et une couche d'eau, dissoudre :

1° Soufre. Évaporer sur une soucoupe. — 2° Phosphore. Imprégner papier-filtre et laisser sécher ; constater son inflammation. — 3° Caoutchouc naturel. — 4° Gutta-percha. — 5° Huile. Constater la solubilité de ces trois derniers.

B. — *Vulcaniser du caoutchouc.* — 1° Faire une solution de 2 pour 100 de chlorure de soufre dans le sulfure de carbone. — 2° Y plonger du caoutchouc naturel pendant deux minutes.

C. — *Volatilité.* — 1° Verser sur une soucoupe de l'éther. — 2° Verser sur une soucoupe du sulfure de carbone. — 3° Promener un charbon rouge au-dessus de l'éther, puis du sulfure de carbone. — 4° Mettre du sulfure de carbone dans un petit flacon ; boucher avec un bouchon percé d'un trou par lequel passe du papier buvard ; exposer le tout à l'air, dehors. Constater la formation de neige ordinaire sur le papier [1].

3. — SES PROPRIÉTÉS CHIMIQUES

1° Introduire quelques gouttes de sulfure de carbone dans une éprou-

---

1. Feydeau. *Chimie amusante.*

vette d'air, agiter et enflammer. — 2° Répéter l'expérience avec un flacon d'oxygène et n'*enflammer* qu'après avoir entouré de linge. — Constater qu'une allumette s'éteint, dans un large tube au-dessus d'une soucoupe de sulfure de carbone enflammé. — 4° Faire agir ce corps sur la
potasse.

XVII. — ÉTUDE DE LA SILICE ET DE L'ACIDE BORIQUE

I. — SILICE

A. — *Propriétés.*

1° Distinguer le quartz du carbonate de chaux cristallisé, à l'aide du
verre ou de l'acier. — 2° Enduire un morceau de craie de silicate de
potasse, le dessécher et vérifier qu'il n'est pas poreux.

B. — *Préparation.*

1° *Préparation du silicate de potasse, ou liqueur des cailloux :* a) Étonner
des silex et les pulvériser. — b) Mélanger une partie de cette poudre
et trois parties de carbonate de potasse. — c) Chauffer dans un creuset
en terre à demi plein. — d) Après agitation, couvrir et chauffer encore.
— e) Verser le tout sur une pierre. — f) Après refroidissement, pulvériser. — g) Faire bouillir cette poudre avec de l'eau. — 2° *Préparation de la silice gélatineuse.* — Dans la liqueur des cailloux, verser
quelques gouttes d'un acide fort. Il se fait une gelée qui est le produit
cherché.

C. — *Utilisation.* — *Préparation d'une encre à écrire sur le verre.*

a. — Préparer la solution.........	Eau................... 500 grammes.	
	Fluorure de sodium. 35 —	
	Sulfate de potasse.. 5 —	
b. — Préparer une autre solution.	Eau................... 500 grammes.	
	Chlorure de zinc.... 15 —	
	Acide chlorhydrique. 65 —	
c. — Mélanger les deux solutions[1].		

---

1. Feydeau. *Chimie amusante.*

2. — ACIDE BORIQUE

A. — *Préparation de l'acide borique.*

1º Préparer une dissolution chaude de borate de soude dans une capsule. — 2º L'additionner d'acide chlorhydrique versé goutte à goutte. — 3º Laisser cristalliser par refroidissement, puis filtrer le liquide. — 4º Caractériser l'acide borique par la flamme de la lampe à alcool.

B. — *Ses propriétés.*

1º Faire une perle vitreuse d'acide borique sur le fil de platine au chalumeau. — 2º Imprégner une mèche de coton d'acide borique et d'acide sulfurique. — 3º La tremper dans l'acide stéarique fondu; l'enflammer. — 4º Répéter l'expérience avec une mèche non boratée [1].

XVIII. — ÉTUDE DES OXYDES ET DES SULFURES MÉTALLIQUES

I. — RÉDUCTION DU SESQUIOXYDE DE FER PAR L'HYDROGÈNE

1º Monter l'appareil qui se compose d'un flacon muni d'un bouchon percé de deux trous, d'un tube de verre effilé, d'un flacon contenant de l'acide sulfurique (*fig.* 58). — 2º Mettre du sesquioxyde de fer dans un tube large en verre, tenu horizontalement. — 3º Faire passer de l'hydrogène provenant d'un *appareil à hydrogène* (flacon à deux tubulures cité précédemment.) — 4º Dessécher l'hydrogène en le faisant arriver dans l'acide sulfurique. — 5º Chauffer le tube contenant le sesquioxyde. — 6º Mettre une soucoupe devant l'extrémité du tube, pour constater la présence de la vapeur d'eau. — 7º Après l'opération, projeter la poudre obtenue dans l'air pour obtenir l'incandescence du fer (*fer pyrophorique*).

---

1. Plusieurs des expériences sur les métalloïdes et quelques-unes de leurs dispositions sont tirées du *Vade-mecum des travaux pratiques*, de L. Mathieu, et des *Manipulations de chimie* de Jung-fleisch.

2. — RÉDUCTION DU SULFURE D'ANTIMOINE PAR L'HYDROGÈNE

Même· appareil que le précédent et même opération.

1° Constater la formation de l'acide sulfhydrique par de l'acétate de plomb et par l'odeur. — 2° Vérifier la nature du produit resté dans le tube.

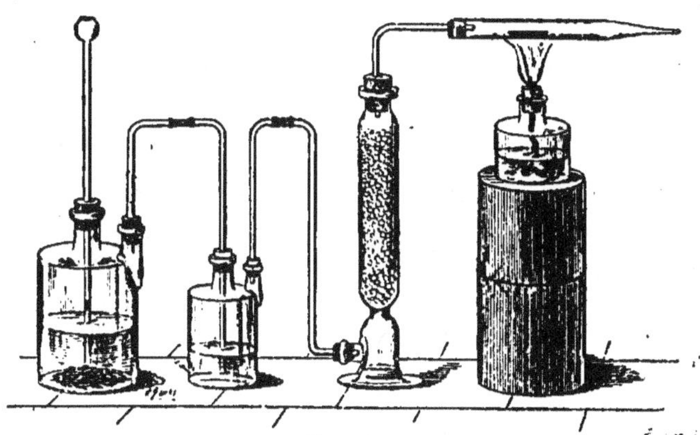

Figure 58.

3. — INFLUENCE DU CHARBON SUR LES OXYDES
(PRINCIPE DE LA MÉTALLURGIE)

A. — *Réduction de l'oxyde de cuivre par le charbon.*

1° Monter l'appareil qui se compose d'une éprouvette, fermée par un bouchon percé d'un trou par lequel passe un tube recourbé, et d'un flacon. — 2° Mettre l'oxyde de cuivre dans l'éprouvette (5 ^{gr}) avec du noir de fumée (1 ^{gr}). — 3° Munir l'éprouvette d'un tube recourbé et la faire déboucher dans le flacon. — 4° Chauffer l'éprouvette. — 5° Constater le dégagement d'acide carbonique par l'eau de chaux mise dans le flacon.

Figure 59.

B. — *Réduction de la litharge par le charbon.*

Même matériel et même opération que précédemment.

C. — Application à la détermination de la richesse d'un combustible.

1° Même matériel et même opération que pour la réduction de la litharge par le charbon. — 2° Employer la litharge (en excès) et le charbon à estimer, tous les deux bien secs, et pesés séparément. — 3° Chauffer jusqu'à cessation de dégagement d'acide carbonique. — 4° Peser le tube et son résidu (le tube doit être taré d'avance). — 5° Évaluer la diminution de poids; c'est le poids de l'acide carbonique dégagé. — 6° En déduire la teneur en carbone du charbon employé, sachant que 22 grammes d'acide carbonique contiennent 6 grammes de carbone.

4. — SUROXYDATION D'UN OXYDE PAR UN AUTRE OXYDE

Réduction de l'oxyde de cuivre par la litharge.

Même matériel et mêmes opérations que pour la réduction de l'oxyde de cuivre par le charbon, seulement le charbon est remplacé par la litharge. Constater qu'il n'y a pas dégagement d'acide carbonique. Vérifier qu'il s'est formé du minium reconnaissable à sa couleur rouge-orange.

XIX. — PROPRIÉTÉS DES SELS

1. — SURSATURATION ET CRISTALLISATION SUBITE

1° Saturer l'eau d'un ballon avec du sulfate de soude à chaud (100 gr de sulfate de soude pour 200 gr d'eau). — 2° Laisser refroidir et constater que le sel ne cristallise pas; recouvrir le ballon par un morceau de papier, si l'on veut le conserver ainsi quelque temps. — 3° Laisser tomber un cristal du sel dans le ballon; il y a solidification immédiate. — 4° Constater le dégagement de chaleur pendant la solidification par le simple contact du ballon.

Remarque. — *Autre expérience de cristallisation instantanée.* — 1° Faire une solution sursaturée d'azotate de chaux. — 2° La répandre sur une lame de verre bien propre. — 3° Fixer à l'extrémité d'un agitateur un cristal de ce sel, bien petit. — 4° Promener ce cristal sur la lame; les cristaux apparaissent au passage comme si l'on écrivait.

2. — FUSION AQUEUSE ET FUSION IGNÉE

1° Chauffer du borate de soude dans un creuset à une température peu élevée. Au-dessous de 100° il subit la fusion aqueuse, puis se solidifie. — 2° Chauffer à plus haute température. Il subit alors la fusion ignée et se boursoufle.

Remarque. — L'expérience peut être faite avec d'autres sels. Si l'on a opéré sur un sel coloré, il est devenu blanc après la fusion aqueuse; mais, en le replongeant dans l'eau avant la fusion ignée, il reprendra sa couleur.

3. — INALTÉRABILITÉ D'UN SEL DANS SA DISSOLUTION

1° Préparer une solution concentrée de sel marin. — 2° Attacher à un fil un objet léger (bague, plume, etc.). — 3° Tremper à plusieurs reprises le fil dans la dissolution et laisser sécher chaque fois. — 4° Attacher le fil à un clou. — 5° Quand il est sec, l'enflammer et constater que l'objet suspendu ne tombe pas. (Principe de la préparation des *manchons* pour becs de gaz à incandescence[1].)

4. — ACTION DES SELS SUR LES SELS, RÉALISÉE EN PRÉCIPITÉS ARBORESCENTS

Se procurer un grand vase à précipité; il servira pour toutes les expériences.

a) Paysage d'hiver. — 1° Dissoudre à chaud 25 grammes d'azotate de plomb dans 100 grammes d'eau distillée. — 2° Verser le liquide dans le vase. — 3° Y jeter des fragments de chlorhydrate d'ammoniaque et attendre pour observer l'effet produit. (Si la liqueur se troublait, l'éclaircir avec de l'acide acétique ou du vinaigre blanc.)

b) Paysage de printemps. — 1° Préparer une solution saturée de sulfate de cuivre, et la filtrer. — 2° Verser le liquide dans le vase. — 3° Y jeter quelques fragments de carbonate de soude, et attendre pour observer l'effet produit.

c) Paysage d'automne. — 1° Préparer une solution d'azotate de plomb comme précédemment. — 2° Verser le liquide dans le vase. — 3° Y jeter des fragments de bichromate d'ammoniaque, et attendre pour observer l'effet produit.

d) Paysage d'été. — 1° Préparer une solution concentrée de silicate de soude, et l'étendre d'une quantité d'eau égale à son volume. — 2° Verser le liquide dans le vase. — 3° Y jeter des fragments de bichlorure de mercure; attendre l'effet produit. Le précipité peut se conserver longtemps.

Nota. — Dans les silicates, on peut obtenir d'autres précipités aussi solides, en opérant avec d'autres sels.

---

1. Feydeau.

XX. — VÉRIFICATION DES LOIS DE BERTHOLLET

1. — ACTION DES ACIDES SUR LES SELS

PREMIÈRE LOI. — *Un sel est complètement décomposé par un acide plus fixe que celui qu'il contient.*

Prendre du carbonate de chaux solide; verser dessus de l'acide sulfurique; il y a un dégagement d'acide carbonique qui produit une certaine effervescence, et il se forme un sulfate de chaux.

II° LOI. — *Un sel est complètement décomposé par un acide qui peut former avec sa base un sel soluble.*

Prendre du borate de soude, le dissoudre, verser dedans de l'acide sulfurique; on obtient un précipité blanc de sulfate de soude, et l'acide borique est mis en liberté.

III° LOI. — *Un acide décompose complètement les sels dont l'acide est peu ou pas soluble.*

Dissoudre de l'azotate de plomb; déplacer l'acide azotique qui est peu soluble par de l'acide sulfurique versé dedans; on a un sulfate de plomb qui se dépose en un précipité blanc.

2. — ACTION DES BASES SUR LES SELS

IV° LOI. — *Une base décompose complètement les sels dont la base est volatile.*

Dissoudre du sulfhydrate d'ammoniaque; verser dedans de la potasse, moins volatile que l'ammoniaque; cette dernière base est déplacée et l'on a un sulfate de potasse; l'ammoniaque se dégage, ainsi qu'on peut s'en assurer avec du papier tournesol rougi.

V° LOI. — *Une base soluble décompose complètement les dissolutions des sels dont la base est insoluble.*

Dissoudre du sulfate de fer; verser dedans de la potasse soluble; il y a un précipité d'oxyde de fer, et il reste le sulfate de potasse en dissolution.

VI° LOI. — *Une base décompose complètement un sel quand elle peut former un sel insoluble avec son acide.*

Dissoudre de la chaux; clarifier l'eau de chaux obtenue; la verser dans du carbonate de soude dissous; la chaux se combine avec l'acide carbonique du carbonate de soude; la soude se combine avec l'eau; il y a dépôt de carbonate de chaux.

3. — ACTION DES SELS SUR LES SELS

VII⁰ LOI. — *Lorsqu'on opère un mélange de sels qui, par l'échange mutuel de leurs acides et de leurs bases, peuvent former un sel plus volatil que ceux du mélange, il y a double décomposition complète.*

Mélanger et chauffer du carbonate de chaux avec du sulfate d'ammoniaque. L'acide sulfurique se combine avec la chaux, et l'ammoniaque avec l'acide carbonique pour donner un sel plus volatil que ceux mélangés précédemment.

VIII⁰ LOI. — *Deux dissolutions salines mélangées se décomposent si l'un des sels qui peuvent se former est insoluble.*

Verser une solution d'azotate de baryte dans une solution de sulfate de potasse : il y a précipité de sulfate de baryte, et il reste de l'azotate de potasse en dissolution.

XXI. — PROPRIÉTÉS ET RÉACTIONS CARACTÉRISTIQUES DES PRINCIPAUX SELS

1. — AZOTATES

A. — Projeter quelques cristaux d'un azotate sur un charbon incandescent; constater qu'ils fusent.

B. — 1° Chauffer un azotate avec de l'acide sulfurique dans un tube à essai. — 2° Constater le dégagement d'acide azotique.

C. — 1° Dans un verre, mettre de la tournure de cuivre, de l'acide sulfurique et un azotate. — 2° Constater le dégagement de vapeurs rutilantes.

D. — Reconnaître une solution d'un azotate, en y versant de l'acide sulfurique concentré tenant en suspension des cristaux de sulfate de protoxyde de fer, et remarquer que la liqueur devient rose, puis brune.

2. — SULFATES

A. — 1° Verser une dissolution d'un sulfate soluble (par ex. : sulfate de potasse) dans un verre contenant de l'azotate de baryte. — 2° Constater le précipité blanc de sulfate de baryte et vérifier qu'il est insoluble dans l'eau, l'acide azotique et l'acide chlorhydrique.

B. — Les sulfates insolubles sont rendus solubles après avoir été chauffés avec du carbonate de soude.

C. — 1° Mettre sur un charbon creusé en godet un peu de sulfate avec du carbonate de soude. — 2° Chauffer le tout au feu de réduction. — 3° Traiter ensuite par un acide, et constater l'odeur d'acide sulfhydrique.

3. — CARBONATES

1° Traiter un carbonate par un acide et constater une effervescence. — 2° Répéter l'opération dans un tube à essai, et conduire le gaz qui se dégage dans un verre contenant de l'eau de chaux qui se trouble, ou dans un flacon contenant une bougie allumée qui s'éteint.

4. — PHOSPHATES

A. — Verser dans un verre contenant de l'azotate d'argent une solution d'un phosphate soluble (phosphate neutre alcalin); constater un précipité jaune, soluble dans l'acide azotique.

B. — Les phosphates insolubles chauffés avec du carbonate de soude deviennent du phosphate de soude soluble.

C. — Verser dans une dissolution d'un phosphate neutre du chlorhydrate d'ammoniaque et du sulfate de magnésie, et constater un précipité blanc cristallin de phosphate ammoniaco-magnésien.

5. — SILICATES

A. — Verser dans une solution concentrée d'un silicate soluble (silicate alcalin) de l'acide chlorhydrique, et constater un dépôt de silice gélatineuse.

B. — Les silicates insolubles chauffés avec du carbonate de soude donnent un silicate de soude soluble.

C. — Chauffer un silicate avec du fluorure de calcium et de l'acide sulfurique, et constater le dégagement d'un gaz fumant, lequel, conduit dans l'eau, dépose de la silice gélatineuse.

6. — CHLORURES

A. — 1° Verser une solution d'un chlorure soluble (chlorure alcalin) dans un verre contenant de l'azotate d'argent, et constater le précipité blanc, caillebotté, devenant violet à la lumière. — 2° Vérifier que ce précipité est insoluble dans l'acide azotique, mais soluble dans l'ammoniaque, et l'hyposulfite de soude.

B. — Les chlorures insolubles chauffés avec du carbonate de soude deviennent du chlorure de sodium soluble.

C. — Verser, sur un chlorure contenu dans un verre, de l'acide sulfurique concentré, et constater le dégagement d'acide chlorhydrique fumant à l'air.

7. — SULFURES

A. — Traiter une solution d'un sulfure soluble (sulfure alcalin) par un acide et constater le dégagement d'acide sulfhydrique.

B. — Les sulfures insolubles chauffés avec du carbonate de soude deviennent un sulfure de sodium soluble.

C. — Verser dans une solution d'un sel de plomb, une solution de sulfure soluble; constater un précipité noir.

XXII. — ÉTUDE DES COMPOSÉS DU POTASSIUM

I. — CARACTÈRES DES SELS DE POTASSE

1° Projeter un fragment de sel de potasse dans la flamme de la lampe. Celle-ci devient violette. — 2° Verser dans une dissolution d'azotate de potasse quelques gouttes d'acide hydrofluosilicique. Il se forme un précipité blanc gélatineux, presque transparent, d'hydrofluosilicate de potasse. — 3° Verser une dissolution concentrée de potasse dans une dissolution de sulfate d'alumine; le sulfate d'alumine est précipité à l'état d'alun. — 4° Verser dans une dissolution de chlorure de potassium une dissolution de bichlorure de platine. Formation d'un précipité jaune de chlorure double de potassium et de platine. — 5° Verser en excès de l'acide tartrique dans une dissolution d'azotate de potasse. On a un précipité blanc, cristallin, de bitartrate de potasse. — 6° Constater qu'une solution de sel de potasse ne précipite ni par l'acide sulfhydrique, ni par les carbonates alcalins.

Nota. — Pour étudier les caractères des sels de n'importe quel métal, le seul matériel nécessaire est constitué par une lampe à alcool, des verres et des tubes à essai.

2. — EXTRACTION DU CARBONATE NEUTRE DE POTASSE

1° Faire bouillir, dans un ballon d'un demi-litre, 200 grammes de cendres de bois avec 200 centimètres cubes d'eau. — 2° Filtrer. — 3° Constater dans la liqueur l'acide carbonique par l'action de l'acide sulfurique, et la potasse par le bichlorure de platine.

3. — PRÉPARATION DU CARBONATE ACIDE DE POTASSE

1° Préparer une solution concentrée de carbonate neutre. — 2° Y faire barboter de l'acide carbonique. — 3° Après formation des cristaux, décanter. — 4° Les recueillir, et y constater le dégagement d'acide carbonique en les chauffant légèrement.

4. — PRÉPARATION DE L'EAU DE JAVEL

1° Monter un appareil à chlore. — 2° Faire passer le courant de chlore dans une solution de potasse, ou de carbonate neutre de potasse. — 3° Constater qu'après quelque temps, le liquide décolore l'encre.

5. — PROPRIÉTÉS OXYDANTES
DE L'AZOTATE ET DU CHLORATE DE POTASSE

1° Projeter de l'azotate de potasse en poudre sur des charbons ardents, et constater qu'il fuse en activant la combustion. — 2° Fondre dans une cuillère en fer un peu de salpêtre, y tremper une ficelle, laquelle s'enflamme. — 3° *a*) Mélanger du chlorate de potasse avec du soufre (en petite quantité et sans employer de mortier). — *b*) Enfermer le mélange dans un papier. — *c*) Le disposer au dehors sur une pierre et laisser tomber une deuxième pierre dessus. (Constater l'effet produit.) — 4° *a*) Mêler 25 grammes de salpêtre bien sec avec 7 grammes de fleur de soufre et 7 grammes de sciure de bois bien sèche. — *b*) Introduire ce mélange dans une demi-coquille de noix avec une rognure de cuivre ou de bronze. — *c*) Enflammer le mélange, et constater la fusion du métal sans que la coquille ait brûlé.

6. — COMPOSER UN FEU DE BENGALE

1° Faire un cylindre de carton. — 2° Pulvériser séparément toutes les substances qui doivent entrer dans le mélange, opérer ce mélange avec soin, le verser dans le cylindre et tasser légèrement, après y avoir engagé une mèche de coton imprégnée de pétrole, d'essence, etc.

FEU BLANC		FEU VERT		FEU ROUGE	
Salpêtre	57 parties	Chlorate de potasse	35 parties	Chlorate de potasse	67 parties
Soufre	25 —	Colophane	11 —	Carbonate de stron-	
Antimoine	14 —	Azotate de baryte.	53 —	tiane	20 —
Minium	4 —	Soufre	1 —	Colophane	13 —

FEU JAUNE		FEU BLEU		FEU VIOLET	
Chlorate de potasse	60 parties	Chlorate de potasse	55 parties	Chlorate de potasse	42 parties
Carbonate de strontiane	10 —	Oxychlorure de cuivre...........	30 —	Soufre..........	28 —
Sulfate de strontiane	9 —	Chlorure de plomb	2 —	Azotate de strontiane	18 —
Bicarbonate de soude	7 —	Azotate de plomb.	2 —	Oxychlorure de cuivre..........	4 —
Colophane.......	10 —	Colophane......	8 —		
Soufre..........	4 —	Soufre.........	3 —	Calomel.........	3 —

7. — LIQUIDES INFLAMMATEURS

A. — 1º Dissoudre du permanganate de potasse dans de l'acide sulfurique. — 2º Tremper dans ce liquide la pointe d'une baguette de verre, et en frapper une feuille de papier buvard. Celle-ci s'enflammera.

B. — 1º Effectuer un des mélanges suivants, après avoir pulvérisé chaque matière séparément :

a) Chlorate de potasse..	20 parties	b) Chlorate de potasse..	20 parties
Magnésium	5 —	Magnésium	5 —
Sucre.........	5 —	Lycopode......	5 —

2º Prendre 10 grammes d'un de ces mélanges et le placer sur une brique. — 3º Verser de l'acide sulfurique au moyen d'un long tube de verre. La poudre s'enflamme [1]

Nota. — On prend un long tube de verre, afin de se tenir à distance pour éviter les projections.

8. — SERPENT DE PHARAON

1º Pulvériser séparément : bichromate de potasse, 10 parties; azotate de potasse, 5 parties; sucre, 10 parties. — 2º Mêler intimement, et ajouter un peu d'eau pour en faire une pâte. — 3º Malaxer cette pâte et la diviser en petites pastilles. — 4º Après dessiccation, allumer une de ces pastilles et observer l'effet produit.

XXIII. — ÉTUDE DES COMPOSÉS DU SODIUM

I. — CARACTÈRES DES SELS DE SOUDE

1° Verser dans une solution d'un sel de soude de l'acide sulfhydrique : pas de précipité. — 2° Y verser du sulfhydrate d'ammoniaque : pas de précipité. — 3° Y verser un carbonate alcalin : pas de précipité. — 4° Projeter un sel de soude en poudre dans la flamme d'un bec Bunsen : elle est colorée en jaune.

(Le même phénomène se produit dans la flamme d'une lampe à alcool.)

2. — PRÉPARATION DU SULFATE DE SOUDE

1° Monter l'appareil (ballon, tube à entonnoir, flacon de Wolf). — 2° Y introduire 50 grammes de chlorure de sodium fondu, et 60 grammes d'acide sulfurique. — 3° Chauffer doucement. — 4° Additionner la dissolution de carbonate de soude jusqu'à ce qu'elle ne rougisse plus le tournesol. — 5° Concentrer à chaud la solution, et laisser cristalliser par refroidissement.

3. — PRÉPARATION DE LA SOUDE A L'AMMONIAQUE

1° Préparer une solution saturée de chlorure de sodium. — 2° Y ajouter de l'ammoniaque. — 3° Y faire barboter un courant d'acide carbonique. — 4° Recueillir, filtrer et sécher le précipité. — 5° Constater que si on le chauffe, il se dégage de l'acide carbonique.

4. — PRÉPARATION DE LA SOUDE CAUSTIQUE

1° Dissoudre dans un ballon 15 grammes de carbonate neutre de soude dans 75 centimètres cubes d'eau. — 2° Faire un lait de chaux composé de 10 grammes de chaux vive dans 30 centimètres cubes d'eau. — 3° Mélanger les deux liquides dans une marmite, et faire bouillir. — 4° Constater la fin de l'opération en prélevant un peu de la liqueur surnageante, et essayant sur elle l'acide chlorhydrique qui ne doit plus donner d'effervescence. — 5° Décanter et concentrer à chaud.

5. — EMPLOI DU BORAX POUR LES ESSAIS AU CHALUMEAU

1° Faire une boucle à l'extrémité d'un fil de platine. — 2° Y placer un cristal de borax, et le fondre au chalumeau. — 3° Plonger la perle

obtenue à l'extrémité du fil, dans un sel de manganèse, de cuivre, ou
de cobalt, etc., après l'avoir humectée (*fig.* 60). — 4° La réchauffer de
nouveau au chalumeau et constater les colorations différentes qu'elle

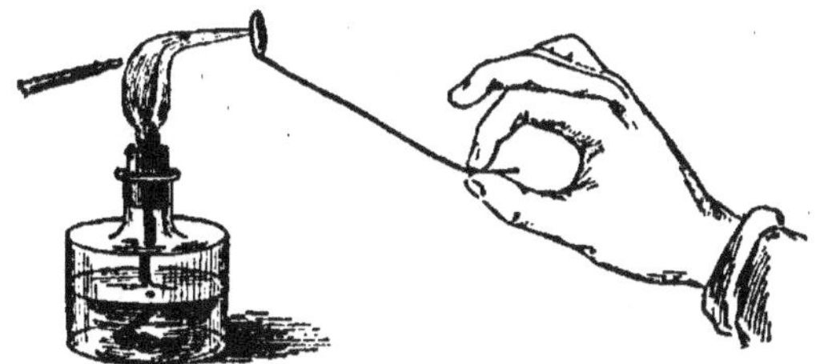

Figure 60.

prend, selon le métal dont on a ajouté le sel, et selon qu'on la place au
feu d'oxydation ou au *feu de réduction.*

Nota. — L'expérience réussit au bec Bunsen, et quelquefois à la flamme de la lampe
à alcool.

Remarque. — En cas de brûlure par la soude caustique, laver à grande
eau, ou avec de l'eau vinaigrée.

6. — EAU DE MER ARTIFICIELLE POUR AQUARIUM

1° Dans 1 litre d'eau distillée, dissoudre : 20 grammes de sel marin,
2 grammes chlorure de magnésium, 1 gramme sulfate de magnésie,
0^{gr},5 chlorure de potassium. — 2° Ajouter quelques centigrammes de
sulfate de soude et de chlorure de calcium. — 3° Filtrer.

XXIV. — ÉTUDE DES SELS AMMONIACAUX

I. — CARACTÈRES DES SELS AMMONIACAUX

1° Verser dans une dissolution d'un sel d'ammoniaque une solution
d'acide sulfhydrique, d'un sulfure alcalin, ou d'un carbonate alcalin.
(Constater qu'il ne se produit aucun précipité.) — 2° Y verser une solution de bichlorure de platine. (Constater un précipité jaune.) — 3° Chauffer le sel avec un alcali : potasse ou soude. (Constater le dégagement

d'ammoniaque.) — 4° Plonger de la mousseline dans une solution de phosphate, de sulfate ou de borate d'ammoniaque. (Constater son ininflammabilité.)

2. — PRODUCTION D'AMMONIAQUE PAR LES CORPS AZOTÉS

1° Dans un tube à essai, introduire du pain en miettes, mélangé à un excès de chaux. — 2° Calciner ce mélange. — 3° Constater le dégagement de l'ammoniaque par son odeur, l'acide chlorhydrique, ou le tournesol rougi.

NOTA. — L'expérience peut être ainsi faite avec d'autres substances azotées : farine, laine, viande, blanc d'œuf, etc. On pourrait aussi la faire avec des os frais, mais alors il faut calciner dans un creuset de terre.

3. — PRÉPARATION DU CHLORHYDRATE D'AMMONIAQUE

1° Dans un flacon de Woolf, introduire une solution d'acide chlorhydrique. — 2° Y faire passer un courant de gaz ammoniac jusqu'à ce que ce gaz se dégage du flacon.— 3° Évaporer, pour laisser cristalliser.

REMARQUES. — On peut aussi employer le procédé suivant : 1° Dissoudre 50 grammes de sulfate d'ammoniaque dans l'eau. — 2° Additionner de 50 grammes de sel marin. — 3° Concentrer à chaud. Il se dépose du sulfate de soude. — 4° Décanter la liqueur et la laisser refroidir. Il se dépose le sel demandé.

4. — SUBLIMATION DU CHLORHYDRATE D'AMMONIAQUE

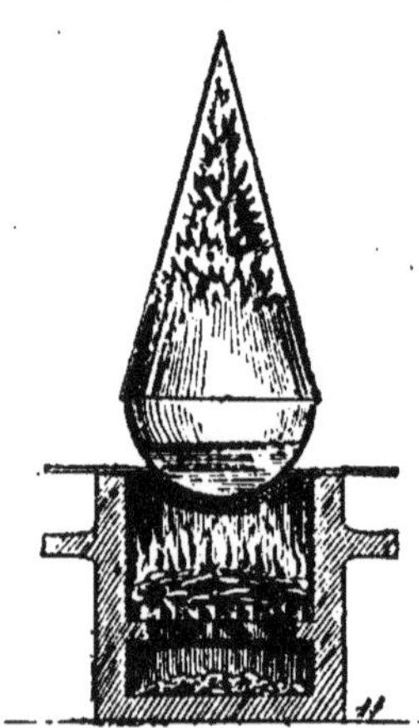

Figure 61.

1° Dans une capsule en porcelaine ou un têt en terre, chauffer au rouge du sel ammoniac. — 2° Recueillir les vapeurs sur un entonnoir renversé, ou un cône de papier. — 3° Constater le dépôt des cristaux (*fig.* 61).

5. — PRÉPARATION ET PROPRIÉTÉS DU SULFHYDRATE D'AMMONIAQUE

1° Se procurer un ballon ou un flacon d'un demi-litre. — 2° Y introduire 100 centimètres cubes de solution ammoniacale. — 3° Y faire passer un courant d'acide sulfhydrique obtenu par le sulfure de fer. — 4° Arrêter quand le gaz se dégage du liquide. — 5° Additionner le tout de 100 centimètres cubes d'ammoniaque. — 6° Essayer cette liqueur sur des solutions de sels de différents métaux, et constater qu'elle produit bien les réactions du sulfhydrate d'ammoniaque.

XXV. — ÉTUDE DES COMPOSÉS DU CALCIUM ET DU BARYUM

I. — CARACTÈRES DES SELS DE CHAUX

1° Verser une dissolution de carbonate de potasse dans une dissolution de sulfate de chaux : formation d'un précipité blanc de carbonate de chaux, insoluble. — 2° Verser de l'acide sulfurique dans une dissolution concentrée d'un sel de chaux : formation d'un sulfate de chaux, précipité blanc qui serait soluble dans une dissolution étendue du sel de chaux.

Nota. — Si la réaction est faite dans une solution concentrée d'azotate de chaux, cette dernière se solidifie instantanément (*miracle chimique*).

3° Verser de l'oxalate d'ammoniaque dans une dissolution d'un sel de chaux. Formation d'un précipité blanc d'oxalate de chaux, insoluble dans l'eau et dans l'acide acétique, mais soluble dans les acides puissants (chlorhydrique, azotique).

2. — PRÉPARATION DE LA CHAUX

1° Préparer un fourneau à réverbère. — 2° Introduire des morceaux de craie ou de marbre dans une cornue de grès. — 3° Adapter à la cornue un tube de dégagement aboutissant sous une éprouvette sur la cuve à eau, ou dans un flacon d'eau de chaux (*fig.* 62). — 4° Chauffer énergiquement jusqu'à ce qu'il ne se dégage plus de gaz. — 5° Chemin faisant, caractériser l'acide carbonique qui se dégage. — 6° Enlever la chaux de la cornue pour la caractériser.

Remarque. — On peut opérer plus simplement, mais d'une façon moins parfaite, en chauffant simplement la craie dans un creuset en terre, ou dans une toile métallique. Dans ce cas, quand elle est froide, on constate par l'acide chlorhydrique l'absence de l'acide carbonique.

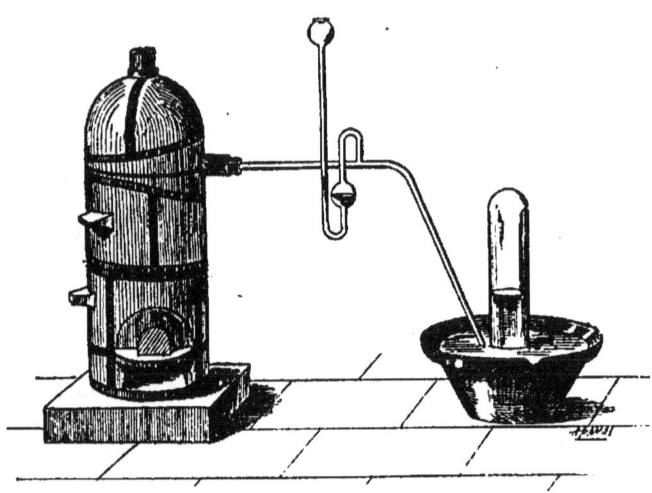

Figure 62.

3. — EXTINCTION DE LA CHAUX

1° Mettre un morceau de chaux vive dans une capsule ou une assiette. — 2° Verser peu à peu l'eau sur ce morceau. — 3° Constater le gonflement, et distinguer ainsi une chaux grasse d'une chaux maigre. — 4° Constater avec un thermomètre le dégagement de chaleur. — 5° Préparer un *lait de chaux.* — 6° Préparer de l'eau de chaux.

4. — CONSTATATION EXPÉRIMENTALE DE LA CHALEUR DÉGAGÉE DANS L'HYDRATATION DE LA CHAUX

1° Sur un fragment de chaux vive, verser un peu d'eau. — 2° Placer dessus un peu de fulmicoton, et attendre son inflammation. — 3° Ou encore envelopper au préalable le morceau de chaux d'une feuille d'étain, et la mouiller ensuite : remarquer la fusion partielle de l'étain.

5. — PROPRIÉTÉS DE L'EAU DE CHAUX

1° Exposer à l'air de l'eau de chaux. — 2° Souffler dans de l'eau de chaux à l'aide d'un tube. — 3° Faire passer un courant d'acide carbonique dans de l'eau de chaux.

6. — PRÉPARATION D'UN MORTIER

1º Mêler de la chaux éteinte et du sable en proportions sensiblement égales. — 2º Les gâcher avec de l'eau. — 3º Réunir deux briques par ce mortier, et attendre le durcissement pour constater la cohésion. — 4º Même expérience avec la chaux hydraulique, mais faire durcir dans l'eau.

7. — ACTION DU CHLORE SUR LA CHAUX
(*Chlorure de chaux*).

1º Monter un appareil à chlore ordinaire. — 2º Introduire le tube à dégagement dans un flacon contenant un lait de chaux formé de 10 grammes de chaux pour 125 grammes d'eau. Le flacon doit être plongé dans l'eau froide. — 3º Continuer jusqu'à l'éclaircissement presque total du lait de chaux. — 4º Filtrer la liqueur. — 5º Verser cette liqueur dans de l'encre, du vin, etc., et constater ses propriétés décolorantes.

8. — MOULAGE A L'AIDE DU PLATRE

1º Dans une soucoupe, gâcher du plâtre sec avec un peu d'eau. — 2º Placer dans l'autre soucoupe l'objet à reproduire : un sou, par exemple. — 3º Verser dessus le plâtre gâché. — 4º Laisser solidifier, puis détacher le plâtre du sou. — 5º Humecter avec de l'eau de savon, à l'aide d'un pinceau léger, l'intérieur du moule obtenu. — 6º Y verser du plâtre gâché. — 7º Laisser solidifier, puis détacher le moule. On a la reproduction en relief.

REMARQUE. — Si l'on veut à la fois avoir les deux faces du sou, on place un fil sur sa tranche, on l'enfouit dans le plâtre gâché, et, un peu avant la solidification complète, on retire le fil de façon à couper le moule en deux parties. Après solidification, la séparation des deux moitiés s'opère aisément.

9. — RÉDUCTION DU BIOXYDE DE BARYUM PAR L'HYDROGÈNE

1º Monter le même appareil que pour la réduction du sesquioxyde de fer par l'hydrogène. — 2º Opérer de même. — 3º Cesser de chauffer dès que la lumière verte apparaît.

IO. — CARACTÉRISER UN SEL DE BARYTE

1º Faire une solution du sel. — 2º Y verser un peu d'acide sulfurique. — 3º Constater le précipité blanc de sulfate de baryte, insoluble dans les acides. — 4° S'il s'agit du sulfate de baryte lui-même, on le reconnaît à ce qu'il colore les flammes en vert, comme les autres, du reste.

11. — SCELLER UN TUBE DE VERRE DANS UNE DOUILLE QUELCONQUE

1° Délayer du plâtre bien fin dans une huile bien fine. — 2° Quand la pâte commence à devenir épaisse, ajouter du blanc d'œuf (100^{gr} pour 50^{gr} d'huile) et faire le mélange dans un mortier à l'aide du pilon, de manière à éviter la mousse. — 3° Opérer le scellement.

REMARQUE. — Cette pâte ne doit être préparée qu'au moment de s'en servir. L'appareil ainsi scellé ne peut servir qu'au bout de quelques heures. S'il est tenu au chaud, la solidité du scellement est augmentée.

12. — DURCIR DU PLATRE

1° Dans de l'eau chaude, dissoudre 57 grammes d'acide borique. — 2° Ajouter 26 grammes d'ammoniaque concentrée. — 3° Gâcher le plâtre avec cette solution ou, si le plâtre est appliqué, en badigeonner la surface.

XXVI. — ÉTUDE DES COMPOSÉS DE L'ALUMINIUM

1. — PRÉPARATION DE L'ALUMINE

1° Mettre dans un verre une dissolution d'alun ordinaire, et y verser une dissolution de carbonate de potasse. — 2° Constater le dépôt d'alumine. — 3° Filtrer. — 4° Recueillir l'alumine sur le filtre.

2. — CARACTÈRES DES SELS D'ALUMINE

1° Mettre un cristal de sulfate d'alumine ou d'alun sur la langue, et constater la saveur. — 2° Dans une solution de l'un des mêmes sels, verser de l'ammoniaque, ou un carbonate alcalin, et constater le précipité gélatineux, insoluble dans un excès de réactif. — 3° Même essai avec la potasse ou la soude, mais vérifier que le précipité est soluble dans un excès de réactif.

3. — PRÉPARATION DE L'ALUN DE POTASSE

1° Dissoudre à chaud 20 grammes de sulfate d'alumine dans 20 centimètres cubes d'eau. — 2° Dissoudre 10 grammes de sulfate de
potasse dans 10 centimètres cubes d'eau. — 3° Mélanger les deux solutions, et agiter si la précipitation tarde à se produire.

4. — PROPRIÉTÉS DES ALUNS

A. — *Action de la chaleur.*

1° Introduire un peu d'alun dans un petit creuset, ou dans un têt en
terre, et le placer sur le feu. — 2° Verser l'alun
fondu sur une brique. (On obtient l'*alun de ro-
che.*) — 3° Chauffer ce dernier de nouveau pour
obtenir le *champignon* (*fig.* 63). — 4° Pulvériser
le champignon, et le calciner de nouveau avec
le tiers de son poids de charbon en poudre. —
4° Projeter le mélange en l'air pour le voir s'enflammer (*pyrophore de Homberg*).

Figure 63.

B. — *Cristallisation de l'alun.*

1° Dissoudre dans 100 grammes d'eau portée à
l'ébullition, 350 grammes d'alun. — 2° Laisser
refroidir lentement. — 3° Observer les cristaux.

Nota. — En versant dans la liqueur encore chaude quelques grammes d'acide sulfurique, on obtient des *octaèdres;* au contraire, en y versant un peu d'alumine soluble, on
obtient des *cubes.*

C. — *Nourrissage des cristaux.*

1° Choisir dans les cristaux précédents un cristal bien formé. —
2° Lui coller, avec une goutte de gomme arabique, un fil de soie fin. —
3° Suspendre le cristal au milieu d'une autre solution d'alun aussi
concentrée que la première. — 4° Remarquer que le cristal grossit;
attendre qu'il ait fini de grossir, ce qui demande plusieurs jours. —
5° Le transporter alors dans une autre solution faite de même. Et
ainsi de suite; on peut ainsi obtenir un cristal énorme.

Nota. — Cette expérience permet d'obtenir un cristal multicolore, si l'on transporte
le cristal de l'alun de potasse dans l'alun de chrome, violet, puis de celui-ci dans l'alun
de fer, rose, puis, de nouveau, lui faire parcourir la même série, et ainsi de suite.

D. — *Mordançage des tissus.*

1° Dissoudre quelques grammes de fuchsine dans de l'alcool, étendu ensuite d'eau. — 2° Chauffer doucement, y plonger une mèche de coton ou un fragment de tissu de coton désapprêté. — 3° Répéter l'expérience avec une autre mèche de coton, ou un fragment de tissu de coton désapprêté, mais plongés l'un et l'autre dans une solution d'alun, et séchés. — 4° Laver les deux échantillons, et observer le résultat.

5. — IMPERMÉABILISATION D'UN TISSU

1° Dissoudre 10 grammes d'alun ordinaire dans 400 grammes d'eau. — 2° Dissoudre 10 grammes d'acétate de plomb dans 400 grammes d'eau, et filtrer. — 3° Mélanger les deux solutions, attendre l'éclaircissement du liquide, et décanter. — 4° Dans la liqueur claire, plonger un fragment d'étoffe, le faire sécher et constater ensuite son imperméabilité à l'eau.

6. — DISTINCTION ENTRE UNE ARGILE ET UNE MARNE

1° Déposer les deux terres dans deux soucoupes séparées. — 2° Verser un peu d'acide (acide azotique, par exemple), dans les deux soucoupes, et comparer les résultats.

7. — FABRICATION D'UNE PIERRE A AIGUISER ARTIFICIELLE

1° Faire fondre de la bonne gélatine dans son poids d'eau, et y ajouter 1,5 pour 100 de bichromate de potasse préalablement dissous. — 2° Prendre de la poudre d'émeri, neuf fois le poids de la gélatine, et la mélanger intimement avec la solution gélatinée. — 3° Mouler la pâte de manière à obtenir, par compression, la forme de la pierre voulue. — 4° Faire sécher au soleil.

REMARQUE. — Les trois premières phases de l'opération doivent être effectuées à l'obscurité.

8. — FABRICATION D'UN PAPIER-VERRE ÉCONOMIQUE

1° Se procurer du papier un peu fort, ou de la mousseline très serrée. — 2° Étendre dessus une mince couche d'une colle quelconque, additionnée d'un peu de paraffine, ou de vaseline, ou de cire, afin de lui communiquer un peu de souplesse. — 3° Pendant que cette couche est encore fraîche, la saupoudrer serré de poudre d'émeri. — 4° Laisser sécher.

9. — DÉPOLIR DU VERRE

1° Se munir de poudre d'émeri, ou de sable très fin. — 2° L'introduire dans un soufflet à fleur de soufre, ou dans un pulvérisateur, ou tout autre appareil dans lequel on puisse faire passer un courant d'air énergique. — 3° Actionner la soufflerie en dirigeant le jet d'air et de sable sur la plaque à dépolir. — 4° Observer l'effet produit. (Plus le courant d'air sera puissant, moins l'opération durera.)

Remarque. — On peut par ce procédé graver des étiquettes sur verre. Il suffit de recouvrir le verre d'une feuille de papier dans laquelle l'étiquette est découpée à jour.

10. — FABRICATION D'UNE PIERRE D'ÉMERI A REPASSER

1° Faire fondre 25 grammes de gomme laque et 10 grammes de résine dans un récipient en fer, sur un feu doux. — 2° Ajouter 100 grammes d'émeri en poudre, et bien mélanger. — 3° Mouler la pâte chaude encore dans un moule en fer graissé. — 4° Après refroidissement, enlever la pierre, et la décaper dans une solution de potasse chaude. (Elle peut servir ensuite à repasser des outils tranchants.)

XXVII. — ÉTUDE DES COMPOSÉS DU MAGNÉSIUM ET DU ZINC

1. — CARACTÈRES DES SELS DE MAGNÉSIE

Verser dans une dissolution de sel de magnésie :
1° De l'ammoniaque qui donne un précipité blanc de magnésie. — 2° Du phosphate de soude qui donne un précipité cristallin blanc de phosphate ammoniaco-magnésien. — 3° De la potasse ou du carbonate de potasse qui donnent un précipité blanc gélatineux, très soluble dans une dissolution de chlorhydrate d'ammoniaque.

2. — LUMIÈRE DU MAGNÉSIUM

1° Se procurer un fil ou un ruban de magnésium. — 2° L'enflammer en introduisant l'extrémité dans une flamme, et en se tenant dans l'obscurité. Observer l'intensité de la lumière produite et la production de la magnésie en flocons.

NOTA. — Si sur une feuille de papier on a tracé quelques caractères avec de l'azotate d'argent ou du chlorure d'argent, on remarque qu'à la lumière du magnésium, ces caractères noircissent presque aussitôt, ce qui montre les propriétés photogéniques de cette lumière.

REMARQUES. — 1° Le ruban de magnésium peut être enflammé simplement en en plongeant l'extrémité dans de l'acide chlorhydrique très concentré. — 2° Le ruban de magnésium peut brûler dans l'acide carbonique, s'il a été, au préalable, légèrement chauffé dans sa longueur. Il se produit de l'oxyde de carbone et un dépôt de charbon.

3. — PRÉPARATION DE MAGNÉSIE BLANCHE

1° Dissoudre à chaud dans un ballon 20 grammes de sulfate de magnésie dans 40 centimètres cubes d'eau. — 2° Dissoudre 50 grammes de carbonate de soude dans 50 centimètres cubes d'eau. — 3° Mêler les deux solutions, et faire bouillir jusqu'à précipité abondant. — 4° Filtrer le précipité, le laver sur le filtre, et le recueillir.

4. — PROPRIÉTÉS DU ZINC

1° Fondre, et faire bouillir 80 à 100 grammes de zinc dans un creuset fermé, chauffé très fortement, par exemple, dans un poêle ordinaire.— 2° Agiter cette masse en fusion avec une tige de fer, et observer son oxydation superficielle. — 3° Galvaniser (zinguer) un fil de fer en l'y plongeant après l'avoir décapé. — 4° Verser ce liquide de haut sur une planche ou une brique large inclinée, et observer l'inflammation produite par chaque goutte de zinc. (Faire cet essai dans l'obscurité, et en se tenant à l'écart des gouttes incandescentes.) — 5° Sur du zinc en grenaille, verser de l'acide sulfurique étendu; caractériser le gaz qui s'échappe (en le recevant sous une éprouvette sur la cuve à eau). — 6° Amalgamer une lame de zinc en la plongeant dans du mercure après l'avoir bien nettoyée et l'y laisser séjourner un peu, puis l'introduire dans de l'acide sulfurique étendu. — 7° Répéter l'expérience (5°) avec d'autres acides (acide chlorhydrique, azotique, etc.). — 8° Pulvériser du zinc après l'avoir chauffé jusqu'à environ 200° dans une flamme (opérer pendant qu'il est chaud). — 9° Mélanger de la poudre de zinc et de la fleur de soufre : faire détoner ce mélange sous le choc d'un marteau. — 10° Mélanger de la poudre de zinc, du chlorate de potasse, et du sucre en poudre; enflammer le mélange à l'aide d'une goutte d'acide sulfurique. — 11° Essayer d'attaquer le zinc par de l'acide sulfurique concentré, constater la nullité de l'action, la mettre en marche en touchant le zinc avec un fil de cuivre, ou en versant dans la liqueur du sulfate de cuivre en dissolution.

5. — PRÉPARATION D'UNE ENCRE A ÉCRIRE SUR LE ZINC

1° Faire un mélange de 1 partie de cuivre et 1 partie de chlorure de calcium. — 2° Dissoudre ce mélange dans 36 fois son volume d'eau. — 3° Conserver dans un flacon bien bouché. (On peut écrire avec une plume d'acier.)

6. — CARACTÈRES DES SELS DE ZINC

Dans une dissolution d'un sel de zinc,

VERSER :	ON OBTIENT :
1° Potasse, soude, ammoniaque . .	Un précipité blanc gélatineux, soluble dans un excès de réactif.
2° Carbonates alcalins.	Précipité blanc soluble dans la potasse et l'ammoniaque.
3° Carbonate d'ammoniaque.. . . .	Précipité blanc soluble dans un excès de réactif.
4° Sulfhydrate d'ammoniaque.. . .	Précipité blanc.
5° Acide sulfhydrique	Pas de précipité dans une liqueur acide.

7. — GIVRE ARTIFICIEL

1° Préparer une solution concentrée de sulfate de zinc dans de l'eau légèrement gommée. — 2° Étendre cette solution sur les vitres d'une fenêtre. — 3° Constater qu'au bout de quelques minutes, on a une imitation de givre d'hiver.

XXVIII. — ÉTUDE DU FER ET DE SES COMPOSÉS

I. — TREMPE DU FER OU DE L'ACIER

1° Enrouler un fil de fer en spirale autour d'un tube de verre. — 2° Chauffer cette spirale au rouge, puis la plonger dans l'eau froide (ou dans de l'eau contenant du cyanoferrure de potassium, ce qui transforme partiellement le fer en acier). — 3° Constater de nouvelles propriétés physiques.— 4° Chauffer au rouge un ressort d'acier quelconque, et constater la perte de son élasticité et d'une partie de sa dureté.

2. — PROPRIÉTÉS CHIMIQUES DU FER

1° Préparer un fil d'acier, comme il est dit à l'expérience précédente au n° 2, et le brûler dans l'oxygène. — 2° Laisser tomber de la limaille de fer fine dans la flamme incolore d'un bec Bunsen. — 3° Volcan de Lémeri (voir Manipulation sur le soufre).— 4° Verser sur de la limaille de fer contenue dans des verres un peu des principaux acides, constater, et raisonner les différences d'action, ainsi que les résultats.

3. — PRÉPARATION DU PROTOXYDE DE FER

1° Verser une solution de potasse dans une de sulfate de fer. — 2° Filtrer, et étaler sur une brique le filtre avec ce qu'il contient. — 3° Remarquer les modifications que subit le précipité.

4. — PRÉPARATION DU SESQUIOXYDE DE FER ANHYDRE

1° Mêler 30 grammes de sulfate de fer et 100 grammes de chlorure de sodium. — 2° Chauffer ce mélange au rouge dans un creuset. — 3° Après le refroidissement, lessiver le résidu pour enlever le sulfate de soude.

5. — RÉDUCTION DU SESQUIOXYDE DE FER PAR L'HYDROGÈNE

Voir Manipulation concernant l'action de l'hydrogène sur les oxydes et les sulfures.

6. — PRÉPARATION DU SULFURE DE FER PAR LE SOUFRE ET LE FER

Fondre un mélange à parties égales de soufre et de fer en limaille, dans un creuset, ou mieux dans un ballon, afin de pouvoir constater l'incandescence qui accompagne la réaction.

7. — PRÉPARATION DU BLEU DE PRUSSE

1° Préparer de l'eau régale (voir Manipulation sur l'acide chlorhydrique, 5). — 2° Y faire dissoudre des clous de fer. — 3° Concentrer la dissolution à chaud jusqu'à consistance sirupeuse. — 4° Laisser refroidir lentement : les cristaux rouge orangé de sesquichlorure de fer se déposent. — 5° Les recueillir, les laver et les égoutter. — 6° En dissoudre 50 grammes dans 100 grammes d'eau. — 7° Préparer une solution de 15 grammes de cyanoferrure de potassium dans 75 grammes d'eau. — 8° Mêler les deux solutions. — 9° Filtrer, et laver le précipité jusqu'à ce que le liquide filtré ne précipite plus par l'acide azotique. Ce précipité est le bleu de Prusse. — 10° Dissoudre le précipité dans l'acide oxalique en dissolution, pour avoir une encre bleue.

8. — PRÉPARATION DU SULFATE DE FER

1° Attaquer 50 grammes de fer par l'acide sulfurique (50^{gr}) dans une capsule en porcelaine. — 2° Évaporer à sec. — 3° Reprendre par l'eau distillée. — 4° Filtrer. — 5° Concentrer la liqueur par évaporation. — 6° Faire cristalliser par refroidissement.

9. — FER PYROPHORIQUE

Voir Manipulation sur les oxydes : *Réduction du sesquioxyde de fer par l'hydrogène.*

10. — DISTINGUER LE FER DE L'ACIER

1° Sur le métal à essayer, verser une goutte d'acide azotique. — 2° Laisser agir quelques minutes, et laver à grande eau.— Observer la teinte de la tache : elle est grise sur le fer, et noire sur l'acier.

11. — RECONNAITRE LES SELS DE PROTOXYDE ET DE SESQUIOXYDE DE FER

Préparer une dissolution d'un sel de protoxyde, et une d'un sel de sesquioxyde.

A. — *Sels de protoxyde.*

1° Faire agir la potasse, la soude et l'ammoniaque : précipité blanc verdâtre. — 2° Faire agir les carbonates alcalins : précipité blanc verdissant à l'air. — 3° Faire agir le cyanoferrure de potassium : précipité blanc devenant bleu à l'air. — 4° Faire agir l'acide sulfhydrique : pas de précipité dans une liqueur acide. — 5° Faire agir le sulfhydrate d'ammoniaque : précipité noir de sulfure de fer.

B. — *Sels de sesquioxyde.*

1° Faire agir de la potasse, de la soude, de l'ammoniaque : précipité jaune rouille de sesquioxyde de fer hydraté, insoluble dans un excès de réactif. — 2° Faire agir les carbonates alcalins : même précipité avec dégagement d'acide carbonique.—3° Faire agir de l'acide sulfhydrique : précipité de soufre, et réduction du fer à l'état de protoxyde.— 4° Faire agir le sulfhydrate d'ammoniaque : précipité noir, avec un excès de réactif. La liqueur verdit.

XXIX. — ÉTUDE DE L'ÉTAIN, DE SES COMPOSÉS ET DES COMPOSÉS DU MANGANÈSE ET DE L'ANTIMOINE

I. – CARACTÈRES DES SELS D'ÉTAIN

A. — *Sels de protoxyde d'étain, ou sels stanneux.*

Verser dans une solution d'un sel d'étain :

1° Potasse et soude ; on obtient · précipité blanc insoluble dans un excès de réactif. — 2° Ammoniaque . précipité blanc insoluble dans un excès de réactif. — 3° Carbonates alcalins : précipité blanc et dégagement d'acide carbonique. — 4° Acide sulfhydrique : précipité brun marron dans les liqueurs neutres ou acides.

B. — *Sels de bioxyde d'étain, ou sels stanniques.*

Figure 64.

Verser :

1° Potasse, soude, ammoniaque : précipité blanc, soluble dans un excès de réactif. — 2° Carbonates alcalins : précipité blanc peu soluble dans un excès de réactif. (Dégagement d'acide carbonique.) — 3° Acide sulfhydrique : précipité jaune dans les liqueurs neutres ou acides.

2. – L'OURSIN MÉTALLIQUE

1° Préparer une solution concentrée de protochlorure d'étain. — 2° Suspendre dedans un fragment de zinc rond à l'aide d'un fil de fer. — 3° Attendre, et observer au bout d'une heure l'effet produit (*fig.* 64).

3. — OXYDATION ET DÉSOXYDATION DE L'ÉTAIN AU CHALUMEAU

1° Allumer une bougie. — 2° Creuser une petite cavité dans un morceau de charbon de bois pouvant se tenir à la main.— 3° Y placer une feuille de papier d'étain roulée en boule. — 4° La placer derrière la flamme et souffler avec le chalumeau en la plaçant dans le *feu d'oxydation*. (Observer la transformation en mélange de litharge et d'oxyde d'étain.)— 5° La chauffer ensuite au *feu de réduction*. (Observer son retour à l'état de gouttelettes brillantes de métal.)

4. — PROPRIÉTÉS DE L'ÉTAIN

1° Ployer près de l'oreille un bâton d'étain pour entendre le *cri de l'étain*. On l'entend aussi en le chauffant légèrement par une extrémité, puis lorsqu'il se refroidit, surtout si l'on projette quelques gouttes d'eau froide dessus. — 2° Faire fondre 20 grammes d'étain dans un cuiller en fer, et constater son oxydation superficielle. — 3° En fondre un peu sur une carte de visite. — 4° Étamer une lame de tôle : *a*) La décaper d'abord dans l'acide sulfurique étendu. — *b*) Fondre de l'étain dans un creuset. (On peut le recouvrir de paraffine pour éviter l'oxydation.) — *c*) Plonger la lame de tôle essuyée dans de l'étain fondu. — *d*) Pour faire apparaître le *moiré métallique*, frotter la lame avec un chiffon imprégné d'acide chlorhydrique étendu, ou mieux du mélange suivant :

```
Eau . . .  . . . . . . . . . . . . . .     8 parties.
Acide sulfurique  . . . . . . . . . . . . . . .     1 partie.
Acide chlorhydrique . . . . . . . . . . . . . . .     2 parties.
```

5. — PRÉPARATION DU PROTOCHLORURE D'ÉTAIN

1° Dans un ballon, chauffé au bain de sable, dissoudre 20 grammes d'étain dans de l'acide chlorhydrique concentré (18^{gr}). — 2° Décanter et concentrer la liqueur. — 3° Laisser cristalliser par refroidissement.

6. — PRÉPARATION DU BICHLORURE D'ÉTAIN HYDRATÉ

1° Préparer de l'eau régale. — 2° Y dissoudre 20 grammes d'étain. — 3° Concentrer la liqueur après décantation. — 4° Laisser cristalliser par refroidissement.

7. — VÉRIFIER LA PURETÉ DU BIOXYDE DE MANGANÈSE

(En vue de la préparation de l'oxygène).

1° Attaquer 5 grammes de bioxyde de manganèse par de l'acide chlorhydrique pur, et chauffer légèrement. — 2° Lorsqu'il ne se dégage plus de chlore, filtrer le contenu du récipient, et partager la liqueur en deux parties. — 3° A l'aide de la première, essayer s'il y a du fer par l'addition de cyanoferrure de potassium. — 4° A l'aide de la seconde, essayer s'il y a du baryum par l'addition de l'acide sulfurique.

8. — PRÉPARATION DU PERMANGANATE DE POTASSE

1° Mélanger dans un mortier, avec une baguette de verre :

20 grammes de bioxyde de manganèse.
20   —   de chlorate de potasse.
30   —   de potasse caustique dissoute dans très peu d'eau.

— 2° Chauffer ce mélange dans un creuset, d'abord doucement pour la dessiccation, puis au rouge pour la réaction. — 3° Laisser refroidir, puis introduire le tout dans un ballon avec 200 centimètres cubes d'eau, et faire bouillir. — 4° Lorsqu'on a obtenu un liquide bien rouge, filtrer sur un tampon d'amiante, et conserver le liquide dans un flacon bien bouché et dans l'obscurité.

9. — CARACTÉRISER UN SEL D'ANTIMOINE

1° Le dissoudre par l'acide chlorhydrique à chaud dans un tube à essai. — 2° Évaporer et reprendre par l'eau acidulée par l'acide tartrique. — 3° Additionner cette solution d'acide sulfhydrique : il se forme un précipité jaune orange soluble dans le sulfhydrate d'ammoniaque.

10. — PRÉPARER L'ALLIAGE DE DARCET

1° Chauffer dans un creuset les métaux suivants, réduits en fragments très petits et mélangés :

Bismuth . . . . 2 parties.
Plomb . . . . 1 partie.
Étain. . . . . 1 —

— 2° Après fusion, le couler dans une cuiller en fer, en une lingotière.
— 3° Pour l'essayer, le suspendre au-dessus de l'eau en ébullition.

XXX. — ÉTUDE DU PLOMB ET DE SES COMPOSÉS

I. — CARACTÈRES DES SELS DE PLOMB

Dans une solution d'un sel de plomb,

VERSER :	ON OBTIENT :
1° Potasse ou soude	Précipité blanc, soluble dans un excès de réactif.
2° Ammoniaque	Précipité blanc, insoluble dans un excès de réactif.
3° Carbonates alcalins	Précipité blanc, insoluble dans un excès de réactif.
4° Acide sulfhydrique	Précipité noir.
5° Acide sulfurique et sulfates solubles	Précipité blanc.
6° Acide chlorhydrique	Précipité blanc, soluble dans l'eau bouillante.
7° Iodure de potassium	Précipité jaune, soluble dans un excès de réactif.

2. — PROPRIÉTÉS DU PLOMB

1° Essayer sa malléabilité et sa dureté à l'aide du marteau et du couteau. — 2° Fondre du plomb dans un creuset de terre fermé. — 3° Essayer d'attaquer des rognures de plomb par l'acide chlorhydrique ou l'acide sulfurique, dans un tube à essai. — 4° Attaquer des rognures de plomb par l'acide azotique dans un tube à essai. — 5° Mettre des rognures de plomb dans un flacon d'eau distillée (surtout de *pluie*) et dans un autre flacon d'eau ordinaire, et agiter. — 6° Verser dans chaque flacon un peu de bichromate de potasse, et remarquer quelle est l'eau qui a attaqué le plomb.

3. — OXYDES DE PLOMB

1° Fondre du plomb dans un creuset large, ou un têt à rôtir, et agiter avec une tige de fer pour favoriser l'oxydation. — 2° Recueillir et chauffer le sous-oxyde de plomb noir, pour le transformer en *massicot* jaune. — 3° Fondre le massicot dans un creuset pour le transformer en *litharge*. — 4° Chauffer le massicot à l'air dans une capsule de porcelaine, en remuant pour faciliter la suroxydation et le transformer en *minium*. — 5° Traiter le minium par l'acide azotique, chauffer un

peu, filtrer et recueillir le *bioxyde puce*. — 6° Broyer dans un mortier
un mélange de 10 grammes de bioxyde puce et de 4 grammes de fleur
d3 soufre, et constater le dégagement d'acide sulfureux, ainsi que la
formation de *sulfure de plomb* noir. — 7° Réduction de la litharge ou
du massicot par le charbon (voir Manipulation sur les oxydes, 3, B).

4. – ARBRE DE SATURNE

1° Dissoudre 40 grammes d'acétate de plomb dans 1 litre d'eau. —
2° Aciduler par quelques gouttes d'acide acétique. — 3° Verser le mélange dans un flacon à large ouverture. — 4° Fixer à un bouchon en
liège un morceau de zinc. — 5° Attacher
à ce zinc des fils de laiton ou de cuivre
allant en diramant. — 6° Plonger le
tout dans le liquide et fermer le flacon. — 7° Attendre quelques jours pour
constater le dépôt du plomb en cristaux
sur les fils de laiton (*fig.* 65).

Figure 65.

5. – PRÉPARATION DE LA CÉRUSE

1° Préparer de l'*acétate tribasique de
plomb* : a) Dissoudre 30 grammes d'a-
cétate neutre de plomb dans 150 grammes d'eau à chaud. — b) Additionner
cette solution de 10 grammes de litharge
pulvérisé, et chauffer à 100°. — c) Filtrer et recueillir la solution limpide dans
une éprouvette à pied. — 2° Monter un
appareil à acide carbonique. — 3° Faire barboter l'acide carbonique
dans l'acétate tribasique. — 4° Observer le précipité ; arrêter quand
il ne se produit plus. — 5° Filtrer ce liquide, recueillir le précipité
qui est sur le filtre et le sécher : c'est de la *céruse ;* conserver à part le
liquide filtré : c'est de l'*acétate neutre de plomb*.

6. – PROPRIÉTÉS DE LA CÉRUSE

1° Calciner un peu de céruse dans une capsule en porcelaine : on
obtient la *mine orange*. — 2° Verser de l'acide sulfhydrique sur la
céruse et constater le résultat. — 3° En délayer dans l'eau, ou de l'essence de térébenthine, et, avec cette bouillie, badigeonner une planche.

— 4° Exposer cette planche aux émanations d'acide sulfhydrique, ou dans les lieux d'aisance, et constater le résultat.

7. — PROPRIÉTÉS COLORANTES DU CHROMATE DE PLOMB

1° Passer une mèche de coton dans une solution d'acétate neutre de plomb. — 2° La plonger ensuite dans une solution étendue de bichromate de potasse. -- 3° Rincer à l'eau et observer le résultat.

REMARQUE. — En cas d'empoisonnement par un sel de plomb, faire vomir, et donner de l'eau sulfureuse ou une solution très étendue d'alun. L'iodure de potassium en dissolution est également recommandé.

XXXI. — ÉTUDE DU CUIVRE ET DE SES COMPOSÉS

I. — CARACTÈRES DES SELS DE CUIVRE

A. — *Sels de sous-oxyde.*

Dans une dissolution d'un sel de cuivre,

VERSER :	ON OBTIENT :
1° Potasse et soude.	Précipité jaune brun, insoluble dans un excès de réactif.
2° Ammoniaque.	Précipité jaune, soluble dans un excès de réactif.
3° Carbonates alcalins.	Précipité jaune.
4° Acide sulfhydrique.	Précipité brun.

B. — *Sels de protoxyde.*

1° Potasse et soude.	Précipité bleu insoluble.
2° Ammoniaque.	Précipité verdâtre, soluble dans un excès d'ammoniaque.
3° Carbonate de potasse.	Précipité bleu.
4° Acide sulfhydrique.	Précipité noir.

2. — PROPRIÉTÉS DU CUIVRE

1° Frotter une lame de cuivre avec les doigts, et constater son odeur. — 2° Dans un tube à essai, essayer l'action des principaux acides sur de la tournure de cuivre, et constater les différents résultats, surtout avec l'acide azotique, l'acide sulfurique et l'acide chlorhydrique. — 3° Disposer de la tournure de cuivre dans un entonnoir. — 4° Verser de l'ammoniaque dessus et recueillir au-dessous. (Cohober plusieurs fois, jusqu'à ce que le liquide soit bien bleu [*réactif de Schweitzer*]). — 5° Dissoudre du coton dans ce liquide.

3. — OXYDE DE CUIVRE HYDRATÉ

1° Verser de la potasse dans du sulfate de cuivre en dissolution. — 2° Filtrer, et recueillir ce qui reste sur le filtre. — 3° Chauffer un peu de ce précipité dans un tube à essai.

4. — RÉDUCTION DE L'OXYDE DE CUIVRE PAR L'HYDROGÈNE

Même appareil et mêmes opérations que pour la réduction du sesquioxyde de fer par l'hydrogène.

5. — PRÉPARATION DU SULFURE DE CUIVRE

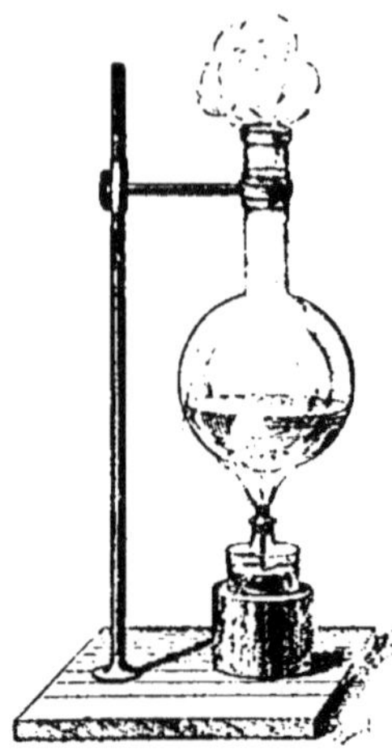

Figure 66.

1° Chauffer dans un tube à essai, ou un ballon, de la fleur de soufre et du cuivre (*fig.* 66). — 2° Remarquer l'incandescence, et recueillir le produit. — 3° Verser de l'acide sulfhydrique ou du sulfhydrate d'ammoniaque dans une solution de sulfate de cuivre. — 4° Filtrer et recueillir le produit précipité.

6. — POUVOIR OXYDANT DE L'AZOTATE DE CUIVRE

1° Sur une feuille de papier d'étain, déposer de l'azotate de cuivre humecté de façon à faire pâte épaisse. — 2° Envelopper rapidement ce sel de la feuille, pour en faire un paquet en boule. — 3° Placer cette boule sur une soucoupe en plein air. — 4° Observer la fusion de l'étain qui se produit bientôt. — 5° Si l'effet tardait à se produire, l'activer avec quelques gouttes d'eau.

Remarque. — En cas d'empoisonnement par un sel de cuivre, absorber de l'eau délayée avec du blanc d'œuf, ou du fer réduit par l'hydrogène mêlé à beaucoup de sucre.

XXXII. — ÉTUDE DU MERCURE ET DE SES COMPOSÉS

I. – CARACTÈRES DES SELS DE MERCURE

1° Plonger une lame de zinc dans une dissolution de sulfate de mercure : formation d'un amalgame noir de zinc. — 2° Verser de la potasse sur un sel d'oxyde : précipité jaune. — 3° Verser de la potasse sur un sel de sous-oxyde : précipité noir. — 4° Faire arriver de l'acide sulfhydrique dans un sel d'oxyde : précipité blanc. — 5° Faire arriver de l'acide sulfhydrique dans un sel de sous-oxyde : précipité noir. (Avec l'acide chlorhydrique et les chlorures, le sel d'oxyde donne un précipité blanc.)

2. – PROPRIÉTÉS DU MERCURE

1° Chauffer du mercure dans un tube à essai pour constater sa volatilité (éviter de respirer les vapeurs). — 2° Broyer quelques gouttes de mercure avec du soufre dans un mortier. — 3° Essayer les principaux acides : *a*) acide sulfurique à chaud dans un tube à essai; *b*) acide azotique à froid dans un verre; *c*) acide chlorhydrique à l'ébullition dans un tube à essai. — 4° Décaper des lames de cuivre ou de zinc dans l'acide sulfurique étendu, et les plonger dans le mercure. En frottant avec une brosse métallique, l'amalgamation est plus complète.

3. – PRÉPARATION DES CHLORURES

A. — *Calomel.*

1° Dans un tube à essai contenant de l'azotate de mercure, verser quelques gouttes d'acide chlorhydrique. — 2° Filtrer, l: · et sécher le précipité.

B. — *Sublimé corrosif.*

1° Introduire dans un ballon un peu grand 30 grammes de sulfate de mercure, 30 grammes de chlorure de sodium et : grammes de bioxyde de manganèse. — 2° Chauffer au bain de sable, en plaçant un cornet de papier au-dessus du col (éviter de respirer les vapeurs). — 3° Couper le ballon pour détacher le sublimé.

7

4. — LE MERCURE IMPRIMEUR

1° Amalgamer une feuille de zinc, ou de laiton, ou de cuivre. — 2° Couper une tige ou branche d'arbre, de façon à obtenir les deux sections bien planes, et parallèles si possible. — 3° La placer debout sur la feuille métallique amalgamée. — 4° Enduire un côté d'une feuille de bon papier d'une solution d'azotate d'argent ammoniacal (dissous dans l'ammoniaque). — 5° Appliquer exactement et fortement cette feuille de papier sur le cylindre de bois. — 6° Au bout de quelques semaines, remarquer que la section du bois est imprimée sur le papier.

Nota. — On peut reproduire de même des feuilles, fleurs, etc.

5. — SERPENT DE PHARAON AU SULFOCYANURE

Acheter le produit de ce nom chez un droguiste, et l'enflammer sur une table. Le produit et sa cendre sont très toxiques.

Remarques. — 1° En cas d'empoisonnement par un composé mercuriel, faire absorber du blanc d'œuf. — 2° Pour avoir un serpent de Pharaon moins dangereux à manier, employer le procédé indiqué à la Manipulation sur le potassium (*Serpent de Pharaon*). — 3° Pour avoir du mercure toujours propre, le tenir renfermé dans un flacon à tubulure inférieure munie d'un robinet en verre, par lequel on le retire au moment de s'en servir. Après s'en être servi, l'y reverser par le haut. On maintient continuellement une mince couche d'acide sulfurique sur le liquide. On pourrait, au besoin employer l'acide azotique.

XXXIII. — ÉTUDE DES COMPOSÉS DES MÉTAUX PRÉCIEUX

I. — RECONNAITRE LES SELS D'ARGENT

1° Dans une solution d'un sel d'argent, verser de la potasse ou de la soude : on obtient un précipité brun, insoluble dans un excès de réactif. — 2° Même essai avec l'ammoniaque : précipité brun, soluble dans un excès de réactif. — 3° Même essai avec l'acide sulfhydrique ou un sulfure alcalin : précipité noir. — 4° Même essai avec l'acide chlorhydrique ou un chlorure soluble : précipité blanc caillebotté. — 5° Même essai avec la solution d'un phosphate : précipité jaune.

2. — ARBRE DE DIANE

1° Sur une lame de verre, coller un bout de papier, représentant le sol et un tronc d'arbre. — 2° A ce tronc, ajouter des fils de cuivre collés au verre avec des bandes de papier gommé très étroites, et disposés comme des branches (les fils doivent bien adhérer au verre). — 3° Préparer une solution faible d'azotate d'argent. — 4° La répandre sur la lame de verre du côté des fils. — 5° Abandonner le tout à lui-même sur une surface bien horizontale, et observer l'effet produit.

3. — PROPRIÉTÉS SPÉCIALES DE L'ARGENT

1° Chauffer à l'air une pièce d'argent, et constater qu'elle ne s'oxyde pas. — 2° L'exposer à l'acide sulfhydrique, et constater le résultat.

4. — AZOTATE D'ARGENT

1° Avec une solution d'azotate d'argent, écrire sur du papier ou de la toile et exposer au soleil ; constater l'effet produit. — 2° Dans la même solution, verser de l'acide chlorhydrique : constater la production d'un précipité blanc de chlorure d'argent. — 3° Filtrer ce précipité et le laver, puis l'exposer à la lumière. — 4° Essayer de le dissoudre dans l'hyposulfite de soude ou l'ammoniaque, avant et après son exposition à la lumière, et constater la différence. — 5° S'appliquer un cristal d'azotate d'argent sur la peau et constater la tache produite.

5. — OR

1° Dissoudre une feuille d'or dans l'eau de chlore ou dans l'eau régale. — 2° Dans une solution de chlorure d'or, verser un mélange des deux chlorures d'étain (*pourpre de Cassius*).

6. — ARGENTURE CHIMIQUE

1° Broyer et mêler dans un mortier 1 gramme d'azotate d'argent, 4 grammes de chlorure de sodium et 3 grammes de crème de tartre. — 2° Étendre cette poudre sur un linge humide, et en frotter l'objet à argenter, préalablement nettoyé.

7. — VÉRIFIER UN OBJET D'ARGENT

1° Préparer la solution suivante : eau, 10 parties ; acide sulfurique, 4 parties, bichromate de potasse : 1 partie. — 2° Toucher avec une baguette de verre humectée de ce liquide l'objet à éprouver. — 3° S'il apparaît une tache rouge, l'objet est en argent, ou argenté.

Nota. -- La tache disparaît par lavage dans l'ammoniaque très étendue.

8. — ARGENTURE DU VERRE

1° Dissoudre 1 gramme d'azotate d'argent dans 5 grammes d'eau distillée. — 2° Verser de l'ammoniaque, et en ajouter en agitant jusqu'à dissolution du précipité formé. — 3° Étendre d'eau distillée jusqu'à avoir 100 grammes de liquide. — 4° Y ajouter 5 centigrammes d'acide tartrique. — 5° Mettre le tout dans un petit flacon bien bouché, que l'on conserve à l'obscurité. — 6° Vérifier au bout de quelques jours qu'il est argenté en dedans.

Nota. — Si l'on chauffe légèrement, on peut argenter en quelques minutes, surtout si l'on a eu soin de rincer d'abord avec de la soude additionnée d'alcool, puis avec de l'eau distillée. On peut argenter par ce procédé n'importe quel objet de verre.

9. — DESSIN A L'AMMONIAQUE

1° Dessiner à l'azotate d'argent, et faire noircir à la lumière. — 2° Plonger le dessin dans une dissolution de sublimé corrosif pour le faire disparaître. — 3° Exposer le dessin au-dessus d'un flacon d'ammoniaque ou à la fumée de tabac , il réapparaît.

IO. — LAMPE SANS FLAMME

1° Fixer un fil de platine contourné en spirale à un large bouchon de liège. — 2° Verser dans un verre de l'éther ordinaire. — 3° Chauffer au rouge la spirale, et la placer rapidement sur le verre sans lui faire toucher l'éther (*fig.* 67). — 4° Constater que son incandescence persiste, et même se ranime.

Figure 67.

Nota. -- On est quelquefois obligé de s'y reprendre à plusieurs fois avant de réussir.

XXXIV. — ÉTUDE GÉNÉRALE DES MATIÈRES ORGANIQUES

1. — RECONNAITRE UNE MATIÈRE ORGANIQUE
OU LA PRÉSENCE D'UNE MATIÈRE ORGANIQUE DANS UN CORPS

1° Amener le corps à un grand état de division. — 2° Le chauffer dans un tube à essai étroit, tenu incliné : *a)* Remarquer s'il se fait un dépôt noir de charbon (toutes les matières organiques, moins l'acide oxalique et les oxalates). — *b)* Remarquer s'il se dégage des produits odorants qui se condensent avec de l'eau sur les parois du tube (à peu près toutes les matières organiques). — *c)* Remarquer s'il se dégage une odeur d'ammoniaque, et si un papier de tournesol rougi est bleui à l'orifice (toutes les matières azotées). — 3° Le calciner dans un creuset propre et à l'air libre. (Il doit disparaître complètement à la longue.) — 4° Le calciner avec de l'oxyde de cuivre, même en vase presque clos. (Il doit disparaître complètement, et ne laisser que du cuivre métallique.)

2. — RECONNAITRE DE SUITE SI UNE MATIÈRE ORGANIQUE
EST AZOTÉE OU NON

1° L'amener à un grand état de division. — 2° L'introduire dans un tube à essai, muni à l'orifice de deux bandes de papier tournesol, l'une bleue, l'autre rougie. — 3° Chauffer le tout. — 4° Si le papier bleu rougit, la matière n'est pas azotée; si le papier rouge bleuit, elle est azotée.

REMARQUE. — On accélère la production de l'ammoniaque dans cette dernière expérience, en chauffant le corps avec un alcali fixe.

3. — DÉTERMINER LA QUANTITÉ DE MATIÈRES MINÉRALES
CONTENUES DANS UN CORPS ORGANIQUE

1° Diviser le corps autant que possible. — 2° Le griller à l'air jusqu'à incinération complète (voir *Grillage*, 1ʳᵉ division). — 3° Recueillir et peser les cendres.

4. — SÉPARATION DES COMPOSÉS ORGANIQUES QUI COMPOSENT
UNE SUBSTANCE ORGANIQUE, OU ANALYSE IMMÉDIATE

1° Monter un récipient plein d'eau et muni d'un robinet inférieur, et le placer sur un tabouret. — 2° Au-dessous du robinet, disposer une cuvette recouverte d'un tamis (*fig.* 68). — 3° Laisser couler l'eau en filet mince, et malaxer doucement sous ce filet la farine qu'il s'agit de diviser. — 4° Continuer jusqu'à ce que la masse qui reste entre les doigts ait pris une couleur foncée, et ne forme plus qu'un tissu élastique : c'est le *gluten*. — 5° Après repos, l'eau qui est dans la cuvette

Figure 68.

s'est éclaircie ; alors, la décanter, recueillir la poudre qui est au fond de cette cuvette, et la sécher sur une plaque en plâtre : c'est l'*amidon*. — 6° Introduire l'eau dans un ballon et la faire bouillir jusqu'à ce que la formation des flocons qui se produisent alors s'arrête. Filtrer de suite, et recueillir cette masse mucilagineuse qui reste sur le filtre : c'est l'*albumine*. — 7° Concentrer à chaud le liquide restant, et continuer jusqu'à siccité complète, en évitant la calcination. — 8° Recueillir le dépôt solide, le soumettre à la lixiviation avec de l'eau froide (voir *Lixiviation*, 1re division). — 9° Lorsque la masse ne paraît plus diminuer, recueillir le solide qui reste : c'est l'ensemble des *sels*. — 10° Laisser évaporer complètement l'eau de lixiviation : la croûte qui reste au fond est le *sucre*.

XXXV. — ÉTUDE DU FORMÈNE

(Méthane, gaz des marais).

I. — PRÉPARATION

1° Introduire, dans une cornue ou un flacon, un mélange de 30 grammes d'acétate de soude fondu, et de 60 grammes de chaux sodée. — 2° Faire passer le tube abducteur dans deux flacons laveurs contenant : l'un de l'eau, l'autre de l'acide sulfurique. — 3° Chauffer modérément. — 4° Il se dégage du formène, que l'on recueille sur la cuve à eau, et il se forme du carbonate de soude qui reste dans la cornue (voir *fig.* 43).

REMARQUES. — 1º On prépare l'acétate de soude fondu en fondant dans une capsule l'acétate de soude cristallisé, et en le répandant à l'état liquide sur une surface lisse et froide. (On le concasse ensuite.)

2º On prépare la chaux sodée en éteignant deux parties de chaux vive, en les mélangeant dans une marmite de fonte avec une partie de soude caustique dissoute dans l'eau, de façon à avoir une bouillie homogène, puis en chauffant jusqu'à évaporation à siccité, enfin en la calcinant dans un creuset. On concasse, et on conserve à l'abri de l'eau et de l'humidité.

2. — PROPRIÉTÉS

1º Faire brûler du formène en l'enflammant à l'orifice de l'éprouvette : *a)* La flamme est jaunâtre. — *b)* Le gaz constitue avec deux fois son volume d'oxygène un mélange explosif. — 2º Étude de sa densité, comme pour l'hydrogène. — 3º Constater ses propriétés endosmotiques comme il suit : *a)* Se procurer un vase poreux, tel qu'un vase poreux de pile, ou, à défaut, une pipe en terre, bouchée. — *b)* Boucher le vase poreux avec un bouchon traversé d'un tube en verre droit (ou ajouter au tuyau de la pipe un tube de verre droit) [*fig.* 69]. — *c)* Disposer l'appareil ainsi constitué au-

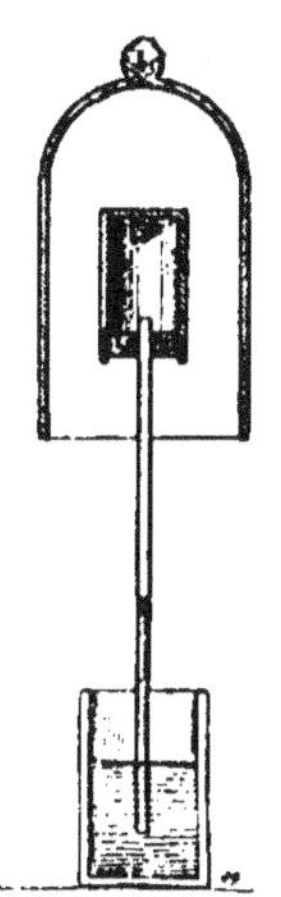

Figure 69.

dessus d'un récipient d'eau colorée, le tube en verre plongeant dedans. — *d)* Recouvrir le vase poreux d'une cloche contenant le formène. — *e)* Observer les mouvements de l'eau dans le tube de verre.

REMARQUES. — 1º Cette dernière expérience peut être effectuée pour étudier la propriété endosmotique de l'hydrogène.

2º Les mélanges explosifs peuvent se faire dans un flacon, et l'inflammation se fait à son ouverture ; seulement, il faut absolument l'envelopper d'un linge mouillé, dont les tours se continuent sur la main qui tient le flacon. (Il est plus prudent de procéder ainsi : On fait le mélange dans une vessie armée d'un long tube, et tenue loin de toute flamme. Puis, pressant cette vessie, on fait sortir un peu du gaz dans de l'eau de savon ; il reste, adhérente au tube, une bulle que l'on détache par un petit coup sec ; elle s'élève, et l'on y met le feu.)

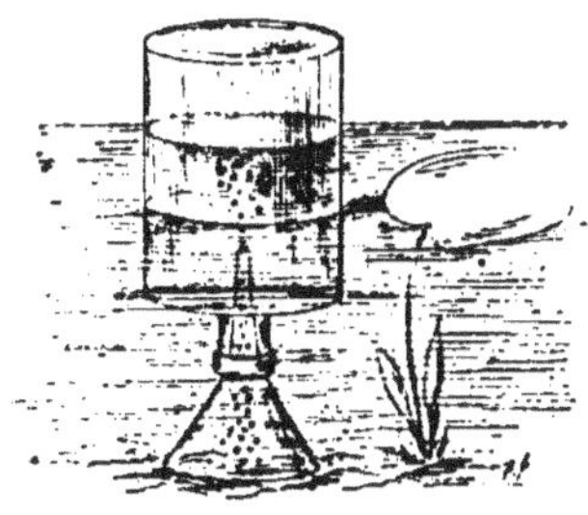

Figure 70.

3º On peut recueillir du formène impur en agitant la vase d'une mare avec un bâton, et recueillant les bulles de gaz qui se dégagent, dans un flacon, à l'aide d'un entonnoir, le tout plongé dans l'eau. On peut aussi enflammer ces bulles au fur et à mesure qu'elles arrivent à la surface de l'eau (*fig.* 70).

XXXVI. — ÉTUDE DE L'ÉTHYLÈNE

(*Gaz oléfiant*).

I. — PRÉPARATION

1º Introduire dans un ballon ou une cornue 100 grammes d'alcool, puis peu à peu, et en agitant constamment, 500 grammes d'acide sulfurique

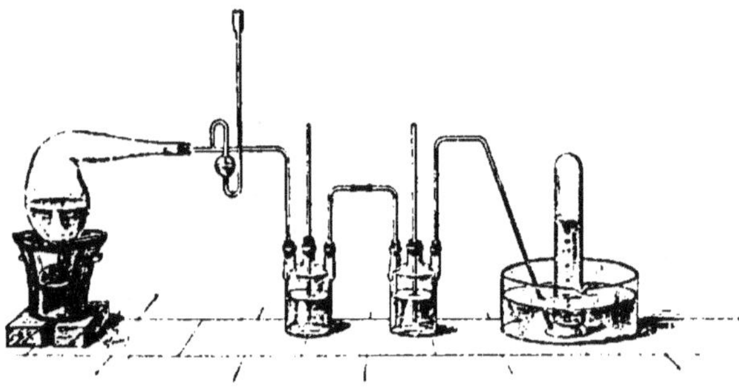

Figure 71.

(ajouter un peu de sable calciné). — 2º Ajuster deux flacons laveurs : l'un à acide sulfurique, l'autre à potasse (*fig.* 71). — 3º Chauffer lentement et en ayant soin de ne pas dépasser la température de 170º, sous peine d'avoir de l'*éther ordinaire*. — 4º L'alcool se décompose, et l'éthylène se dégage; on le recueille sur la cuve à eau.

REMARQUE. — Le récipient dans lequel on met l'alcool et l'acide sulfurique doit être maintenu dans l'eau froide pendant qu'on opère le mélange.

2. — SES PROPRIÉTÉS

1º Faire brûler de l'éthylène en l'enflammant à l'orifice d'une éprouvette : a) La flamme est brillante. — b) Enflammé dans une éprouvette étroite, la combustion est incomplète, et on constate un dépôt de charbon. — 2º Le mélanger avec trois fois son volume d'oxygène, approcher une bougie de l'ouverture du flacon : il y a détonation. — 3º Mélanger 1 volume d'éthylène à 2 volumes de chlore ; approcher une bougie : a) Il y a inflammation. — b) Une flamme rouge descend dans l'éprouvette. — c) Production d'un nuage de charbon pulvérulent. — 4º Constater son odeur empyreumatique. — 5º Remplir à moitié une cloche de chlore, achever de la remplir avec de l'éthylène, la placer sur une grande assiette contenant de l'eau et abandonner le tout à lui-même, en ayant soin de remplacer de temps en temps l'eau qui monte dans la cloche. (Constater la production de l'*huile des Hollandais*.)

XXXVII. — ÉTUDE DU GAZ D'ÉCLAIRAGE

I. — PRÉPARATION DU GAZ

A. — *Appareil producteur.*

1º Remplir un creuset de houille. — 2º Le luter avec du plâtre (tube abducteur), ou de l'argile. — 3º Le disposer dans un fourneau à bassine.

B. — *Épuration physique.*

1º Laver dans un flacon à trois tubulures (*barillet*). — 2º Le faire

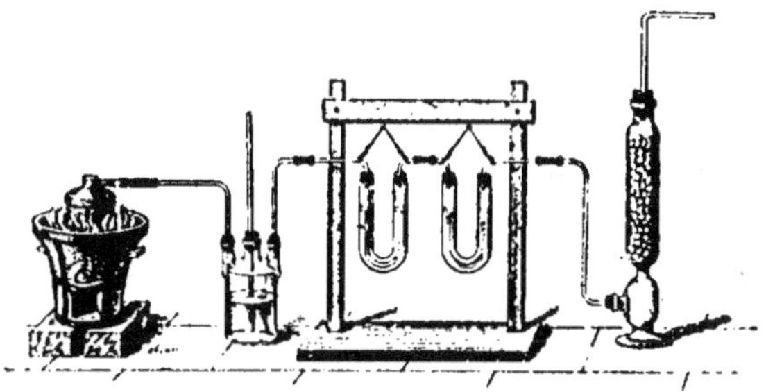

Figure 72.

passer dans des tubes en **U** contenant un peu d'eau (*jeu d'orgue*). — 3º Lui faire traverser une éprouvette à dessécher remplie de coke humide (*tambour à coke* [*fig.* 72]).

C. — *Épuration chimique.*

1° Le faire arriver dans une éprouvelte à dessécher contenant de la chaux, du sulfate de sesquioxyde de fer, et de la sciure de bois, le tout bien mélangé (*caisse à épuration chimique*). — 2° Recueillir sous une cloche à eau (*gazomètre*).

2. — SES PROPRIÉTÉS

1° Enflammer le gaz au sortir du creuset. — 2° L'enflammer après l'épuration. — 3° Mélanger dans un flacon 3 volumes d'oxygène et 1 volume de gaz, et enflammer. — 4° Séparer le goudron des eaux ammoniacales. — 5° Constater la présence de l'ammoniaque dans ces eaux avec une tube à essai et de la chaux. — 6° Y constater l'acide sulfhydrique par l'acétate de plomb versé dans le gaz des tuyaux de conduite.

REMARQUES. — 1° Si l'on n'a pas de creuset, remplir de houille une pipe en terre, et la luter avec de l'argile. (On peut aussi obtenir le même gaz en distillant de la sciure de bois ou de liège dans un tube à essai ou un petit ballon.) — 2° Pour trouver une fuite de gaz révélée par l'odeur, enduire le tuyau de plomb avec de l'eau de savon. (Il se forme une bulle à l'endroit de la fuite.)

XXXVIII. — ÉTUDE DES HYDROCARBURES USUELS

I. — ESSENCE DE TÉRÉBENTHINE

1° Constater son odeur. — 2° En disposer sur une soucoupe avec des copeaux de bois, et y mettre le feu. Remarquer la quantité de fumée. — 3° En abandonner à l'air dans une assiette pendant quelques jours, et constater sa résinification. — 4° Faire passer dans l'essence un courant d'acide chlorhydrique, et constater le résultat. — 5° Faire agir sur elle l'acide azotique. — 6° Dissoudre une matière grasse, ou enlever une tache sur un vêtement. — 7° Préparer un *vernis à l'essence :* Dissoudre 500 parties de *copal* tendre et 40 parties de camphre dans 1.000 parties d'essence de térébenthine. (On obtient ainsi un vernis pour tab··· à l'huile.) — 8° Rendre éclairante la flamme de l'alcool en me··· ··· un peu d'essence dans une lampe à alcool.

2. — BENZINE

1º Constater son odeur et sa saveur. — 2º Dissoudre à son aide l'iode, le soufre. — 3º Dissoudre une matière grasse, ou enlever une tache de graisse sur un vêtement. — 4º L'enflammer sur une soucoupe. — 5º Rendre éclairante la flamme de l'hydrogène en faisant passer le courant du gaz dans un vase contenant de la benzine, et enflammer le jet de gaz à l'extrémité d'un tube sortant du vase. (La même expérience peut être faite avec l'essence de térébenthine.) — 6º Rendre éclairante la flamme de l'alcool, en mettant de la benzine dans une lampe à alcool. — 7º Préparer la nitrobenzine, en versant peu à peu la benzine dans de l'acide azotique que contient un vase maintenu dans l'eau froide. (Remarquer l'odeur de ce produit.) — 8º Faire un mélange de 2 parties d'alcool et de 1 partie de benzine, et dissoudre un vernis quelconque.

3. — PÉTROLE

1º Constater son odeur. — 2º Essayer de l'enflammer dans une soucoupe; s'il prend feu, c'est qu'il est mal raffiné, et qu'il contient encore de l'essence de pétrole. — 3º Enflammer de l'essence de pétrole dans une soucoupe. — 4º Mêler cette essence à du pétrole non inflammable, et enflammer le mélange dans une soucoupe. — 5º Disposer du pétrole non inflammable dans une soucoupe avec des copeaux de bois, et enflammer le tout. — 6º Dissoudre une matière grasse, ou enlever une tache de graisse sur un vêtement. — 7º Enflammer une soucoupe de pétrole inflammable et essayer de l'éteindre avec de l'eau, de la terre, des cendres.

4. — PRÉPARER DU PAPIER-CALQUE

1º Mélanger dans un bain-marie 25 grammes de baume du Canada et 125 grammes d'essence de térébenthine rectifiée. — 2º Avec une brosse douce, enduire de ce mélange la surface du papier.

REMARQUE. — Avec de la benzine, ou de l'essence de pétrole, on peut rendre un papier transparent d'une façon temporaire, c'est-à-dire pendant l'opération du décalque. Il redevient opaque par la dessiccation.

5. — PRÉPARATION D'UNE CIRE A CACHETER LES FLACONS

1º Faire fondre, dans un vase de terre ou de verre, 10 parties de colophane, 4 parties de cire jaune et 2 parties de suif. — 2º Colorer avec du bleu de Prusse, si on veut de la cire bleue; noir de fumée, si on la veut noire; minium, si on la veut rouge.

XXXIX. — ÉTUDE DE L'ALCOOL ÉTHYLIQUE

(Alcool vinique, éthanol).

I. — FERMENTATION ALCOOLIQUE

Fig. 73.

1° Monter un appareil à hydrogène (voir *fig.* 28). — 2° Dissoudre 15 grammes de glucose dans 160 grammes d'eau. — 3° Ajouter 8 grammes de levure de bière en pâte. — 4° Agiter le mélange, que l'on maintiendra à une température de 20 à 25°. — 5° Recueillir l'acide carbonique dans une éprouvette sur la cuve à eau. — 6° Constater au microscope la multiplication des *saccharomyces* dans la liqueur fermentée (*fig.* 73).

REMARQUE. — L'expérience dure deux ou trois jours.

2. — EXTRACTION DE L'ALCOOL DU VIN OU D'UNE LIQUEUR FERMENTÉE

Procédé général employé ci-après pour l'essai alcoométrique du vin par l'*alambic Salleron*.

3. — PROPRIÉTÉS DE L'ALCOOL ÉTHYLIQUE

1° Constater l'odeur et la saveur de ce produit. — 2° Dissoudre un corps gras ou une résine. (Dans ce dernier cas, badigeonner un objet avec la solution, et constater qu'on a ainsi obtenu un vernis.) — 3° Verser de l'alcool dans du blanc d'œuf ou de la gélatine, et observer la coagulation produite. — 4° En verser une petite quantité dans une soucoupe, et l'enflammer. — 5° Verser de l'alcool absolu dans de l'eau; observer la chaleur dégagée, et la contraction de volume du mélange. — 6° Verser dans un peu d'alcool de l'acide acétique, et constater le changement d'odeur.

4. — ESSAI ALCOOMÉTRIQUE DU VIN

A. — *Détermination de la richesse alcoolique d'un vin, en extrayant l'alcool au moyen de l'alambic de Salleron.*

1° Remplir une éprouvette d'un volume donné, avec le vin à essayer. — 2° Introduire ce vin dans la cucurbite de l'appareil, ainsi que l'eau de lavage du vase qui a servi à mesurer le vin. — 3° Chauffer lentement, de façon que le liquide recueilli soit incolore. — 4º Avoir soin de refroidir constamment le serpentin avec de l'eau froide. — 5º Recueillir le produit de la distillation dans l'éprouvette employée plus haut. — 6º Arrêter la distillation quand on a recueilli le tiers du volume du vin employé. — 7º Compléter le volume avec de l'eau. — 8º Déterminer le degré alcoolique avec l'alcoomètre centésimal de Gay-Lussac. — 9º Corriger, si la température de la liqueur est au-dessus ou au-dessous de 15º, au moyen de la table de Gay-Lussac.

REMARQUES. — 1º Si le liquide recueilli était coloré, on le distillerait de nouveau avant d'y plonger l'alcoomètre.

2º S'il s'agit d'un vin très alcoolique, ou d'une liqueur, on n'arrête la distillation que quand on a recueilli la moitié du volume de vin ou de liqueur employé.

B. — *Même détermination au moyen d'un ébullioscope.*

Supposons que l'on dispose d'un *ébullioscope Bénévolo* [*fig.* 74]. (La marche est à peu près la même avec un autre ébullioscope.)

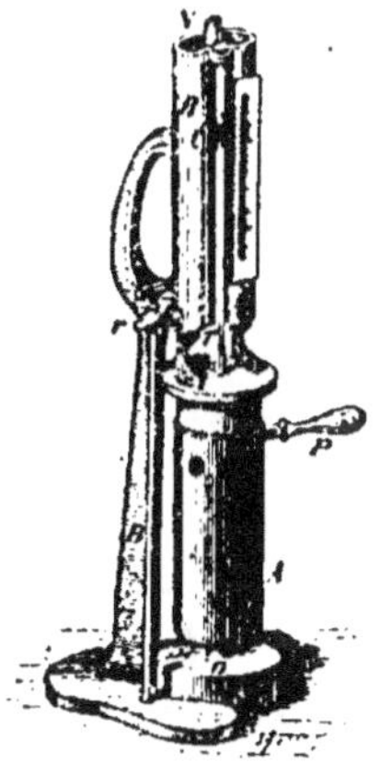

Figure 74.

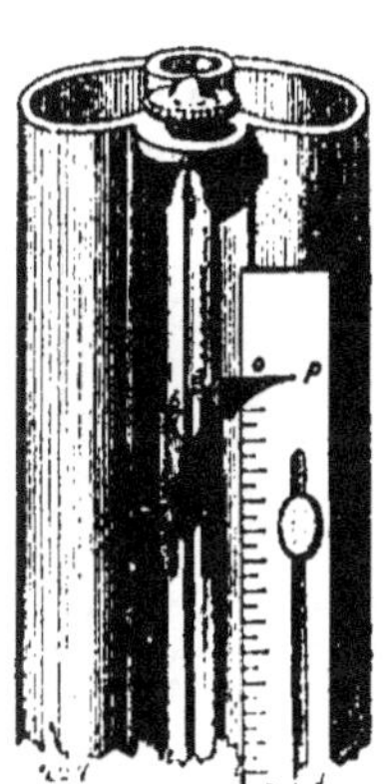

Figure 75.

1º Remplir d'eau la chaudière de l'appareil. — 2º L'adapter à son support. — 3º Allumer la lampe de l'appareil, et chauffer. — 4º Arrêter le chauffage lorsque la vapeur apparaît à l'extrémité du tube qui surmonte la chaudière. — 5º Amener par glissement le zéro de l'échelle mobile jusqu'au degré qui marque la mesure du thermomètre. (L'appareil est ainsi *réglé* pour une journée environ, et l'opération véritable peut commencer.) — 6° Remplacer l'eau de la chaudière par du vin, et remplir d'eau le réfrigérant. — 7° Chauffer. — 8° Observer l'ascension du mercure dans le thermomètre, et, lorsque cette ascension cesse, amener à ce niveau l'index à deux pointes qui est sur la tige thermométrique. — 9° Lire sur l'échelle mobile le degré indiqué par la pointe inférieure de l'index c'est le degré alcoométrique demandé et coïncidant avec le degré donné par l'alcoomètre centésimal. (S'il s'agissait d'une liqueur, ce serait le degré indiqué par la pointe supérieure de l'index [*fig.* 75]).

XL. — ÉTUDE DES ALDÉHYDES

I. — ALDÉHYDE ÉTHYLIQUE

(*Éthanal*).

A. — *Préparation.*

1° Monter un flacon à deux tubulures, dont l'une est en entonnoir, et l'autre aboutit dans un ballon plongé dans de l'eau froide, ou mieux

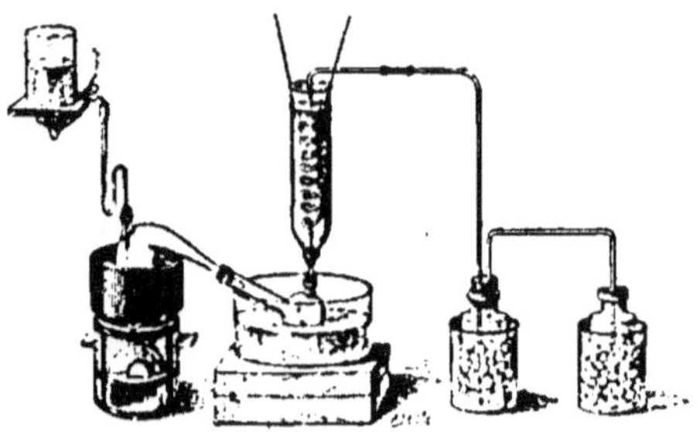

Figure 76

dans un serpentin ordinaire d'alambic. Le vase dans lequel on recueillera l'aldéhyde doit être presque fermé (*fig.* 76). — 2° Introduire dans ce flacon 150 grammes de bichromate de potasse et 300 grammes d'eau. — 3° Mélanger d'autre part 150 grammes d'alcool éthylique, 200 grammes d'acide sulfurique et 300 grammes d'eau. — 4° Introduire ce mélange dans un flacon à robinet, disposé au-dessus de l'entonnoir. — 5° Chauffer le flacon à bichromate au bain-marie, et laisser tomber goutte à goutte dans l'entonnoir le mélange du flacon supérieur. — 6° Recueillir l'aldéhyde obtenu.

B. — *Propriétés.*

1° Constater son odeur. — 2° Enflammer de l'aldéhyde sur une soucoupe. — 3° L'oxyder par un mélange de permanganate de potasse et d'acide sulfurique; opérer dans un verre. — 4° Verser de l'azotate d'argent dans un tube à essai, ajouter quelques gouttes d'ammoniaque, puis verser de l'aldéhyde et observer l'effet produit, si l'on chauffe doucement. — 5° Faire barboter du chlore dans l'aldéhyde, et constater l'odeur du *chloral.* (Aspirer peu.) — 6° Verser ce dernier dans un tube à essai, et additionner d'un peu de potasse; constater l'odeur du *chloroforme.* (Aspirer peu.)

2. — GLUCOSE

(*Hexanepentolal*).

A. — *Préparation.*

1° Dans une capsule de porcelaine, mettre de la fécule ou amidon et de l'acide sulfurique très étendu, de manière à faire une pâte très fluide. — 2° Chauffer à 100° environ. — 3° De temps en temps, prélever un peu du liquide pour voir si la transformation est achevée : ce liquide ne doit pas bleuir par la teinture d'iode (amidon) et ne pas précipiter par l'alcool concentré (dextrine). — 4° Quand la transformation est complète, verser dans la masse de la craie en poudre, et agiter. — 5° Filtrer sur du noir animal. — 6° Évaporer la liqueur jusqu'à 40° B. — 7° Laisser refroidir. — 8° Lorsque le glucose est précipité, le recueillir et le laisser sécher.

REMARQUE. — On peut l'extraire du miel (mélange de glucose et de lévulose). Il suffit de délayer ce produit avec de l'alcool froid, d'exprimer le liquide, et de redissoudre la masse solide dans l'alcool bouillant. On laissera ensuite précipiter par refroidissement.

B. — *Propriétés.*

1° Constater sa saveur. — 2° Le chauffer dans une capsule, constater les transformations qu'il subit à 170°, puis à 200°. — 3° Dans un tube à essai, observer l'action de l'acide sulfurique : dégagement d'acide sulfureux. — 5° Dans un tube à essai, observer l'action de l'acide azotique, et constater la production d'acide oxalique. — 5° Dans un tube à essai, à l'ébullition, observer l'action de l'acide chlorhydrique et constater la production de corps très carburés (acide ulmique). — 6° Dans un tube à essai, observer l'action d'un alcali concentré, et constater la production de corps moins carburés (acide glucique). — 7° Faire bouillir dans un tube à essai une solution d'azotate d'argent, additionnée d'un excès de potasse et de glucose, et remarquer le résultat. — 8° Faire bouillir, dans un tube à essai, une solution de sulfate de cuivre, additionnée d'un excès de potasse, de glucose, et noter le résultat. — 9° Provoquer dans le glucose la fermentation alcoolique (voir *Fermentation alcoolique*, Manipulation sur l'alcool éthylique). — 10° Provoquer dans le glucose la fermentation lactique. (Même appareil et lait caillé à la place de la levure de bière.) — 11° Provoquer dans le glucose la fermentation butyrique. (Même appareil et beurre rance à la place de la levure de bière.)

XLI. — ÉTUDE DES ACIDES ACÉTIQUE ET OXALIQUE

(*Éthanoïque* et *éthanedioïque*).

1. — PRÉPARATION DE L'ACIDE ACETIQUE

1° Mélanger dans une cornue, ou un ballon, 50 grammes d'acétate de soude et 60 grammes d'acide sulfurique concentré. — 2° Adapter à la cornue de verre un ballon à long col muni d'un tube de sûreté. — 3° Chauffer le mélange et condenser les vapeurs d'acide acétique qui se dégagent en faisant plonger le ballon récepteur dans un vase contenant de l'eau froide.

Nota. — L'appareil est semblable à celui qui a servi à la préparation de l'acide azotique.

2. — PRÉPARATION DE L'ACIDE OXALIQUE

1° Mettre dans un ballon en verre de 1 litre de capacité 105 grammes de sucre ou d'amidon, 8 grammes d'acide azotique et 100 grammes d'eau. — 2° Chauffer; il se dégage des vapeurs rutilantes. — 3° Laisser refroidir : il se dépose des cristaux d'acide oxalique.

3. — GRAVURE SUR FER OU ACIER PAR L'ACIDE OXALIQUE OU LE SEL D'OSEILLE

Mêmes opérations que pour la gravure sur cuivre par l'acide azotique.

4. — LEURS PROPRIÉTÉS GÉNÉRALES

1º En constater l'odeur et la saveur; mais, pour ce dernier essai, étendre l'acide acétique de beaucoup d'eau, et dissoudre l'acide oxalique dans une grande quantité d'eau. — 2º Faire bouillir de l'acide acétique dans un ballon armé d'un tube, et enflammer sa vapeur à l'extrémité de ce tube. — 3º Chauffer l'acide oxalique avec de l'acide sulfurique concentré, et constater le dégagement d'oxyde de carbone et d'acide carbonique. — 4º Chauffer l'acide oxalique avec du bioxyde de manganèse, et constater le dégagement d'acide carbonique. — 5º Chauffer l'acide oxalique avec de la potasse, et observer la formation de vapeurs rutilantes. — 6º Chauffer l'acide acétique avec du cuivre au contact de l'air, et constater le résultat. — 7º Même opération avec de l'acide oxalique. — 8º Chauffer l'acide acétique avec un excès de soude, et constater le dégagement de formène ainsi que la formation de crabonate de soude. — 9º Verser une dissolution d'acide oxalique dans l'eau de chaux, et constater le résultat. — 10º Nettoyer un objet en cuivre avec une dissolution de sel d'oseille.

5. — PRÉPARATION D'UN PAPIER BUVARD
POUR ENLEVER LES TACHES D'ENCRE

1º Prendre du papier buvard aussi épais que possible. — 2º Le tremper plusieurs fois dans une solution d'acide oxalique, ou d'oxalate de potasse. — 3º Laisser sécher. — 4º Appliquer le papier sur la tache. (Si elle est fraîche, elle disparaît complètement; si elle ne l'est pas, l'humecter d'abord avec un peu d'eau.)

XLII. — ÉTUDE DE L'ÉTHER ÉTHYLACÉTIQUE (ACÉTIQUE)

I. — PRÉPARATION

1º Mettre dans une cornue : 100 grammes d'acétate de soude fondu, 50 grammes d'alcool à 90º, 150 grammes d'acide sulfurique concentré. — 2º Plonger le col de la cornue dans celui d'un ballon à long col, chauffer : l'*éther éthylacétique* se dégage et va se condenser dans le ballon qui plonge dans de l'eau froide (c'est l'appareil à acide azotique). — 3º Pour le purifier, le mélanger à un lait de chaux. — 4º Distiller le mélange sur du chlorure de calcium. (Pour cela, on emploie le même appareil.)

2. — SES PROPRIÉTÉS

1º Constater l'odeur éthérée de ce produit. — 2º Dissoudre un peu de résine ou de coton-poudre. — 3º Dans de l'éther éthylacétique, verser de la potasse étendue : constater que l'odeur est devenue celle de l'alcool éthylique, et que le perchlorure de fer colore le liquide en brun, caractère général des acétates. (*Principe de la saponification.*)

3. — LAMPE SANS FLAMME

1º Mettre de l'acide éthylacétique, ou tout autre éther très volatil, dans un verre. — 2º Fixer une spirale de platine à un large bouchon plus grand que l'ouverture du verre. — 3º Chauffer cette spirale à blanc dans une flamme (voir *fig.* 67). — 4º La déposer immédiatement au-dessus de l'éther, le bouchon reposant simplement sur les bords du verre. — 5º Constater qu'au bout de quelques secondes la spirale, qui avait perdu son incandescence, la reprend.

Remarque. — Il est souvent nécessaire de répéter plusieurs fois l'essai avant de le réussir. L'expérience peut être tentée avec d'autres fils métalliques, mais elle ne réussit bien qu'avec le platine.

4. — LAMPE SANS FLAMME POUR PURIFIER L'AIR

1º Prendre une lampe à alcool, et la remplir d'alcool à 90º, ou d'éther. — 2º Humecter la mèche du même liquide. — 3º Prendre une spirale comme précédemment, et l'humecter de même. — 4º La placer autour de la mèche, de façon qu'elle l'entoure de très près sans la toucher. — 5º Allumer la lampe. — 6º Au bout de quatre à cinq minutes, éteindre la lampe avec son couvercle de verre (il ne faut pas souffler dessus) et retirer l'éteignoir. — 7º Remarquer que la spirale reste incandescente, tant qu'il y a du liquide dans la lampe. — 8º Constater le dégagement d'une odeur éthérée qui purifie l'air. (On peut, à l'aide de cette expérience, faire disparaître en un quart d'heure l'odeur de tabac d'un fumoir.)

XLIII. — ÉTUDE DES SAVONS

1. — FABRICATION DU SAVON

1° Verser dans une casserole en cuivre, en fer-blanc, ou une capsule en porcelaine, une dissolution de soude à 5° B. — 2° Ajouter (en agitant continuellement avec un agitateur) peu à peu un volume double d'huile d'olive, et chauffer. — 3° Lors de l'apparition d'une émulsion blanche, ajouter à peu près une quantité égale d'une dissolution de soude à 12° B, dans laquelle on aura mis 50 centièmes de chlorure de sodium. — 4° Faire bouillir de nouveau jusqu'à ce que le savon se sépare à la surface. — 5° Laisser refroidir, recueillir, puis comprimer et former la savonnette.

2. — IMPERMÉABILISATION D'UN TISSU A L'AIDE DU SAVON

1° Faire une solution de 500 grammes de savon, 500 grammes de gélatine, 700 grammes d'alun et 17 litres d'eau. — 2° Tremper le tissu désapprêté dans cette liqueur. (Il devient imperméable à l'eau, tout en étant perméable aux gaz.)

3. — PROPRIÉTÉS DES SAVONS

1° (On suppose qu'il s'agit des savons ordinaires, c'est-à-dire à base de potasse ou de soude.) Dissoudre du savon dans l'eau (*eau de savon*). — 2° Faire agir un acide sur l'eau de savon, et constater la formation d'un sel à l'aide de l'alcali du savon. — 3° Faire agir une solution de sulfate de chaux sur l'eau de savon et constater la production du stéarate de chaux en grumeaux. — 4° Vérifier la qualité du savon en le dissolvant dans l'alcool bouillant : il ne doit pas rester plus d'un centième de résidu ; on s'en assure en pesant ce dernier après l'avoir desséché.

4. — PRÉPARATION D'UN CRAYON POUR DESSINER SUR VERRE PORCELAINE ET MÉTAUX

1° Mélanger et fondre ensemble 4 parties de blanc de baleine, 3 parties de suif et 2 parties de cire. — 2° Ajouter la matière colorante (6 parties de minium, ou 6 parties de céruse, ou 6 parties de bleu de Prusse). — 3° Mouler la pâte en bâtons [1].

---

1. G. Tissandier.

LXIV. — ÉTUDE DES GLUCOSIDES

I. — SUCRE DE CANNE

(SACCHAROSE)

A. — *Propriétés.*

1° Constater sa saveur. — 2° Dissoudre du sucre dans l'eau, puis concentrer cette solution jusqu'à 37° B.; la placer ensuite dans une étuve à 30° et l'abandonner à elle-même (*sucre candi*) [*fig.* 77]. —

Figure 77.

3° Chauffer le sucre à sec, à 160°, et le couler sur une table froide (*sucre d'orge*). — 4° Chauffer le sucre jusqu'à 210°, et remarquer l'apparence qu'il prend (*caramel*). — 5° Calciner complètement le sucre (*charbon*). — 6° Ajouter à la dissolution de sucre 2 pour 100 d'acide sulfurique, et chauffer pendant cinq minutes : constater que ce n'est plus du sucre ordinaire, mais du sucre interverti (*glucose* et *lévulose*). — 7° Faire bouillir long-temps la solution de sucre, et faire la même constatation. — 8° Faire bouillir longtemps du sucre avec de l'acide sulfurique ou chlorhydrique, et constater la production d'acide glucique et d'acide ulmique. — 9° Faire agir de l'acide azotique sur du sucre, et constater la production d'acide oxalique. — 10° Dans un tube à essai, chauffer du sucre avec de la potasse, et constater qu'il ne brunit pas. — 11° Dissoudre du sucre dans un lait de chaux, chauffer pour observer le résultat. — 12° Faire barboter de l'acide carbonique dans la solution précédente, et recueillir le sucre primitif. — 13° Dans un tube à essai, chauffer une solution de sulfate de cuivre, un excès de potasse et du sucre, constater qu'il n'y a aucune réduction. — 14° Préparer un sirop de sucre (dissolution à 35°B.), y plonger un fruit, boucher le flacon, et le mettre de côté pour observer au bout de quelques semaines la conservation du fruit.

B. — *Distinguer le sucre du glucose et du sucre interverti.*

1° Préparer la *liqueur de Fehling* : *a*) Dans 300 grammes d'eau, dissoudre 50 grammes de bitartrate de potasse et 40 grammes de carbonate de soude. — *b*) Dans 125 grammes d'eau, dissoudre 40 grammes de sulfate de cuivre. — *c*) Mêler les deux solutions, faire bouillir, et,

avec de l'eau, compléter à un litre. C'est la liqueur demandée. —
2º Faire bouillir un peu de cette liqueur, et y ajouter le corps sucré à
essayer; si la liqueur ne brunit pas, c'est du sucre (voir *fig.* 59).

C. — *Reconnaître s'il y a du sucre dans l'urine.*

1er *Procédé.* — 1º Évaporer au bain-marie quelques gouttes d'urine.
— 2º Arroser le résidu avec de l'acide sulfurique, additionné de six
fois son volume d'eau. — 3º Chauffer doucement. — 4º Constater que
la masse noircit bientôt, s'il y a du sucre.

2e *Procédé.* — 1º Placer une goutte d'urine sur un morceau de mérinos
blanc, trempé, quelques jours avant l'essai, dans une solution concentrée de bichlorure d'étain. — 2º Chauffer doucement au-dessus de
quelques charbons. — 3º Constater que la tache devient brune, s'il y a
du sucre.

2. — AMIDON

A. — *Propriétés.*

1º Étudier au microscope la forme des grains d'amidon (*fig.* 78). —
2º Constater qu'il ne se dissout pas dans l'eau, mais que les grains y
gonflent. — 3º En chauffer avec
200 fois son poids d'eau, à 80º, et
noter le résultat (*empois*). — 4º Chauffer de l'amidon aux environs de
200º, et constater sa transformation
en dextrine (à ce qu'elle se colore
en rouge fauve par la teinture
d'iode). — 5º Traiter l'amidon par
la potasse, d'abord à froid (*empois*),
puis à chaud (*dextrine*). — 6º Chauffer

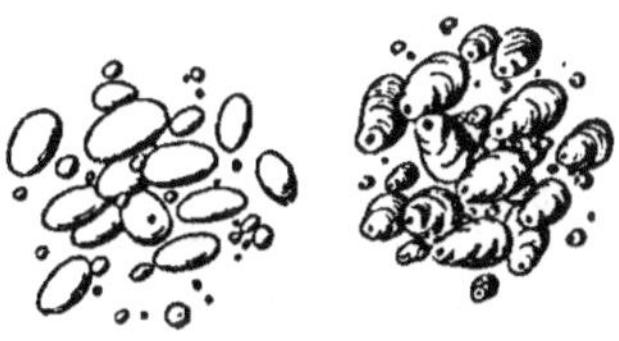

Figure 78.

de l'amidon avec de l'acide sulfurique étendu, et constater qu'il se
transforme d'abord en dextrine, puis en glucose. — 7º Chauffer de
l'amidon avec de l'acide azotique étendu dans un tube à essai. (Constater
le dégagement d'acide carbonique, ainsi que la production d'acide oxalique.) — 8º Délayer de l'empois dans l'eau et y tremper un linge
nettoyé, laisser sécher le linge pour observer le résultat. — 9º Couler
du caramel dans un trou fait dans de l'amidon.

B. — *Préparation.*

Voir Manipulation sur les matières organiques en général, IV :
Analyse immédiate. — On peut obtenir de même l'amidon ou

fécule de pomme de terre, en râclant une pomme de terre sous un filet d'eau.

3. — CELLULOSE

A. — *Propriétés.*

1° Se procurer du coton cardé, fin et propre. C'est de la cellulose à peu près pure. Le *papier mou* et le *papier-filtre* sont de la cellulose un peu moins pure, ainsi que la *sciure de bois* ou la *râpure de liège.* — 2° Dissoudre de l'oxyde de cuivre dans l'ammoniaque (*réactif de Schweitzer*), et y dissoudre du coton. — 3° Chauffer dans un tube à essai, fermé par un bouchon traversé d'un tube effilé, de la sciure de bois ou de la râpure de liège, et enflammer le gaz qui se dégage. — 4° Humecter d'une solution d'iodure de potassium (ou de teinture d'iode) une feuille de papier à filtrer, et la passer rapidement dans une cuvette d'acide sulfurique concentré. Constater sa transformation en amidon, en la lavant immédiatement à l'eau pure. — 5° Faire du *parchemin végétal : a*) Étendre de l'acide sulfurique de son volume d'eau. — *b*) Y tremper du papier-filtre pendant quelques secondes. — *c*) Laver ce papier dans l'eau légèrement ammoniacale. — *d*) Laisser sécher. — 6° Faire du *sucre de chiffons : a*) Mettre 50 grammes de coton dans 70 grammes d'acide sulfurique concentré, et triturer dans un mortier de verre ou de porcelaine. — *b*) Quand la matière est noire et gommeuse, constater que c'est de la dextrine. — *c*) Étendre d'eau et faire bouillir pendant douze heures. — *d*) Mettre dans le mélange, après refroidissement, de la craie en poudre. — *e*) Filtrer, puis laisser évaporer. — *f*) Recueillir les cristaux de glucose déposés. — 7° Préparer du *fulmicoton* (voir ci-après). — 8° Dans un tube à essai, traiter du coton à chaud par de la potasse concentrée, et constater la production d'acide oxalique. — 9° Dans un tube à essai, traiter du coton à chaud par une solution de chlore ou un hypochlorite alcalin, et constater son altération. — 10° Carboniser du bois en vase clos.

Remarque. — Il est bon de faire passer le *parchemin végétal* par un bain de glycérine pour terminer l'opération. Il faut laisser peu d'eau sur le papier avant de l'y plonger.

B. — *Préparation du fulmicoton.*

1° Mélanger 1 volume d'acide azotique fumant, et 3 volumes d'acide sulfurique concentré. — 2° Après refroidissement, y plonger 4 grammes de coton cardé par portions, en agitant avec une baguette de verre. — 3° Abandonner pendant deux heures, en agitant de temps en temps, et maintenant le vase couvert. — 4° Sortir le coton, l'exprimer entre deux soucoupes rentrant l'une dans l'autre. — 5° Le porter dans l'eau froide, l'y laver, l'y laisser séjourner jusqu'à ce qu'un papier tournesol ne rougisse plus en le touchant. — 6° L'exprimer et le sécher à l'air libre.

REMARQUES. — 1° Éviter toute manipulation avec les doigts. — 2° Conserver le fulmicoton, dans un flacon, et entièrement plongé dans l'eau. (On le sèche à l'air libre avant de s'en servir.) — 3° Si l'on veut du fulmicoton pour *collodion*, ne laisser le coton qu'une heure dans le bain.

C. — *Préparation du collodion.*

1° Verser 20 grammes d'alcool à 95° dans 75 grammes d'éther pur. — 2° Y dissoudre 5 grammes de fulmicoton. — 3° Étudier les propriétés du collodion, en en versant sur une plaque de verre. (Constater la pellicule formée.) — 4° Ajouter 7 grammes d'huile de ricin, pour obtenir du collodion *riciné*. — 5° Avec ce dernier, faire des pellicules et vérifier leur *résistance*, leur *souplesse* et leur faculté d'adhésion. — 6° Gonfler un ballon de collodion riciné à la façon d'une bulle de savon.

D. — *Préparation d'un autre dissolvant de la cellulose.*

1° Dans 10 grammes d'acide chlorhydrique, dissoudre 5 grammes de protochlorure de zinc, de manière à obtenir un liquide de densité égale à 1,44. — 2° Dissoudre du papier dans ce liquide.

REMARQUE. — La cellulose est dissoute sans altération. Les fibres brutes de chanvre et de coton ne sont cependant que gonflées, et peuvent ainsi être étudiées.

XLV. — ÉTUDE DES PROPRIÉTÉS
DES MATIÈRES COLORANTES NATURELLES [1]

I. — PROPRIÉTÉS GÉNÉRALES

1° Chauffer la matière colorante dans une soucoupe ; constater qu'elle a perdu la plupart de ses propriétés colorantes. — 2° Action

---

1. Girardin.

Figure 79.

de l'ozone : *a*) Dans un ballon mettre du bioxyde de baryum et de l'acide sulfurique. — *b*) Adapter un tube deux fois coudé aboutissant au fond d'un verre à pied. — *c*) Mettre du sulfate d'indigo en dissolution dans ce verre. — *d*) Chauffer modérément le ballon. — *e*) Constater la décoloration de l'indigo (*fig.* 79). — 3º Traiter la couleur par une solution de permanganate de potasse, et constater le résultat. — 4º Action du chlore et des chlorures (voir Manipulation sur le chlore). — 5º Action du charbon (voir Manipulation sur le charbon).

6º Action des acides ; en général.

{
Les acides faibles virent au *jaune orangé* les matières *rouges*.

Les acides faibles virent au *rouge* les matières *bleues*.

Les acides faibles virent au *jaune vif* ou *vert* les matières *jaunes*.

Les acides concentrés détruisent les couleurs.
}

7º Action des alcalis ; en général.

{
Les alcalis faibles virent au *violet vineux* les matières *rouges*.

Les alcalis faibles virent au *jaune foncé*, *orangé*, *vert*, les matières *bleues*.

Les alcalis faibles virent au *rouge orangé* les matières *jaunes*.

Les alcalis concentrés altèrent profondément les matières.
}

8º Action des oxydes métalliques. Formation des *laques* (voir les Exercices divers sur les matières colorantes). — 9º Action des sels. (Le plus souvent formation des *laques*.)

2. — PROPRIÉTÉS PARTICULIÈRES

A. — *Garance.*

1º Préparer une solution alcoolique de garance ou d'alizarine, de préférence avec l'alcool méthylique. — 2º Y verser les produits suivants et constater les résultats : potasse, ammoniaque, eau de savon, acides, alun, sulfate de fer, acétate de plomb.

B. — *Bois de campêche.*

1º Préparer une solution alcoolique de bois de campêche. — 2º Y verser les produits suivants, et constater les résultats : acides, alcalis, eau de chaux, oxydes métalliques hydratés, alun, chlorure d'étain, sels de fer, gélatine.

C. — *Bois de Brésil.*

1º Préparer une décoction aqueuse de bois de Brésil. — 2º Y verser les produits suivants, et constater le résultat : acides, alcalis, eau de chaux, oxydes métalliques hydratés, alun, chlorure d'étain, sels de fer, gélatine.

D. — *Orseille.*

1º Préparer une décoction ammoniacale d'orseille. — 2º Y verser les produits suivants, et constater les résultats : acides, alcalis, alun, sel d'étain.

E. — *Cochenille.*

1º Préparer à chaud une décoction aqueuse de cochenille. — 2º Y verser les réactifs suivants, et constater les résultats : acides, alcalis, eau de chaux, alun, chlorure d'aluminium, chlorure d'étain, sulfate de fer, sulfate de zinc.

F. — *Curcuma.*

1º Préparer une solution de curcuma à l'aide d'eau un peu alcalinisée, ou en solution alcoolique. — 2º Y verser les réactifs suivants, et constater les résultats : alcalis, eau de chaux, sous-acétate de plomb, azotate de plomb, sulfate de fer, chlorure d'étain, sel marin.

G. — *Bois jaune.*

1º Préparer une décoction aqueuse de bois jaune. — 2º Y verser les réactifs suivants, et constater les résultats : alcalis, chaux, acides, alun, sulfate de fer, chlorure d'étain, gélatine.

H. — *Quercitron.*

1º Préparer une solution aqueuse de quercitron (ne se conserve pas). — 2º Y verser les réactifs suivants et constater les résultats : alcalis, chaux, alun, chlorure d'étain, acétate de plomb, acétate de cuivre, acides, sels de fer.

I. — *Gaude.*

1° Préparer une solution alcoolique de gaude. — 2° Y verser les réactifs suivants, et constater les résultats : alcalis, eau de chaux, eau de baryte, acides, alun, chlorure d'étain, sulfate de fer, bichromate de potasse.

J. — *Indigo.*

1° Préparer une solution aqueuse de l'indigo de commerce (sulfate d'indigo). — 2° Essayer l'action des réactifs précédents, et constater les résultats.

K. — *Noix de galle. Cachou. Sumac.*

1° Préparer des décoctions alcooliques de ces matières. — 2° Essayer l'action des réactifs suivants, et constater les résultats : acides, alcalis, chaux, alun, sulfate de fer, teinture d'iode, gélatine, chlorure d'étain

---

XLVI. — EXERCICES DIVERS SUR LES MATIÈRES COLORANTES

I. — PRÉPARER UNE LAQUE COLORANTE

Matériel : Un ballon, un entonnoir avec son support, un filtre, une source de chaleur, une décoction de matière colorante (cochenille ou campêche, par exemple), une solution de carbonate de potasse, une solution d'alun.

1° Préparer la décoction et les dissolutions salines. — 2° Les mélanger dans le ballon. — 3° Faire bouillir ; l'alumine se précipite ; filtrer (*fig.* 80). — 4° Recueillir sur le filtre la laque colorante qui y est restée. — 5° La réserver pour une opération de teinture.

Figure 80.

2. — PRÉPARATION D'UNE ENCRE NOIRE

Matériel : Une toile ou un filtre, un vase à précipiter, un siphon, des flacons, 50 grammes de noix de galle concassé,

25 grammes de sulfate de fer, 25 grammes de gomme arabique, de l'eau (environ 1 litre).

1° Faire une forte décoction de noix de galle dans trois quarts de litre d'eau. — 2° Dissoudre la gomme dans la moitié de l'eau restante. — 3° Dissoudre le sulfate de fer dans le reste de l'eau. — 4° Filtrer la décoction. — 5° Y ajouter la dissolution de gomme, puis celle de sulfate de fer. — 6° Verser le mélange dans le vase à précipiter, l'abandonner à l'air en agitant de temps en temps, jusqu'à ce que la teinte soit devenue noir bleuâtre. — 7° Siphoner le liquide.

3. — PRÉPARATION D'UNE ENCRE COLORÉE

1° Dissoudre une laque colorante dans du bon vinaigre. — 2° Conserver la liqueur obtenue à l'abri de l'air.

4. — PRÉPARATION D'UNE ENCRE A ÉCRIRE SUR LE ZINC

1° Prendre 1 partie de vert-de-gris en poudre, 1 partie de sel ammoniac, et une demi-partie de noir de fumée. — 2° Mêler ces poudres dans un mortier en verre ou en porcelaine, en y ajoutant 5 parties d'eau. — 3° Verser ensuite 5 autres parties d'eau, en continuant de mêler. — 4° Conserver dans un flacon bien bouché. Agiter avant de s'en servir.

5. — PRÉPARATION D'UNE ENCRE SYMPATHIQUE

1° Mêler 1 partie en poids d'huile de lin, 20 parties d'ammoniaque et 100 parties d'eau. — 2° Agiter vivement pour obtenir une émulsion. — 3° Écrire avec ce liquide. L'écriture apparaît en plongeant le papier dans l'eau.

6. — PRÉPARATION D'UNE ENCRE A MARQUER LE LINGE

1° Dans 50 parties d'eau distillée, dissoudre 6 parties d'azotate d'argent cristallisé, 10 parties de carbonate de soude et 6 parties de gomme arabique. — 2° Y délayer 2 parties de noir de fumée, et ajouter 9 parties d'ammoniaque et mêler fortement. — 3° Conserver à l'obscurité. — 4° Les caractères tracés apparaissent à la lumière.

7. — PRÉPARATION D'UNE ENCRE A TAMPON

1° Mélanger 75 grammes d'eau, 7 grammes de glycérine, 3 grammes de sucre. — 2° Faire bouillir. — 3° A l'ébullition, ajouter 15 grammes d'une couleur d'aniline quelconque, suivant la nuance que l'on désire. — 4° Mélanger intimement.

8. — ILLUSTRATION D'UNE BOUGIE

1º Prendre une gravure en noir assez foncée, et dont la largeur du dessin n'excède pas le contour d'une bougie. — 2º Prendre une bougie et enrouler la gravure autour, en la serrant bien contre, le dessin appliqué contre la matière même de la bougie. — 3º Promener rapidement une allumette enflammée sur le dos de la gravure et sur toute sa surface. — 4º Dérouler le papier et constâter que la gravure est décalquée sur la bougie.

Nota. — L'expérience ne réussit bien que si la gravure est sur papier assez mince.

9. — ENCRE A ÉCRIRE SUR LE VERRE

1º Se procurer du noir de fumée ou du noir de lithographie, ou de l'encre de Chine. — 2º Délayer avec de l'essence de térébenthine et quelques gouttes de vernis copal. — Employer de suite, le verre étant un peu chaud.

XLVII. — ÉTUDE DU LAIT

I. — ÉTUDE GÉNÉRALE

1º Se procurer du lait bien frais. — 2º En examiner une goutte au microscope pour voir les cellules du beurre (*fig.* 81). — 3º Abandonner

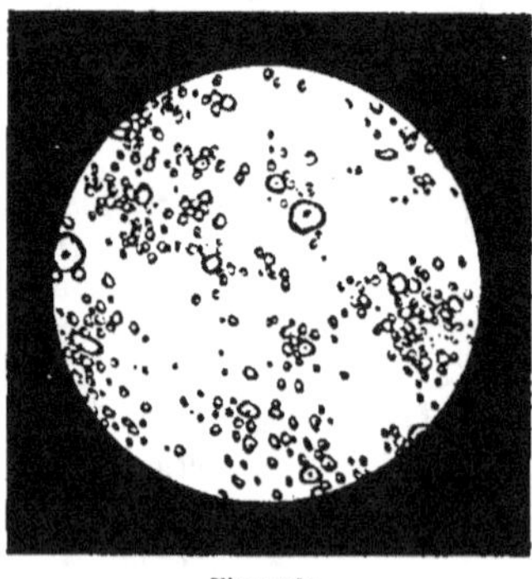

Figure 81.

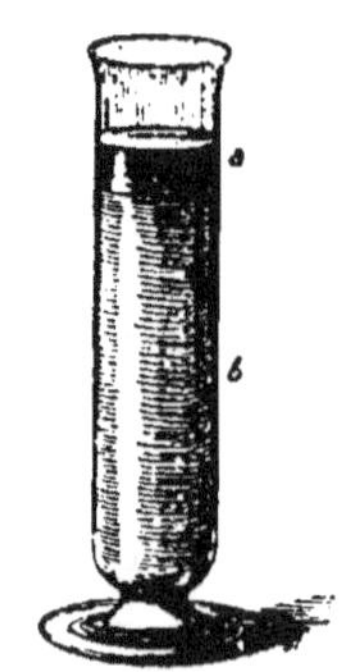

Figure 82.

le lait à lui-même pendant quelque temps et au froid, pour que le beurre monte à la surface (*fig.* 82).

2. — ÉTUDE DU BEURRE

1° Écrémer ce beurre. — 2° L'enfermer dans un grand flacon et agiter vivement pour agglutiner les cellules du beurre. — 3° Vérifier qu'il possède les propriétés des matières grasses. — 4° Abandonner ce beurre à lui-même pour lui faire subir la *fermentation butyrique*.

3. — ÉTUDE DE LA CASÉINE

1° Du lait écrémé faire trois parts. Abandonner la première à elle-même, puis lui laisser subir la fermentation lactique et laisser se coaguler la *caséine*. — 2° Verser dans la deuxième portion quelques gouttes d'acide chlorhydrique pour coaguler la caséine (l'acide sulfurique produit le même effet) [*fig*. 83]. — 3° Y verser quelques gouttes de soude pour dissoudre cette caséine. — 4° Traiter la troisième portion comme au 2°. — 5° Recueillir le caillot de caséine et l'égoutter.

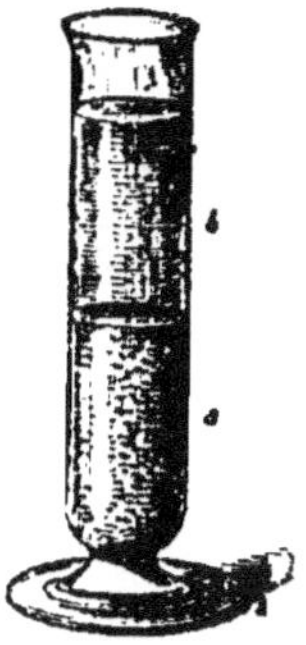

4. — ÉTUDE DU LACTOSE

1° Exposer une partie du liquide dont on vient d'enlever le caillot (*petit-lait*) [3, 4° et 5°] à l'évaporation. — 2° Recueillir le sucre qui s'est déposé (*lactose*). — 3° Constater qu'il colore en brun la *liqueur de Fehling*.

Figure 83.

5. — ÉTUDE DES SELS

1° Verser dans le reste du petit-lait de l'alcool concentré. — 2° Recueillir le précipité. C'est un mélange de chlorures, de phosphates et de borates alcalins. (Il s'y trouve un peu de lactose qui est précipitable en partie par l'alcool concentré). — 3° Redissoudre ce précipité dans de l'eau de chaux, puis faire trois parts de la solution. — 4° Dans chacune d'elles, reconnaître la présence des sels indiqués ci-dessus par les réactions qui leur sont propres.

NOTA. — On s'exercera aussi à l'usage du pèse-lait, d'abord en le plongeant dans le lait pur, puis, après avoir ajouté au lait une quantité d'eau déterminée, en vérifiant cette quantité à l'aide du même instrument.

2ᵉ Division

CHIMIE ANALYTIQUE

I. — RECHERCHE DE LA NATURE DE LA BASE D'UN SEL

Préparer une solution du sel dans l'eau distillée,
l'aciduler légèrement
par l'acide chlorhydrique et y verser de l'acide sulfhydrique.

A

Précipité coloré.
Le laver et le traiter par le sulfhydrate d'ammoniaque.

IL SE DISSOUT

Le précipité était noir. . . . . *Or.*

— brun. . . . . *Protoxyde d'étain.*

— jaune, — Il reste un résidu. . . . . *Bioxyde d'étain.*

alors on le chauffe sur une lame — Pas de résidu. — Il ne se dissout pas. . . . . . . *Antimoine.*

de verre. — Traiter le précipité par le carbonate d'ammoniaque. — Il se dissout. . . . . *Arsenic.*

IL NE SE DISSOUT PAS

Le précipité est jaune. . . . . *Cadmium.*

— noir ;

Le traiter par l'acide azotique étendu.

Ne se dissout pas, le chauffer. — Il se sublime. . . . . *Oxyde de mercure.*

— Résidu . . . . *Platine.*

Se dissout. La liqueur primitive, à laquelle on ajoute un grand excès d'eau, — devient laiteuse. . . . . *Bismuth.*

— ne se trouble pas, on la traite par l'acide sulfurique. — Pas de précipité. . . . *Cuivre.*

— Un précipité. . . . . . *Plomb.*

I. — RECHERCHE DE LA NATURE DE LA BASE D'UN SEL (*Suite.*)

B

Pas de précipité, ou précipité blanc.
Traiter la liqueur primitive par le chlorhydrate d'ammoniaque,
puis ajouter de l'ammoniaque.

IL Y A UN PRÉCIPITÉ

Rouille. . . . . *Sesquioxyde de fer.*
Vert. . . . . *Sesquioxyde de chrome.*
Blanc. . . . . *Alumine.*

PAS DE PRÉCIPITÉ ;
TRAITER LA LIQUEUR PRIMITIVE PAR LE SULFHYDRATE D'AMMONIAQUE

Un précipité
- Blanc. . . . . *Zinc.*
- Couleur chair . . . . *Manganèse.*
- Noir, additionner de potasse la liqueur primitive.
  - Précipité verdâtre jaunissant à l'air. *Protoxyde de fer.*
  - — vert pré. . . . . *Nickel.*
  - — bleu. . . . . *Cobalt.*

Pas de précipité. Additionner de carbonate de soude et faire bouillir.
- Il se produit un précipité. Le redissoudre dans l'acide chlorhydrique, et ajouter du carbonate d'ammoniaque.
  - Pas de précipité. . . . . *Magnésie.*
  - Un précipité. Dans la liqueur primitive, verser une solution de sulfate de chaux.
    - Précipité immédiat. . . *Baryte.*
    - — non immédiat *Strontiane.*
    - Pas de précipité. . . . *Chaux.*
- Pas de précipité ; faire bouillir avec de la potasse.
  - Il se dégage de l'ammoniaque . . . . *Ammoniaque.*
  - Non. — Traiter la liqueur primitive par du sulfate d'alumine concentré, et agiter.
    - Précipité cristallin. . . *Potasse*
    - Précipité jaune . . . . *Soude.*

REMARQUES. — 1° Les réactions ci-dessus se font dans des verres à pied, sauf celles à chaud qui se font dans des tubes à essai. — 2° L'eau employée pour les dissolutions doit toujours être de l'eau distillée. — 3° Quand, à l'aide de ce tableau, on a trouvé la nature d'une base, il faut vérifier l'opération par les réactions décelant les propriétés de la base. — 4° Remarquer que ces essais donnent l'élément électro-positif en général : base, ou corps simple.

II. — RECHERCHE DE LA NATURE DE L'ACIDE D'UN SEL

I. — ESSAIS PRÉLIMINAIRES

A. — *Vérifier d'abord si c'est un acide minéral ou un acide organique.* (Il ne sera question ici que des premiers.) — Calciner au rouge quelques fragments du sel; s'ils ne charbonnent pas, c'est un acide minéral ou l'acide oxalique; s'ils noircissent, c'est un acide organique autre que l'acide oxalique. (Voir dans le tableau ci-après comment l'acide oxalique se distingue des acides minéraux.)

B. — *Dissoudre le sel dans l'eau.* — Si le sel est insoluble, le transformer en sel alcalin soluble par ébullition avec un alcali; filtrer, et neutraliser l'excès d'alcali par un peu d'acide acétique.

C. — *Rendre le sel alcalin (s'il ne l'est pas).* — 1º Dans la dissolution, verser du sulfhydrate d'ammoniaque; s'il y a un précipité, le sel n'est pas alcalin. S'il y en a un, il peut l'être. — 2º Dans ce cas, faire bouillir la liqueur avec du carbonate de soude; s'il se forme un précipité, le sel n'est pas alcalin; s'il n'y en a pas, il l'est. — 3º Faire bouillir avec de la potasse, il se dégage de l'ammoniac, si l'alcali est de l'ammoniaque. — 4º Si le sel n'est pas alcalin, le rendre alcalin en versant dans la liqueur une solution d'un carbonate alcalin jusqu'à cessation de précipité. La liqueur qui surnage est celle qui va servir aux essais.

D. — *Diviser la solution du sel alcalin* en autant de lots qu'il y a de réactions à effectuer sur la liqueur neuve.

2. — RÉACTIONS

Verser dans la liqueur du chlorure de baryum.

PRÉCIPITÉ. AJOUTER A LA LIQUEUR PRIMITIVE UN PEU D'ACIDE CHLORHYDRIQUE ET Y VERSER DE L'ACIDE SULFURIQUE

Précipité coloré
- Le précipité calciné sur porcelaine laisse un résidu . . . . Acide *stannique*.
- Le précipité lavé, puis calciné, ne laisse pas de résidu.
  - Précipité soluble dans le bicarbonate d'ammoniaque, verser dans la liqueur de l'azotate d'argent.
    - La liqueur précipite en jaune. . Acide *arsénieux*.
    - La liqueur précipite rouge brique Acide *arsénique*.
  - Précipité insoluble dans bicarbonate d'ammoniaque. . . Acide *antimonique*.

Précipité blanc, la liqueur change peu à peu de couleur. .
- Elle devient verte . . . . Acide *chromique*.
- Elle devient brune . . . . Acide *iodique*.

Pas de précipité. Laver le précipité précédent avec du chlorure de baryum, puis le jeter dans l'acide azotique.
- Pas de dissolution . . . . Acide *sulfurique*.
- Dissolution incomplète.
  - avec dégagement d'acide sulfureux (odeur d'allumette enflammée) et dépôt soluble dans sulfhydrate d'ammoniaque. . . . . Acide *hyposulfureux*.
  - Pas d'acide sulfureux, dépôt insoluble dans sulfhydrate d'ammoniaque. Acide *silicique*.
  - avec effervescence.
    - Gaz dégagé inodore, trouble l'eau de chaux. . . . Acide *carbonique*.
    - — odeur d'allumette enflammée. . . . . Acide *sulfureux*.
- Dissolution complète.
  - sans effervescence; on traite le précipité primitif par l'acide sulfurique.
    - Vapeurs corrodant le verre . . . . Fluor.
    - Non. — On traite la liqueur par le sulfate de chaux.
      - Pas de précipité. . . . . Acide *borique*.
      - Précipité soluble dans l'acide acétique. . . . Acide *phosphorique*.
      - Précipité insoluble dans l'acide acétique. . . . . . Acide *oxalique*.

PAS DE PRÉCIPITÉ. VERSER DANS LA LIQUEUR PRIMITIVE DE L'AZOTATE D'ARGENT

Précipité insoluble dans l'eau
- Le précipité est noir. . . . . : . . . . Soufre.
- — blanc ou jaune, mais peu soluble dans l'ammoniaque . . . . .
  - L'acide azotique ne le colore pas . . . . Cyanogène.
  - — en dégage des vapeurs violettes. . . . Iode.
- — blanc ou jaune, mais soluble dans l'ammoniaque. . . . . . .
  - La liqueur primitive donne par l'acide sulfurique et le bicarbonate de potasse des vapeurs rouge brun. . Brome.
  - Dans le même cas le sel solide donne une liqueur rouge . . . . Chlore.

Pas de précipité, ou précipité soluble dans l'eau chaude. Traiter le sel primitif par l'acide sulfurique, on a. . .
- Des vapeurs blanches, devenant rutilantes par l'addition du cuivre. Acide *azotique*.
- — jaunes. . . . . Acide *chlorique*.
- — rouges. . . . . Acide *bromique*.

REMARQUES. — 1° Les réactions ci-dessus se font dans des verres à pied, sauf celles à chaud qui se font dans des tubes à essai. — 2° L'eau employée pour les dissolutions doit toujours être distillée. — 3° Quand, à l'aide du tableau, on a trouvé la nature d'un acide, il faut vérifier l'opération par des réactions décelant les propriétés de l'acide. Remarquer que ces essais donnent l'élément électro-négatif en général : *acide*, ou *corps simple*.

III. — RECHERCHE DE LA NATURE DE L'ACIDE DANS UN SEL ORGANO-MÉTALLIQUE

I. ESSAIS PRÉLIMINAIRES

1° S'assurer qu'il s'agit bien d'un sel à acide organique (expérience A de la IIe Manipulation de *Chimie analytique*). — 2° Établir la nature de la base (1re manipulation de *Chimie analytique*). — 3° Si la base est un composé d'un des métaux suivants : *argent, or, platine, mercure, plomb, étain, bismuth, antimoine, cuivre, arsenic,* la transformer en un sulfure par un courant d'acide sulfhydrique dans la solution du sel. — 4° Si elle est un composé d'un des métaux suivants : *zinc, manganèse, nickel, cobalt, fer,* la transformer de même en sulfure par l'addition de sulfate d'ammoniaque. — 5° Dans les deux cas : a) Filtrer pour séparer le sulfure obtenu ; b) Ajouter de l'acide chlorhydrique au liquide filtré pour enlever l'excès de sulfate d'ammoniaque dans le second cas ; c) Chauffer, et filtrer de nouveau pour enlever le soufre déposé. — 6° Si la base est de l'*alumine,* ou de l'*oxyde de chrome,* la précipiter en faisant bouillir le sel avec du carbonate de soude. Si cela ne réussit pas (quand l'acide n'est pas volatil), précipiter l'acide par l'acétate neutre de plomb, laver le précipité, le délayer dans l'eau, y faire passer un courant d'acide sulfhydrique, filtrer et recueillir le liquide.

NOTA. — C'est donc sur la dissolution du sel lui-même, s'il est alcalin ou alcalino-terreux, ou sur la liqueur provenant du 5°, ou sur celle provenant du 6° que l'on opère les essais définitifs, d'après le tableau suivant.

2. — ESSAIS DÉFINITIFS

A la LIQUEUR D'ESSAI ajouter de l'ammoniaque jusqu'à réaction faiblement alcaline,
puis du chlorure de calcium.

Précipité rapide en poudre fine. . . . . Acide *oxalique.*

Précipité lent cristallin. . . . . Acide *tartrique*

Pas de précipité au bout de quelque temps. Chauffer à l'ébullition, et ajouter un peu d'ammoniaque.

Précipité . . . . Acide *citrique.*

Pas de précipité. Mélanger le liquide avec deux fois son volume d'alcool.

Précipité. Chauffer une portion solide du sel primitif avec acide azotique, évaporer à siccité, faire bouillir le résidu avec une solution de carbonate de soude, filtrer, neutraliser avec acide chlorhydrique, et ajouter solution de sulfate de chaux.

- Précipité. . . . . Acide *malique.*
- Rien . . . . Acide *succinique.*

Pas de précipité après un long repos. Neutraliser la *liqueur d'essai* et y verser une solution de perchlorure de fer.

Précipité jaune rougeâtre . . . . , . . . Acide *benzoïque.*

Coloration rouge sans précipité, à moins de faire bouillir. Chauffer avec l'acide sulfurique et de l'alcool une portion solide de sel primitif.

- Odeur d'éther acétique. . Acide *acétique.*
- Non. . . . . Acide *formique.*

RemarQue. — S'il s'agissait d'un sel insoluble dans l'eau, on le transformerait en sel alcalin, soluble, par ébullition prolongée avec du carbonate de soude. Filtrer à chaud, aciduler un peu par l'acide chlorhydrique, chauffer pour chasser l'acide carbonique, puis procéder comme ci-dessus.

IV. — EXPÉRIENCES D'HYDROTIMÉTRIE

A. — *Préparation des appareils.*

1° Se procurer un flacon allongé, bien cylindrique. — 2° Le marquer, à partir du bas, de quatre traits de jauge, correspondant à 10, 20, 30, 40 centimètres cubes. On a ainsi le flacon d'essai, ou *hydrotimètre.* — 3° Se procurer un vase étroit et long, bien cylindrique (éprouvette à pied, burette, tube à essai), d'au moins 7 ou 8 centimètres cubes de capacité. — 4° A partir d'un trait placé au haut de la partie cylindrique, marquer une jauge de $2^{cmc},4$, et la diviser en 23 parties égales. Continuer cette division jusqu'au bas. Le 0 de la graduation est donc en haut. On a ainsi la burette *hydrotimétrique.*

B. — *Préparation des liqueurs d'essai.*

1° Faire dessécher aussi complètement que possible du savon blanc de Marseille. — 2° Peser 100 grammes de ce savon desséché. — 3° Les dissoudre dans 1 600 grammes d'alcool à 90°. — 4° Ajouter un litre d'eau distillée. Le tout doit donner 2 700 grammes de liquide. C'est la *liqueur d'épreuve.* — 5° Dans de l'eau distillée, dissoudre 25 centigrammes de chlorure de calcium pur et sec. Après refroidissement, compléter cette liqueur à 1 litre. C'est la *liqueur normale.*

C. — *Recherche du degré hydrotimétrique.*

1° Prendre, dans l'hydrotimètre, 40 centimètres cubes de l'eau à essayer. — 2° A l'aide de la burette hydrotimétrique, faire tomber dans cette eau la liqueur d'épreuve, goutte à goutte, en agitant constamment. S'arrêter quand la mousse persistante apparaît. — 3° Lire sur la burette le nombre de divisions versées. C'est le *degré hydrotimétrique* de l'eau. (Le degré hydrotimétrique correspond à 1 décigramme de savon précipité par les sels contenus dans 1 litre de l'eau essayée et représente 1 centigramme de sel par litre.)

Remarque. — S'il s'agit d'une eau très chargée de sels, telle qu'elle forme des grumeaux avec le savon, il faut la diluer avant l'essai. On en prend 10 centimètres cubes, on complète les 40 centimètres cubes de l'hydrotimètre avec de l'eau distillée, et on procède à l'expérience. Le résultat obtenu est multiplié par 4.

D. — *Détermination de la nature des sels contenus dans l'eau.*

a) *Chaux.* — 1° Prendre 50 centimètres cubes d'une eau dont on connaît le degré hydrotimétrique. — 2° Ajouter 3 à 4 centigrammes d'oxalate d'ammoniaque. — 3º Agiter, filtrer au bout d'une demi-heure. — 4º Prendre 40 centimètres cubes du liquide filtré, et déterminer son degré hydrotimétrique. — 5º La différence entre ce degré et le degré trouvé précédemment est due à la chaux, et mesure l'importance de son action.

b) *Carbonate de chaux.* — 1º Prendre un ballon d'environ 100 centimètres cubes, et marquer un trait de jauge à la naissance du col (volume bien déterminé). — 2º Le remplir d'eau à essayer jusqu'au trait ; on connaît son degré hydrotimétrique. — 3º Faire bouillir pendant une demi-heure. — 4º Laisser refroidir, et rétablir le volume primitif avec de l'eau distillée. — 5º Boucher et agiter, puis filtrer. — 6º Prélever 40 centimètres cubes du liquide filtré et en déterminer le degré hydrotimétrique.

(La différence entre ce degré et le précédent correspond au carbonate de chaux et accuse l'importance de son rôle. Ce rôle est réellement un peu plus important, car le carbonate de chaux n'a pu être complètement éliminé.)

c) *Sels de magnésie.* — 1º Prendre 50 centimètres cubes de l'eau bouillie et filtrée, préparée dans l'expérience D, *b*. — 2º Y ajouter 15 gouttes d'oxalate d'ammoniaque. — 3º En opérant comme dans l'expérience D, *a*, déterminer son degré hydrotimétrique sur 40 centimètres cubes ; le chiffre obtenu représente le degré dû à la présence des sels de magnésie.

Nota. — Le degré hydrotimétrique d'une eau représente à peu près, en centigrammes, le poids des sels terreux contenus dans 1 litre de cette eau. Les eaux dont le titre ne dépasse pas 30 degrés hydrotimétriques sont convenables pour la boisson, le savonnage et la cuisson des légumes, si toutefois elles ne sont pas altérées d'ailleurs.

V. — DOSAGE DE L'ACIDE PHOSPHORIQUE ASSIMILABLE CONTENU DANS UN SUPERPHOSPHATE DE CHAUX

A. — *Préparation des liqueurs.*

a) *Liqueur au citrate.* — 1º Mettre dans une capsule 400 grammes d'acide citrique cristallisé. — 2º Verser 500 centimètres cubes d'ammoniaque concentrée, et agiter. — 3º Après dissolution, laisser refroidir, transvaser dans une carafe, y ajouter l'ammoniaque du rinçage de la capsule, et compléter à 1 litre avec de l'ammoniaque concentrée.

b) *Acétate de soude.* — 1º Dans un flacon, faire dissoudre, dans de l'eau distillée, 100 grammes d'acétate de soude cristallisé. — 2° Y ajouter 50 centimètres cubes d'acide acétique cristallisable. — 3° Avec de l'eau distillée, compléter à 1 litre.

c) *Solution d'urane.* — 1° Dans 800 centimètres cubes d'eau distillée, dissoudre 40 grammes d'azotate d'urane pur. — 2° Ajouter de l'ammoniaque goutte à goutte jusqu'à trouble léger. — 3° Ajouter de l'acide acétique pour faire disparaître ce trouble. — 4° Compléter à 1 litre avec de l'eau distillée.

d) *Solution de phosphate alcalin.* — 1° Dans de l'eau distillée, dissoudre $8^{gr},10$ de phosphate mono-ammonique bien pur. — 2° Compléter à 1 litre avec de l'eau distillée. La liqueur contient 5 milligrammes d'acide phosphorique par centimètre cube.

e) *Liqueur citro-magnésienne.* — 1° Dans 500 grammes d'eau, dissoudre 400 grammes d'acide citrique et 20 grammes de magnésie calcinée. — 2° Après dissolution, ajouter de l'ammoniaque jusqu'à réaction alcaline. — 3° Compléter à 1500 centimètres cubes. — 4° Filtrer après vingt-quatre heures.

B. — Titrage de la solution d'urane.

1° Mettre la solution d'urane (c) dans une burette. — 2° Marquer sur une capsule de porcelaine la jauge de 75 centimètres cubes de liquide. — 3° Introduire dans cette capsule 10 centimètres cubes de la *solution de phosphate alcalin* (d) avec 5 centimètres cubes de la solution d'acétate (b) et 20 centimètres cubes d'eau distillée. — 4° Faire bouillir. — 5° Laisser tomber goutte à goutte la solution d'urane (c) dans le mélange en agitant constamment. — 6° Avec une baguette, prélever de temps à autre une goutte du mélange, et la porter dans une goutte de ferrocyanure de potassium déposée (avec quelques autres) à l'avance sur une assiette de porcelaine assez grasse pour ne pas être mouillée par ces liquides. — 7° Dès qu'une des gouttes de ferrocyanure rougit, arrêter l'opération, et lire sur la burette le volume de la solution d'urane employée. — 8° Calculer la proportion d'acide phosphorique précipitable par 1 centimètre cube de cette solution d'urane ainsi titrée :

Acide phosphorique précipitable égale 10 centimètres cubes, multipliés par le nombre de grammes d'acide phosphorique par centimètre cube, contenu dans la solution de phosphate alcalin (d), le tout divisé par le volume employé de la solution d'urane,

$$\text{ou, en abrégé : } x = \frac{10^{cmc} \times n}{v}. \text{[1]}$$

---

[1]. Jungfleisch.

C. — *Essai du superphosphate.*

1° Pulvériser et bien mélanger une certaine quantité de superphosphate. — 2° En peser 1 gramme, et le placer dans un mortier de verre. — 3° L'y arroser peu à peu de 40 centimètres cubes de la *solution au citrate*, en triturant. — 4° Verser le liquide trouble, sans perte, dans un matras jaugé à 100 centimètres cubes, en y ajoutant les eaux de lavage du mortier. — 5° Laisser macérer une heure, en agitant fréquemment. — 6° Compléter à 100 centimètres cubes avec de l'eau distillée, et filtrer, à l'abri de l'air autant que possible. — 7° Mesurer 30 centimètres cubes de liqueur filtrée. — 8° Les introduire dans un vase à précipiter; ajouter 10 à 20 centimètres cubes de la liqueur *citromagnésienne* (*e*), puis un excès d'ammoniaque. — 9° Mélanger et laisser reposer de six à douze heures. — 10° Laver et recueillir le précipité de phosphate ammoniaco-magnésien qui s'est formé. — 11° Peser une certaine quantité de ce phosphate, environ 25 centigrammes. — 12° La dissoudre dans un peu d'eau distillée, neutraliser par l'ammoniaque, et ajouter une trace d'acide azotique pour obtenir une réaction un peu acide. — 13° Ajouter 5 centimètres cubes d'acétate de soude (*b*). — 14° Avec ce mélange, faire l'essai au ferrocyanure et à la solution d'urane (*c*), comme pour le titrage de cette dernière (B, 3° à 7°). — 15° Lire le nombre *n* de centimètres cubes de solution d'urane employée. On a pour le poids *x* de l'acide phosphorique demandé :

$$x = \frac{n \times 10 \times \text{poids d'acide phosphorique contenu dans 1 cmc du phosphate alcalin (} d \text{)}}{\text{volume d'urane employé lors de son titrage.}}$$

VI. — EXPÉRIENCE DE CHLOROMÉTRIE

I. — ESSAI CHLOROMÉTRIQUE D'UN CHLORURE DE CHAUX SOLIDE

A. — *Préparation des liqueurs.*

a) *Liqueur d'essai.* — 1° Peser 10 grammes de chlorure de chaux. — 2° Le broyer dans un mortier de porcelaine ; ajouter un peu d'eau pour faire une bouillie homogène, que l'on délaye de plus en plus. — 3° Verser le tout dans une carafe, en y comprenant l'eau du rinçage du mor-

---

1. Jungfleisch.

tier. — 4° Compléter à 1 litre avec de l'eau distillée. Cette liqueur contient ainsi 1 centigramme de chlorure de chaux par centimètre cube.

b) *Liqueur normale.* — 1° Peser 4^{gr},42 d'acide arsénieux anhydre et pur. — 2° Le dissoudre à chaud dans 150 centimètres cubes d'acide chlorhydrique, mélangé avec son volume d'eau. — 3° Verser le tout dans une carafe, en y ajoutant l'eau du rinçage du vase dans lequel on a préparé la dissolution. — 4° Après refroidissement, compléter à 1 litre avec de l'eau distillée.

B. — *Essai chlorométrique.*

1° Avec une pipette jaugée (et nécessairement munie d'une boule en son milieu), prélever 10 centimètres cubes de la liqueur normale (éviter d'en recevoir dans la bouche). — 2° Mettre ces 10 centimètres cubes dans un verre, et colorer avec une goutte d'indigo sulfurique (dissous dans de l'acide sulfurique). — 3° Verser la liqueur d'essai dans une burette graduée. — 4° Laisser tomber cette liqueur goutte à goutte dans la liqueur bleue, en agitant constamment. — 5° S'arrêter au moment où la liqueur est décolorée, et lire sur la burette le nombre de centimètres cubes de chlorure qu'il a fallu verser pour obtenir ce résultat; ce nombre, multiplié par 0,01, donne le poids du chlorure décolorant qu'il contient. Ce poids contient 10 centimètres cubes de chlore.

2. — ESSAI CHLOROMÉTRIQUE D'UN CHLORURE LIQUIDE

Le dosage se fait de la même manière sur un volume mesuré de ce liquide, soit qu'il s'agisse du *chlorure de chaux* liquide, de *l'eau de Javel*, ou de la *liqueur de Labarraque*. Mais il faut, au préalable, les diluer, de sorte que la liqueur obtenue ne contienne pas plus de son propre volume de chlore. Le résultat est ensuite multiplié par le rapport même suivant lequel a été effectuée la dilution : ainsi, si on a étendu le chlorure de trois fois son volume d'eau, on l'a rendu quatre fois moins riche: le résultat doit être multiplié par 4.

VII. — ESSAI ALCALIMÉTRIQUE

A. — *Préparation des liqueurs.*

Liqueur normale d'acide. — 1° Se procurer un vase, et le jauger à 1 litre. — 2° Y verser un demi-litre d'eau distillée, puis 98 grammes d'acide sulfurique monohydraté, et enfin l'eau nécessaire pour compléter à 1 litre. (50 centimètres cubes de cette liqueur contiennent 4 gr. 9 d'acide monohydraté.)

Liqueur d'essai. — 1° Se procurer une éprouvette ou un vase allongé et le jauger à un demi-litre. — 2° Y introduire un peu d'eau, puis 47 grammes de potasse pulvérisée dans un mortier, compléter à un demi-litre avec l'eau de lavage du mortier et de l'eau pure.

B. — *Expérience.*

1° Introduire dans un vase cylindrique 50 centimètres cubes de la liqueur d'essai. — 2° Colorer cette liqueur avec un peu de tournesol. — 3° Dans une petite éprouvette ou une burette de la capacité de 50 centimètres cubes et divisée en 100 parties égales introduire 50 centimètres cubes de la liqueur normale. — 4° Verser cette dernière dans la liqueur d'essai, goutte à goutte, en agitant.—5° S'arrêter lorsque la couleur *rouge pelure d'oignon* apparaît, et noter la quantité versée.

Autant de divisions versées, autant de centièmes de potasse étaient contenus dans la potasse brute. Si l'on a versé le contenu de 65 divisions, la potasse brute contenait 65 pour 100 de potasse.

REMARQUES. — 1° Il est bon de porter à l'ébullition la solution alcaline, au moment de la neutralisation, pour forcer l'acide carbonique qui accompagne souvent les alcalis à se dégager, et l'empêcher ainsi d'agir sur le réactif coloré avant l'acide sulfurique. — 2° Pour tout autre alcali, on opère comme pour la potasse, il suffit de remplacer l'équivalent ou poids atomique 47 de la potasse par celui de l'alcali cherché.

VIII. — ESSAI ACIDIMÉTRIQUE

Soit à doser un acide dans sa solution aqueuse.

1° Se procurer de la potasse caustique pure, et la dissoudre dans l'eau. — 2° Déterminer le titre exact de cette solution alcaline par un dosage alcalimétrique. — 3° Préparer 20 centimètres cubes de la solution acide et les introduire dans un matras ou un vase à précipité. — 4° Y ajouter 10 gouttes de teinture de tournesol qui rougit. — 5° Remplir de la solution alcaline, ou liqueur titrée acidimétrique, une burette ou un tube gradué. — 6° Laisser tomber cette liqueur goutte à goutte et en agitant, dans la solution acide, jusqu'à ce que tout le liquide soit redevenu bleu. — 7° Lire sur la burette le volume de solution alcaline versé. — 8° P étant le poids en potasse de chaque centimètre cube,

VP est le poids de potasse équivalent à celui P' de l'acide neutralisé;
écrire dès lors

$$\frac{VP}{P'} = \frac{\text{équivalent de la potasse}}{\text{équivalent de l'acide}},$$

d'où l'on tire P' = poids de l'acide contenu dans 20 centimètres cubes
de la solution. — 9° Multiplier par 50 pour avoir le titrage au litre [1].

IX. — ANALYSE DES CENDRES VÉGÉTALES

1° Prélever une prise de 50 grammes de cendres. — 2° Délayer dans
250 grammes d'eau. — 3° Faire bouillir un peu, puis laisser reposer.
— 4° Décanter sur un filtre. — 5° Traiter le résidu de la même manière par 200 grammes d'eau bouillante. — 6° Laver le dernier résidu.
— 7° Réunir les trois portions du liquide après leur refroidissement,
compléter à 1 litre avec de l'eau. — 8° Prélever 100 centimètres cubes
de ce liquide et en faire l'essai alcalimétrique. (Voir *Essai alcalimétrique.*)

REMARQUE. — Cet essai peut servir pour doser la potasse d'une terre ou
d'un engrais, mais le résultat n'est alors qu'approximatif, car la terre ou l'engrais peuvent contenir d'autres matières solubles.

X. — CALCIMÉTRIE

1° Peser environ 20 grammes de matière calcique (terre ou engrais).
— 2° L'introduire dans un matras avec 10 centimètres cubes d'acide
azotique de densité 1,52 et 10 gouttes de teinture de tournesol. —
3° Attendre jusqu'à ce que le tournesol rougisse par l'excès d'acide. —
4° Faire bouillir pendant quelques instants. — 5° Procéder ensuite à
un dosage acidimétrique de la liqueur (on trouve ainsi l'excès d'acide
azotique non employé à neutraliser la chaux). — 6° La différence entre
cet excès d'acide et le poids total de l'acide employé représente l'acide
combiné avec la chaux, d'où l'on tire la quantité de celle-ci.

1. Jungfleisch.

XI. — ANALYSE ÉLÉMENTAIRE D'UNE MATIÈRE ORGANIQUE

I. — OPÉRATIONS PRÉLIMINAIRES

1° Dessécher la matière en la chauffant dans une étuve à 100°, ou simplement dans une capsule en porcelaine. La peser ensuite. — 2° Déterminer si la matière est azotée ou non (voir 34ᵉ Manipulation de *Chimie systématique : Étude générale des substances organiques*).

2. — ANALYSE D'UNE MATIÈRE NON AZOTÉE

1° Se procurer un tube en verre vert, épais, de 60 centimètres de longueur, et le fermer à un bout (*fig.* 84). — 2° Dans le premier quart du tube, du côté du bout fermé, mettre des rognures de cuivre que l'on a fait oxyder superficiellement en les chauffant au rouge à l'air. — 3° Dans le deuxième quart, mettre la matière à analyser, pulvérisée et mêlée à de l'oxyde de cuivre. — 4° Dans la moitié restante, mettre un mélange de rognures de cuivre oxydées et d'oxyde de cuivre. (Il n'est pas nécessaire que toutes ces substances soient tassées.) — 5° Entourer le tube d'une feuille de clinquant enroulée en spirale, et le placer sur une grille à analyse. Un fourneau un peu long ou une rampe à gaz peuvent suffire. — 6° Adapter au tube trois tubes en U (ou mieux, des tubes de Liebig), contenant, le plus près du tube, de la pierre ponce imbibée d'acide sulfurique, le second, de la potasse en dissolution, et le troisième, des fragments de potasse caustique. Le premier tube, garni, a été préalablement pesé ; les deux autres ont été pesés ensemble. — 7° Chauffer en commençant par le côté de la sortie des gaz, et continuer jusqu'à cessation de tout dégagement (*fig.* 85). — 8° Briser l'extrémité fermée du tube et y faire passer un courant d'oxygène. — 9° Détacher les tubes en U, peser le tube à acide sulfurique, d'une part, et, d'autre part, peser ensemble les deux tubes à potasse. — 10° Retrancher les poids trouvés au 6° de ces derniers. Le premier excédent est le poids de l'eau formée, d'où l'on déduit le poids de l'hydrogène qui se trouvait dans la matière organique. Le second excédent est

Figure 84.

le poids de l'acide carbonique formé, d'où l'on déduit le poids du carbone. — 11° Additionner les poids d'hydrogène et de carbone, retrancher ce total du poids de la matière analysée, pour obtenir sa teneur en oxygène.

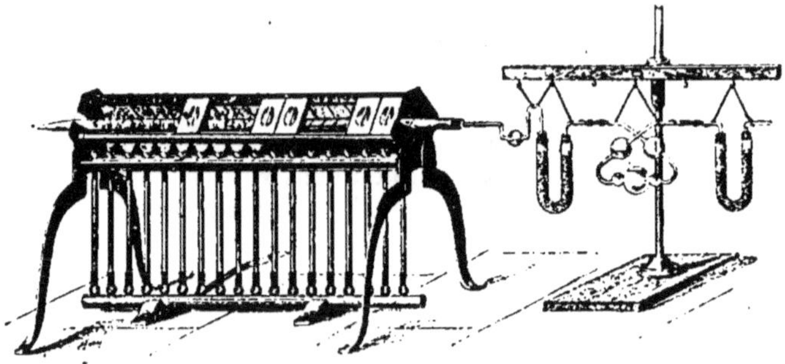

Figure 85.

REMARQUE. — Si la matière à analyser est liquide, on l'enferme dans une ampoule en verre mince qui se brise au moment du chauffage.

3. — ANALYSE D'UNE MATIÈRE AZOTÉE

1° Doser d'abord le carbone et l'hydrogène en effectuant l'opération précédente sur une moitié de la matière. Le quatrième quart du tube

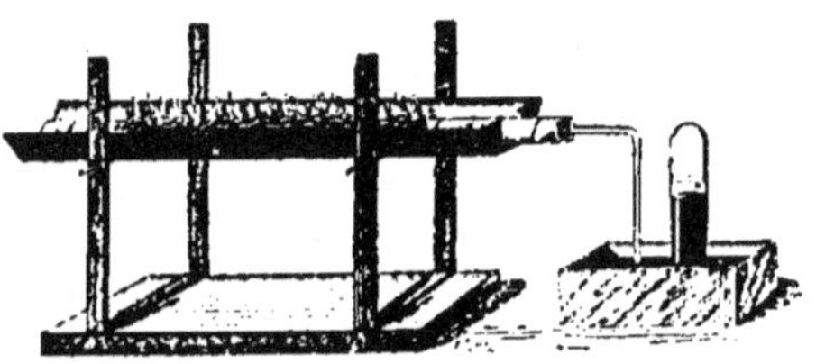

Figure 86.

doit contenir, dans ce cas, des rognures de cuivre non oxydées. — 2° Préparer un autre tube plus long, destiné à être chauffé de la même manière. — 3° Dans le premier quart du tube, du côté fermé, mettre du bioxyde de cuivre. — 4° Dans le deuxième quart, mettre l'autre moitié de la matière à analyser, mêlée à du bioxyde de cuivre. — 5° Dans le troisième quart, mettre encore du bioxyde de cuivre. —

6° Dans le dernier quart, introduire des rognures de cuivre non oxydées. — 7° Monter le tube sur la grille comme précédemment. —
8° Adapter à l'extrémité ouverte un tube à dégagement, aboutissant
sous une éprouvette, sur la cuve à mercure. L'éprouvette doit contenir
sur le mercure une solution de potasse (*fig.* 86). — 9° Chauffer jusqu'à
cessation de tout dégagement. — 10° Transvaser l'azote dans une
éprouvette graduée. — 11° Noter son volume et calculer son poids à
l'aide de la formule

$$P = V \times 0^{gr},001257 \times \frac{1}{1 + 0,0367t} \times \frac{H - f}{760}.$$

— 12° Additionner ce poids à ceux du carbone et de l'hydrogène, retrancher ce total du poids de la moitié de la matière à analyser ; on
obtient le poids de l'oxygène contenu dans cette moitié. La composi-
tion du tout est ainsi connue.

Remarque. — A défaut de mercure, on peut recueillir l'azote sur la cuve à
eau, l'eau étant remplacée par une solution de potasse. Le résultat est un
peu moins exact.

XII. — ESSAI DES SUCRES

I. — PRÉPARATION DE LA LIQUEUR D'ÉPREUVE

1° Se procurer un ballon jaugé à 1 litre. — 2° Y verser 500 grammes
de soude caustique pure de 24° B., et 200 grammes de tartrate double
de potasse et de soude (*sel de Seignette*). — 3° Chauffer au bain-marie
jusqu'à dissolution complète. — 4° Ajouter peu à peu, en agitant, une
solution de 36^{gr},40 de sulfate de cuivre dans 140 centimètres cubes
d'eau. — 5° Laisser refroidir et compléter à 1 litre à 15° C. (10 centimètres cubes de liqueur en ébullition sont décolorés par 0^{gr},526 de
glucose).

2. — PRÉPARATION DE LA LIQUEUR D'ESSAI

1° Dissoudre 10 grammes de sucre (ou matière sucrée) dans l'eau,
de manière à obtenir 500 centimètres cubes de liqueur. — 2° Prélever
50 centimètres cubes de cette liqueur et compléter à 200 centimètres
cubes avec de l'eau. — 3° En remplir une burette ou une éprouvette
divisée en dixièmes de centimètre cube.

3. — DOSAGE DU GLUCOSE

1° Faire bouillir 10 centimètres cubes de la liqueur d'épreuve. — 2° Verser dedans, goutte à goutte, la liqueur d'essai jusqu'à décoloration complète. — 3° Noter la quantité de liqueur d'essai versée. Cette quantité contient $0^{gr},526$ de glúcose. — 4° En déduire ce qu'en contiennent les 10 grammes de matière sucrée essayée [1].

4. — DOSAGE DU SUCRE

1° Prélever 50 centimètres cubes de la liqueur d'essai. — 2° L'intervertir en y ajoutant 40 centimètres cubes d'eau avec 1 gramme d'acide sulfurique, et faisant bouillir pendant vingt minutes. — 3° Laisser refroidir, et compléter à 200 centimètres cubes. — 4° Verser le liquide dans la burette. — 5° Le verser ensuite, goutte à goutte, dans 10 centimètres cubes de la liqueur d'épreuve bouillante, jusqu'à décoloration complète. — 6° Compter les centimètres cubes versés et, sachant qu'il en faut 20 centimètres cubes pour décolorer $0^{gr},526$ de glucose, plus $0^{gr},526$ de lévulvose, c'est-à-dire $1^{gr},052$ de sucre interverti, en déduire la dose de sucre interverti contenu dans la liqueur versée. — 7° Convertir cette dose en sucre ordinaire, en se rappelant que $0^{gr},102$ de sucre interverti correspondent à $8^{gr},647$ de sucre ordinaire. — 8° En déduire la quantité de sucre ordinaire contenue dans les 10 centimètres cubes de matière sucrée essayée.

XIII. — ESSAI D'UN SAVON

1. — DOSAGE DES ACIDES GRAS

1° Peser 10 grammes de savon. — 2° Les faire bouillir dans une capsule de porcelaine avec 60 ou 70 centimètres cubes d'eau. — 3° Après dissolution complète, filtrer, laver le résidu et ajouter l'eau de lavage à la dissolution. — 4° Pendant que le liquide est encore chaud, ajouter une solution d'acide sulfurique au dixième, jusqu'à réaction fortement acide. — 5° Introduire dans le mélange 10 grammes d'acide stéarique pur et sec. — 6° Faire bouillir un peu, puis laisser refroidir. — 7° Quand les acides gras ont formé un pain sur le liquide et que ce dernier est limpide, enlever le pain et le laver à l'eau distillée froide,

---

1. Troost.

jusqu'à ce que l'eau de lavage ne se trouble plus par le chlorure de baryum. — 8° L'essorer avec du papier buvard, le déposer dans une capsule de porcelaine tarée, et chauffer dans une étuve de 100 à 120°, jusqu'à constance de deux pesées successives. Le poids de la matière, moins celui de l'acide stéarique, est le poids des acides gras cherché.

2. — DOSAGE DE L'ALCALI

1° Peser 5 grammes de savon râpé. — 2° Les projeter dans une capsule de platine (ou de porcelaine) assez fortement chauffée pour que la matière organique se détruise. — 3° Incinérer le résidu, en évitant de fondre les cendres. — 4° Épuiser les cendres par l'eau chaude, décanter, puis filtrer. — 5° Laver le résidu, et réunir tous les liquides dans un matras. — 6° Effectuer sur ce liquide le dosage alcalimétrique (voir *Essai alcalimétrique*) en opérant sur la liqueur bouillante et additionnée de tournesol.

3. — DOSAGE DE L'EAU

1° Peser 10 grammes de savon. — 2° S'il est mou, l'étaler sur le fond d'une capsule de porcelaine tarée, et le sécher à l'étuve entre 100° et 120°, jusqu'à constance de deux pesées successives. La perte de poids constatée est le poids de l'eau. — 2° (*bis*) S'il est dur, le râper en lamelles avant de le peser. Le chauffer dans une capsule de porcelaine tarée, d'abord entre 48° et 50°, jusqu'à ce qu'il soit devenu cassant, puis entre 100° et 120°, jusqu'à constance de deux pesées successives. La perte de poids subie est le poids de l'eau.

4. — DOSAGE DE LA GLYCÉRINE

1° Peser 10 grammes de savon. — 2° Le dessécher dans une capsule tarée, comme précédemment, mais sans dépasser 110°. — 3° Mélanger le résidu avec 5 grammes de chaux éteinte en poudre et introduire le tout dans un petit matras. — 4° Verser dedans 4 centimètres cubes d'alcool et 6 centimètres cubes d'éther, et laisser le tout infuser dans le matras fermé. — 5° Au bout de quelque temps, chauffer doucement la masse à plusieurs reprises, en plongeant le fond du matras dans l'eau tiède. — 6° Après refroidissement, filtrer dans un entonnoir couvert et laver le matras, ainsi que le filtre, avec un mélange d'alcool et d'éther effectué dans les mêmes proportions que ci-dessus. — 7° Réunir cette liqueur de lavage à la liqueur filtrée dans une capsule de porcelaine tarée, et abandonner le tout à l'évaporation spontanée. — 8° Achever l'évaporation au bain-marie, puis à l'étuve à 100°, jusqu'à constance de deux pesées successives. La dernière pesée, moins le poids de la capsule, est le poids de la glycérine.

5. — DOSAGE DE LA MASSE DES MATIÈRES ÉTRANGÈRES

1° Peser 20 grammes de savon. — 2° Le dissoudre dans l'alcool bouillant, filtrer, laver le résidu à l'alcool chaud et réunir les deux liqueurs. — 3° Caractériser et doser les matières minérales dans ce liquide par les méthodes qui leur sont propres. — 4° Faire bouillir le résidu insoluble avec l'eau. S'il y a de l'amidon, il donne de l'empois, que l'on enlève, que l'on sèche et que l'on pèse. S'il y a des silicates, il se forme de la silice gélatineuse que l'on enlève, que l'on sèche et que l'on pèse [1].

XIV. — ESSAI D'UNE FARINE

I. — DOSAGE DE L'EAU

1° Mettre 10 grammes de farine dans une capsule en porcelaine tarée. — 2° La dessécher à l'étuve à 100° jusqu'à constance de deux pesées successives. — 3° La peser, la perte représente l'eau.

2. — DOSAGE DE L'AMIDON

1° Peser 5 grammes de farine. — 2° La délayer avec 20 grammes d'eau froide dans une capsule. — 3° Verser sur le tout, d'un seul coup, 100 grammes d'eau bouillante additionnée de 20 gouttes d'acide sulfurique concentré. — 4° Chauffer la capsule au bain-marie, tout en y faisant barboter un courant de vapeur d'eau venant d'un ballon chauffé à côté. — 5° Arrêter l'opération lorsqu'une trace de liquide, prélevée avec une baguette, ne bleuit plus par l'iode. — 6° Laisser refroidir et compléter avec de l'eau à 500 centimètres cubes. — 7° Dans ce liquide, doser le glucose comme précédemment. (Voir *Essai des sucres.*) — 8° En déduire le poids de l'amidon. Si l'on a employé v centimètres cubes de liqueur pour décolorer 20 centimètres cubes de réactif, sachant qu'il faut n centimètres cubes d'une solution au centième de glucose pur pour obtenir le même résultat, on a :

$$x = \frac{5\,n}{v} \times 0,9.$$

[1]. Jungfleisch.

3. — DOSAGE DU GLUTEN

1° Peser 20 grammes de farine. — 2° Y ajouter un peu d'eau, en former une pâte bien homogène et ferme. — 3° L'enfermer dans un nouet d'étoffe peu serrée et mouillée. — 4° Malaxer le tout sur un filet d'eau, jusqu'à ce que l'eau s'écoule limpide. — 5° Enlever le gluten du nouet, le malaxer dans la main sous un courant d'eau rapide. — 6° Le placer dans une capsule de porcelaine tarée et le sécher à 110° jusqu'à constance de deux pesées successives. Le poids obtenu est celui du gluten.

4. — DOSAGE DES CENDRES

1° Dans un creuset de platine (ce qui vaut mieux qu'une capsule de porcelaine), incinérer la farine séchée ayant servi au dosage de l'eau (voir ci-devant, 1). — 2° Peser et déduire la tare.

5. — ESSAI DE LA MATIÈRE GRASSE

1° Peser 10 grammes de farine. — 2° L'introduire dans un tube de 25 millimètres de largeur, sur 15 centimètres de hauteur, dressé verticalement, en pointe à son extrémité inférieure, et contenant dans sa partie conique un tampon de coton sur lequel on met la farine. — 3° Engager l'extrémité pointue du tube dans l'ouverture d'un petit matras, de manière à le fermer presque complètement. — 4° Verser sur la farine du sulfure de carbone, et boucher. — 5° Recommencer plusieurs fois, à des intervalles de cinq minutes. — 6° Arrêter l'épuisement lorsqu'une goutte de la solution, tombée du tube sur du papier, s'évapore sans laisser de tache grasse. — 7° Verser le contenu du matras dans une capsule tarée, et y ajouter le liquide du rinçage du matras, lequel est encore du sulfure de carbone. — 8° Déposer la capsule sur un bain-marie dont l'eau est déjà chaude. — 9° Quand l'ébullition du sulfure de carbone est terminée, chauffer le bain-marie jusqu'à disparition de toute odeur de sulfure de carbone. — 10° Laisser refroidir et peser en tenant compte de la tare.

REMARQUE. — Autant que possible, il faut effectuer cet essai en plein air, surtout le 9°.

6. — DOSAGE DE L'AZOTE

1° Peser 1 gramme de farine. — 2° Lui faire subir l'analyse élémentaire d'une substance azotée (Voir *Analyse élémentaire*).

REMARQUE. — Ce dosage a sa raison d'être, car le gluten n'est pas la seule substance azotée de la farine.

XV. — ESSAI DES VINS

I. — DOSAGE DE L'ALCOOL

Voir *Chimie systématique* (*Essai alcoométrique*) dans la Manipulation sur l'alcool.

2. — DOSAGE DE L'EXTRAIT SEC

1° Mesurer 25 centimètres cubes de vin. — 2° Les introduire dans une capsule de porcelaine à fond plat et tarée d'avance. — 3° Chauffer la capsule dans un bain-marie à niveau constant, le fond touchant la surface du bain. — 4° Continuer jusqu'à constance de deux pesées successives. — 5° Le poids trouvé, moins la tare, multiplié par 40, donne le poids de l'*extrait sec* par litre de vin.

3. — DOSAGE DES CENDRES

1° Prendre l'extrait sec obtenu précédemment. — 2° Chauffer d'abord modérément, puis plus fortement, sans toutefois dépasser le rouge sombre, pour ne pas fondre les cendres; on opère ainsi l'incinération de l'extrait sec. — 3° Laisser refroidir, puis peser. Le poids trouvé, moins la tare, multiplié par 40, donne le poids des cendres par litre de vin.

4. — DOSAGE DES ACIDES LIBRES

1°Mesurer 10 centimètres cubes de vin. — 2° Les verser dans un vase à précipiter, de trois quarts de litre, et ajouter de 200 à 400 centimètres cubes d'eau, suivant que le vin est moins ou plus coloré. — 3° Laisser tomber dans cette solution le nombre de gouttes de teinture de tournesol (ou mieux, de *phtaléine* du phénol) qu'une expérience préalable a montré suffisant pour colorer nettement un demi-litre d'eau légèrement alcalinisée. — 4° Préparer une liqueur alcaline titrée (voir *Acidimétrie*). — 5° En verser dans le vin additionné de tournesol, goutte à goutte, jusqu'à changement de couleur. — 6° Diminuer le volume de solution alcaline employé de celui qu'une expérience préalable a montré être nécessaire pour virer la couleur d'un volume d'eau égal à celui employé, additionné du même nombre de gouttes de tournesol. — 7° A l'aide de cette soustraction, achever l'opération, comme il est dit à propos de l'*Acidimétrie*.

5. — DOSAGE DU TARTRE

1° Dans un petit matras, mélanger 20 centimètres cubes de vin et 80 centimètres cubes d'un mélange à volumes égaux d'alcool absolu et d'éther ordinaire pur. — 2° Boucher, agiter, et abandonner pendant quarante-huit heures. — 3° Décanter le liquide qui surnage le tartre précipité, en le versant sur un petit filtre sans pli. — 4° Laver le sel restant dans le matras, avec un peu du même mélange, et verser le liquide du lavage sur le filtre. — 5° Lorsque la liqueur filtrée passe neutre au tournesol, introduire le filtre et son contenu dans le matras, avec de l'eau. — 6° Le sel se dissout, on colore la liqueur par du tournesol, puis on procède à un dosage acidimétrique (voir *Acidimétrie*). — 7° Si la liqueur d'épreuve était de la potasse, et que l'on trouve P pour le poids de cette potasse qui a neutralisé le tartre, on a x gr. de tartre $= P \times 3,3571$. Si c'est de la baryte, on a $x = P \times 2,1988$. Le poids de tartre par litre de vin est donc $50\,x$.

REMARQUE. — Si le vin a été plâtré, il faut au préalable éliminer la chaux. A cet effet, à un volume déterminé de vin, on ajoute un peu d'acétate de soude, puis de l'oxalate d'ammoniaque jusqu'à cessation de précipité ; on filtre pour enlever l'oxalate de chaux, et par évaporation, on ramène le liquide au volume du vin traité.

6. — DOSAGE DU GLUCOSE

1° Mesurer 100 centimètres cubes de vin. — 2° Y verser goutte à goutte du carbonate de soude en solution diluée jusqu'à ce que la teinte rouge passe au violet. — 3° Ajouter 10 grammes de noir animal lavé à l'acide chlorhydrique et à l'eau distillée. — 4° Concentrer par ébullition jusqu'à 50 centimètres cubes. — 5° Verser sur un filtre, laver à l'eau distillée bouillante le noir, le filtre et le matras, et verser le tout dans le matras. — 6° Compléter avec de l'eau à 100 centimètres cubes. — 7° Sur le liquide ainsi préparé, opérer un dosage *glucométrique* (voir *Essai des sucres*). Le nombre trouvé, multiplié par 10, donne le poids du glucose d'un litre de vin.

7. — DOSAGE DU PLATRE

Comme c'est en acide sulfurique qu'on dose le plâtre, opérer un dosage acidimétrique à l'aide de la baryte. Le poids de sulfate de baryte trouvé, multiplié par 0,7468, donne le poids du plâtre contenu dans la prise d'essai [1].

XVI. — ESSAI DU LAIT

I. — DOSAGE DU BEURRE

a) *Préparation d'une* LIQUEUR AMMONIACO-ALCOOLIQUE. — 1° Dans une carafe d'un litre, verser d'abord 833 centimètres cubes d'alcool à 90 centièmes, puis 30 centimètres cubes d'ammoniaque de densité 0,925. — 2° Avec de l'eau compléter à 1 litre.

b) *Préparation d'une* LIQUEUR NORMALE. — Mélanger 100 centimètres cubes de *liqueur ammoniaco-alcoolique* avec 110 centimètres cubes d'éther ordinaire pur.

c) *Opération.* — 1° A un tube de verre un peu large adapter un tube en caoutchouc muni d'une pince à serrer. Ce tube doit avoir au moins 25 centimètres cubes de capacité. — 2° Mesurer 5 centimètres cubes de lait et le verser dans le tube. — 3° Y ajouter 11 centimètres cubes de *liqueur normale* et agiter jusqu'à ce que le liquide soit homogène et translucide. — 4° Remettre le tube en place et laisser reposer. — 5° Lorsque le liquide est nettement séparé en deux couches, dont la supérieure limpide, desserrer la pince et laisser écouler la couche inférieure dans un vase jaugé, d'environ 100 centimètres cubes. — 6° Agiter de nouveau, laisser reposer et décanter de la même façon. — 7° Verser dans le tube environ 10 centimètres cubes d'eau, laisser reposer et décanter encore en réunissant ce liquide aux deux autres. Cette liqueur ainsi décantée servira au dosage de la *caséine* et du *lactose*. — 8° Verser la couche supérieure restée dans le tube dans une capsule de porcelaine tarée, rincer le tube avec un peu d'éther, et ajouter ce liquide de lavage au liquide de la capsule. — 9° Mettre à évaporer ce liquide à l'air libre. — 10° Lorsque la masse s'épaissit, faire évaporer au bain-marie, sans faire bouillir. — 11° Quand la capsule n'exhale plus d'odeur d'acide acétique, la peser. Le poids trouvé, diminué de la tare, est le poids du beurre p contenu dans 5 centimètres cubes de lait. Le beurre contenu dans un litre est donc $p \times 200$.

---

1. Jungfleisch. *Manipulations de chimie.*

2. — DOSAGE DE LA CASÉINE

a) *Préparation d'une* LIQUEUR ACÉTIQUE. — 1° Mesurer 150 centimètres cubes d'acide acétique cristallisable. — 2° Compléter à 1 litre avec de l'eau distillée.

b) *Opération.* — 1° Prendre le liquide décanté de l'opération précédente (I, c. 7°). — 2° L'additionner de 1 centimètre cube de la *liqueur acétique.* — 3° Avec de l'eau distillée, compléter le volume à 100 centimètres cubes, puis agiter. — 4° Lorsque la coagulation de la caséine est terminée, verser le tout sur un filtre séché à 100° et pesé. — 5° Rincer le récipient à l'eau distillée et la jeter sur le filtre. — 6° Recueillir le *petit-lait* ainsi filtré, mais l'eau de lavage ne doit pas être mélangée avec lui. — 7° Sécher le filtre et son contenu à 100°, puis peser. Le poids obtenu, moins le poids du filtre, est la caséine de 5 centimètres cubes de lait; donc celle de 1 litre est ce poids multiplié par 200.

3. — DOSAGE DU LACTOSE

1° Mesurer 20 centimètres cubes du *petit-lait* recueilli précédemment (2, *b*, 6°). — 2° Avec de l'eau, le compléter à 100 centimètres cubes. — 3° Déterminer le volume v de ce liquide qu'il faut employer pour décolorer 20 centimètres cubes du réactif employé pour le dosage du glucose. — 4° Faire une solution de 1 gramme de lactose pur, compléter à 100 centimètres cubes et chercher de même le volume v' de cette solution qui produit le même effet. — 5° En déduire le poids du lactose contenu dans la prise d'essai $\left(x = \frac{v'}{v}\right)$; de là, le poids du lactose contenu dans 1 litre de lait, sachant que 20 centimètres cubes de petit-lait correspondent à 2 centimètres cubes de lait.

4. — DOSAGE DE L'EXTRAIT SEC

1° Mesurer 10 centimètres cubes de lait. — 2° En verser dans une capsule de porcelaine tarée. — 3° Chauffer au bain-marie jusqu'à épaississement de la masse, puis à l'étuve à 95° jusqu'à constance de deux pesées successives. Le chiffre de la dernière pesée, moins la tare, multiplié par 100, est le poids de l'*extrait sec* de 1 litre de lait.

5. — DOSAGE DES CENDRES

1° Reprendre l'extrait sec obtenu précédemment. — 2° Le chauffer de nouveau, doucement d'abord, pour carboniser la matière organique, puis incinérer à la manière ordinaire sans dépasser le rouge sombre.

— 3° Peser ensuite, défalquer la tare, multiplier par 100, c'est le poids de cendres de 1 litre de lait [1].

XVII. — ESSAI DES ENGRAIS AZOTÉS

OBSERVATION. — La quanti'é totale d'azote d'un engrais peut toujours être obtenue par l'analyse organique élémentaire d'une *matière azotée*. (Voir *Analyse élémentaire des substances organiques*.) Mais si l'on veut savoir sous quelle forme se trouve l'azote dans l'engrais, c'est-à-dire s'il est à l'état d'azotates (*azote nitrique*), de sels ammoniacaux (*azote ammoniacal*) ou de matières organiques azotées (*azote organique*), il y a lieu de procéder à d'autres essais. Tout d'abord, il faut savoir si l'azote contenu dans l'engrais est de l'azote nitrique.

1. — RECHERCHE DE LA PRÉSENCE DES AZOTATES
DANS UN ENGRAIS

1° Prendre quelques grammes d'engrais, et les épuiser par l'eau. — 2° Filtrer et additionner la liqueur d'un peu d'acide chlorhydrique. — 3° Faire bouillir et ajouter de l'indigo en dissolution. — 4° Si la décoloration a lieu, l'azote est à l'état d'azotates, et il faut le doser par le procédé indiqué plus haut. Si elle n'a pas lieu, l'azote est *ammoniacal* ou *organique*, et il faut le doser ainsi qu'il va être dit au paragraphe 3.

2. — DOSAGE DE L'AZOTE NITRIQUE DANS UN ENGRAIS

(Voir *Analyse élémentaire d'une matière organique azotée*.)

3. — DOSAGE DE L'AZOTE AMMONIACAL ET ORGANIQUE
DANS UN ENGRAIS

1° Se procurer un tube à analyse de verre vert, préparé comme pour l'analyse élémentaire d'une matière organique. — 2° Remplir le tube (sans tasser) : *a*) au fond, mélange de 3 décigrammes de sucre avec 6 grammes de chaux sodée en poudre; *b*) ensuite, chaux sodée en grains; *c*) ensuite, mélange intime de l'engrais (3^{dgr}) finement pulvérisé, avec 15 à 20 grammes de chaux sodée en poudre grossière; *d*) ensuite, chaux sodée avec laquelle on a nettoyé le mortier qui a servi au mélange; *e*) enfin, on achève de remplir avec de la chaux sodée en

[1]. Jungfleisch.

grains. — 3° Adapter le tube à un flacon laveur contenant de l'acide sulfurique monohydraté $(d = 1,842)$, dont le volume a été exactement déterminé. — 4° Chauffer le tube à analyse en commençant par l'extrémité fermée. — 5° Lorsque tout dégagement a cessé, vider le contenu du flacon laveur dans un vase à précipiter; rincer, et ajouter les eaux de lavage. — 6° Sur ce liquide, procéder à un essai acidimétrique, pour doser l'acide sulfurique resté libre (voir *Essai acidimétrique*). — 7° Retrancher le nombre trouvé du poids total d'acide contenu dans le laveur. La différence est le poids p de l'acide employé à neutraliser l'ammoniaque dégagée. Comme 49 grammes d'acide sulfurique saturent 14 grammes d'azote sous forme d'ammoniaque, le poids d'acide p saturera $p \times \frac{14}{49} = p \times 0,2857$ d'azote. Ce poids est à très peu près le poids de l'azote contenu dans la prise d'essai.

REMARQUE. — Si l'on s'aperçoit d'un dégagement d'ammoniaque manifesté par son odeur, pendant que l'on opère le mélange de l'engrais avec la chaux sodée, on jette le tout dans le tube à analyse et c'est là que l'on achève le mélange en brassant les matières avec une tige de cuivre rouge. Il est toujours prudent de pulvériser la chaux sodée et l'engrais séparément, et de ne les mêler qu'ensuite.

4. — DOSAGE DE L'AZOTE ORGANIQUE SÉPARÉMENT

1° Faire une prise d'essai (50^{gr}) de l'engrais. — 2° La délayer dans un peu d'eau, et y ajouter 1 gramme de magnésie calcinée. — 3° Agiter, puis évaporer à siccité au bain-marie, jusqu'à constance de deux pesées successives. — 4° Toute l'ammoniaque est partie, il reste l'azote des matières organiques. Ajouter dans la capsule de la chaux sodée. — 5° Broyer, et introduire le mélange dans le tube à analyse.— 6° Ajouter la chaux sodée avec laquelle on nettoie la capsule et le broyeur. — 7° Opérer l'analyse ensuite comme au paragraphe précédent. L'azote des matières organiques va se dégager à l'état d'ammoniaque non préexistante dans l'engrais.

XVIII. — DÉTERMINATION DE LA NATURE DES FIBRES D'UN TISSU [1]

I. — DISTINGUER LE COTON DU CHANVRE ET DU LIN

a) *Essai physique.* — 1° Prendre des fibres de 6 à 8 centimètres de longueur, préalablement lavées dans une eau légèrement alcaline, et

---

1. Girardin.

décolorées par le chlore ou l'acide sulfureux, si elles étaient colorées, puis lavées après. — 2° Les imbiber de glycérine. — 3° Les disposer sur le porte-objet du microscope. — 4° Les regarder et les comparer avec des fibres de chanvre, de lin et de coton bien authentiques.

b) *Essai chimique.* — 1° Soumettre ces fibres à l'action de l'iode, après qu'on les a imbibées d'acide sulfurique très étendu d'eau ou de glycérine. L'opération peut être faite au microscope. — 2° Observer la coloration qu'elles prennent : *a*) Le lin devient bleu lie de vin (au microscope le canal de la fibre est vu en jaune); *b*) Le chanvre devient bleu verdâtre (au microscope l'enveloppe de la fibre est vue en jaune) ; *c*) le coton devient bleu (au microscope le canal et l'enveloppe de la fibre sont vus en jaune.)

2. — DISTINGUER LE COTON DE LA LAINE

1° Faire bouillir l'ensemble des fibres dans de la soude caustique à 8° B. pendant une heure et demie. — 2° Jeter le liquide sur un tamis fin en toile métallique : *a*)La laine est entièrement dissoute et passe au travers du tamis ; *b*) Le coton forme une pâte qui reste sur le tamis.

REMARQUE. — On peut se contenter de l'essai suivant : mouiller l'étoffe suspecte avec de l'acide azotique ordinaire, et l'abandonner sept à huit minutes à une douce chaleur. Les brins de laine sont jaunes, et ceux de coton sont restés blancs.

(On peut aussi procéder à un essai au microscope en se procurant un échantillon de laine bien authentique.)

3. — DISTINGUER LA SOIE DE LA LAINE ET DU COTON

1° Plonger l'ensemble dans une solution bouillante de chlorure de zinc. La soie s'y dissout. — 2° Laver le résidu et le traiter à la soude caustique à 8° B., la laine s'y dissout. — 3° Laver et sécher le reste : c'est le coton.

REMARQUE. — On peut aussi examiner les brins de soie au microscope en les comparant à de la soie bien authentique.

XIX. — ESSAI DES COULEURS FIXÉES SUR LES FILS ET TISSUS [1]

I. — BLEUS. Tremper l'étoffe dans de l'acide chlorhydrique faible.

Vire au rouge ou à l'orange . . . . *Campéche.*

Rien.
- Plonger une autre bande de l'étoffe dans l'hypochlorite de chaux.
  - Rien. . . . . *Bleu de Prusse.*
  - Décoloration : tremper une autre bande dans la soude caustique.
    - Décoloration ou changement . . . *Bleu d'aniline.*
    - Rien . . . . *Indigo.*

II. — JAUNES. Plonger l'étoffe dans une solution chaude et un peu acide de prussiate jaune de potasse.

Coloration . . . . *Rouille.*

Rien.
- Plonger une autre bande de l'étoffe dans une solution de cyanure de potassium.
  - Rouge de sang. . . . . *Acide picrique.*
  - Rien. Plonger une autre bande de l'étoffe dans une solution bouillante de savon à 5 pour 100.
    - Brun rougeâtre . . . . *Curcuma.*
    - Jaune foncé sur le brun . . . . *Bois jaune.*
    - Rien. Traiter une autre bande par l'acide sulfurique bouillant.
      - Décoloration . . . . *Gaude.*
      - Rien. Essai en sel d'étain bouillant.
        - Orange. *Graine de Perse.*
        - Rien . . . *Quercitron.*

III. — ROUGES. Plonger l'étoffe dans un bain de savon bouillant.

Rien. Probable *garance.* Vérifier par bains successifs d'ammoniaque, jus de citron, sel d'étain avec acide chlorhydrique faible. S'il n'y a toujours aucun changement . . . . *Garance.*

Décoloration. Passer ensuite au jus de citron.
- La couleur n'est pas ramenée. . . . . *Carthame.*
- La couleur est ramenée, mais faible. Chauffer avec une lessive faible de soude.
  - Rien. . . . . *Safranine.*
  - Disparition de la couleur. *Rouge d'aniline.*
- La couleur devient rouge jaunâtre ou jaune clair. Plonger une autre bande de l'étoffe dans l'acide sulfurique concentré.
  - Rouge cerise . . . . . . *Bois de Brésil.*
  - Jaune orange . . . . *Cochenille.*

1. Girardin.

ESSAI DES COULEURS FIXÉES SUR LES FILS ET TISSUS (*Suite*).

IV. — VERTS.

Chauffer au bain-marie pendant quelques minutes l'étoffe avec de l'alcool à 95° centigrades.

Alcool devient jaune, et tissu bleu. — Épuiser la matière jaune par l'alcool, puis traiter le tissu bleui par le chlorure de chaux. (La matière jaune sera déterminée comme au III.)
- Rien . . . . *Bleu de Prusse.*
- Décoloration . . . . *Indigo·*

Faire bouillir l'étoffe avec acide chlorhydrique faible. Alcool devient vert, et tissu change pas.
- Rose ou lilas . . . . *Vert d'aniline à l'iode.*
- Jaunâtre . . . . *Vert d'aniline à l'aldéhyde.*
- Liquide jaune et tissu bleu . . . . *Bleu d'aniline.*

(Le jaune sera déterminé comme au III.)

V. — VIOLETS.

Traiter l'étoffe par du jus de citron.

Couleur est avivée . . . . *Violet d'aniline.*

Virage au rouge ou au jaune. Plonger une autre bande d'étoffe dans du chlorure de chaux, et laver après décoloration. Immerger dans le prussiate jaune de potasse.

- Bleu. — Remettre dans chlorure de chaux.
  - Jaune . . . . *Garance.*
  - Décoloration . . . . *Cochenille.*
- Non. — Mettre une autre bande d'étoffe dans un lait de chaux.
  - Gris presque incolore . . . . *Campêche.*
  - Bleu violacé . . . . *Orseille.*
  - Non. — Plonger l'étoffe dans de l'acide chlorhydrique étendu de trois fois son volume d'eau.
    - Bleu violacé et rouge après lavage . . . . . *Violet d'aniline ordinaire.*
    - Verdâtre, et gris après lavage . . . . *Violet à l'iode.*

MANIPULATIONS DE PHYSIQUE

Troisième Division

I.— ÉTUDE DES PROPRIÉTÉS GÉNÉRALES DES CORPS

I. — IMPÉNÉTRABILITÉ D'UN LIQUIDE

1° Remplir un flacon d'eau jusqu'au ras du bord. — 2° Enfoncer dans cette eau une allumette, ou une aiguille à tricoter. — 3° Constater que, malgré la petitesse de l'objet, l'eau déborde du vase.

2. — ADHÉRENCE

a. — 1° Prendre une pièce de monnaie bien sèche. — 2° L'appliquer à plat sur un panneau de porte bien uni. — 3° Mettre le pouce dessus et décrire un mouvement circulaire, comme en fauchant. — 4° Enlever le pouce et constater que la pièce adhère au bois.

b. — 1° Prendre une plaque de verre à vitre bien propre. — 2° L'étendre à plat sur de l'eau, de façon qu'il ne puisse rester d'air au-dessous et que l'eau ne vienne pas au-dessus. Il faut pour cela la glisser en quelque sorte sur l'eau. — 3° Essayer de l'enlever directement et remarquer la résistance que l'on éprouve.

3. — ATTRACTION MOLÉCULAIRE

1° Préparer une solution saturée d'alun de potasse (alun ordinaire). — 2° Y déposer un cristal du même alun, parfaitement formé. — 3° Constater au bout de quelques jours que ce cristal augmente de volume, et que la liqueur n'est plus aussi saturée.

4. — DIVISIBILITÉ

a. — 1° Prendre des fragments de sel marin un peu gros. — 2° Les pulvériser dans un mortier jusqu'à les transformer en une poudre impalpable.

b. — 1° Mettre un très petit fragment de carmin ou de fuchsine dans un grand volume d'eau. — 2° Agiter longtemps et constater la coloration générale et uniforme du liquide, malgré le très faible volume du colorant employé. — 3° Verser une moitié du liquide coloré et la remplacer par de l'eau pure, puis agiter. — 4° Remarquer que la coloration subsiste toujours. — 5° Remplacer encore une moitié du liquide coloré par de l'eau pure et continuer ainsi jusqu'à ce que la coloration n'apparaisse plus. — 6° Du volume total d'eau employé, déduire le pouvoir colorant de la matière colorante employée.

5. — POROSITÉ

a. — 1° Plonger un bâton de craie par un des bouts dans une soucoupe pleine d'eau de façon à le mouiller peu. — 2° L'y abandonner à lui-même, debout. — 3° Constater, le lendemain, qu'il est humecté jusqu'au bout.

b. — 1° Remplir d'eau le fourneau d'une pipe en terre, après avoir bouché le tuyau. — 2° Remarquer, le lendemain, l'eau qui suinte au dehors.

c. — 1° Enfermer de l'hydrogène dans un vase poreux de pile bien bouché. — 2° Déposer ce vase dans un flacon d'acide carbonique, bien bouché lui-même. — 3° Constater, le lendemain, le transvasement qui s'est opéré.

6. — COMPRESSIBILITÉ ET ÉLASTICITÉ DES SOLIDES

a. — 1° Se procurer une bille bien ronde d'un solide quelconque, un peu dur. — 2° Étendre une couche de cire, mince et bien homogène, sur une surface unie et aussi dure que possible. — 3° Toucher cette surface avec la bille, et remarquer qu'elle détache de la cire en un point seulement. — 4° Laisser tomber la bille d'une certaine hauteur sur cette surface et constater qu'elle a enlevé la cire sur une surface d'une certaine largeur, tout en rebondissant.

b. — Même expérience avec un solide mou, tel qu'une balle de plomb. Constater la différence des résultats.

7. — TÉNACITÉ DES SOLIDES

1° Se procurer un certain nombre de fils de diverses substances, (chanvre, soie, fer, plomb, etc.) et autant que possible de même grosseur; les couper à la même longueur. — 2° Les attacher chacun à un clou à une hauteur supérieure à leur longueur. — 3° A l'autre bout de chaque fil attacher un petit panier ou un plateau de balance. — 4° Sur ce plateau, charger avec des poids, dont la valeur totale aille en augmentant jusqu'à rupture du fil. — 5° Classer ces fils par ordre de ténacité.

8. — DURETÉ DES SOLIDES

1° Prendre un certain nombre de corps de dureté différente (beurre, plomb. zinc, calcaire, quartz, verre, acier, etc.). — 2° Essayer de les rayer successivement, d'abord avec l'ongle, puis avec un morceau de calcaire, puis avec un fragment de quartz, puis avec une pointe de couteau. — 3° Constater les résultats, puis les classer par ordre de dureté.

9. — INCOMPRESSIBILITÉ RELATIVE DES LIQUIDES

1° Remplir d'eau une bouteille de rebut. — 2° La boucher avec un bon bouchon qui arrive jusqu'à l'eau. — 3° La déposer dans un baquet lui-même plein d'eau. — 4° Frapper doucement sur le bouchon avec un maillet. — Constater que la bouteille se rompt, souvent au premier coup.

10. — COMPRESSIBILITÉ ET ÉLASTICITÉ DES GAZ

1° Prendre une forte éprouvette bien calibrée. — 2° La boucher avec un bouchon bien homogène, et surtout bien assoupli, entrant à frottement doux. — 3° Avec un bâton quelconque, enfoncer le bouchon aussi profondément qu'on le peut. — 4° Lâcher, et remarquer que le bouchon remonte de lui-même.

REMARQUES. — 1° Si l'on ne dispose pas de bouchons de bonne qualité, entourer un bouchon quelconque de trois ou quatre tours de ficelle et humecter le tout avec un peu d'huile. — 2° Le pistolet-pétard des enfants peut servir à montrer le même phénomène.

11. — EXPANSIBILITÉ DES GAZ

a. — 1° Préparer une machine pneumatique. — 2° Se procurer une vessie à robinet, la tremper pour l'assouplir, puis l'aplatir pour chasser une partie de l'air et fermer le robinet. — 3° L'introduire sous le récipient de la machine et raréfier l'air. — 4° Remarquer que la vessie se gonfle.

b. — 1° Mettre dans un petit flacon la moitié de sa capacité d'eau colorée. — 2° Le fermer par un bouchon traversé par un tube descendant jusqu'au fond et effilé à l'extrémité supérieure. — 3° Placer ce flacon sur une assiette sous le récipient de la machine pneumatique, et raréfier l'air. — 4° Remarquer le jet d'eau qui se produit, grâce à l'expansion de l'air emprisonné dans le flacon (*fig.* 87).

c. — 1° Faire dégager un gaz quelconque (non soluble dans l'eau) au fond d'une colonne d'eau, d'une éprouvette profonde par exemple. —

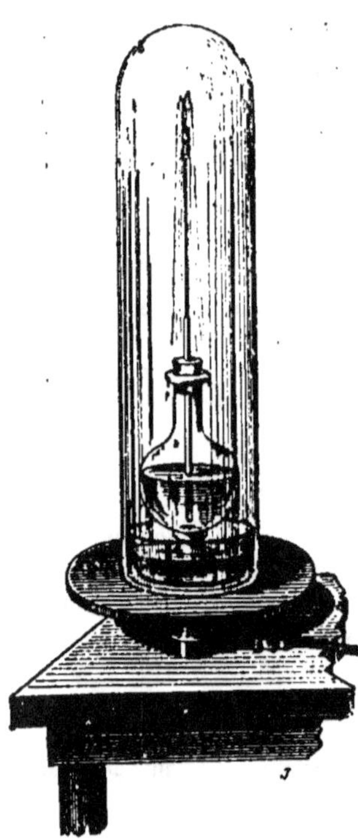
Figure 87.

2° Remarquer que les bulles de gaz vont en s'élargissant au fur et à mesure qu'elles montent.

d. — 1° Faire des bulles de savon avec un gaz quelconque. — 2° Remarquer qu'elles vont en s'élargisant jusqu'à ce qu'elles crèvent.

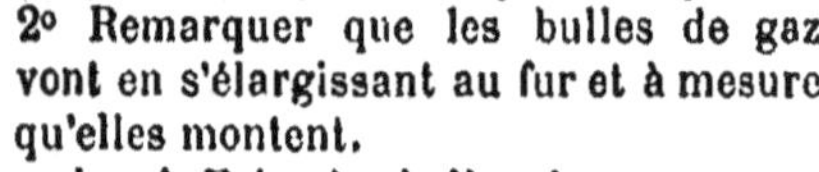

12. — POIDS DES GAZ

a. — 1° Construire une roue à augets en papier (voir *Chimie*, Manipulation sur l'acide carbonique). — 2° Verser de l'acide carbonique dans ces augets. — 3° Constater que la roue tourne sous l'impulsion de ce poids.

b. — 1° Si l'on a un grand ballon à robinet, le visser sur la machine pneumatique. — 2° Faire le vide, puis fermer le robinet. — 3° Attacher ce ballon sur le plateau d'une balance sensible et disposée sur le bord d'une table. — 4° Équilibrer le ballon. — 5° Ouvrir le robinet et remarquer que, l'air rentrant, le fléau s'incline du côté du ballon. — 6° Ramener l'équilibre avec des poids qui conservent le poids de l'air contenu dans le ballon.

REMARQUE. — On pourrait obtenir le poids du même volume d'un gaz quelconque en le recueillant dans le ballon même sur la cuve à mercure ou à eau, selon le cas, le pesant avec le ballon, et déduisant la tare de ce dernier, donnée par l'expérience précédente.

13. — PLUIE COLORÉE DANS UN TUBE

1° Prendre un tube de verre assez long, et large de 5 centimètres. — 2° Le boucher d'un côté par un bouchon, percé d'un petit orifice obturé par une quille en bois. — 3° L'emplir d'eau. — 4° Fermer l'autre côté par une peau de chamois très mince, attachée de façon à se creuser en godet dans le milieu. — 5° Verser un liquide coloré dans ce godet. — 6° Enlever la quille, et remarquer la pluie colorée dans le tube pendant l'écoulement de l'eau. [1].

14. — MESURE DE LA FORCE D'ADHÉRENCE D'UN LIQUIDE POUR UN SOLIDE

1° Découper une lame de carton ronde. — 2° En son milieu fixer un fil. — 3° Placer ce carton sur l'eau d'un verre à demi plein. — 4° Placer une règle en travers sur le bord du verre, l'une des extrémités arrivant juste au-dessus de la feuille, et à laquelle on attache le fil. — 5° Placer des poids à l'autre extrémité jusqu'à ce que le carton se détache de l'eau.

15. — POROSITÉ DU PAPIER POUR LA VAPEUR D'EAU

1° Mettre de l'eau bien chaude dans un verre, chaud lui-même. — 2° Le recouvrir d'une feuille de papier fort. — 3° Renverser sur cette feuille un autre verre de même diamètre que le premier, les bords coïncidant. — 4° Remarquer que la vapeur finit par passer en partie dans le verre supérieur.

II. — ÉTUDE DES CONDITIONS D'ÉQUILIBRE DES SOLIDES

1. — ÉTUDE DU CENTRE DE GRAVITÉ D'UN CORPS MINCE

1° Prendre une feuille de carton ou une grande équerre à dessin. — 2° La poser à plat sur le tranchant, bien horizontal, d'un couteau fixe, ou d'une arête vive de table, et s'efforcer de l'y mettre en équilibre. — 3° Tracer sur la feuille la ligne qu'y détermine l'arête. — 4° La poser de nouveau et de la même façon, mais dans une autre position, et l'y mettre en équilibre. — 5° Tracer encore la ligne déterminée par l'arête. — 6° Au point d'intersection des deux lignes, ficher un crochet, ou une épingle, et y attacher un fil. — 7° Suspendre la feuille par un fil, et remarquer que la feuille se tient en équilibre.

2. — DÉTERMINATION DU CENTRE DE GRAVITÉ D'UN CORPS MASSIF

1° Prendre une grosse pomme de terre. — 2° La transpercer d'une aiguille à coudre, dans le trou de laquelle est attaché un fil. — 3° Sus-

---

1. Gaston Tissandier. *Physique sans appareils.*

pendre ainsi la pomme par ce fil, et constater qu'elle est en équilibre contre la pesanteur. — 4° Enlever l'aiguille et en transpercer de nouveau la pomme. — 5° La suspendre encore jusqu'à nouvelle position d'équilibre. — 6° Sans enlever l'aiguille de sa dernière position, appliquer le tranchant d'un couteau contre elle, en le faisant passer par l'orifice d'entrée du premier essai. — 7° Trancher la pomme de terre, en maintenant exactement la lame appuyée sur l'aiguille de manière à la suivre. — 8° Constater que l'aiguille a rencontré la trace de la première percée. C'est ce point qui est le centre de gravité.

3. — ÉQUILIBRE DES CORPS SUSPENDUS

1° Déterminer le centre de gravité d'une équerre à dessin. — 2° La suspendre à un clou par le trou qu'elle présente. — 3° La mettre successivement dans les positions d'équilibre stable et d'équilibre instable. — 4°. Remarquer la position du centre de gravité dans chaque cas : au-dessous du point de suspension pour l'équilibre stable, au-dessus pour l'équilibre instable. — 5° Prendre une rondelle, percée d'une matière quelconque, mais homogène, et la suspendre à un clou. Constater qu'elle tient en équilibre dans n'importe quelle position : c'est l'équilibre indifférent.

4. — ÉQUILIBRE DES CORPS SOUTENUS

a. — 1° Mettre une bouteille debout sur une table. — 2° Essayer de la faire tomber en la poussant légèrement. — 3° Constater qu'elle tombe dès que la verticale passant par le centre de gravité tombe en dehors de sa base. — 4° La poser sur son goulot et constater que l'équilibre est plus instable qu'auparavant.

b. — 1° Prendre une baguette de moelle de sureau ou de liège. — 2° Sur une de ses tranches transversales, implanter un gros clou de soulier à tête ronde. — 3° Poser la baguette sur une table, à la renverse. — 4° Constater qu'elle se relève vivement, et que, quels que soient les efforts que l'on fasse pour la coucher, elle se redresse toujours et réalise ainsi le vrai équilibre stable.

c. — 1° Prendre un cône en bois. — 2° Le poser sur sa pointe et l'y faire tenir en équilibre. — 3° Constater qu'un souffle suffit pour le renverser et qu'il ne se redresse pas : il réalise, quand il est sur sa pointe, le véritable équilibre instable.

d. — 1° Prendre une boule de nature homogène. — 2° La poser sur une table bien horizontale. — 3° Constater que, quelle que soit la position qu'on lui donne, elle reste en équilibre : c'est l'équilibre indifférent.

5. – TRANSFORMATION DE L'ÉQUILIBRE INSTABLE EN ÉQUILIBRE STABLE

a. — 1° Prendre un bouchon de liège, et y implanter une épingle sur l'une de ses tranches. — 2° Recouvrir le goulot d'une bouteille d'un petit disque, tel qu'une pièce de monnaie. — 3° Tâcher de faire tenir le bouchon en équilibre sur son épingle en la posant sur le disque. — 4° Constater la difficulté, puis im-

planter dans les flancs du bouchon, dans des directions diamétralement opposées, deux four-chettes ou deux porte-plume, faisant avec l'axe du bouchon des angles à peu près égaux. — 5° Replacer le bouchon comme au 3° et constater qu'il se tient en équilibre stable, car le centre de gravité du nouveau système est plus bas que celui de l'ancien (*fig.* 88).

Figure 88.

b. — 1° Tendre une ficelle entre deux points fixes. — 2° S'efforcer de faire tenir une poulie en équilibre sur la ficelle ou de l'y faire rouler. — 3° Engager la ficelle dans la chape, la tendre de nouveau et suspendre un poids à la chape. — 4° Remarquer que la poulie peut se tenir et rouler sur la ficelle.

6. – METTRE UN ANNEAU EN ÉQUILIBRE DANS UN PLAN HORIZONTAL

1° Prendre une bague, une boucle ronde, ou un cercle de tonneau. — 2° La suspendre par un fil ou une ficelle attachée à l'un des points du pourtour, et constater qu'elle ne peut se tenir dans un plan hori-zontal. — 3° Attacher trois fils à des points différents du pourtour, et les réunir au centre géométrique de la circonférence. — 4° Suspendre l'anneau par ce point et constater que, dès lors, il se tient dans un plan horizontal.

7. – CONE ASCENSIONNEL

1° Se construire un double cône en bois, c'est-à-dire un ensemble formé de deux cônes égaux assemblés par leur base. — 2° En un point un peu bas, près du sol, par exemple, assujettir deux brins d'une cordelette. — 3° Relever les deux extrémités des brins, de manière à leur faire faire avec le sol un angle d'environ 30° et en les tenant bien tendus et les écartant l'un de l'autre. — 4° Poser le double cône à la

11

partie inférieure de cette sorte de plan incliné, sa partie la plus large portant bien entre les deux brins de corde. — 5° Remarquer qu'il monte le long des cordes, au lieu de tomber à terre, jusqu'à ce qu'il atteigne le point où l'écartement des cordes est égal à sa longueur.

8. — ÉQUILIBRE DU CORPS HUMAIN

1° Se mettre en équilibre dans diverses positions (debout, sur les deux pieds, sur un pied, à genoux, accroupi, avec un fardeau dans une main, un fardeau dans les deux mains, un fardeau sur la poitrine, un fardeau sur le dos, etc.), et constater les déviations que subit le corps pour arriver à l'équilibre, et le genre d'efforts et de mouvements nécessaires. — 2° Se mettre debout contre un mur, les deux jambes touchant le mur. — 3° S'efforcer de toucher alors le bout de ses pieds. — 4° Constater l'impossibilité d'y arriver.

9. — LA CANNE SUR LE DOIGT

1° Prendre une canne aussi lourde que possible. — 2° La poser verticalement sur l'extrémité de l'index tendu, le pommeau en haut. — 3° S'efforcer de la tenir en équilibre, sans autre soutien. — 4° Constater qu'on ne peut y arriver qu'en marchant, ce qui est nécessaire pour maintenir le support sous le centre de gravité de la canne.

10. — ÉQUILIBRE PAR LA GYRATION

1° Prendre une toupie ordinaire d'enfant. — 2° S'efforcer de la faire tenir en équilibre par sa pointe, sur l'extrémité de l'index tendu. — 3° Constater l'impossibilité d'y arriver, même en marchant. — 4° Lui communiquer un vif mouvement de rotation, par les moyens ordinaires. — 5° La replacer sur le doigt, et constater qu'on la tient en équilibre sans difficulté, moyennant de faibles déplacements du bras.

11. — LES TROIS PRINCIPAUX MOUVEMENTS DE LA TERRE

1° Prendre la toupie précédente, et la faire tourner en la lançant un peu de biais. — 2° Remarquer d'abord son mouvement de rotation : c'est le mouvement de *rotation* de la *Terre*. — 3° Remarquer ensuite ses déplacements : ils représentent le mouvement de *révolution* de la *Terre*. — 4° Remarquer enfin qu'elle ne tourne pas en maintenant son axe suivant la verticale, mais lui fait décrire lentement un cône idéal ayant le sommet en bas : c'est la *nutation* de la *Terre*.

12. — CONSTRUCTION D'UN POUSSAH

1° Percer d'un petit trou la coquille d'un œuf cru et le vider. — 2° Introduire dedans par ce trou quelques grains de plomb et de petits morceaux de cire à cacheter. — 3° Chauffer l'œuf au bain-marie, en le tenant verticalement. La cire fond, agglutine le plomb et forme un culot à un bout de l'œuf. — 4° Le retirer, le laisser refroidir tout en le maintenant dans la même situation. — 5° Boucher l'orifice avec de la cire blanche. Le poussah est construit et ne se tient en équilibre que sur le bout auquel correspond le culot [1].

13. — LE DANSEUR DE CORDE

1° Tendre une ficelle entre deux points fixes, de façon à la rendre bien rigide. — 2° Préparer un morceau de bois, de 15 centimètres de long, le creuser en gouttière à une extrémité, et le percer de part en part, en son milieu, d'un trou perpendiculaire à la direction de la gouttière. — 3° Tâcher de le faire tenir verticalement en équilibre sur la ficelle, en le posant par sa gouttière. — 4° Constater l'impossibilité d'y arriver. — 5° Passer dans le trou transversal une baguette de fer un peu lourde, d'au moins 30 centimètres. — 6° Le remettre sur la ficelle, et constater qu'on arrive à l'y faire tenir vertical sans trop de difficulté.

14. — LA BOITE MYSTÉRIEUSE

1° Prendre une boîte de carton ronde, telle qu'une petite boîte de pains à cacheter. — 2° A l'intérieur, et sur un point de la partie latérale, coller un bouton de culotte, ou tout autre poids, et marquer le point correspondant, à l'extérieur, d'une façon imperceptible. — 3° Poser la boîte sur le côté, le long d'un plan faiblement incliné, en ayant soin de la placer de telle sorte que le poids se trouve en haut, et un peu du côté de la partie élevée du plan. — 4° L'abandonner à elle-même et remarquer qu'elle remonte le plan

III. — ÉTUDE DE LA CHUTE DES CORPS ET DES LOIS DU PENDULE

I. — DÉTERMINATION D'UNE VERTICALE ET D'UNE HORIZONTALE

1° Construire un fil à plomb en attachant un petit poids à une ficelle. — 2° Vérifier la verticalité d'un mur, d'un meuble, etc. — 3° Trouver deux points sur la même horizontale. — 4° Découper une feuille de carton en un triangle rectangle isocèle. — 5° L'évider en son milieu, de manière à obtenir une équerre de menuisier. — 6° Attacher au sommet, à l'aide d'une punaise ou autrement, un fil à plomb. — 7° Vérifier que le fil à plomb tombe au milieu de la distance des deux pieds de l'équerre, si on l'applique debout sur une surface connue pour être horizontale. — 8° Joindre par un fil les deux pieds de l'équerre et en marquer le milieu. — 9° Vérifier l'horizontalité d'un plancher, d'un meuble, etc.

2. — CHUTE DES CORPS DANS LE VIDE

A. — *Avec la machine pneumatique.*

1° Visser ou mettre en communication avec la machine, un grand et large tube fermé à une extrémité et muni à l'autre d'un robinet, ou d'un tube en caoutchouc avec pince, et dans lequel on a mis un caillou, un morceau de liège, un morceau de papier, une plume d'oiseau, etc. — 2° Faire le vide dans ce tube, ou tout au moins, y raréfier l'air. — 3° Renverser brusquement le tube et constater que tous les corps qui y sont renfermés tombent avec la même vitesse. — 4° Laisser rentrer l'air et retourner brusquement le tube de nouveau; constater que les corps les plus lourds tombent plus vite que les autres (*fig.* 89).

Figure 89.

B. — *Sans machine pneumatique.*

1° Découper une feuille de papier en un cercle de la dimension d'une pièce de monnaie. — 2° Appliquer la rondelle de papier exactement au-dessus de la pièce de monnaie. — 3° Laisser tomber le tout à plat. — 4° Constater que les deux corps arrivent à terre en même temps.

C. — *Marteau d'eau.*

1° A un très petit ballon, adapter à l'aide d'un bouchon un assez large tube, effilé à l'extrémité restée en dehors. — 2° Introduire de l'eau dans le ballon, jusqu'à moitié de sa capacité. — 3° Faire bouillir cette eau. — 4° Après quelques secondes d'ébullition, retirer le tout du feu, et fermer l'extrémité effilée du tube à la lampe. — 5° Laisser refroidir. — 6° Renverser à plusieurs reprises l'appareil dans les deux sens. — 7° Constater que l'eau tombe en une seule masse, ce qu'indique le bruit sec qu'on entend.

REMARQUE. — Tenir les deux extrémités de l'appareil dans les mains, quand on le renverse, pour en éviter la rupture.

3. — LOI DES ESPACES

A. — *Avec la machine d'Atwood.*

1° Disposer l'appareil pour qu'il soit prêt à fonctionner. — 2° Monter le compteur à secondes que l'on a dû se procurer : *chronomètre, métronome, montre à secondes* ou *horloge ordinaire* dont on a réglé le balancier pour qu'il batte la seconde. Au besoin, un pendule composé d'un poids et d'une ficelle peut suffire s'il bat la seconde. — 3° Mettre en place le poids dont on veut étudier la chute. — 4° Au début d'une seconde exactement, lâcher le déclic. — 5° Observer le point de l'échelle en face duquel arrive le poids au bout de la première seconde, y fixer le curseur plein, et recommencer pour vérifier s'il n'y a pas erreur. Il peut arriver qu'on n'y aboutisse qu'après quelques tâtonnements. — 6° Porter le curseur plein à une distance du sommet quatre fois plus grande, et remonter le poids. — 7° Au début d'une seconde, lâcher le déclic, et remarquer que le poids vient frapper le curseur juste à la fin de la deuxième seconde. Remarquer que la loi est vérifiée pour deux secondes. Si la machine le permet, continuer la démonstration pour trois et quatre secondes.

B. — *Sans machine d'Atwood et avec un plan incliné.*

1° Se procurer un fil de fer et l'attacher à un mur à environ 2 mètres de hauteur. — 2° Le tendre en le faisant passer vers l'autre extrémité sur une poulie, et attachant un poids suffisant à cette extrémité. — 3° Élever la poulie selon la pente que l'on veut donner au fil, et de façon à pouvoir vérifier la loi au moins pour deux secondes. On y arrive après quelques essais. — 4° Monter le compteur à secondes. —

5° Mettre sur le fil une petite poulie à chape munie d'un crochet auquel est attaché le poids à tomber. — 6° Au début d'une seconde, lâcher d'en haut le poids qui roule sur le fil. — 7° Noter le point où il arrive à la fin de la première seconde. — 8° Recommencer et noter le point où il arrive à la fin de la deuxième seconde. — 9° Vérifier que ce dernier point est, du sommet du fil, à une distance quadruple de celle du premier. Et ainsi de suite.

4. — LOI DES VITESSES

A. — *Aveo la machine d'Atwood.*

1° Préparer l'appareil comme pour l'étude de la *loi des espaces.* — 2° A la place du curseur plein, mettre au point où doit arriver le poids après la première seconde un curseur annulaire capable d'arrêter le poids qui tombe. — 3° Au commencement d'une seconde, lâcher le déclic et observer où arrive la masse qui portait le poids, et s'en est débarrassée dans le curseur annulaire, à la fin de cette seconde. — 4° En ce point, fixer un curseur plein, et recommencer pour vérifier qu'il n'y a pas d'erreur. — 5° Recommencer encore, en observant où arrive la masse à la fin de la dernière seconde. Remarquer que ce point est deux fois plus éloigné du curseur annulaire que le premier, ce qui prouve que le mouvement de chute est devenu uniforme. — 6° Recommencer de nouveau, après avoir placé le curseur annulaire au point distant du sommet de quatre fois la distance primitive, et remarquer que, dans ce cas, la masse débarrassée du poids parcourt, dans la première seconde qui s'écoule après le passage du curseur annulaire, un espace double de celui qu'elle avait parcouru dans l'expérience du 3°, ce qui vérifie la loi pour deux secondes. Continuer ainsi si la machine le permet.

B. — *Aveo le plan incliné.*

1° Se procurer un fil de fer un peu fort et bien rigide. — 2° Le fixer comme il a été dit pour la *loi des espaces,* et y engager un poids roulant disposé de même. — 3° Constater où arrive le poids au bout de la première seconde. — 4° Ployer le fil en ce point, de façon à ne pas changer la pente de la partie supérieure, mais à rendre la partie inférieure bien horizontale. — 5° Recommencer l'expérience. Constater que le mouvement se ralentit quand le poids arrive sur la partie horizontale, et noter le point où il arrive au bout de la deuxième seconde. — 6° Recommencer encore et noter le point où il arrive au bout de la troisième seconde: remarquer qu'il est égal à celui parcouru pendant la deuxième, ce qui montre que le mouvement est devenu uniforme. —

7° Ployer de nouveau le fil, au point où le poids arriverait au bout de deux secondes, si la pente était la même que dans la partie supérieure (pour le déterminer, on effectue l'expérience après avoir redressé le fil). La partie inférieure est de nouveau maintenue horizontale. — 8° Lâcher le poids du sommet et constater où il arrive à la fin de la troisième seconde. Remarquer que l'espace parcouru pendant cette troisième seconde est double de celui qu'il avait parcouru pendant la deuxième seconde dans l'expérience précédente. Et ainsi de suite.

5. — LOI DE L'ISOCHRONISME

1° Se procurer un pendule de n'importe quelle longueur, de n'importe quelle substance et de n'importe quel poids. — 2° Le faire osciller en ne donnant aux oscillations qu'une amplitude de 3 ou 4 degrés. — 3° Remarquer que les oscillations se font toutes dans le même temps.

Remarque. — On fait un pendule, comme on fait un fil à plomb, en suspendant à l'extrémité d'un fil fin un poids quelconque. On le suspend de telle façon que le frottement au point de suspension soit minimum. Pour évaluer le temps, on emploie un compteur à secondes.

6. — LOI DES LONGUEURS

1° Suspendre trois pendules : un petit, un deuxième quatre fois plus long et un troisième neuf fois plus long. — 2° Les faire osciller en même temps, en donnant à leurs mouvements la même amplitude. — 3° Remarquer que le deuxième pendule va deux fois moins vite, et le troisième trois fois moins vite que le premier. — 4° Ou encore, les faire osciller séparément pendant un certain nombre de secondes, en comptant les oscillations, puis diviser le nombre des oscillations par celui des secondes pour connaître exactement le nombre des oscillations effectuées par seconde, opérer de même pour les trois et comparer les résultats : on trouve le même résultat que précédemment.

Remarque. — La vraie longueur est la distance entre le *point de suspension* et le *centre d'oscillation*, mais, pour des expériences élémentaires, on compte comme longueur la distance du point de suspension au *milieu de la hauteur du poids* qui sert de pendule.

7. — LOI DES SUBSTANCES

1° Prendre deux pendules d'égale longueur, mais de substances différentes, par exemple, un poids en laiton et un poids en bois, ayant autant que possible la même forme. — 2° Les faire osciller en même temps. — 3° Remarquer le synchronisme de leurs oscillations (pour de faibles amplitudes).

8. — LOI DES INTENSITÉS

Comme on ne peut, pour vérifier cette loi, se transporter en différents points de la Terre, on tourne la difficulté en employant un artifice analogue à celui employé dans la machine d'Atwood pour ralentir la chute d'un corps.

1° Prendre une règle carrée en bois. — 2° Fixer à ses extrémités deux masses de plomb d'un poids égal. — 3° Perpendiculairement à la règle, et en son milieu, encastrer une petite lame d'acier ou de fer, mince, dont le plan passe par l'axe de la règle, et dépasse de chaque côté comme les tourillons d'un canon. — 4° Monter cette règle par ses tourillons sur deux autres lames portées par des supports, entre lesquels elle puisse se balancer librement (disposition analogue à celle d'une lunette méridienne dans les observatoires, ou d'un canon sur son affût; on la fait supporter par des tranchants de lames pour diminuer le frottement). — 5° Ajouter à l'une des masses de plomb P un poids additionnel p. Dès lors, l'accélération due à la pesanteur s'exercera seulement sur ce poids additionnel, et sera égale à $g \times \frac{p}{2P+p}$. — 6° Faire osciller cette sorte de pendule, en comptant les oscillations et les secondes comme précédemment. Supposons que les masses P soient chacune de 1 kilogramme, et que p égale $\frac{2}{3}$ de kilogramme. L'accélération est devenue $\frac{g}{4}$. Compter le nombre d'oscillations produites par seconde. — 7° Recommencer en mettant à la place du poids additionnel précédent un autre poids de $\frac{2}{3}$ de kilogramme. L'accélération est devenue $\frac{g}{4}$. Compter le nombre d'oscillations par seconde. — 8° Recommencer encore en mettant un autre poids additionnel de $\frac{2}{13}$ de kilogramme. L'accélération est maintenant $\frac{g}{16}$. Compter le nombre d'oscillations par seconde. — 9° Comparer les nombres d'oscillations par seconde dans les trois essais, et constater qu'ils sont entre eux comme les nombres 2, 3 et 4.

9. — EXPÉRIENCE DE FOUCAULT

1° Traverser un bouchon par une aiguille à coudre, implantée suivant son axe. — 2° Implanter sur les flancs de ce bouchon trois fourchettes ou trois porte-plume formant trépied, et poser ce trépied sur une large assiette. La pointe de l'aiguille doit être du côté d'en haut. — 3° Transpercer une pomme ou une orange d'une autre aiguille à coudre traversant un peu le fruit, et implantée suivant son axe. — 4° Passer un fil dans le trou de cette aiguille, et l'attacher au trou de l'aiguille du bouchon, en ayant soin de le régler en longueur de manière que la pointe de l'aiguille de la pomme rase le fond de l'assiette. — 5° Disposer sur le bord de l'assiette un petit talus circulaire de sable. — 6° Faire balancer ce pendule, et noter que la pointe de l'aiguille vient éculer ce talus en deux points diamétralement opposés. — 7° Faire tourner très lentement l'assiette sur elle-même, pendant que les oscillations continuent, et remarquer l'invariabilité du plan des oscillations, ce qui fait éculer peu à peu par l'aiguille toute la circonférence du talus, et explique pourquoi l'expérience de Foucault prouve la rotation de la Terre.

IV. — ÉTUDE DE LA BALANCE

I. — DÉMONSTRATION DE LA LOI DU LEVIER

1° Choisir une règle carrée bien droite. — 2° En déterminer le milieu avec soin. — 3° Sur l'une des faces, implanter en ce milieu un piton à crochet, par lequel on puisse la suspendre. — 4° A partir du milieu, porter de part et d'autre un certain nombre de divisions égales, distantes de 2 ou 3 centimètres. — 5° Sur la face opposée à celle où est enfoncé le premier piton, en implanter un autre à chaque division, y compris le milieu (*fig.* 90). — 6° Se procurer une dizaine de petits poids égaux, munis de crochets ou d'une attache quelconque. — 7° Suspendre un de ces poids à chacune de deux divisions équidistantes du milieu, après avoir suspendu la règle, devenue ainsi un levier du premier genre, et constater qu'il y a équilibre. — 8° Déplacer l'un des poids de manière à doubler sa distance au milieu, et constater qu'il n'y a plus équilibre. — 9° Ajouter un nouveau poids à celui dont la distance au milieu n'a pas été doublée, et constater que l'équilibre est rétabli. — 10° Multiplier la valeur de ce double poids par sa distance au milieu; en faire autant pour l'autre, et vérifier que ces deux produits sont égaux, comme il en était, du reste, pour l'essai du 7°. — 11° Recommencer l'expérience en variant les distances, ce qui entraîne à varier

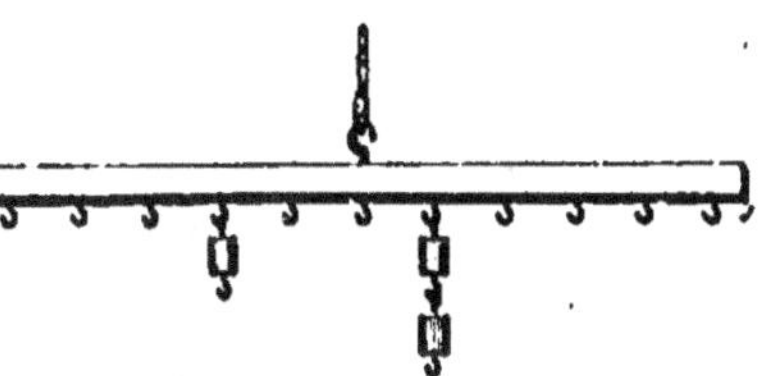

Figure 90.

aussi le nombre des poids suspendus à chaque point, assurer l'équilibre chaque fois, et constater ainsi que lorsqu'il y a équilibre les produits respectifs des poids par leurs bras de levier sont toujours égaux, ce qui confirme la loi.

REMARQUE. — Si l'on n'a pas de pitons sous la main, on peut se borner à faire des encoches aux divisions de la règle, et à engager sur celle-ci et de chaque côté du milieu une boucle formée d'un fil fort, à laquelle on suspend les poids. Il n'y a qu'à faire glisser ces boucles d'une encoche à l'autre pour les déplacer. La suspension est faite par une ficelle bien attachée au milieu de la règle.

2. — VÉRIFIER LA JUSTESSE D'UNE BALANCE

1° Mettre un corps à peser dans l'un des plateaux. — 2° Lui faire équilibre en mettant des *poids marqués* dans l'autre plateau. — 3° Changer corps et poids de plateau. — 4° Voir s'il y a encore équilibre ; sinon, la balance est fausse.

NOTA. — Le côté de la balance qui a penché au deuxième essai est celui dont le bras de fléau est le plus long, ou le plus lourd, ou dont le plateau est le plus pesant. Il est facile d'établir laquelle de ces trois causes détruit la justesse de la balance.

3. — VÉRIFIER LA SENSIBILITÉ D'UNE BALANCE

1° Charger la balance en mettant dans chaque plateau un poids égal à la moyenne des poids qu'elle est appelée à peser au cours de son service. — 2° Mettre dans l'un des plateaux une légère surcharge, en commençant par les plus petits *poids marqués* dont on dispose. — 3° Soit le milligramme : si elle trébuche du côté de cette surcharge, elle est *sensible au milligramme* (réellement : *au milligramme pour x grammes* = charge actuelle). S'il faut un décigramme, elle est *sensible au décigramme*, etc. La sensibilité diminue quand la charge augmente. On reconnaît qu'une balance est sensible en général, quand ses oscillations sont très lentes et qu'elle est longue à s'établir au repos.

4. — PESÉES

A. — *Pesée simple.*

1° Mettre le corps à peser dans l'un des plateaux. — 2° Lui faire équilibre avec des *poids marqués*. — 3° Observer l'aiguille montée sur le fléau. Quand elle est arrêtée au zéro de l'arc de la colonne, l'équilibre est établi. — 4° Évaluer le total des unités de poids représentées par les *poids marqués*, c'est le poids du corps.

REMARQUES. — 1° Avec une balance de précision, très sensible, on perdrait beaucoup de temps à attendre le repos de l'appareil. On peut s'en dispenser, en observant sur l'arc devant lequel se meut l'aiguille la dernière division où arrive celle-ci, de part et d'autre, dans ses oscillations. Lorsque les divisions arrivent à être, de chaque côté, à égale distance du zéro, les poids sont égaux. — 2° Pour éviter des tâtonnements inutiles dans le choix des poids marqués, on procède ainsi : on prend d'abord un poids un peu supérieur au poids présumé du corps, l'équilibre est rompu de ce côté ; on le remplace alors par un poids un peu plus faible que le poids présumé du corps, l'équilibre se rompt du côté du corps ; on remplace ce poids par le poids immédiatement inférieur au premier poids employé; s'il rompt l'équilibre, on le remplace par le poids immédiatement supérieur au second poids employé; et ainsi de suite, en enserrant ainsi le poids à trouver dans des limites de plus en plus étroites. — 3° Il arrive quelquefois que, pour la commodité de la pesée, on est amené à placer de petits poids marqués à côté du corps lui-même. Dans ce cas, une fois l'équilibre établi, il faut avoir soin de retrancher ces poids du poids total trouvé. — 4° Dans les pesées où la précision n'est pas nécessaire au-dessus du décigramme, on peut employer des pièces de monnaie en guise de *poids marqués*. Il suffit de se rappeler le poids de chacune des pièces courantes :

Or :	pièce de	20 francs	=	6 gr. 45	Argent :	pièce de	0 fr. 50	=	2 gr. 50
—	—	10	—	= 3 gr. 23	—	—	0 fr. 20	=	1 gr.
—	—	5	—	= 1 gr. 61	Billon :	—	0 fr. 10	=	10 gr.
Argent :	—	5	—	= 25 gr.	—	—	0 fr. 05	=	5 gr.
—	—	2	—	= 10 gr.	—	—	0 fr. 02	=	2 gr.
—	—	1	—	= 5 gr.	—	—	0 fr. 01	=	1 gr.

B. — Double pesée.

1° Mettre le corps à peser dans l'un des plateaux. — 2° Verser dans l'autre plateau un corps pulvérulent (sable, grenaille de plomb, etc.) devant servir de *tare*, jusqu'à équilibre parfait. — 3° Remplacer le corps à peser par des *poids marqués*, jusqu'à équilibre. La valeur de ces derniers représente le poids du corps à peser.

REMARQUE. — La *double pesée* s'emploie quand on est obligé de se servir d'une balance fausse. Elle s'emploie aussi, même avec une balance juste, quand on veut effectuer une pesée avec précision.

C. — Pesée par transposition.

1° Peser deux fois le corps par *simple pesée*, mais en le changeant de plateau. — 2° Prendre la moyenne des deux poids trouvés. C'est le poids demandé.

Même remarque que pour la *double pesée*.

5. — EXPÉRIENCES RELATIVES A LA MANIÈRE DE PLACER LES POIDS SUR LES PLATEAUX

A. — 1° Placer un poids marqué sur l'un des plateaux. — 2° Placer un poids rigoureusement égal au premier sur l'autre plateau, mais en le laissant tomber d'une faible hauteur, 2 ou 3 centimètres. — 3° Remarquer qu'il fait trébucher la balance de son côté, ce qui prouve qu'on doit poser les poids doucement et sans choc.

B. — 1° Placer un poids marqué dans le milieu d'un des plateaux. — 2° Placer un poids rigoureusement égal au premier dans l'autre plateau, mais sur le bord. — 3° Remarquer que l'équilibre est rompu au profit du premier. En tirer la conséquence.

Remarque. — Cette dernière expérience est surtout relative aux *balances Roberval*.

6. — VÉRIFIER QUE LA 'ROMAINE EST ASSUJETTIE A LA LOI DU LEVIER

1° Peser le *poids unique* d'une romaine, pour en connaître la valeur. — 2° Mesurer la distance qui sépare le point de suspension du point où est suspendu le corps à peser. — 3° Accrocher à l'appareil un *corps à peser* dont le poids soit connu. — 4° Établir l'équilibre en faisant glisser le *poids unique* le long de la règle graduée. — 5° Vérifier d'abord, lorsque l'équilibre est établi, que le poids indiqué sur la graduation correspond bien au poids connu. — 6° Mesurer la distance de ce point au point de suspension. — 7° Multiplier cette distance par la valeur du poids unique, et constater que ce produit est égal au produit du poids du corps à peser par la distance mesurée au 2°.

Remarque. — La règle qui a servi à la démonstration de la loi du levier peut être transformée en romaine. Il suffit, pour cela, de déplacer le piton de suspension, et de l'implanter vers l'une des extrémités de la règle, mais toujours sur la même face, en ayant soin de le faire coïncider avec l'une des divisions tracées.

7. — BALANCE IMPROVISÉE

1° Prendre une règle plate, à dessin. — 2° La percer d'un trou en son milieu, et d'un autre à l'extrémité qui n'en a pas, ce dernier devant avoir le diamètre de celui qui existe déjà, et être à la même distance du milieu. — 3° La fixer contre un support quelconque à l'aide d'un clou, autour duquel elle doit pouvoir tourner sans frottement, ni remuement latéral. — 4° A l'aide de bois ou de carton, confectionner deux plateaux bien identiques, et les suspendre aux extrémités de la règle par des ficelles. — 5° Se servir de cette balance comme d'une balance ordinaire. On peut aussi placer une aiguille au milieu de la règle.

V. — ÉTUDE DES PHÉNOMÈNES GÉNÉRAUX
DE L'HYDROSTATIQUE

1. — PRINCIPE DE PASCAL

A. — *Première expérience*. — 1° Se procurer un flacon à deux ou trois tubulures, rigoureusement égales en diamètre et parfaitement circulaires. — 2° Remplir complètement le flacon d'eau. — 3° Boucher toutes les tubulures avec des bouchons à frottement doux (huilés, si c'est nécessaire, mais fermant bien). — 4° Mettre un poids assez fort sur l'un d'eux, et constater que les autres sont chassés des goulots. — 5° Recommencer l'expérience, et remarquer que, pour empêcher ceux qui avaient été chassés une première fois de l'être de nouveau, il faut charger chacun d'eux d'un poids égal à celui qui charge le premier.

B. — *Deuxième expérience*. — 1° Se procurer un flacon à deux tubulures. (Un flacon à large goulot peut suffire, car on peut percer deux trous assez larges dans le bouchon.) — 2° Engager au travers du bouchon d'une des tubulures un tube un peu large (1ᶜᵐ) ouvert aux deux bouts et bien cylindrique. — 3° Engager au travers du bouchon de l'autre tubulure un tube plus étroit, un peu évasé par le haut, et portant attachée au bas une petite ampoule flexible, telle que les poires en caoutchouc des pulvérisateurs, une petite vessie ou un petit ballonnet

Figure 91.

à hydrogène. — 4° Mettre ce dernier bouchon en place, et introduire dans le tube et son ampoule de l'eau colorée, jusqu'au niveau du col. — 5° Remplir complètement le flacon d'eau pure. — 6° Ajouter l'autre bouchon, et descendre dans son tube un piston formé d'un bouchon (*fig.* 91) bien cylindrique, à frottement doux, fermant bien, et muni d'une petite tige. — 7° Remarquer que l'eau colorée monte dans le tube de l'autre tubulure. (Drincourt.)

2. — CONSTRUCTION D'UNE PRESSE HYDRAULIQUE ÉLÉMENTAIRE

1° Se procurer un verre de lampe bien cylindrique. — 2° Se procurer de même un autre tube bien cylindrique, mais plus étroit (1 à 2ᶜᵐ). —

— 3° Ajuster solidement des bouchons à l'une des extrémités de chacun d'eux. — 4° Au travers de ces bouchons, faire pénétrer les deux courtes branches d'un tube étroit courbé deux fois à angle droit (en **U**). — 5° Assujettir tout le système dans un plan vertical, les extrémités ouvertes en haut (*fig.* 92). — 6° Verser un peu d'eau dans cet ensemble de vases communiquants jusqu'au sommet du petit tube. — 7° Insérer dans chacun d'eux un bouchon, à frottement doux, fermant bien, et muni d'une tige, la tige du grand bouchon pouvant supporter un plateau. — 8° Appuyer sur la tige du petit

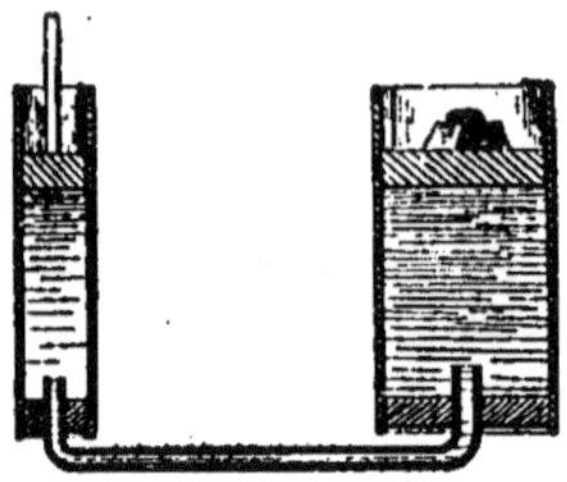

Figure 92.

bouchon et observer ce qui se passe. On peut en faire une démonstration du *principe de Pascal*.

3. — PRESSION SUR LE FOND DES VASES

1° Se procurer trois verres de lampe, l'un cylindrique, l'autre renflé, et le dernier rétréci, mais tous trois de même diamètre inférieur. — 2° Enlever le plateau d'une balance et le remplacer par un fil portant une plaque bien dressée, en verre, fer-blanc, bois, etc., au travers duquel il passe. — 3° Assujettir solidement le verre de lampe cylindrique, verticalement, entre les mâchoires d'un support à ballon, ou de toute autre manière, le tout disposé au-dessus d'une cuvette. — 4° Engager le fil qui porte la plaque, ou obturateur, dans le verre de lampe, et l'attacher au fléau de la balance, en en réglant la longueur de manière que l'obturation du verre de lampe à la partie inférieure soit assurée lorsque le fléau est horizontal. — 5° Mettre quelques poids dans le plateau restant de la balance, à peu près la valeur en poids du poids de l'eau que l'on présume être contenu dans le verre de lampe quand il est presque plein. — 6° Verser de l'eau dans ce verre, et marquer la hauteur qu'elle a atteinte au moment où, faisant trébucher la balance, elle entraîne l'obturateur et s'écoule dans la cuvette. — 7° Remplacer au support ce verre cylindrique successivement par les deux autres verres de lampe, répéter chaque fois le même essai, et remarquer que l'eau atteint toujours la même hauteur quand la balance trébuche, les poids marqués n'ayant pas été changés.

4. — PRESSION DE BAS EN HAUT

1° Prendre le verre de lampe cylindrique précédent, avec le même obturateur, armé de son fil. — 2° L'obturer à une extrémité après avcir engagé le fil en dedans. — 3°. Le descendre verticalement dans un grand vase en verre plein d'eau, en tenant le fil tiré pour que l'obturateur ne se détache pas. — 4° Une fois le verre entré dans l'eau, lâcher le fil, et constater que la pression de l'eau assujettit l'obturateur contre le verre. — 5° Pour connaître la valeur de cette pression, verser de l'eau dans le verre, doucement, et remarquer que lorsque le niveau à l'intérieur arrive à surpasser de très peu celui de l'extérieur, l'obturateur se détache.

5. — PRESSIONS LATÉRALES

A. — *Vase à réaction*. — 1° Se procurer un petit vase à tubulure latérale (ou percé latéralement d'un trou provisoirement bouché). — 2° Le placer sur un flotteur, disposé lui-même sur une grande cuvette pleine d'eau, et le remplir d'eau. — 3° Déboucher vivement la tubulure latérale, lorsque le flotteur est en repos. — 4° Remarquer que le flotteur prend un mouvement de sens contraire à celui de l'écoulement.

NOTA. -- Si l'on a un petit chariot, le flotteur peut être placé dessus, et l'expérience se fait de la même manière.

B. — *Pendule hydrostatique*. — 1° Se procurer un petit ballon percé d'un trou latéral, provisoirement bouché. — 2° Le remplir d'eau. — 3° Le suspendre par un fil au plafond. — 4° Quand il est en repos, déboucher le trou latéral. — 5° Remarquer que le fil prend une position inclinée du côté opposé à l'écoulement, et que l'ensemble constitue un pendule qui se met à osciller comme un pendule ordinaire.

C. — *Tourniquet hydraulique*. — 1° Prendre un grand ballon et le remplir d'eau. — 2° Le boucher avec un bouchon traversé de deux tubes deux fois coudés à angle droit. Ces courbures ont été faites de façon que les deux petites branches de chaque tube sont perpendiculaires l'une à l'autre, et que, de plus, quand l'une des petites branches de chacun des deux tubes sera enfoncée dans le bouchon, les autres seront tournées en sens inverse l'une de l'autre, quoique dans un même plan horizontal. Les parties droites médianes de chacun des deux tubes doivent avoir la même longueur. — 3° Mettre provisoirement de petits bouchons aux extrémités de ces deux tubes. — 4° Suspendre le ballon au plafond, le col en bas (*fig.* 93). — 5° Déboucher alors les

Figure 93.

extrémités des tubes, et remarquer que le système se met à tourner en sens inverse de l'écoulement.

Nota. — Il est bon que le bouchon présente une lacune pour laisser entrer de l'air, sans quoi l'écoulement n'aurait pas lieu.

Remarque. — On peut faire un tourniquet encore plus simple. Prendre un large et assez long bouchon de liège, tel qu'un bondon de tonneau. Le creuser pour en faire un récipient. Le percer dans le fond, et y introduire un tube en verre, ou un brin de paille. A l'extrémité de ce brin, adapter un deuxième bouchon plus petit, percé suivant son axe jusqu'en son milieu, et latéralement de deux ou plusieurs trous aboutissant tous au fond du trou qui est percé suivant l'axe. Agencer dans ces trous latéraux d'autres tubes recourbés à l'autre extrémité, de façon que les courbures soient en sens inverse. Ou encore, placer dans ces trous latéraux des brins de paille d'égale longueur, assemblés chacun à l'autre extrémité avec un brin plus petit, à l'aide d'un petit bouchon percé de la même manière. Suspendre le tout, et verser de l'eau dans le large bouchon, l'appareil se met à tourner (*fig.* 94) [1].

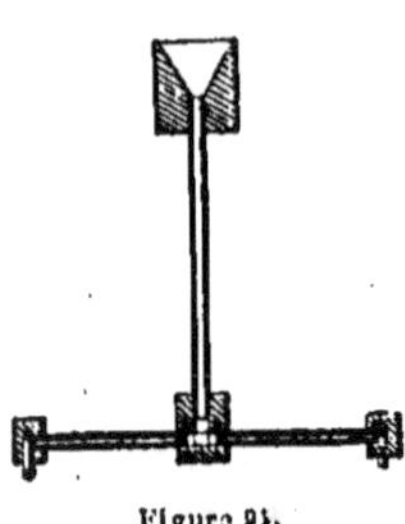
Figure 94.

Dans la plupart des expériences élémentaires de physique, les tubes en verre peuvent être remplacés par des brins de paille suffisamment gros.

6. — FIOLE DES QUATRE ÉLÉMENTS

1° Prendre un flacon un peu haut. — 2° Y introduire successivement de l'huile de naphte (ou du pétrole), de l'alcool coloré, une solution aqueuse saturée de carbonate de potasse et du mercure. — 3° Agiter vivement la bouteille. — 4° Laisser reposer et constater que les quatre liquides se séparent et se superposent par ordre de densité.

Remarque. — On peut se passer de mercure, en ne remplissant pas complètement la bouteille avec les autres liquides. Dans ce cas, c'est l'air qui est le quatrième élément.

7. — VASES COMMUNIQUANTS

A. — 1° Prendre un entonnoir. — 2° Y adapter un tube en caoutchouc. — 3° A l'autre extrémité du tube, adapter un tube droit en verre. — 4° Tenir l'entonnoir d'une main et le tube de l'autre, puis faire verser de l'eau dans l'entonnoir. — 5° Remarquer que l'eau s'élève dans le tube au même niveau que dans l'entonnoir. — 6° Faire varier le niveau dans le tube en élevant ou abaissant l'entonnoir (*fig.* 95).

B. — 1° Prendre un tube en **U**. — 2° Verser dedans du mercure ou un autre liquide beaucoup plus lourd que l'eau, et s'en distinguant

1. Tom Tit. *La Science amusante.*

facilement par une coloration appropriée. — 3° Constater que, comme dans l'expérience précédente, le mercure s'élève au même niveau dans les deux branches. — 4° Verser de l'eau dans une des branches jusqu'au haut du tube. — 5° Remarquer que le mercure s'est élevé dans l'autre branche. — 6° Mesurer la hauteur des deux liquides *au-dessus de la surface de séparation*, et constater qu'elles sont en raison inverse de leurs densités.

REMARQUE. — L'expérience peut encore être faite ainsi : verser du mercure dans une éprouvette à pied, y plonger un tube, verser de l'eau dans l'espace annulaire, le mercure monte dans le tube.

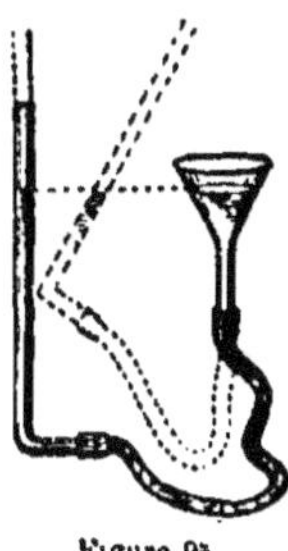

Figure 95.

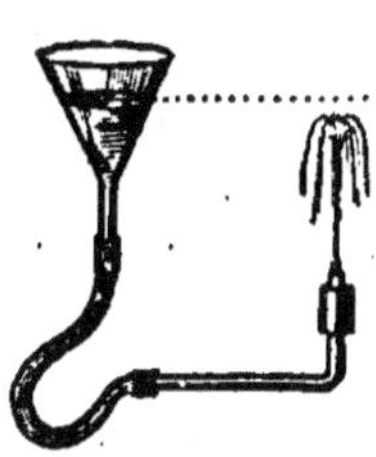

Figure 96.

8. — PRINCIPE DU JET D'EAU

1° Reprendre l'appareil employé précédemment (7, — A), mais effiler le tube à son extrémité (*fi*. 96). — 2° Élever l'entonnoir plus haut que l'orifice du tube. — 3° Remarquer le jaillissement de l'eau par le tube.

9. — POISSON A RÉACTION

1° Découper dans du papier ordinaire une feuille en forme de poisson. — 2° Pratiquer au milieu une petite ouverture circulaire, et la mettre en communication avec le bord du milieu de la nageoire caudale par une fente d'un millimètre de large (*fig*. 97). — 3° Poser cette feuille à plat sur l'eau. — 4° Déposer une goutte d'huile dans l'ouverture circu-

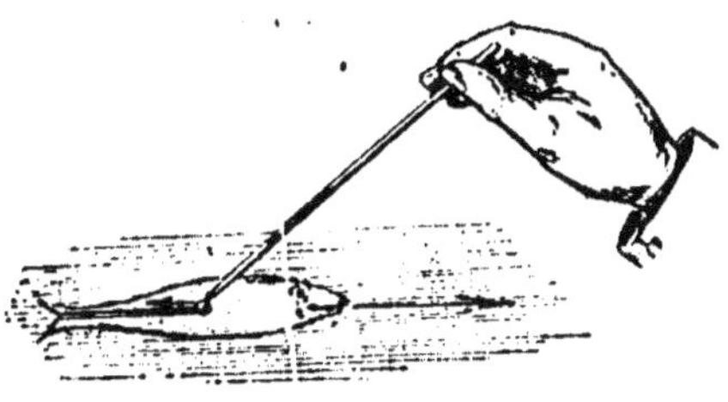

Figure 97.

12

laire. — 5°, Remarquer qu'en s'écoulant par la fente, elle fait avancer le poisson en sens inverse [1].

IO. — BALANCE HYDRAULIQUE

1° Préparer une presse hydraulique élémentaire comme ci-devant, mais avec des verres de lampe rigoureusement égaux en diamètre. — 2° La remplir à demi d'eau. — 3° Placer les pistons, après avoir surmonté chacun d'eux d'une tige portant un plateau assez solide. — 4° Se servir de cet appareil comme d'une balance Roberval.

RÈMARQUES. — 1° Avec des verres d'inégal diamètre, mais dont le rapport des sections est connu, l'appareil fonctionne comme une *bascule*, puisqu'il permet d'évaluer des poids forts à l'aide de poids faibles. — 2° Il peut aussi être constitué en *peson hydraulique*. Il suffit de remplacer l'un des verres par un tube étroit très élevé, analogue à un tube manométrique. Le poids s'évalue par la hauteur à laquelle l'eau est refoulée dans ce tube. On *étalonne* ce dernier en déterminant une fois pour toutes à quelle hauteur l'eau s'élève pour 10 gr., 50 gr., 300 gr., 500 gr., un kilog., etc.

II. — TOURNIQUET CHIMIQUE

1° Mettre du vinaigre dans un grand verre et un œuf dedans. — 2° Remarquer que l'œuf se met à tourner autour de son grand axe. — 3° Constater en même temps le dégagement de bulles de gaz autour de l'œuf, lesquelles bulles, par réaction, repoussent l'œuf et le font tourner.

~~~~~~

VI. — EXPÉRIENCES SUR LA CAPILLARITÉ
ET LES PHÉNOMÈNES CONNEXES

I. — ÉTUDE DES PHÉNOMÈNES CAPILLAIRES

A. — 1° Enfoncer une baguette de verre dans l'eau. — 2° Remarquer que l'eau s'élève un peu autour d'elle (*fig*. 98).

B. — 1° Enfoncer la même baguette dans le mercure. — 2° Remarquer que le mercure se déprime autour d'elle (même figure).

C. — 1° Enfoncer de nouveau la même baguette dans l'eau, mai[s]

1. Tom Tit. *La Science amusante.*
2. G. Tissandier. *Recettes et procédés utiles.*
~~~~~~

après l'avoir graissée. — 2° Remarquer que l'eau se comporte alors comme le mercure.

D. — 1° Enfoncer un tube de verre étroit dans l'eau, colorée s'il est nécessaire. — 2° Remarquer qu'elle s'élève autour, et que, de plus, elle monte à l'intérieur jusqu'à une certaine hauteur, où elle se termine par une surface concave (même figure).

E. — 1° Enfoncer le même tube dans le mercure. — 2° Remarquer qu'il se déprime autour, et que, à l'intérieur, le niveau est plus bas qu'à l'extérieur (même figure). — 3° Mettre le doigt sur le sommet du tube. — 4° Le sortir doucement de la masse liquide, et remarquer qu'un peu de mercure est resté dans le tube, où il se termine par deux surfaces convexes.

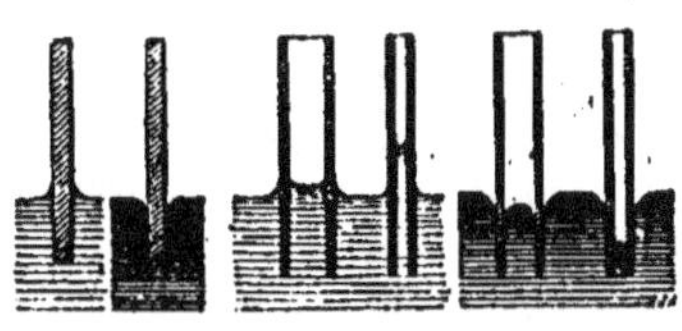

Figure 98.

F. — 1° Faire la même expérience dans l'eau, mais avec un tube graissé en dedans et en dehors. — 2° Constater les mêmes résultats qu'avec le mercure.

G. — 1° Plonger dans l'eau deux lames de verre peu écartées l'une de l'autre, et remarquer que le liquide s'élève entre elles.

H. — 1° Plonger dans l'eau divers tubes de calibres différents et connus. — 2° Remarquer que l'eau s'élève dans ces tubes à des hauteurs inversement proportionnelles à leurs diamètres.

I. — *Filtrer de l'encre.* — 1° Préparer de l'encre de Chine comme à l'ordinaire, c'est-à-dire par friction du bâton contre le fond du godet. — 2° Remarquer qu'elle est plus ou moins graveleuse, et qu'il faut la rendre plus liquide. — 3° Prendre un second godet, et le placer en contre-bas du premier. — 4° Disposer une bande de papier buvard d'un godet à l'autre, en la faisant plonger dans l'encre par une extrémité. — 5° Remarquer que l'encre vient dans le godet inférieur par siphonation, tout en se filtrant. On peut filtrer de la même façon n'importe quelle encre.

J. — *Influence de la température.* — 1° Préparer quelques petits flacons dans chacun desquels on met des liquides différents. — 2° Y plonger des tubes capillaires. — 3° Quand l'ascension capillaire est accusée, placer ces flacons dans une casserole, et chauffer au bain-marie. — 4° Constater qu'au fur et à mesure de l'élévation de la température, les liquides baissent dans les tubes. La dépression est faible, à moins que le bain-marie ne puisse donner une haute température. (Voir *Exercices généraux.* Chauffage au bain-marie.)

K. — 1° Enfumer un côté d'une carte de visite en la promenant sur une flamme fuligineuse. — 2° Déposer un peu d'eau dessus et remarquer qu'elle prend la forme sphéroïdale. — 3° L'enfoncer dans un verre d'eau, et remarquer qu'il se forme un ménisque convexe du côté enfoncé. (G. Tissandier.)

REMARQUE. — Pour rendre la dépression visible dans le mercure, lorsqu'on opère avec une baguette ou un tube, mettre le liquide dans un vase à précipiter, ou un verre droit, et placer la baguette ou le tube près de la paroi. On peut aussi le faire dans l'eau.

2. — OSMOSE

A. — 1° Préparer à chaud une solution de gélatine assez concentrée. — 2° La verser dans une éprouvette à pied. — 3° A l'aide d'un entonnoir atteignant le fond, faire arriver une solution de bichromate de potasse. — 4° Verser doucement de l'eau pure au-dessus de la gélatine. — 5° Constater que bientôt l'eau rougit, et non la gélatine.

B. — 1° Plonger un œuf dans de l'acide chlorhydrique étendu. — 2° Lorsqu'il est ramolli, le plonger dans l'eau pure. — 3° Constater que le lendemain son volume s'est considérablement accru. (Feydeau.)

C. — *Mesure de l'osmose.* — 1° Enlever le fond d'un petit flacon, et le remplacer par une baudruche ou du parchemin. Un entonnoir allongé peut remplacer ce flacon. — 2° Le remplir d'eau sucrée. — 3° Le boucher avec un bouchon traversé par un long tube. — 4° Plonger ce flacon dans un vase d'eau pure et l'y abandonner. — 5° Constater qu'après quelque temps le liquide monte dans le tube, que l'eau du flacon est moins sucrée et que l'eau du vase extérieur l'est un peu.

3. — TENSION SUPERFICIELLE DES LIQUIDES

A. — *Préparer une bulle de savon.*

1° Faire dissoudre à chaud 3 grammes de savon dans 120 centimètres cubes d'eau. — 2° Après refroidissement et filtrage, ajouter 40 centimètres cubes de glycérine. — 3° Vingt-quatre heures après, nouveau filtrage et nouvelle adjonction de 40 centimètres cubes de glycérine. On a ainsi la *liqueur glycérique* de Plateau qui peut servir pour toutes les expériences relatives à la tension superficielle des liquides qui mouillent. L'eau de savon peut être employée seule, mais sa tension est beaucoup moindre. — 4° Tremper l'ouverture du fourneau d'une petite pipe dans la liqueur. — 5° L'en sortir et souffler légèrement par le tuyau, il se forme une bulle que l'on fait se détacher par un choc léger, mais brusque, donné à la pipe.

Nota. — La bulle faite par le liquide glycérique est assez résistante pour que l'on puisse la faire rouler sur une étoffe, jongler avec en la recevant sur du drap, etc.

B. — *Existence de la tension superficielle.*

1° Faire un cadre en fil de fer. — 2° Le tremper dans l'eau de savon. — 3° L'en sortir et remarquer le voile liquide qui occupe l'intérieur du cadre.

C. — *Force de la tension.*

1° Souffler une bulle de savon avec la pipe. — 2° Présenter l'extrémité du tuyau à une bougie avant que la bulle ne se déforme. — 3° Constater le courant d'air produit.

Remarque. — Si, sur le voile obtenu dans l'expérience B, on place un anneau de soie imbibé du même liquide, et que l'on crève doucement le voile à l'intérieur de l'anneau, ce dernier s'arrondit parfaitement, sous l'influence de la tension.

D. — *Diffusion des gaz au travers de la membrane liquide.*

1° Souffler une bulle de savon avec la pipe. — 2° Fermer vivement avec le doigt l'extrémité du tuyau pour maintenir la bulle. — 3° Plonger la bulle dans un vase au fond duquel on a mis quelques gouttes d'un liquide à vapeur inflammable : éther, chloroforme, sulfure de carbone. — 4° Constater qu'elle y grossit un peu. — 5° Au bout de quelques secondes, l'approcher d'une flamme, elle brûle avec une flamme colorée d'après la vapeur absorbée ; bleue (sulfure de carbone), verte (chloroforme), jaune (éther). (Feydeau.)

E. — *Tension superficielle des liquides qui ne mouillent pas.*

1° Saupoudrer de sciure de bois fine la surface d'un bain de mercure. — 2° Y enfoncer le doigt ou une baguette. — 3° Constater l'attraction exercée sur les particules de sciure qui se déplacent sans changer leurs positions respectives.

Nota. — La même expérience peut se faire avec l'eau, si l'on y enfonce un corps gras.

4. — DIFFUSION DES LIQUIDES

A. — 1° Mettre du vin dans une petite bouteille. — 2° La boucher avec un bouchon percé d'un tout petit trou, obturé lui-même par un

morceau de sucre. — 3° La déposer debout au fond d'un vase contenant de l'eau pure. — 4° Constater la diffusion ascendante du vin, en
spirales.

B. — 1° Mettre de l'eau pure dans un grand verre. — 2° Déposer
doucement à la surface des gouttes d'eau colorée par de la fuchsine
(ou autre couleur d'aniline). — 3° Observer la diffusion descendante
en filets [1].

C. — 1° Verser dans un vase en verre profond de l'eau pure colorée
par de la teinture de tournesol. — 2° A l'aide d'un entonnoir arrivant
au fond du vase, verser doucement un peu d'acide sulfurique. —
3° Constater que bientôt la liqueur est rougie dans toute sa masse.

Remarque. — Dans l'expérience A, si l'on a recouvert la petite bouteille
de sable, ou de plâtre, de manière à figurer une petite montagne, le phénomène rappelle assez l'aspect d'un *volcan*.

5. — ATTRACTIONS ET RÉPULSIONS CAPILLAIRES

1° Façonner une demi-douzaine de petites boules en liège. —
2° Remplir une cuvette d'eau jusqu'au bord. — 3° Mettre sur cette
eau une des boules de liège. — 4° Remarquer qu'elle se dirige presque
aussitôt vers le bord auquel elle s'accole. — 5° La replacer au milieu,
et en mettre une seconde à peu de distance. — 6° Remarquer qu'elles
se précipiteront l'une vers l'autre. — 7° En graisser deux autres, ou
les enduire de noir de fumée. — 8° Les placer sur l'eau à peu de distance, et remarquer qu'elles s'attirent encore. — 9° Mettre de même
en présence l'une des premières et l'une des dernières, et remarquer
qu'elles se repoussent. — 10° Remarquer dans chaque cas l'aspect de
la surface du liquide autour des boules.

6. — COMPTE·GOUTTES

1° Préparer un tube comme pour une pipette ordinaire droite, c'est-
à-dire avec une ampoule au milieu et un évasement à la partie supérieure, mais dont l'effilement de la partie inférieure soit plus accusé.
— 2° Le remplir d'eau par la méthode ordinaire. — 3° Déboucher
l'orifice supérieur, et constater que le liquide ne s'échappe que goutte à
goutte. — 4° Vérifier que toutes ces gouttes sont d'un poids égal.

7. — PLONGER LA MAIN DANS L'EAU SANS SE MOUILLER

1° Saupoudrer la surface de l'eau avec de la poudre de lycopode. —
2° Enfoncer la main dans l'eau, et constater qu'au sortir de l'eau elle
n'est pas mouillée.

8. — FLOTTEUR PLUS LOURD QUE L'EAU

1° Enduire une aiguille d'un peu de graisse, ou de beurre. — 2° La déposer très doucement sur de l'eau, et bien à plat, en l'aidant au besoin de deux fils, ou d'un morceau de papier très léger. — 3° Lâcher les soutiens si l'on s'en est servi, et remarquer que l'aiguille flotte sur l'eau. On peut faire flotter de la même façon tout menu objet métallique.

9. — CURIEUSE PROPRIÉTÉ DU CAMPHRE

1° Se procurer de petits morceaux de camphre, à peu près de la grosseur d'une demi-noisette. — 2° Les projeter à la surface d'une cuvette pleine d'eau. — 3° Remarquer le mouvement giratoire qu'ils prennent dès qu'ils touchent la surface du liquide. — 4° Arrêter ce mouvement en déposant une goutte d'huile sur l'eau, et très près de chaque fragment.

10. — GOUTTES MARCHEUSES

1° Effiler un tube capillaire de manière à l'amener à être tronco-conique. — 2° Plonger l'extrémité large dans de l'eau, de manière à n'en prendre qu'une goutte. — 3° Observer cette goutte, et remarquer qu'elle se met en marche vers l'extrémité effilée. — 4° Plonger cette dernière extrémité dans du mercure, ou la liqueur glycérique, de manière à n'en prendre qu'une goutte. — 5° Observer cette goutte, et remarquer qu'elle se dirige vers l'extrémité large.

11. — L'ARGYRONÈTE

1° Partager une petite boule de liège en deux ; évider l'intérieur. — 2° Y loger du plomb, et recoller les deux moitiés. — 3° Enduire sa surface de graisse, ou de noir de fumée. — 4° Prendre huit petits morceaux de fil de fer, et les plier en deux (75°). — 5° Les implanter par une extrémité sur les flancs de la boule, quatre de chaque côté. — 6° Jeter l'objet dans l'eau, il va au fond, où il apparaît argenté, grâce à l'air qui l'environne, ce qui le fait ressembler à l'araignée d'eau.

12. — PRINCIPE DE L'ÉLECTROMÈTRE CAPILLAIRE DE LIPPMANN

1° Dans une soucoupe, verser une forte goutte de mercure. — 2° Recouvrir cette goutte d'eau acidulée par un dixième d'acide sulfu-

rique, et mélangée à une solution de bichromate de potasse. —
3º Placer un fil de fer qui, pénétrant dans l'eau, vienne toucher
légèrement le mercure. — 4º Remarquer les phénomènes suivants :
au contact du fer, la goutte se contracte; bientôt, elle s'étale de
nouveau, mais au contact du fer, se contracte encore, et ainsi
de suite.

VII. — ÉTUDE DU PRINCIPE D'ARCHIMÈDE ET DE SES APPLICATIONS

I. — DÉMONSTRATION DU PRINCIPE

1º Se munir d'une balance assez sensible, et la poser sur le bord
d'une table de manière qu'un des plateaux soit suspendu au-dessus du
vide. — 2º Attacher à ce plateau trois ou quatre fils se réunissant
dessous pour porter un anneau. — 3º Attacher à cet anneau un fil
portant un corps non poreux, dont le volume soit parfaitement connu.
Pour cela, il est bon que ce corps soit une masse métallique d'une
forme géométrique régulière : cylindre, prisme, cône, sphère, etc. Il
faut, de plus, qu'il soit assez lourd pour plonger complètement dans
l'eau de lui-même. — 4º Équilibrer ce corps avec des *poids marqués*
placés dans l'autre plateau. — 5º Approcher de ce corps un bocal
presque plein d'eau et le soulever doucement, de façon que le corps
entre dans l'eau et s'immerge complètement. — 6º Remarquer que la
balance trébuche du côté des poids marqués. — 7º Assujettir le bocal
à la place qu'on vient de lui donner, et rétablir l'équilibre en mettant
des poids marqués sur le plateau qui porte le corps en essai. —
8º Quand l'équilibre est parfait, compter les poids ainsi placés, et
remarquer que le nombre de leurs grammes est précisément égal au
nombre de centimètres cubes du volume du corps, ce qui démontre le
principe.

Remarques. — 1º L'expérience n'est vraiment exacte que si l'on opère
avec de l'eau distillée, et à la température de 4º. Cette dernière condition est
facile à réaliser, il suffit de la refroidir, ou de la chauffer, suivant le cas. —
2º Pour bien montrer que ce n'est pas le mouvement du vase et de son eau
qui soulève le corps quand on l'élève, on peut placer d'abord le vase dans la
position qu'il doit occuper, après avoir équilibré le corps, et l'avoir enlevé,
puis replacer le corps à l'anneau.

2. — DÉTERMINATION DU VOLUME D'UN CORPS

1° Attacher le corps sous le plateau d'une balance, suspendu à un fil. — 2° L'équilibrer avec des poids marqués. — 3° Amener par dessous et élever un bocal d'eau distillée à 4°, jusqu'à ce que le corps y plonge entièrement. — 4° La balance trébuche de l'autre côté ; ramener l'équilibre en mettant des poids marqués sur le plateau auquel est suspendu le corps. — 5° Évaluer la valeur totale de ces poids marqués : le nombre qui l'exprime représente le nombre des centimètres cubes du volume du corps.

3. — LUDION

1° Se procurer une éprouvette à pied ou un flacon un peu haut, à large goulot. — 2° La remplir d'eau. — 3° Prendre un tube de verre un peu large (environ (1cm de diamètre intérieur). — 4° Le fermer à une extrémité. — 5° A partir de cette extrémité, en détacher une longueur de 4 à 5 centimètres. On a ainsi une petite cloche. — 6° Préparer pour boucher l'orifice de cette cloche un petit bouchon légèrement entaillé sur le côté et traversé par un clou qui servira de lest (*fig.* 99). — 7° Introduire dans la cloche un peu d'eau et boucher. — 8° Jeter le ludion ainsi construit dans une éprouvette d'eau. — 9° Il doit flotter à moitié ; s'il flotte davantage, ajouter de l'eau dans la cloche ; s'il ne flotte pas du tout, en enlever. —

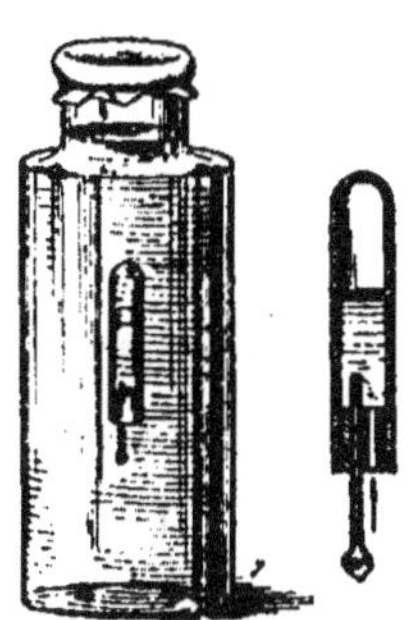

Fig. 99.

10° L'appareil une fois réglé, appuyer la main à plat sur l'eau, soit à nu, soit par l'intermédiaire d'une membrane en baudruche ou en caoutchouc ficelée sur l'orifice : on voit le ludion descendre ; si on enlève la main, il remonte.

4. — SOULÈVEMENT D'UN FARDEAU IMMERGÉ

1° Choisir un ballon ou une bouteille de verre mince. — 2° L'attacher à un objet massif qui ne soit pas très lourd. — 3° Introduire dans le ballon du bicarbonate de soude, de l'acide tartrique, et un peu d'eau. — 4° Boucher vivement, et jeter le tout dans l'eau d'un baquet profond. — 5° L'ensemble descend au fond, mais ne tarde pas à remonter.

REMARQUE. — On peut encore boucher la bouteille avec un bouchon percé, ce qui dispense d'y mettre de l'eau avant de l'immerger, mais il faut que l'orifice soit assez étroit.

5. — PROBLÈME D'ARCHIMÈDE

Soit à chercher si un lingot d'étain du commerce contient du plomb (ce qui est fréquent) :

1° Peser le lingot dans l'air. — 2° Le peser dans l'eau à l'aide de la balance hydrostatique, et déterminer quelle diminution apparente de poids il y éprouve. — 3° En déduire le volume du lingot, sachant que la diminution du poids est le poids de l'eau déplacée, et que ce nombre en grammes représente en centimètres cubes le volume de cette eau. — 4° Chercher en grammes le poids de 1 centimètre cube du lingot, à l'aide de son poids trouvé dans l'air. Le quotient est le *poids spécifique* de ce lingot. — 5° Comparer ce poids spécifique avec ceux du plomb et de l'étain. S'il leur est intermédiaire, le lingot n'est qu'un alliage des deux métaux.

Nota. — Archimède a résolu ce problème pour la couronne d'or du roi Hiéron.

6. — CONDITIONS D'ÉQUILIBRE DES CORPS IMMERGÉS

1° Se procurer un œuf frais. — 2° Prendre trois bocaux. — 3° Dans le premier, mettre de l'eau pure. — 4° Dans le deuxième, mettre de l'eau saturée de sel marin. — 5° Jeter l'œuf dans le premier bocal : il va au fond. — 6° L'en sortir, et le jeter dans le deuxième bocal : il flotte à la surface. — 7° Mêler le contenu des deux bocaux dans le troisième, qui doit être un peu plus grand. — 8° Y jeter l'œuf : il reste au milieu de la hauteur de l'eau.

7. — L'ANE CHARGÉ DE SEL

1° Prendre un morceau de sel marin (ou de sucre). — 2° Le tremper dans du collodion (pour la préparation du collodion, voir Manipulations de chimie organique (*Étude de la cellulose*).— 3° Le placer ensuite à un courant d'air très vif, ou le soumettre à l'action énergique d'un soufflet. — 4° Lorsqu'il paraît complètement sec, remarquer que son aspect primitif n'est en rien modifié. — 5° Le jeter dans un verre d'eau : il va au fond. —6° Constater qu'au bout de quelques instants il remonte à la surface. — 7° Le saisir alors avec les doigts, et constater qu'il n'en reste qu'une membrane vide.

VIII. — DÉTERMINATION DES POIDS SPÉCIFIQUES

1. — DÉTERMINATION DU POIDS SPÉCIFIQUE D'UN SOLIDE PAR LA BALANCE HYDROSTATIQUE

1° Suspendre le corps au-dessous d'un des plateaux d'une balance, à l'aide d'un fil. — 2° L'équilibrer en mettant des poids marqués dans l'autre plateau : on trouve ainsi son poids P. — 3° Amener et soulever un vase d'eau distillée au-dessous du corps, de manière à l'immerger complètement. — 4° La balance trébuche de l'autre côté. Ramener l'équilibre en mettant des poids marqués dans le plateau qui supporte le corps. Ce poids est le poids P′ d'un volume d'eau égal à celui du corps. — 5° Écrire $\frac{P}{P'}$; le quotient est le poids spécifique cherché.

REMARQUES. — 1° La balance employée doit être très sensible. — 2° Si le corps est soluble dans l'eau, on emploie, au lieu d'eau, un liquide auxiliaire dans lequel le corps ne soit pas soluble. Puis, on multiplie le résultat obtenu par le poids spécifique de ce liquide auxiliaire. — 3° On agit de même si le corps est tellement léger qu'il ne puisse pas s'immerger. — 4° S'il s'agit d'un corps très poreux, tel que le bois, il y a lieu de distinguer le *poids spécifique apparent* et le *poids spécifique vrai*. Le premier s'obtient en divisant comme précédemment le poids du corps par le *poids d'un volume d'eau égal à son volume apparent*. Pour trouver ce volume d'eau, on opère comme à l'ordinaire, après avoir eu soin de recouvrir le corps d'une mince couche de vernis. Le deuxième s'obtient en divisant le poids du corps par le *poids d'un volume d'eau égal à son volume vrai*. Pour trouver ce volume d'eau, on pèse d'abord le corps, puis on le laisse s'imbiber à loisir dans un bain d'eau distillée à 4°. On le pèse de nouveau. L'augmentation de poids est le poids de l'eau qui remplit les pores, ce poids donne le volume de cette eau; en le retranchant du volume d'eau égal au volume apparent, on a le volume vrai, et, par conséquent, son poids d'eau. C'est ainsi que l'on trouve que tous les bois ont *le même poids spécifique vrai*.

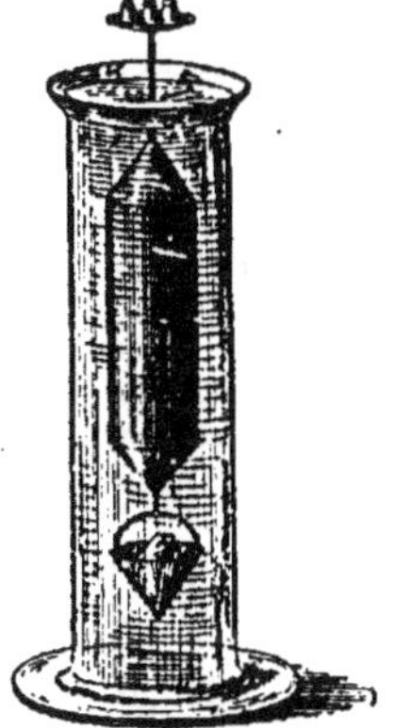

Figure 100.

2. — DÉTERMINATION DU POIDS SPÉCIFIQUE D'UN SOLIDE PAR L'ARÉOMÈTRE DE NICHOLSON

1° Mettre l'aréomètre dans une grande éprouvette d'eau distillée (*fig.* 100). — 2° Placer le corps dont on veut le poids spécifique sur le plateau supérieur. — 3° Mettre une tare sur ce plateau jusqu'à ce que l'appareil affleure en un point déterminé. — 4° Enlever le corps et le remplacer par des poids marqués jusqu'à ce que l'affleurement soit de nouveau obtenu. Ces poids ajoutés représentent le poids P du corps. — 5° Enlever l'aréomètre sans sortir le poids, placer le corps dans le plateau inférieur, et remettre le tout dans l'eau. — 6° Ajouter des poids marqués sur le plateau supérieur, jusqu'à ce que l'affleurement soit de nouveau obtenu. Ces nouveaux poids ajoutés représentent le poids P' de l'eau dont le volume est égal à celui du corps. — 7° Écrire $\frac{P}{P'}$. Le quotient est le poids spécifique cherché.

Remarques. — 1° Voir les remarques relatives à la première expérience. — 2° Si le corps est plus léger que l'eau, on le recouvre d'un couvercle sur le plateau inférieur. Inutile d'ajouter que ce couvercle doit être en place pendant la première partie de l'expérience.

3. — DÉTERMINATION DU POIDS SPÉCIFIQUE D'UN SOLIDE PAR LA MÉTHODE DU FLACON

1° Se procurer un flacon quelconque à bord bien rodé. — 2° Le remplir d'eau distillée exactement jusqu'au ras du bord. — 3° L'essuyer, et le tarer sur une balance. — 4° Ajouter le corps à côté de lui, et équilibrer de nouveau en ajoutant des poids marqués à la tare. Les poids ajoutés donnent le poids P du corps. — 5° Enlever le flacon, laisser tomber doucement le corps dedans, essuyer soigneusement et replacer sur le plateau de la balance. — 6° Ajouter des poids marqués à côté du flacon pour rétablir l'équilibre. Ces poids ainsi ajoutés représentent le poids P' de l'eau dont le volume est égal à celui du corps. — 7° Écrire $\frac{P}{P'}$. Le quotient est le poids spécifique cherché.

Remarques. — 1° Voir les remarques relatives à l'expérience 1. — 2° Cette méthode est la seule pratique avec les corps à l'état pulvérulent. — 3° Si le corps est plus léger que l'eau, on recouvre l'ouverture d'une lame de verre qui doit accompagner le flacon depuis le commencement de l'expérience. — 4° Cette méthode est de beaucoup la plus précise de toutes. Aussi convient-il d'exécuter l'expérience avec tout le soin possible en évitant toutes les chances d'erreur et en faisant les corrections nécessaires. Ainsi on évitera les bulles d'air dans le flacon en n'employant que de l'eau bouillie, en chauffant le flacon, une fois plein, dans un bain-marie à 100° pendant quelques minutes (laisser refroidir ensuite) ou en le mettant sous le récipient de la machine pneumatique, enfin en badigeonnant le corps avec la même eau à l'aide d'un pinceau, avant de l'introduire dans le flacon. La correction la plus utile est celle relative à la température. On la réduit au minimum en opérant ainsi : employer le corps à 0°, ce que l'on obtient en le plongeant dans la glace avant d'opérer. Quant à l'eau, comme il est difficile de la maintenir à 4° pendant toute la durée de l'expérience, on se contente de noter sa température, et le résultat définitif est obtenu en multipliant le poids spécifique donné par l'expérience, par le poids spécifique de l'eau à la température qu'elle accuse. On trouve ce dernier nombre dans la table donnant le poids spécifique de l'eau à toutes les températures entre 0 et 100°. (La correction relative à la température est inutile dans les deux autres méthodes, car l'erreur qui en provient est de l'ordre des erreurs d'expérience.)

4. — DÉTERMINATION DU POIDS SPÉCIFIQUE D'UN LIQUIDE PAR LA BALANCE HYDROSTATIQUE

1° Suspendre, au-dessous d'un des plateaux d'une balance sensible, un fragment d'un solide inattaquable par l'eau et le liquide à expérimenter. — 2° L'équilibrer par des poids marqués, ou une tare quelconque. — 3° Plonger le corps suspendu dans un vase contenant de l'eau distillée. — 4° L'équilibre est rompu, le rétablir en mettant des poids marqués dans le plateau qui supporte le solide. Ces poids représentent le poids P d'un volume d'eau égal à celui du solide. — 5° Après que ce solide est desséché, le plonger de même dans un autre vase contenant le liquide dont on veut le poids spécifique. On a préalablement enlevé les poids marqués du plateau qui est au-dessus. — 6° L'équilibre est de nouveau rompu : le rétablir comme précédemment. — 7° Les nouveaux poids ajoutés représentent le poids P' d'un volume de liquide égal à celui du corps. — 8° Écrire $\frac{P'}{P}$. Le quotient est le poids spécifique cherché.

5. — DÉTERMINATION DU POIDS SPÉCIFIQUE D'UN LIQUIDE PAR L'ARÉOMÈTRE DE FAHRENHEIT

1° Peser l'aréomètre, on trouve un poids P. — 2° Le plonger dans une grande éprouvette contenant de l'eau distillée (*fig.* 101). — 3° Ajouter sur le plateau des poids marqués P' jusqu'à ce qu'il affleure en un point déterminé. — 4° La somme P+P' est le poids d'un volume d'eau égal à celui de la partie immergée de l'instrument. — 5° Le sortir

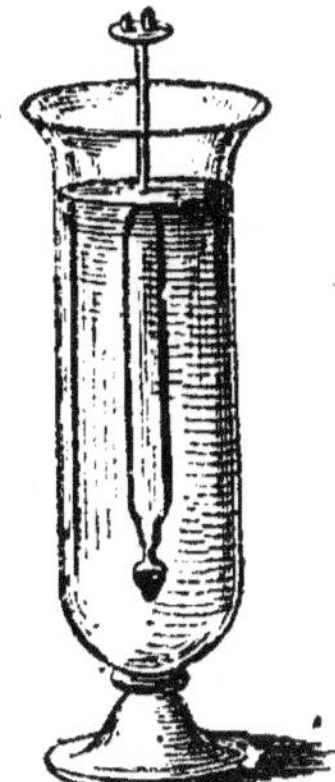

Figure 101.

de l'eau en enlevant les poids, l'essuyer avec soin, et le plonger dans une autre éprouvette contenant le liquide dont on cherche le poids spécifique. — 6° Ajouter de nouveau des poids marqués P'' sur le plateau pour faire affleurer au même point. — 7° La somme P+P'' représente le poids d'un volume de ce liquide égal à celui de la partie immergée de l'appareil. — 8° Écrire $\frac{P+P''}{P'+P''}$. Le quotient est le poids spécifique demandé.

6. — DÉTERMINATION DU POIDS SPÉCIFIQUE D'UN LIQUIDE PAR LA MÉTHODE DU FLACON

1° Prendre un flacon à bord bien rodé, et le peser : on trouve un poids P. — 2° Le remplir d'eau distillée jusqu'au ras du bord. — 3° Le peser avec soin. Le poids trouvé, moins le poids P, est le poids P' de ce volume d'eau. — 4° Le vider et l'égoutter soigneusement, puis le remplir de même avec le liquide dont on veut le poids spécifique. — 5° Peser de nouveau : le poids trouvé, moins le poids P, est le poids P'' de ce volume de liquide. — 6° Écrire $\frac{P''}{P'}$. Le quotient est le poids spécifique demandé.

Remarque. — Voir la quatrième remarque relative à l'expérience 3.

7. — EMPLOI DES ARÉOMÈTRES A POIDS CONSTANT

A. — 1° Prendre un *pèse-acide Baumé*. — 2° Faire bouillir de l'acide sulfurique jusqu'à ce que, essayé par l'une des méthodes précédentes, il accuse un poids spécifique égal à 1,842. — 3° Plonger le pèse-acide dedans. — 4° Constater que l'instrument accuse 66°. C'est l'acide sulfurique concentré.

B. — 1° Prendre un *pèse-liqueur Baumé*. — 2° Le plonger dans l'éther rectifié. — 3° Constater qu'il accuse 65°. — 4° Chercher le poids spécifique de l'éther par l'une des méthodes précédentes, on trouve 0,736. — 5° Remarquer que, dans ces expériences, rien n'établit une relation directe entre les degrés de ces instruments et les poids spécifiques. — Il n'en est pas de même des *densimètres*, dont l'emploi est le même, et qui donnent directement la densité.

Remarque. — Avant de plonger ces aréomètres dans les liquides, il est bon de les frotter légèrement avec un linge imbibé d'alcool et de les essuyer ensuite avec un linge propre.

8. — EMPLOI DE L'ALCOOMÈTRE CENTÉSIMAL

Voir *Chimie systématique* (Manipulation sur l'alcool éthylique).

9. — DÉTERMINATION DU POIDS SPÉCIFIQUE D'UN LIQUIDE PAR LA DEUXIÈME LOI DES VASES COMMUNICANTS

1° Dans un tube en U, introduire de l'eau jusqu'à mi-hauteur. — 2° Verser dans l'une des branches le liquide dont on cherche le poids spécifique. — 3° L'eau est refoulée. Lorsque l'équilibre est établi, mesurer la hauteur des deux liquides au-dessus de leur plan commun de séparation. — 4° En déduire le poids spécifique cherché, sachant que *les hauteurs des liquides sont en raison inverse* des poids spécifiques.

REMARQUES. — 1° On procède dans cet ordre quand le liquide à essayer est plus léger que l'eau. S'il était plus lourd, c'est lui qui devrait être versé le premier. Pour être renseigné de suite à cet égard, on les verse tous les deux dans un même verre, le plus lourd va au fond. — 2° Si le liquide à essayer est miscible avec l'eau, on le compare à un autre liquide avec lequel il ne puisse pas se mélanger. Puis on multiplie le quotient trouvé par le poids spécifique du liquide qui a servi de terme de comparaison. Le produit est la réponse demandée.

IX. — ÉTUDE DE LA PRESSION ATMOSPHÉRIQUE ET DE LA LOI DE MARIOTTE

I. — LE VERRE D'EAU RENVERSÉ

1° Remplir un verre d'eau complètement. — 2° Appliquer sur l'ouverture une feuille de papier plus large que cette dernière. — 3° Appuyer sur cette feuille avec la main droite, prendre le verre de la main gauche, et le renverser sans secousse. — 4° Tenant toujours le verre, enlever doucement la main droite. — 5° Remarquer que l'eau reste suspendue, maintenue qu'elle est par la pression atmosphérique qui s'exerce de bas en haut sur le papier.

NOTA. — L'expérience peut être réussie même avec de la dentelle fine, à la place du papier.

2. — CONSTRUCTION ET USAGE DE LA PIPETTE

1° Prendre un tube de verre un peu large (7 à 8 millimètres). — 2° L'effiler à une extrémité, et casser la pointe. — 3° Plonger cette extrémité effilée dans un liquide, et aspirer par l'autre extrémité : le liquide monte dans le tube. — 4° En le sortant de la bouche, appuyer le pouce sur l'ouverture par laquelle on a aspiré, et le retirer du liquide. — 5° Remarquer que ce liquide ne s'écoule pas. — 6° Soulever le pouce, l'écoulement a lieu, et cesse, si l'on bouche de nouveau l'orifice supérieur. Cet appareil est la *pipette*.

REMARQUE. — On peut aussi souffler une ampoule au milieu du tube, la pipette contient alors une plus grande quantité de liquide. Cette ampoule devient indispensable si l'on veut utiliser la pipette avec des liquides qu'il serait dangereux de recevoir dans la bouche.

3. — L'ŒUF DANS LA CARAFE

Figure 102.

1° Prendre une carafe ordinaire, c'est-à-dire à bord évasé. — 2° Introduire à l'intérieur une feuille de papier enflammée. — 3° Poser sur le goulot un œuf *cuit dur*, préalablement décoquillé, et d'un diamètre transversal plus grand que celui de l'ouverture. Le mouiller au préalable. — 4° Constater qu'après l'extinction du papier, l'œuf s'allonge et finalement entre dans la carafe, en faisant entendre une sorte d'explosion (*fig.* 102).

REMARQUE. — On peut aussi faire entrer dans la carafe un œuf cru, mais il faut d'abord ramollir la coquille en la faisant tremper pendant quelque temps dans du vinaigre.

4. — CRÈVE-VESSIE

1° Sur la platine d'une machine pneumatique, mettre un manchon en verre (bocal dont on a enlevé le fond, et rodé les bords de la section), coiffé sur son ouverture supérieure d'une membrane en baudruche, parchemin végétal, caoutchouc, ou collodion riciné, solidement assujettie. — 2° Faire le vide sous ce récipient. — 3° Constater que la membrane se creuse, et finalement se crève avec fracas (*fig.* 103.)

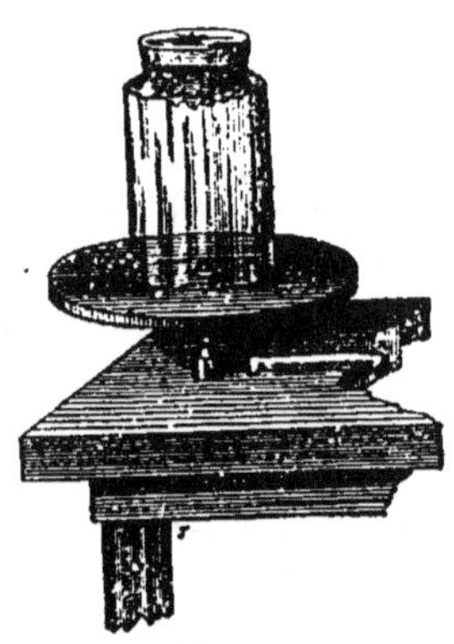

Figure 103.

REMARQUE. — Quand on pose un récipient de ce genre, et en général tout récipient formant cloche sur la platine d'une machine pneumatique, il faut, quelque bien rodés qu'en soient les bords, les graisser avec du suif pour assurer une obturation complète. Le suif doit être appliqué tout autour, et sur la partie externe du bord. On peut s'éviter ce souci en faisant, une fois pour toutes, l'acquisition d'une feuille de caoutchouc de la dimension de la platine, que l'on applique sur elle après l'avoir percée d'un trou au centre pour le passage de l'air à extraire, et sur laquelle on pose simplement les récipients.

5. — COUPE-POMMES

Même expérience que précédemment, avec cette différence que les bords supérieurs du manchon doivent être un peu tranchants, et que l'on pose dessus, au lieu d'une membrane, une pomme de terre, ou tout autre objet susceptible d'être coupé.

6. — THÉORIE DE LA VENTOUSE

1° Sur l'eau d'une cuvette, poser un flotteur en liège. — 2° Sur ce flotteur, placer une feuille de papier, et y mettre le feu. — 3° Couvrir le tout d'un verre, sans l'enfoncer trop, de manière à permettre à l'air dilaté de sortir par-dessous. — 4° Remarquer qu'après l'extinction du papier, l'eau monte à l'intérieur du verre plus haut que le niveau qu'elle occupe à l'extérieur.

7. — SUSPENSION AÉRIENNE

1° Prendre un verre de lampe rétréci. — 2° Dans la partie cylindrique la plus longue, introduire deux bouchons, traversés chacun par une ficelle bien assujettie, ces deux ficelles sortant du verre, l'une d'un côté, l'autre du côté opposé. — 3° Attacher la ficelle du bouchon le plus rapproché à un clou, ou support quelconque assez élevé. Le verre est ainsi suspendu à la renverse. — 4° Pousser le second bouchon jusqu'auprès du premier, et attacher à sa ficelle un récipient quelconque, tel qu'un petit seau (*fig.* 104). — 5° Verser doucement de l'eau dans ce seau. — 6° Constater que le bouchon descend sous l'action de ce poids supplémentaire, mais qu'avant qu'il ait atteint l'extrémité inférieure du verre, on a pu verser dans le seau une quantité d'eau considérable [1].

Figure 104.

Nota. — Les deux bouchons doivent être des obturateurs parfaits, tout en étant à frottement doux.

8. — ARRACHE-PAVÉ

1° Se procurer une rondelle de cuir ou de caoutchouc, et fixer une ficelle en son centre. — 2° L'appliquer sur une surface plane par la

---

1. Tom Tit.

face opposée à la ficelle ; appuyer sur tous ses points pour la faire adhérer, et expulser l'air emprisonné dessous. — 3° Tirer sur la ficelle, et constater la résistance que l'on éprouve.

Nota. — C'est un jouet d'enfant connu depuis longtemps.

9.—INFLUENCE DE LA PRESSION ATMOSPHÉRIQUE SUR LA TENEUR DES EAUX EN GAZ

1° Remplir un verre d'eau, et le placer sous le récipient de la machine pneumatique. — 2° Faire fonctionner la machine. — 3° Remarquer les bulles de gaz qui se dégagent dès les premiers coups de piston. Ne pas confondre ce dégagement avec l'ébullition qui ne commence que beaucoup plus tard.

Nota.— Cette expérience explique aussi le dégagement du grisou dans les mines quand le baromètre baisse.

IO. — METTRE UN TONNEAU EN VIDANGE

1° Remplir d'eau un large bocal, le boucher et le coucher sur le flanc. — 2° Percer le bas du bouchon d'un petit trou, et constater que l'écoulement n'a pas lieu. — 3° En percer un second vers le haut, et remarquer que l'écoulement se produit.

I I. — LA BOUTEILLE MAGIQUE

1° Sur le flanc (ou au fond) d'une bouteille, percer un trou très petit (voir *Exercices généraux*. Manipulation sur le *Travail du verre*). — 2° Tenant ce trou bouché avec un doigt, remplir la bouteille d'eau. — 3° Boucher la bouteille avec un bouchon traversé par un tube en verre assez étroit (1 centimètre au plus). — 4° Essayer de vider l'eau, en tenant un doigt appuyé sur le trou latéral, et constater que la chose est impossible. — 5° Soulever le doigt et remarquer que, dès lors, l'écoulement est assuré.

12. — ASCENSION D'UN VERRE DE LAMPE

1° Prendre un verre de lampe cylindrique. — 2° Choisir deux bouchons exactement de même diamètre que le verre. — 3° Assujettir une ficelle au premier, et introduire l'autre bout de la ficelle dans le verre. — 4° La saisir par l'autre extrémité du verre et amener le bouchon jusque dans l'orifice. — 5° Plonger alors cet orifice du verre dans l'eau, et tirer sur la ficelle pour amener le bouchon jusqu'au milieu du tube ; l'eau est aspirée dans le verre. — 6° Boucher l'orifice du verre pendant qu'il est encore sous l'eau. — 7° Verser de l'eau dans la partie supérieure du tube, sans le remplir. — 8° Suspendre le tout, par la ficelle, à un support quelconque. — 9° Tirer sur le verre, de haut en bas, et sans secousses, jusqu'à ce que l'eau du haut affleure le bord. — 10° Abandonner l'appareil à lui-même, et remarquer que le verre monte presque jusqu'à ce que l'eau de la partie inférieure touche le bouchon supérieur (*fig.* 105) [1].

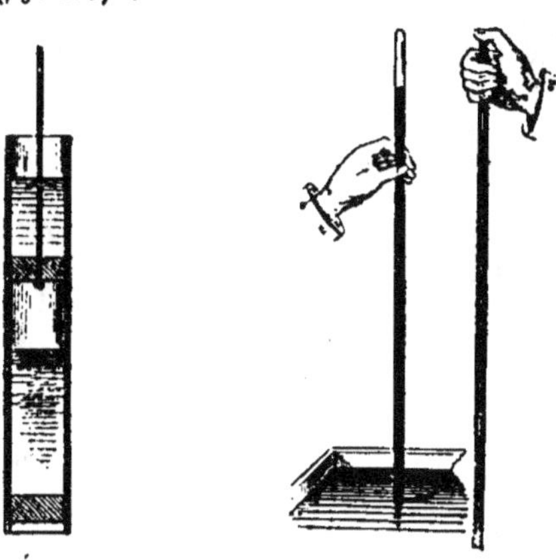

Figure 105.   Figure 106.

13. — EXPÉRIENCE DE TORRICELLI

1° Prendre un tube de verre d'au moins 80 centimètres de long, et fermé à une extrémité. — 2° Le remplir de mercure. — 3° Le renverser, en tenant l'orifice bouché avec le doigt, dans un verre contenant lui-même du mercure. — 4° Enlever le doigt de l'orifice (*fig.* 106). — 5° Remarquer que le mercure descend dans le tube et s'arrête à une certaine hauteur. — 6° Mesurer cette hauteur, au-dessus du niveau du mercure dans la cuvette, et constater qu'elle est égale à celle indiquée par un baromètre au même instant.

14 — ÉVALUATION DE LA PRESSION ATMOSPHÉRIQUE

1° Recommencer l'expérience de Torricelli, mais avec un tube dont on connaisse bien la section. — 2° Multiplier la section par la hauteur du mercure trouvée, puis par la densité du mercure. On a ainsi la valeur de la pression sur une surface égale à cette section. Autant de

---

1. Tom Tit. *La Science amusante.*

fois, par exemple, cette section serait contenue dans la surface d'une table, autant de fois ce poids serait supporté par cette table.

15. — OBSERVATION BAROMÉTRIQUE

(Voir *Observations météorologiques.*)

S'il s'agit d'un baromètre métallique (anéroïde, holostérique, ou autre), comme on en emploie beaucoup dans les appartements, l'observation se réduit à lire sur le cadran le nombre de millimètres indiqués par l'aiguille bleue. Si l'on veut savoir quel aura été le sens de la marche du baromètre jusqu'à la prochaine observation, amener l'aiguille jaune sur l'aiguille bleue, à l'aide de la molette disposée à cet effet.

Éviter de disposer ces baromètres dans un endroit chauffé.

On ne peut s'en servir qu'après les avoir réglés par comparaison avec un baromètre à cuvette. Pour avoir l'observation vraie, c'est-à-dire ramenée au niveau de la mer, retrancher 1 millimètre de la hauteur accusée, par $10^m,466$ d'altitude du lieu. Pour la ramener à $0°$, si l'on n'a pas de table de correction, retrancher du nombre de millimètres lus le nombre de degrés du thermomètre, divisé par *huit* et traduit en millimètres.

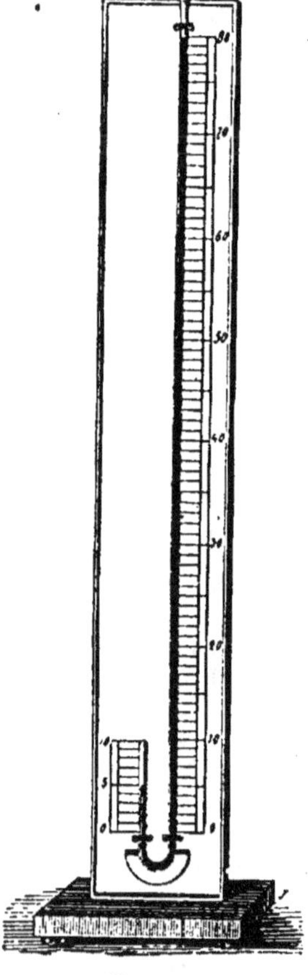

Figure 107.

16. — DÉMONSTRATION DE LA LOI DE MARIOTTE

1° Prendre un tube long de 1 mètre et fermé à une extrémité. — 2° Recourber ce tube en crosse, du côté de l'extrémité fermée, de façon à obtenir une petite branche parallèle à la grande, et d'une longueur d'environ 10 centimètres. — 3° Placer le tube ainsi courbé dans un plan vertical, et l'y assujettir. — 4° Verser doucement du mercure dans la grande branche, et s'arrêter lorsque le niveau du mercure est le même

dans les deux branches. Ce résultat est assez difficile à obtenir. —
5° Marquer le niveau du mercure dans la petite branche. — 6° Verser
de nouveau du mercure dans la grande branche jusqu'à ce que le volume
d'air comprimé dans la petite soit réduit de moitié. — 7° Mesurer
la différence de niveau du mercure dans les deux branches, et comparer
le résultat à l'observation donnée à l'instant même par le baromètre
(*fig.* 107). — 8° Constater l'identité de ces deux mesures, ce qui confirm
la loi pour deux atmosphères. — 9° A l'aide d'un ajutage en caoutchouc, ajouter un autre tube de 80 centimètres à la grande branche. —
10° Verser encore du mercure dans cette grande branche, jusqu'à ce
que le volume de l'air de la petite branche soit réduit au tiers. —
11° Mesurer de nouveau la différence des niveaux, et constater qu'elle
est égale à deux fois la hauteur du baromètre, ce qui confirme la loi
pour trois atmosphères. Et ainsi de suite, si l'on veut ajouter de nouveaux tubes.

17. — HÉMISPHÈRES DE MAGDEBOURG RUDIMENTAIRES

1° Dans un verre à pied, projeter du papier enflammé. — 2° Le recouvrir aussitôt d'une feuille de papier. — 3° Renverser au-dessus un
autre verre à pied de même diamètre que le premier, en faisant coïncider leurs bords. — 4° Attendre le refroidissement du verre inférieur,
et enlever ensuite tout l'assemblage rien qu'en prenant le verre supérieur par le pied. (G. Tissandier.)

X. — EXPÉRIENCES SUR LES PHÉNOMÈNES
D'HYDRODYNAMIQUE

I. — CONSTRUCTION D'UNE POMPE ASPIRANTE

1° Prendre un verre de lampe bien cylindrique. — 2° Confectionner
un piston avec un bouchon de liège paraffiné et du diamètre du verre.
L'entourer de rondelles de caoutchouc, ou de plusieurs tours de ficelle
sur lesquels on appliquera de l'huile. L'armer d'une tige. — 3° Percer
ce piston, à côté de la tige, d'un trou assez étroit, dans lequel on fera
entrer un clou à tête large, qui puisse y jouer dedans, et choisi d'une
longueur un peu supérieure à celle du bouchon. Ce sera la soupape du
piston. — 4° Dans un autre bouchon du diamètre du verre, également
paraffiné, percer un trou pour livrer passage à un tube, lequel ne

doit pas traverser complètement le bouchon. Terminer l'orifice du côté opposé au tube par un évasement arrondi en cupule. — 5° Avec ce bouchon, fermer le verre à une extrémité, le tube étant en dehors. — 6° Redresser le verre, le tube en bas, et introduire dedans une bille à jouer, du diamètre de la cupule, sur laquelle elle doit s'appliquer parfaitement. Ce sera la soupape du cylindre. — 7° Introduire le piston par le haut du verre. — 8° Plonger le tube dans un récipient d'eau et faire fonctionner le piston. La pompe est prête (*fig.* 108).

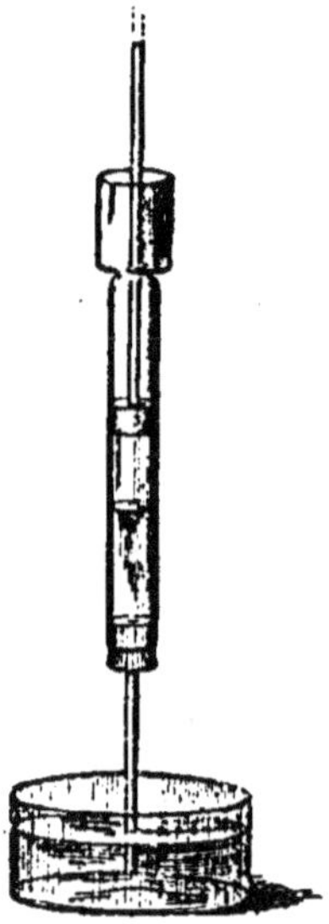

REMARQUE. — Le clou qui sert de soupape au piston peut être remplacé par une bille analogue à celle qui sert de soupape au cylindre.

Figure 108.

2. — CONSTRUCTION D'UNE POMPE FOULANTE

1° Prendre un verre de lampe, et confectionner un piston comme précédemment, avec cette différence que le piston ne doit pas être percé. — 2° Boucher le verre à la partie inférieure par un bouchon percé de deux trous, l'un avec bille-soupape comme dans la pompe aspirante, l'autre dans lequel on introduit la courte branche d'un tube recourbé deux fois à angle droit. — 3° Prendre un autre verre de lampe, et le monter sur un support à côté de l'autre, mais un peu plus haut. — 4° Le fermer à la partie inférieure par un bouchon percé d'un trou se terminant à l'intérieur en cupule sur lequel on mettra une autre bille. — 5° Introduire dans ce trou la grande branche du tube coudé qui communique avec le corps de pompe. — 6° Faire fonctionner le piston après avoir plongé la partie inférieure du cylindre, ou le tube qui le termine, dans un récipient d'eau. La pompe est prête.

3. — FONTAINE DE HÉRON

1° Confectionner un support présentant une plate-forme au ras de terre pour supporter un flacon, une autre plate-forme à mi-hauteur pour supporter un autre flacon égal au premier, et une plate-forme annulaire en haut pour supporter un entonnoir. — 2° Boucher les deux flacons avec des bouchons paraffinés percés de deux trous. Le flacon d'en haut a été préalablement rempli d'eau. — 3° Boucher le tube de l'entonnoir par un bouchon percé dans lequel on engagera un tube aboutissant dans le flacon d'en bas. — 4° Couder un tube deux fois à angle droit, avec des branches inégales. — 5° Engager la grande branche de ce tube dans le flacon d'en bas, mais de façon à ne pas dépasser le bou-chon, et la petite dans le bouchon du flacon d'en haut. — 6° Engager un autre tube, courbé en bec à une extrémité, dans le bouchon du fla-con d'en haut, de manière à 'e faire plonger jusqu'au fond de ce flacon. Sa longueur a dû être calculée de telle sorte que le bec arrive au-dessus de l'entonnoir, pour y déverser le liquide. — 7° Verser de l'eau dans l'entonnoir. On voit bientôt l'eau du flacon d'en haut mon-ter se déverser dans l'entonnoir lui-même. L'appareil fonctionne.

REMARQUE. — En perçant un troisième trou dans le flacon d'en haut pour y faire arriver constamment de l'eau d'un autre récipient, et en tournant le tube à bec de façon que l'eau ne se déverse pas dans l'entonnoir, on a la repro-duction de la *machine de Chemnitz*. Pour que l'appareil fonctionne dans ce cas, il faut que le tube qui amène ainsi de l'eau d'une provenance extérieure n'ait pas un diamètre supérieur à celui qui met les deux flacons en communi-cation.

4. — SIPHON ORDINAIRE

1° Courber un tube deux fois à angle droit, de manière qu'il ait une grande et une petite branche. — 2° Mettre ce tube à cheval sur le re-bord d'un récipient d'eau, la courte branche plongeant dans le liquide. — 3° Aspirer l'eau par la grande branche. — 4° Lorsque l'eau est arrivée à la bouche, abandonner le tube à lui-même. — 5° Remarquer que l'écoulement se produit et dure jusqu'à ce que le niveau de l'eau dans le récipient soit arrivé à l'extrémité inférieure de la petite branche.

REMARQUE. — Les enfants construisent un siphon rudimentaire à l'aide d'une noix ou d'un noyau d'abricot. Ils pratiquent deux trous sur la même face de cet objet, soit à l'aide d'une lime, soit en les frottant sur une pierre, et introduisent dans ces trous des brins de paille, après avoir extrait la substance du fruit avec un fil de fer.

5. — SIPHON A ÉCOULEMENT CONSTANT

1° Préparer un siphon, avec le récipient comme précédemment. — 2° Confectionner un support portant à sa partie supérieure une poulie. — 3° Enfoncer la courte branche du siphon dans un large bouchon de liège qui servira de flotteur, et poser le système sur l'eau. — 4° Sur la poulie, passer une corde, attachée d'une part au tube, d'autre part, supportant un poids légèrement inférieur aux poids réunis du tube et du bouchon. — 5° Amorcer le siphon comme précédemment, et remar-quer ce qui se passe

6. — SIPHON ASCENDANT

1° Prendre deux entonnoirs et les relier par un tube en caoutchouc.
— 2° Remplir le tout d'eau. — 3° Plonger ensuite le tout dans un
baquet plein d'eau, les deux entonnoirs à la renverse, dont l'un près de
la surface de l'eau, et l'autre près du fond. — 4° A l'aide d'une pipette
courbe, faire arriver dans l'entonnoir du fond un liquide plus léger que
l'eau, et non miscible avec elle, tel que l'huile. — 5° Remarquer que
l'huile monte dans le tube et vient s'accumuler sous l'entonnoir d'en
haut.

7. — VASE DE TANTALE

1° Prendre la moitié supérieure d'une bouteille coupée en deux. —
2° Traverser un bouchon d'un tube dont on aura courbé la moitié supérieure de façon à en faire presque un anneau, plus ou moins rond. —
3° Renverser la moitié de bouteille sur un trépied, ou support pouvant
la soutenir, et en boucher le col par le dedans avec le bouchon précédent, l'anneau tubulaire étant en dedans. — 4° Verser de l'eau dans le
vase ainsi constitué. Constater que lorsque l'eau arrive au sommet
supérieur de la courbure du tube, elle
s'écoule complètement. — 5° Si l'on
assure un remplissage continuel du vase
par un filet d'eau égal à celui qui peut
s'échapper par le tube, on observe une
série d'intermittences dans l'écoulement.

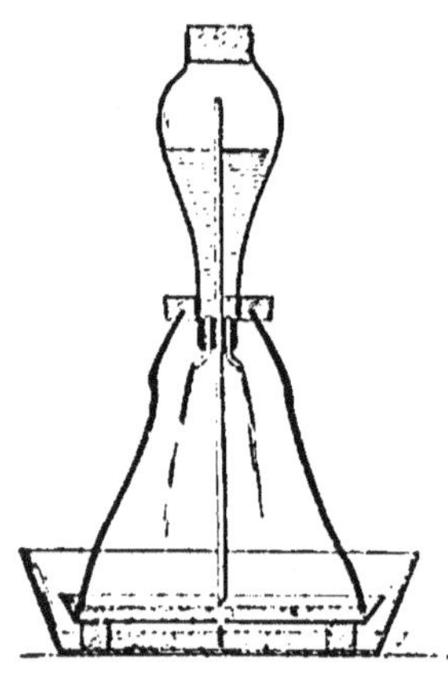

Figure 109.

8. — FONTAINE INTERMITTENTE

1° Prendre un verre de lampe renflé.—
2° En faire passer le sommet au travers
d'un large bouchon. — 3° Boucher l'orifice de ce sommet avec un bouchon percé
de quatre trous, dont l'un au centre. —
4° Engager dans le trou du centre un
long tube, entrant dans le verre jusqu'aux
deux tiers de sa longueur, et dépassant
au dehors d'une longueur à peu près égale.
— 5° Dans les trois autres trous, engager
de petits tubes coudés en dehors. — 6° Implanter sur la face supérieure
du bouchon traversé par le verre trois fourchettes, et poser le tout
à la renverse sur une assiette percée d'un petit trou, de sorte que
les fourchettes fassent trépied. — 7° Poser l'assiette sur trois ou quatre

bouchons debout dans une terrine. — 8° Verser de l'eau dans le verre, de façon à le remplir presque entièrement. — 9° Boucher l'orifice inférieur du verre de lampe, lequel se trouve maintenant en haut, avec un bon bouchon (*fig.* 109). — 10° Observer ce qui se passe, et remarquer que, lorsque le liquide tombé dans l'assiette arrive à toucher le tube central, l'écoulement s'arrête, pour ne reprendre que quand l'assiette a pu se vider dans la terrine [1].

9. — CONFECTIONNER UNE POMPE A INCENDIE

1° Se procurer une boîte en fer-blanc, et lui façonner un couvercle en bois. — 2° Échancrer ce couvercle pour pouvoir verser l'eau dans la boîte, et le percer de deux trous latéraux pour placer les deux pompes. — 3° Fabriquer deux pompes foulantes, et les mettre en place. 4° Adapter sur le côté de la boîte un support annulaire pouvant supporter un ballon renversé. — 5° Boucher ce ballon d'un bouchon à trois trous. — 6° L'assujettir en place, en engageant dans deux de ces trous les tubes de refoulement des pompes, et dans le troisième, un tube coudé, continué par un tube en caoutchouc, terminé lui-même par un tube en verre effilé. — 7° Faire fonctionner les pompes avec les deux mains.

IO. — FILTRE-SIPHON

1° Prendre un vase poreux de pile neuf. — 2° Le boucher à l'aide d'un bouchon paraffiné, traversé par un tube de verre, continué par un tube étroit en caoutchouc, terminé lui-même par un autre tube de verre. — 3° Plonger le vase poreux dans un récipient d'eau à filtrer. — 4° Au bout de quelques instants, aspirer par le tube de verre terminal. L'eau vient, et l'écoulement continue tout doucement en donnant de l'eau filtrée.

---

1. Tom Tit. *La Science amusante.*

XI. — EXPÉRIENCES DIVERSES SUR LES PHÉNOMÈNES PNEUMATIQUES

I. — EMPLOI DE LA MACHINE PNEUMATIQUE

Supposons qu'il s'agisse de faire le vide sous une cloche.

1° Graisser les bords de la cloche avec du suif, en l'appliquant sur le tranchant extérieur du rebord. — 2° Poser la cloche sur la platine de la machine. — 3° La remuer un peu à droite et à gauche en la faisant tourner autour de son axe, afin de chasser l'air de dessous le rebord et de permettre au suif d'enduire un peu la platine. — 4° Ouvrir le robinet qui met la platine en communication avec le corps de pompe. — 5° Ouvrir le robinet du manomètre. — 6° Faire fonctionner les pistons, en ayant soin de faire descendre chaque fois chaque piston bien au fond du corps de pompe. — 7° Suivre des yeux le mercure du manomètre. — 8° S'arrêter quand ce mercure ne descend plus, et fermer le robinet de communication. — 9° Constater que la cloche tient solidement sur la platine. — 10° Pour laisser rentrer l'air, dévisser d'abord la virole adaptée au robinet. — 11° Ouvrir ensuite le robinet lui-même, pas trop brusquement, surtout si la cloche est en verre mince. — 12° Enlever la cloche, et la nettoyer, ainsi que la platine. — 13° Refermer les robinets.

REMARQUES. — 1° Le suif peut être avantageusement remplacé dans son rôle d'obturateur par une feuille de caoutchouc de la dimension de la platine. On la perce d'un trou en son centre pour le passage de l'ajutage qui est au milieu de la platine, et on la pose à plat sur celle-ci. Il suffit de poser la cloche dessus. — 2° Si l'on fait le vide dans un ballon, ou tout autre récipient fermé, il faut visser soigneusement l'ajutage qu'il doit porter sur l'ajutage de la machine. — 3° Il est rare qu'on puisse amener la raréfaction de l'air à un point tel que le mercure descende au 0 du manomètre. Si cependant on en restait trop éloigné, c'est que l'obturation de la machine ne serait pas parfaite ; on en serait averti, du reste, par ce fait que, dès que l'on cesserait la manœuvre, le mercure remonterait lentement. — 4° Si la machine possède un *robinet de Babinet*, on peut pousser . ide plus loin : il suffit, lorsqu'on voit que le mercure ne descend plus, de tourner ce robinet et de continuer la manœuvre jusqu'à ce qu'il s'arrête de nouveau. — 5° La machine pneumatique demande un entretien continuel. Il faut, notamment, maintenir constamment les pistons lubréfiés avec de l'huile, de l'huile de pied de bœuf préférablement. Éviter que cette huile ne passe au-dessous du piston, ce qui n'arrive du reste que lorsqu'on l'a laissé se dessécher. De temps en temps, il faut donner quelques coups de piston à vide. — 6° Une *pompe pneumatique* à un corps de pompe se manœuvre de la même manière et demande les mêmes soins.

2. — EMPLOI DE LA MACHINE DE COMPRESSION

La *machine de compression* se manœuvre comme la *machine pneumatique*, seulement le manomètre indique ici des accroissements de pression. On s'arrête lorsque le mercure n'y monte plus, ou lorsque l'on est à bout de forces, ou encore, lorsque l'on a atteint la limite de résistance du récipient dans lequel on comprime l'air ou le gaz. Le récipient doit être solidement réuni à l'ajutage de la machine. Il n'y a pas de robinet de Babinet. Les soins d'entretien sont les mêmes que ceux que l'on doit avoir pour la machine pneumatique.

On emploie plus souvent une simple *pompe de compression*, à main, et à un seul corps de pompe, qui, souvent, est disposée pour servir aussi de *pompe pneumatique*.

3. — EMPLOI DU SOUFFLET

A. — *Comme machine pneumatique.* — 1° Boucher le trou à soupape du soufflet avec un bon bouchon traversé par un tube bien ajusté. — 2° A l'aide d'un tube de caoutchouc fort, mettre ce tube du bouchon en communication avec le récipient dans lequel on veut raréfier l'air. — 3° Manœuvrer le soufflet, jusqu'à ce que la résistance que l'on éprouve indique qu'il est inutile d'aller plus loin. — 4° Laisser le soufflet relié au récipient tout le temps qu'on le veut laisser vide d'air.

REMARQUES. — 1° Si, pour une raison quelconque, on ne veut pas laisser le soufflet relié au récipient, il faut, pour raréfier l'air dans ce dernier, lui adapter un organe accessoire qui lui soit attaché, soit un verre de lampe cylindrique. On le ferme aux deux extrémités avec des bouchons traversés par des tubes. L'un des bouchons a son trou terminé en cupule du côté de l'intérieur du cylindre (voir Manipulation sur la *pompe aspirante*). Le verre est placé vertical, le bouchon à cupule en bas, et une bille-soupape est posée sur la cupule. Ce bouchon-là est directement relié au récipient, et le bouchon d'en haut est relié au soufflet. — 2° On ne peut obtenir qu'une raréfaction assez faible.

B. — *Comme machine de compression.* — 1° Adapter un tube de caoutchouc à la tuyère du soufflet. — 2° Adapter ce tube au récipient dans lequel on veut comprimer l'air. — 3° Manœuvrer le soufflet, jusqu'à résistance trop grande. — 4° Laisser le soufflet relié au récipient tout le temps que l'air doit rester comprimé.

REMARQUES. — 1° Si on ne veut pas laisser le soufflet relié au récipient, il faut adapter à ce dernier un dispositif analogue à celui du cas précédent, sauf que c'est le bouchon à cupule, c'est-à-dire à bille, qui doit être relié au soufflet, et l'autre bouchon relié au récipient. — 2° On ne peut guère obtenir

qu'une pression de deux atmosphères, à moins d'avoir un soufflet très solide.
— 3° En combinant les deux systèmes, on peut faire servir le soufflet comme
pompe pneumatique et pompe de compression à la fois.

4. — EMPLOI DE LA TROMPE A EAU

1° Se procurer une *petite trompe à eau d'Alvergniat*. — 2° A l'aide d'un
tube en caoutchouc, mettre en communication une des tubulures coniques
(celle qui est la plus rapprochée de la tubulure latérale) avec le robinet
d'une fontaine *à pression*. — 3° Placer une cuvette sous l'autre tubulure
conique. — 4° A l'aide d'un autre tube en caoutchouc, mettre la tubulure latérale en communication avec le récipient dans lequel il s'agit
de faire le vide. — 5° Ouvrir le robinet de la fontaine. L'appareil fonctionne.

REMARQUES. — La raréfaction est amenée à un point tel que la pression est
au plus égale à la tension maximum qu'a la vapeur d'eau à la température
ambiante. Ce n'est pas un *vide sec*. — Le *brûleur de Bunsen*, à virole inférieure, est une véritable *trompe à gaz*, qui pourrait aussi faire le vide dans
un récipient à l'aide d'un dispositif convenable.

5. — VIDE BAROMÉTRIQUE

1° Si l'on veut faire le vide absolu dans un flacon, le remplir de mercure. — 2° Boucher avec un bon bouchon paraffiné, traversé par un
tube d'environ 80 centimètres de long. — 3° Achever de remplir le tube
avec le mercure. — 4° Retourner le tout dans une cuvette à mercure,
comme dans l'expérience de Torricelli. — 5° Le mercure quitte le ballon, et descend dans le tube où il s'arrête à la hauteur barométrique.
—· 6° Fermer le tube au chalumeau pour en séparer le ballon qui res-
tera vide, fermé par son bouchon, qui conserve l'extrémité du tube. On
a ainsi le vide le plus parfait que l'on puisse obtenir.

6. — PISTOLET A AIR COMPRIMÉ

1° Prendre un cylindre de bois creux suivant son axe, la capacité cylindrique intérieure étant bien calibrée. — 2° Préparer deux bouchons de
liège cylindriques pouvant entrer à frottement doux dans le cylindre.
— 3° Préparer également une tige cylindrique de bois pouvant entrer
dans ce même cylindre à la façon d'un piston, mais sans frottement.
— 4°. Placer les deux bouchons aux deux extrémités du cylindre. —
5° Enfoncer l'un d'eux avec la tige : l'air intérieur se comprime et
chasse bruyamment l'autre bouchon qui sert ainsi de projectile. —
6° Le ramasser, et le mettre à l'extrémité par où l'on enfonce la tige ;

il sert à son tour de piston, et c'est l'autre qui devient projectile. Et ainsi de suite.

Remarque. — C'est un jouet bien connu que les enfants réalisent avec des branches de sureau dont ils extraient la moelle, les bouchons étant remplacés par des bourrons de papier mâché.

7. — CLOCHE A PLONGEUR (PRINCIPE)

1º Sur l'eau d'une terrine, poser un large bouchon-flotteur. — 2º Sur ce bouchon, poser un tronçon de bougie allumée. — 3º Recouvrir le tout d'une cloche, ou d'un grand verre à boire. — 4º Enfoncer le verre perpendiculairement dans l'eau. — 5º Remarquer que la bougie descend sous l'eau sans s'éteindre, et que l'eau ne pénètre que peu dans la cloche. La bougie ne s'éteint qu'au bout de quelques instants, quand la provision d'oxygène est épuisée.

Remarque. — Cette expérience, par son début, montre le principe des *cloches à plongeur*, et par la fin, montre le rôle de l'oxygène et de l'acide carbonique dans la *combustion*. Elle montre même le principe de la *ventouse*, si l'on remarque que lorsque le verre est revenu à sa hauteur primitive, l'eau a un peu monté dans le verre.

8. — TRANSVASEMENT PAR L'AIR COMPRIMÉ

1º Prendre un flacon à large col. — 2º Le remplir aux deux tiers d'eau. — 3º Le boucher avec un bouchon traversé par un petit tube à entonnoir n'atteignant pas le niveau du liquide, et par un autre tube descendant jusqu'au fond du flacon, et courbé à l'extérieur comme un siphon, cette courbure étant d'ailleurs une courte branche effilée. — 4º Verser doucement de l'eau dans l'entonnoir; remarquer que le liquide du flacon jaillit par le tube recourbé.

Remarque. — Si le flacon est en verre foncé, ou enveloppé de façon qu'on ne puisse voir ce qu'il y a dedans, on peut rendre l'expérience plus curieuse en versant du vin, ou tout autre liquide plus léger que l'eau, dans l'entonnoir, et ne recueillant que de l'eau par le tube recourbé.

9. — FONTAINE DE COMPRESSION (POMPE A BIÈRE)

1º Remplir à demi d'eau un flacon à deux tubulures. — 2º Boucher une tubulure avec un bouchon traversé par un tube effilé plongeant dans le liquide, et l'autre tubulure avec un bouchon traversé par un tube coudé. — 3º Relier ce dernier à la tubulure d'une pompe de compression par un tube en caoutchouc fort. — 4° Actionner la pompe, et remarquer le jet d'eau qui se produit.

10. — JET D'EAU CHIMIQUE

1° Remplir une bouteille d'eau. — 2° Projeter dedans du bicarbonate de soude et de l'acide tartrique, puis boucher vivement avec un bouchon préparé d'avance, et traversé par un tube de verre effilé descendant jusqu'au fond, ou à peu près. — 3° Remarquer le jet d'eau gazeuse qui se produit presque aussitôt.

11. — JET D'EAU DANS LE VIDE.

1° Prendre l'eudiomètre à eau. — 2° Dévisser la douille qui porte le robinet inférieur. — 3° Enfoncer dans l'orifice un bouchon court traversé par un tube effilé, et qui laisse encore assez de place pour replacer la douille à moitié. — 4° Replacer cette douille et ouvrir le cabinet. — 5° Placer l'instrument sur la platine de la machine pneumatique. — 6° Faire le vide, puis fermer le robinet. — 7° Porter l'appareil dans une cuvette d'eau, et ouvrir le robinet. — 8° Remarquer le jet d'eau à l'intérieur.

12. — EXPÉRIENCE SUR L'ÉCOULEMENT DES GAZ

1° Prendre un dé à coudre, en percer le fond d'un trou ayant un diamètre égal à la moitié de celui du fond. — 2° L'enfoncer dans l'extrémité d'un tube en caoutchouc, l'ouverture en dehors. — 3° Placer sur le trou, à l'intérieur du dé, une bille à jouer, d'un diamètre tel qu'il reste un petit espace entre elle et les parois du dé. — 4° Souffler par le tuyau; constater qu'on ne peut chasser la bille, et qu'au contraire, ses ressauts précipités montrent qu'elle ne s'applique que mieux sur le trou. — 5° Placer la bille sur une table et la couvrir presque complètement avec le dé. Souffler par le tube, et constater qu'elle est aspirée. — 6° Adapter le tube à un robinet de prise d'eau, et ouvrir le robinet peu à peu. Constater qu'elle s'applique d'abord sur le fond du dé, puis est lancée violemment [1].

13. — RÉSISTANCE DE L'AIR

1° Prendre une fleur de pâquerette, de volubilis, ou tout autre fleur bien régulière. — 2° La laisser tomber d'un peu haut, le pédoncule en bas, bien vertical. — Remarquer le mouvement de rotation

---

[1]. G. Tissandier.

qu'elle prend sous l'influence de la résistance de l'air comprimé par sa chute.

Nota. — On peut se faire une fleur en papier produisant le même effet.

14. — CONSTRUCTION D'UN VAPORISATEUR RUDIMENTAIRE

1° Enlever le quart d'un bouchon de liège par une section verticale faite suivant l'axe sur la moitié de la hauteur, et une section horizontale par le milieu du bouchon sur la moitié de la largeur. — 2° Percer chacun des quarts de bouchon sectionnés, d'un trou perpendiculaire à la section. — 3° Enfoncer dans ces trous des tubes de verre effilés à un bout ou des brins de paille, ou des tuyaux de plume d'oie évidés, et dont la pointe est conservée. Les pointes, en partie effilées, doivent se toucher. Les tubes sont ainsi perpendiculaires l'un à l'autre (*fig.* 110). — 4° Plonger celui des tubes qui est parallèle à l'axe du bouchon dans le liquide à insuffler. — 5° Souffler avec la bouche par l'autre tube, et constater que le liquide du flacon est aspiré et projeté en pluie fine [1].

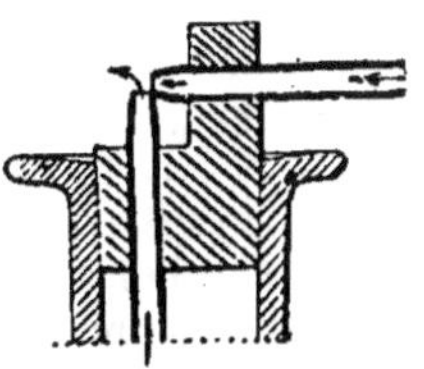

Figure 110.

Remarque. — Cet appareil est une véritable trompe à gaz. Il peut servir pour l'usage du vinaigre de toilette, pour appliquer du fixatif sur un dessin, pour projeter du phénol ou tout autre désinfectant liquide en cas d'épidémie, etc.

XII. — EXPÉRIENCES DIVERSES SUR LA PRODUCTION ET LA PROPAGATION DU SON

I. — CONSTATATION DES VIBRATIONS SONORES

A. — 1° Prendre une ficelle et la fixer entre deux points, en la tendant autant que possible. — 2° La *pincer*, c'est-à-dire l'écarter de sa position d'équilibre avec le bout du doigt, en la lâchant aussitôt. — 3° Constater le mouvement rapide de va-et-vient qu'elle exécute de

1. Tom Tit. *La Science amusante.*

part et d'autre de sa position d'équilibre, et le son sourd qu'elle fait entendre.

REMARQUES. — 1° Si, au lieu d'une ficelle, on tend de même un fil métallique, on constate une sonorité plus grande. — 2° En posant à cheval sur la corde des *cavaliers*, c'est-à-dire des morceaux de papier pliés en deux, on constate qu'il est des positions où ils sont jetés par terre quand la corde vibre, et d'autres où ils ne le sont pas. En tâtonnant, on arrive à trouver les points où ils restent en place, ce sont les *nœuds*, c'est-à-dire les points de vibration nulle ; les points où ils sont projetés à terre sont les *ventres*, c'est-à-dire les points de vibration maxima.

B. — 1° Prendre un verre à pied, en cristal autant que possible, et assez grand. — 2° Coller un fil à un petit caillou avec de la cire. — 3° Attacher ce fil au pied du verre, de façon qu'en tenant le verre renversé, le caillou arrive jusqu'au bord. — 4° Faire chanter le verre en en frottant le bord avec un archet enduit de colophane, ou en le frappant avec le revers du doigt plié. — 5° Constater qu'on entend en même temps une suite de chocs entre le caillou et le verre.

C. — 1° Prendre un verre à pied, mince, et en cristal. — 2° Le remplir à demi d'eau. — 3° Frotter doucement le bord du verre avec un archet enduit de colophane, ou simplement avec l'index enduit de la même matière. — 4° Remarquer l'espèce d'agitation qui se manifeste dans l'eau, et fait produire une sorte de croix (*lignes nodales*) à la surface.

D. — 1° Prendre une plaque métallique rigide et la fixer par son milieu, les bords restant libres. — 2° La saupoudrer uniformément de sable fin. — 3° Frotter modérément le milieu d'un des bords avec un archet enduit de colophane. — 4° Remarquer la disposition en croix que prend le sable (*lignes nodales*). — 5° Égaliser de nouveau le sable, et recommencer l'expérience en tenant la plaque par un angle. — 6° Remarquer la nouvelle figure produite. — 7° Recommencer l'expérience en tenant la plaque par le milieu d'un des côtés. — 8° Remarquer la nouvelle figure produite.

REMARQUE. — On peut faire vibrer une membrane tendue couverte de sable, en faisant vibrer une cloche dans son voisinage.

2. — EMPLOI DU DIAPASON

1° Prendre un diapason ordinaire (à fourchette), et le tenir par sa tige. — 2° Engager entre ses branches la tige de sa boîte, ou toute autre tige d'un diamètre un peu supérieur à l'écartement de ces branches vers leur extrémité. — 3° Tirer vivement la tige vers le point des branches, comme si l'on voulait les écarter, en la sortant entièrement, et d'un seul coup de l'instrument. — 4° Présenter de suite le diapason à l'oreille, et constater le son produit. — 5° Imiter ce son avec la voix (ce que l'on appelle *prendre le ton*). — 6° Constater que si l'on touche une des branches, le son cesse immédiatement.

RemARQUE. — En appliquant le diapason par sa tige sur sa boîte, ou sur une boîte quelconque, on en renforce considérablement le son. Il en est de même si on le pose contre une vitre, un globe, un verre, etc.

3. — PROPAGATION DU SON PAR L'AIR

A. — 1° Prendre deux verres semblables, en cristal ; remplir d'eau au quart, ou tout au moins jusqu'à ce qu'ils chantent *à l'unisson*, c'est-à-dire jusqu'à ce qu'ils fassent entendre le même son lorsqu'on les frotte ou qu'on les frappe. — 2° Les mettre à une petite distance l'un de l'autre. — 3° Poser sur l'un d'eux un fil de fer recourbé à ses extrémités pour embrasser les bords du verre sans trop les serrer. — 4° Faire chanter l'autre en le frottant avec le doigt mouillé. — 5° Constater que le fil de fer danse sur le premier, et que l'on peut entendre le son qu'il produit, en éteignant par le contact les vibrations du verre frotté.

B. — 1° Se placer à 20 centimètres d'une bougie allumée, la bouche à sa hauteur et chanter les voyelles. — 2° Remarquer les mouvements de la flamme à chaque émission, et noter les différences d'effet des diverses voyelles.

RemARQUE. — Ne pas confondre l'effet dû aux vibrations de l'air avec l'effet du courant d'air émis, lequel ne se produit qu'après.

4. — NON-PROPAGATION DU SON DANS LE VIDE

A. — 1° Sous le récipient de la machine pneumatique, mettre une sonnerie, un réveille-matin, une montre, etc. — 2° Constater que, même enfermé, le bruit que fait l'objet est entendu. — 3° Faire le vide. — 4° Constater qu'au fur et à mesure que l'air se raréfie, le son faiblit et finit par ne plus être entendu. — 5° Laisser rentrer l'air pour constater le contraire.

B. — 1° Si l'on n'a pas de machine pneumatique, prendre un grand ballon, et mettre un peu d'eau dedans. — 2° Faire chauffer cette eau. — 3° Quand tout le ballon est plein de vapeur, le retirer du feu, puis le boucher avec un bouchon auquel on a suspendu une clochette ou un grelot. — 4° Condenser la vapeur au moyen d'eau froide appliquée sur les parois du ballon, comme dans l'expérience de Franklin (voir Manipulation sur l'*Ébullition*, expérience 5). — 5° Agiter le ballon et constater que le bruit de la clochette est beaucoup moins fort. On ne peut arriver à le faire disparaître entièrement, car on n'obtient pas ainsi le vide complet.

Nota. — Le bouchon doit être paraffiné, afin d'assurer une fermeture hermétique.

5. — PROPAGATION DU SON PAR LES SOLIDES

A. — 1° Appliquer l'oreille contre une table à l'une des extrémités. — 2° Prier un assistant de gratter le bois de la table à l'autre extrémité avec une épingle. — 3° Constater qu'on entend nettement le bruit avec une intensité remarquable.

B. — 1° Prendre une montre entre les dents. — 2° Constater qu'on entend ainsi son tic-tac mieux qu'en la tenant à la main, même tout près de l'oreille.

C. — *Confection d'un téléphone à ficelle.* — 1° Prendre les deux moitiés d'une boîte de pastels ou de toute autre boîte du même genre. — 2° Percer les deux fonds en leur centre. — 3° Fixer les deux extrémités d'une longue ficelle à ces deux fonds par un nœud fait en dedans de la boîte. — 4° Ajouter un peu de colle forte sur le nœud, pour assurer un contact plus intime. — 5° Prier un assistant de prendre une des moitiés de boîte et de s'éloigner de toute la longueur de la ficelle, puis de parler à l'ouverture de la boîte, à voix basse. — 6° Écouter en mettant l'oreille à l'ouverture de l'autre moitié, et constater qu'on entend parfaitement les paroles.

6. — RÉFLEXION DU SON (CONSTATATION)

1° Prendre les réflecteurs employés pour l'étude de la réflexion de la chaleur (poêlons de cuivre ou plats à salade), et les placer vis-à-vis l'un de l'autre, les ouvertures en regard. — 2° Déterminer la position de leurs foyers (milieu du rayon de la sphère). — 3° Suspendre une montre au foyer de l'un d'eux. — 4° Placer l'oreille au foyer de l'autre, et constater que l'on entend bien mieux le tic-tac qu'en se plaçant ailleurs, par exemple, au milieu de la distance qui les sépare. — 5° Démontrer les lois de la réflexion du son de la façon suivante : *a)* se placer devant une glace fixée contre un mur ; *b)* prendre deux tubes de carton ; *c)* placer une bougie allumée devant la glace ; *d)* placer l'un des tubes de manière que l'un des rayons lumineux émanant de la bougie et allant sur la glace la traverse suivant son axe ; *e)* placer l'autre tube sur le trajet de ce même rayon réfléchi ; *f)* les fixer tous deux dans cette position; *g*) tirer un coup de revolver à l'orifice du second tube; *h*) constater que la bougie qui est restée à l'orifice du premier est éteinte; *i*) recommencer l'expérience en dérangeant le second tube de sa position, et constater que le même effet ne se produit plus.

7. — PROPAGATION DU SON PAR LES TUYAUX

A. — *Tube acoustique.* — 1° Adapter un entonnoir à un long tube de caoutchouc. — 2° Prier un assistant de prendre l'autre extrémité de ce tube, de le placer près de son oreille et de s'éloigner de la longueur du tube. — 3° Parler dans l'entonnoir à voix basse, et constater que l'assistant entend parfaitement ce qu'on lui dit. En mettant aussi un entonnoir à l'autre extrémité, on peut entretenir une conversation.

B. — *Porte-voix.* — 1° Prendre un entonnoir de cave. — 2° Le remettre à un assistant, le prier de s'éloigner un peu, et de parler dans le tube (et non dans l'ouverture). — 3° Constater que sa voix paraît plus forte.

Nota. — On peut faire l'expérience avec un entonnoir de bouteille, ou un arrosoir d'appartement (arrosoir conique), mais il est difficile d'y parler, car l'orifice est trop petit; on peut y siffler.

C. — *Cornet acoustique.* — 1° Prendre un entonnoir de bouteille ou un arrosoir d'appartement. — 2° En placer le tube dans une oreille. — 3° Constater que les bruits extérieurs sont perçus plus nettement.

Nota. — On fait la même expérience avec une coquille de *gastéropode*.

8. — INSCRIPTION DES VIBRATIONS

1° Prendre une feuille de verre à vitre. — 2° La noircir en la promenant au-dessus de la flamme d'une bougie ou de toute autre flamme fuligineuse. — 3° Fixer une épingle à un corps susceptible de vibrer pour donner un son : diapason, verre, etc., à l'aide d'un peu de cire. — 4° Faire vibrer le corps sonore. — 5° Passer rapidement le verre entre la pointe de l'épingle, sans appuyer, et d'un mouvement aussi uniforme que possible. — 6° Remarquer que l'épingle a tracé une ligne en zig-zag dont chaque ondulation représente une vibration du corps sonore.

Remarque. — Si le mouvement que l'on a fait a pu être évalué exactement en secondes, en fractions de seconde, en comptant le nombre de vibrations inscrites sur la plaque, on peut avoir le nombre de vibrations par seconde, et, par conséquent, la mesure de l'intensité du son.

9. — RÉSONANCE

A. — 1º Parler à l'ouverture d'un arrosoir de jardin. — 2º Constater que le volume de la voix paraît augmenter. — 3º Faire la même constatation en parlant à l'ouverture du bec de cet arrosoir. — 4º Faire la même constatation en faisant vibrer un fil d'acier, d'abord sur l'ouverture, ensuite loin d'elle.

B. — Voir *Expérience* 2. (Remarque.)

C. — Voir *Expérience* 3.

D. — 1º Frapper sur une planche, et constater l'intensité du son qu'elle rend. — 2º La frapper de nouveau, après l'avoir posée sur une caisse vide, et remarquer la différence.

E. — 1º Faire vibrer un diapason devant l'ouverture d'une éprouvette à pied verticale, en tenant le diapason horizontalement. — 2º Verser doucement du mercure ou de l'eau dans l'éprouvette. — 3º Remarquer qu'il arrive un moment où le son du diapason est subitement renforcé. — 4º Remarquer que si l'on continue à verser le liquide, cette résonance cesse.

XIII. — EXPÉRIENCES DIVERSES SUR LES THÉORIES DE L'ACOUSTIQUE

I. — CONSTRUCTION D'UN SONOMÈTRE

1º Se procurer une planche de sapin, d'environ 1^m,20 de longueur, sur 20 centimètres de largeur. — 2º A l'une des extrémités de cette planche, implanter un piton; à l'autre, fixer une monture portant une petite poulie. — 3º Tracer sur la longueur de la planche une graduation en centimètres et millimètres. — 4º Tailler un *chevalet*, c'est-à-dire un morceau de bois en coin, pouvant se tenir debout sur la planche, et s'y trouver légèrement plus haut que le bord supérieur de la poulie. — 5º Attacher un fil d'acier au piton, puis le faire passer sur la gorge de la poulie, et le tendre par un poids attaché à l'extrémité qui passe sur la poulie. C'est la *corde*. — 6º S'assurer que le chevalet peut soulever

légèrement le fil, de façon à en limiter nettement deux portions différentes : l'une du côté du piton, l'autre du côté de la poulie. Le *sonomètre* est construit (*fig.* 111).

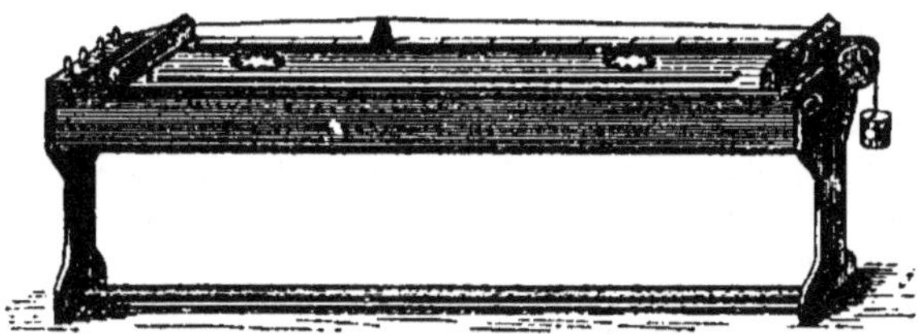

Figure 111.

REMARQUE. — L'instrument aurait beaucoup plus de sonorité si la planche
qui le constitue était le couvercle d'une caisse longue, ou sorte de tuyau carré.
Cependant en posant l'appareil réduit à une planche sur une caisse quelconque,
et vide, on arrive presque au même résultat.

2. — VÉRIFICATION DES LOIS DES CORDES SONORES

A. — *Loi des longueurs*. — 1º La corde du sonomètre étant tendue,
la faire vibrer en la pinçant, ou en la frottant avec un archet. —
2º Remarquer le son produit. — 3º Diviser la corde en deux parties
égales par le chevalet, et faire vibrer chacune de ces deux moitiés. —
4º Remarquer qu'elles donnent un son plus aigu, qui est l'octave du
premier, c'est-à-dire qui est produit par un nombre de vibrations
double. — 5º Séparer encore l'une de ces moitiés en deux parties par
le chevalet, et faire vibrer le quart de la corde. — 6º Remarquer que
le son produit est l'octave aiguë du précédent.

B. — *Loi des diamètres*. — 1º Après avoir noté le son rendu par la première corde vibrant entière, la remplacer par une autre de même nature,
mais deux fois plus grosse. — 2º Faire vibrer cette dernière après l'avoir
tendue par les mêmes poids. — 3º Constater que le son produit est l'octave grave du premier, c'est-à-dire un son produit par un nombre de
vibrations moitié moindre.

C. — *Loi des poids tenseurs*. — 1º Faire vibrer l'une des cordes
précédentes, après avoir pris note du poids qui la tend. — 2º La tendre
ensuite par un poids quatre fois plus fort, et faire vibrer de nouveau.
— 3º Constater que le son rendu est l'octave aiguë du premier.

D. — *Loi des densités.* — 1º Faire vibrer l'une des cordes d'acier, et noter le son produit. — 2º La remplacer par une corde de cuivre, de même diamètre et que l'on tend également. — 3º Faire vibrer cette dernière, et constater que le son produit est plus grave, car le cuivre est plus dense que l'acier.

3. — CONSTITUTION DE LA GAMME

1º Faire vibrer la corde entière du sonomètre et noter le son obtenu. — 2º Placer le chevalet aux 8/9 de la corde, à partir du piton, et faire vibrer ces 8/9 de corde. — 3º Constater qu'on obtient le second son de la gamme, ce qui prouve que, d'après la loi des longueurs, il est produit par un nombre de vibrations représenté par 9/8, celui du son primitif de la corde étant représenté par 1. — 4º Procéder de même pour obtenir les autres sons de la gamme :

En faisant vibrer les
4/5 de la corde, on a le troisième son de la gamme, représenté par 5/4
3/4 — quatrième — 4/3
2/3 — cinquième — 3/2
3/5 — sixième — 5/3
8/15 — septième — 15/8
1/2 — octave — 2

4. — GAMME DE BOUTEILLES

1º Prendre huit bouteilles, en verre mince et sonore. — 2º Les aligner sur une table. — 3º Remplir l'une d'elles avec de l'eau, sans la boucher. — 4º La frapper avec une lame métallique pour la faire résonner, et noter le son qu'elle produit. Ce sera le premier son de la gamme. — 5º Verser de l'eau dans la deuxième bouteille tout en frappant dessus, jusqu'à ce qu'elle fasse entendre le deuxième son de la gamme. — 6º En faire autant pour toutes les autres, de façon à obtenir ainsi une gamme complète.

NOTA. — On peut exécuter un morceau de musique facile sur cette série de bouteilles. On opère de même avec des verres. En les frottant avec les doigts mouillés, ou enduits de colophane, on obtient des sons plus doux.

5. — GAMME DE BOIS

1º Découper un morceau de planche de sapin, ou de buis. — 2º Le laisser tomber à terre, et prendre note du son qu'il rend. — 3º En découper un plus petit, de même nature, et le faire résonner de la même manière. Si le son est juste le deuxième son de la gamme, il est achevé. S'il donne un son plus aigu, il faut le rejeter et en découper un plus gros ; s'il est plus grave, il faut, par retailles successives, le diminuer jusqu'à ce qu'il fasse entendre le deuxième son de la gamme exactement. — 4° Découper et essayer de la même manière six autres morceaux de bois, jusqu'à ce que l'on ait obtenu les huit morceaux donnant les sons demandés.

6. – PRÉPARATION D'UN TUYAU SONORE

1° Prendre un tuyau sonore de démonstration, tel qu'on les trouve dans les cabinets de physique (tuyau d'orgue en bois). — 2° Le monter sur une soufflerie acoustique, ou encore le relier à une soufflerie de laboratoire, ou à un soufflet d'appartement, au moyen d'un tube en caoutchouc. On peut même se contenter de souffler directement avec la bouche. — 3° Lui préparer un bouchon mobile, qui se composera d'un morceau de bois, pouvant s'adapter à l'orifice du tuyau, et entourer d'un morceau de cuir mince, ou mieux, de peau de chamois, pour assurer une obturation parfaite. — 4° Confectionner un piston pouvant descendre dans le tuyau, tout en le fermant hermétiquement. Ce sera aussi un morceau de bois, entouré d'une peau de chamois, et muni d'un manche de la longueur du tuyau.

REMARQUE. — Si l'on ne possède pas de tuyau ordinaire de démonstration, on peut se contenter d'un tube de verre large d'au moins $0^m,03$ et long d'environ $0^m,50$. En soufflant sur ses bords, en biseau, comme lorsqu'on souffle sur l'embouchure d'une flûte, on arrive aisément à le faire chanter. On peut même prendre un sifflet d'enfant, le couper en deux de manière à ne conserver que l'*embouchure*, y compris la *bouche*, et le fixer au travers d'un bouchon de liège avec lequel on ferme l'orifice inférieur du tube. Ce bouchon, pour l'obturation, doit être paraffiné, et entouré d'une peau de chamois. — On peut aussi se fabriquer un tuyau carré en bois, auquel on adapte le même sifflet. — Un verre de lampe cylindrique peut être utilisé aussi, mais son peu de longueur ne permet pas toutes les expériences.

7. – PRODUCTION DU SON DANS LES TUYAUX

1° Souffler dans le tuyau, avec la soufflerie ou avec la bouche. — 2° Constater le son produit. — 3° Si le tuyau est en verre, et placé verticalement, descendre dans l'intérieur un petit plateau suspendu à un fil, et sur lequel on a mis du sable. — 4° Constater que, pendant que le tuyau chante, le sable sautille sur le plateau en certains points du tuyau qui sont les *ventres*, et reste en repos en d'autres points qui sont les *nœuds*.

8. — FLAMME CHANTANTE

(Voir Manipulations de chimie systématique, *Étude de l'hydrogène*.)

Si le tuyau refuse de chanter, en faisant entendre, avec la voix, le son que ce tuyau rend habituellement, il chante aussitôt.

On peut faire, avec un tuyau chantant de la sorte, toutes les expériences que l'on fait avec les autres.

9. — VÉRIFICATION DES LOIS DES TUYAUX SONORES

A. — *Loi de Bernouilli.* — 1° Faire fonctionner la soufflerie jusqu'à faire chanter le tuyau. — 2° Forcer ensuite le courant d'air de plus en plus, et constater que le son rendu va en s'élevant, et donne les harmoniques du son *fondamental*, c'est-à-dire primitif.

B. — *Loi des longueurs.* — 1° Faire chanter le tuyau et remarquer le son émis. — 2° Mettre le bouchon sur l'orifice, et constater que le nouveau son est l'octave grave du premier. — 3° Introduire le piston dans le tuyau en le descendant doucement. — 4° Constater que le son devient de plus en plus grave, mais que lorsque le piston est arrivé à un certain point, le son redevient ce qu'il était au moment de l'obturation. Ce point est un nœud du tuyau. En continuant à descendre le piston, le son devient de nouveau plus grave, puis on peut rencontrer un autre nœud, où le son redevient ce qu'il était au début. Et ainsi de suite jusqu'au fond du tuyau. C'est là le moyen de constater la position des nœuds dans les tuyaux en bois. La position des ventres est intermédiaire entre celles des nœuds.

XIV. — ÉTUDE DE LA DILATATION

1. — VÉRIFIER LA DILATATION DES SOLIDES

1° Placer un fil de fer entre deux obstacles, dont l'un fixe; par exemple, un mur et un morceau de bois placé debout. — 2° Chauffer le fil de fer. — 3° Constater la dilatation : un des obstacles étant en équilibre instable cédera sous la poussée du fil de fer, et sera renversé.

2. — OBSERVER LA DILATATION DES LIQUIDES

1° Mettre de l'eau dans un ballon muni d'un tube étroit et long et jusqu'à une certaine hauteur dans le tube. — 2º Chauffer légèrement. — 3º Constater la dilatation par l'élévation du niveau de l'eau dans le tube.

3. — OBSERVER LA DILATATION DES GAZ

1º Mettre de l'eau colorée à égale hauteur dans la courbure inférieure d'un tube manométrique, c'est-à-dire, à double courbure (*fig.* 112). — 2º Chauffer le ballon avec la main. — 3º Constater la dilatation; l'eau s'est élevée dans la longue branche du tube.

4. — MAXIMUM DE DENSITÉ DE L'EAU

1º Prendre une éprouvette un peu longue et en engager la partie supérieure dans un support à entonnoir. — 2º Descendre un petit thermomètre dans le fond, et en suspendre un autre en dedans, mais à la partie supérieure. — 3º Remplir l'éprouvette d'eau, et la cavité conique du support avec de la glace ou un mélange réfrigérant. — 4º Remarquer que le thermomètre inférieur baisse d'abord jusqu'à 4º, et stationne à cette température. — 5º Remarquer qu'ensuite le thermomètre supérieur baisse d'un trait jusqu'à 0º, et même au-dessous. — 6º En entretenant de la glace dans le support, la partie supérieure peut se congeler.

Figure 112.

REMARQUE. — On peut aussi percer latéralement l'éprouvette (voir *Exercices généraux*, 2e Manipulation) de deux trous et placer le thermomètre dans ces trous à l'aide de bouchons qu'ils traversent. L'expérience est plus précise.

5. — SONNERIE PYRO-ÉLECTRIQUE

1º Prendre une planchette de bois, et fixer de chaque côté deux montants d'un décimètre de hauteur. — 2º Implanter dans ces montants deux gros fils de fer, en regard l'un de l'autre, leurs extrémités libres à 5 millimètres l'une de l'autre, et fixés de telle sorte qu'ils ne puissent se dilater du côté des montants. — 3º Les relier aux pôles d'une sonnerie électrique. — 4º Chauffer l'un des fils, ou les deux à la fois. Quand, par la dilatation, les deux extrémités se touchent, la sonnerie se fait entendre.

NOTA. — Cet appareil est le principe des pyromètres-avertisseurs.

6. — SONNERIE THERMO-ÉLECTRIQUE

1° Dans une extrémité d'un tube en verre, engager l'extrémité d'un fil de fer, puis fermer au chalumeau. — 2° Verser du mercure dans le tube. — 3° Dans l'autre extrémité, engager un second fil de fer, descendant à deux centimètres du mercure. — 4° Fermer complètement le tube, comme s'il s'agissait d'un thermomètre. — 5° Relier ces fils aux pôles d'une sonnerie électrique. — 6° Chauffer le tube. Quand le mercure touche le fil supérieur, la sonnerie résonne.

NOTA. — Cet appareil est le principe des thermomètres-avertisseurs.

7. — EFFETS DIVERS DE LA DILATATION DES GAZ

A. — 1° Dans un grand ballon en verre, verser un quart de son volume d'eau. — 2° Boucher avec un bouchon traversé d'un tube effilé à l'extérieur, et descendant à l'intérieur jusqu'au fond du liquide. — 3° Plonger entièrement et d'un seul coup ce ballon dans un récipient d'eau, chaude sans être bouillante. — 4° L'air se dilatant avant et plus que l'eau la refoule : constater le jet en l'air.

B. — 1° Faire l'expérience de la préparation de l'azote par le phosphore, mais avec un morceau de bougie au lieu de phosphore, et un bocal au lieu d'une cloche. — 2° Remarquer qu'une fois la bougie allumée, et le bocal posé, il sort des bulles de gaz par le dessous : c'est l'air dilaté qui s'échappe en partie. — 3° La bougie finit par s'éteindre. Attendre un instant, et remarquer que l'eau monte à l'intérieur du bocal.

8. — DÉMONSTRATION DE LA DILATATION LINÉAIRE
PAR LA LOI DU LEVIER

1° Prendre une tige de fer mince, telle qu'un gros fil de fer bien droit. — 2° En traverser un bouchon dans son sens transversal, et amener le

Figure 113.

bouchon en son milieu. — 3° Traverser le bouchon de deux épingles dans son sens longitudinal, le plan de ces épingles étant perpendiculaire à la tige (*fig.* 113). — 4° Suspendre de légers poids aux extrémités de la tige. — 5° Mettre cette tige en équilibre en posant les épingles sur une surface élevée, telle qu'un pied de verre renversé. — 6° Lorsqu'elle est bien horizontale, chauffer l'une de ses moitiés avec une bougie. — 7° Remarquer qu'elle trébuche de ce côté, parce que le bras de levier s'allonge [1].

XV. — CONSTRUCTION DU THERMOMÈTRE A ALCOOL

1. — CHOIX DU TUBE

1° Prendre un tube d'environ 35 centimètres de long, d'un diamètre de 2 millimètres environ, et d'un calibre uniforme. — 2° Souffler lo réservoir à alcool aux dimensions convenables. Souffler de même l'entonnoir de la partie supérieure, et en arrêter les bords.

2. — REMPLISSAGE DU TUBE

1° Verser de l'alcool coloré par de l'orseille dans l'ouverture supérieure. — 2° Chauffer doucement le tube en commençant par le réservoir afin de chasser l'air. Laisser refroidir, et l'alcool pénètre jusqu'à ce réservoir. Continuer ainsi jusqu'à ce que le réservoir soit plein. — 3° Chauffer plus doucement pour que les vapeurs d'alcool chassent les dernières bulles d'air du tube. — 4° Chauffer fortement vers l'entonnoir pendant que le tube est plein, et étirer l'extrémité du tube pour le fermer.

3. — GRADUATION

1° Déterminer les points 0° et 20°, par exemple, le point 0° en plongeant le thermomètre dans de la glace fondante et marquant 0° au point où se fixera l'alcool; le point 20°, en plongeant le thermomètre, avec un thermomètre déjà gradué, dans un liquide à 20°, (ce qu'indique d'ailleurs le thermomètre gradué). Le point où s'arrête

---

1. Tom Tit. *La Science amusante.*

l'alcool dans le thermomètre que l'on construit correspond évidemment au vingtième degré. Marquer ces deux points à la lime. — 2º Diviser cet espace en vingt parties égales. — 3º Indiquer cette graduation sur la planchette qui devra supporter le thermomètre et placer celui-ci convenablement, afin que les deux graduations correspondent exactement.

Remarques. — 1º Il vaut mieux, si le thermomètre doit servir pour des observations précises ou pour des expériences, que la graduation soit sur le tube lui-même. On y trace les traits et on écrit les chiffres avec de l'*encre à écrire sur le verre* ou, à son défaut, avec de l'*encre grasse* (ou *à tampon*). Mais, dans ce dernier cas, il faut la recouvrir avec un vernis que l'on prépare ainsi : Fondre ensemble quatre parties de cire jaune et une partie d'essence de térébenthine, et plonger le tube dans ce bain. Si le thermomètre est destiné à être plongé dans des liquides chauds, il faut absolument employer l'encre à écrire sur le verre. (*Chimie systématique*, 46º manipulation.) — 2º Pour chauffer l'alcool du réservoir, il est préférable d'employer le bain-marie que le chauffage à feu nu. — 3º On peut laisser une bulle d'air dans les thermomètres à alcool, faculté interdite aux thermomètres à mercure.

XVI — ÉTUDE DES PROPRIÉTÉS DES VAPEURS

1· — FORMATION DES VAPEURS

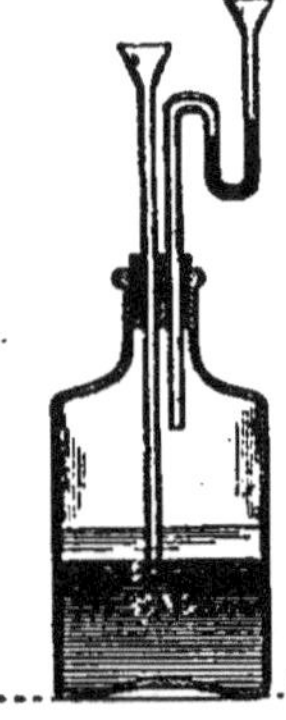

1º Verser de l'éther sur une soucoupe. Constater sa rapide évaporation. — 2º Faire bouillir de l'eau. Constater la diminution de volume. — 3º Chauffer de l'eau dans un ballon fermé par un bouchon traversé par un tube coudé dirigé sur une flamme de bougie. Constater que la vapeur fournit un courant comme un gaz.

2. — FORMATION DES VAPEURS DANS LE VIDE

1º Disposer deux tubes barométriques sur la cuve à mercure. — 2º Faire passer successivement dans l'un d'eux : *a)* de l'eau au moyen d'une pipette recourbée ; *b)* de l'alcool ; *c)* de l'éther. (Remarquer la dépression du mercure dans chaque cas.)

Figure 114.

Remarque. — L'un des tubes sert de témoin.

3. — MESURE DES TENSIONS MAXIMA

1° Disposer trois tubes barométriques sur la même cuve à mercure, et mettre de l'eau dans l'un. Constater la dépression du mercure. — 2° Dans l'autre, mettre de l'éther, jusqu'à ce qu'une partie ne se vaporise pas, ce qui indique que la vapeur est alors saturante. — 3° Constater la dépression, la mesurer par comparaison avec le tube barométrique témoin. C'est la *tension maximum* de chacune des vapeurs. — 4° Constater que la force élastique des vapeurs augmente avec la température (chauffer la chambre barométrique avec une flamme de lampe à alcool). — 5° Faire la même constatation en chauffant au bain-marie de l'eau dans un ballon fermé par un bouchon traversé par un tube. L'air du ballon et la vapeur, chauffés, augmentent de tension et provoquent un jet d'eau.

4. — FORMATION DES VAPEURS DANS LES GAZ

1° Prendre un flacon bien sec, le fermer d'un bouchon traversé de deux tubes dont l'un droit, pour introduire de l'éther, et l'autre recourbé deux fois, et contenant du mercure. — 2° Verser l'éther dans le flacon, puis du mercure en quantité suffisante pour que le tube droit plonge dedans. — 3° Constater que le mercure contenu dans la branche recourbée s'élève dans le tube, par suite de la force élastique de la vapeur d'éther (*fig.* 114). — 4° Constater que cette force est sensiblement égale à celle que l'on remarque dans un tube barométrique contenant de l'éther.

5. — TENSION MAXIMUM
D'UNE VAPEUR A UNE TEMPÉRATURE DÉTERMINÉE
(MÉTHODE DE DALTON)

1° Se procurer une petite marmite de fonte et la poser sur un fourneau. — 2° La remplir à demi de mercure. — 3° Disposer sur cette marmite deux tubes barométriques remplis comme à l'ordinaire. — 4° Faire passer dans l'un d'eux avec une pipette recourbée quelques gouttes du liquide dont la vapeur doit être étudiée, jusqu'à ce qu'il y ait excès de ce liquide. — 5° Entourer les deux tubes d'un manchon de verre de 1 mètre de haut, et le faire reposer sur le fond de la mar-

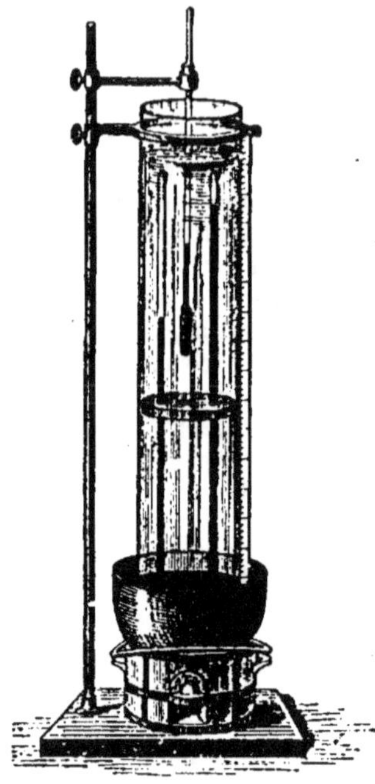

Figure 115.

mite. — 6° Remplir ce manchon d'eau. — 7° Suspendre un thermomètre dans cette eau. — 8° Chauffer le fourneau, et de temps en temps, avec une grande baguette en verre, agiter l'eau dans le manchon (*fig.* 115). — 9° Aux divers degrés de température accusés par le thermomètre, observer la dépression du mercure dans le tube à liquide, par comparaison avec le baromètre témoin. Ces dépressions mesurent la tension maximum de la vapeur à chaque température observée.

REMARQUES. — 1° Pour avoir des résultats exacts, il faut à chaque lecture réduire à 0° les hauteurs du mercure dans les tubes. — 2° On n'a la tension maximum de cette vapeur à une température déterminée que s'il reste un excès de liquide à cette température, sinon on n'a simplement que la tension à cette température. — 3° On peut éviter de mettre le mercure dans la marmite même, ce qui offre quelques inconvénients. Pour cela, mettre de l'eau dans la marmite, un valet de paille au fond et une capsule de porcelaine sur ce valet. C'est dans la capsule que l'on mettra le mercure qui sera ainsi chauffé au bain-marie.

XVII. — ÉTUDE DE L'ÉBULLITION

I. — CONSTATATION DU PHÉNOMÈNE

1° Chauffer de l'eau dans un ballon. — 2° Constater que de petites bulles de vapeur se forment sur les parois inférieures, montent dans les couches supérieures, et se condensent avant d'arriver à la surface : c'est le *chant* de l'ébullition. — 3° Constater que les bulles de vapeur viennent ensuite crever à la surface en produisant un bouillonnement.

2. — MESURE DU POINT D'ÉBULLITION

1° Plonger un thermomètre dans l'eau bouillante. — 2° Constater, en arrêtant à plusieurs reprises l'ébullition, que celle-ci reprend toujours à la même température. — 3° Constater que le thermomètre accuse toujours la même température, quoique l'on continue à chauffer.

3. — INFLUENCE DE LA PRÉSENCE DE L'AIR SUR L'ÉBULLITION

1° Constater qu'il est très difficile de faire bouillir de l'eau complètement purgée d'air. — 2° Introduire de l'air dans le liquide ; A : en agitant le liquide ; B : en projetant dans le liquide de petits graviers (l'ébullition recommence) ; C : au moyen d'une petite clochette de verre D : *a*) descendre la clochette à la surface du liquide qui doit être du sulfure de carbone recouvert d'une couche d'eau dans laquelle se meut la clochette (on opère au bain-marie) ; *b*) constater qu'aussitôt que la clochette a touché le liquide, il y a ébullition : la clochette est soulevée par la vapeur ; puis elle retombe quand l'ébullition s'arrête. Elle est de nouveau soulevée, puis elle retombe, et ainsi de suite (*fig.* 116).

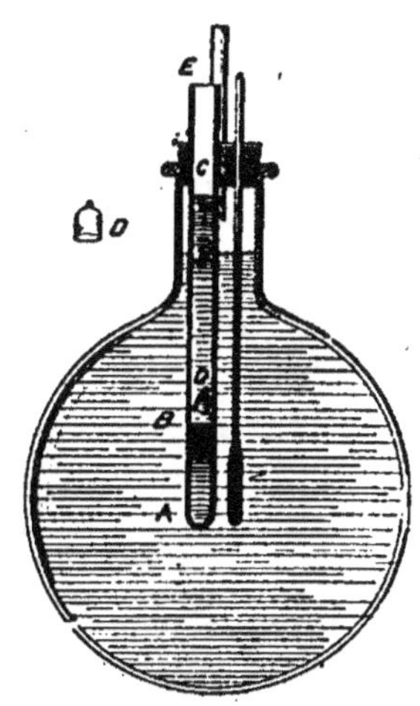

Figure 116.

REMARQUE. — Si on ne peut disposer l'expérience ainsi, descendre une clochette de verre par un fil dans une eau qui vient de cesser de bouillir.

4. — INFLUENCE DES SUBSTANCES DISSOUTES DANS L'EAU

1° Mettre du sel marin dans de l'eau en ébullition. — 2° Constater que l'ébullition s'arrête et que la température s'abaisse. — 3° Constater que lorsque le sel est complètement dissous, l'ébullition recommence. — 4° En remontant le réservoir du thermomètre jusqu'au-dessus du liquide, constater que la température de la vapeur est la même que celle qu'aurait le liquide s'il était pur.

5. — INFLUENCE DE LA PRESSION SUR LE POINT D'ÉBULLITION

1° Arrêter l'ébullition, boucher hermétiquement le ballon et le renverser sur une cuvette. — 2° Arroser la partie supérieure avec de l'eau froide. — 3° Constater que l'ébullition reprend. (Expérience de Franklin.)

6. — LE BOUILLANT DE FRANKLIN

A. — *Sa construction.*

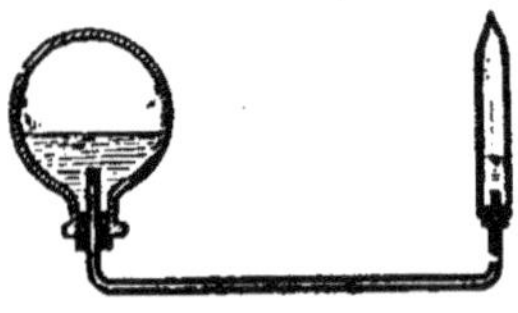

1° Prendre un petit ballon, y adapter un tube recourbé à angle droit, et surmonté d'un tube plus gros et effilé. — 2° Introduire de l'eau dans le ballon. — 3° Chasser l'air de l'appareil en chauffant l'eau. — 4° Pendant que les vapeurs s'échappent encore par l'extrémité effilée, fermer cette extrémité à la lampe (*fig.* 117).

Figure 117.

B. — *Sa manœuvre.*

1° Prendre à la main le ballon de sorte que le tube recourbé ait sa grande branche horizontale. — 2° Constater que l'eau est refoulée avec bouillonnement vers l'extrémité opposée au ballon.

7. — PHÉNOMÈNE DE LA CONVECTION

1° Mettre de la sciure de bois dans l'eau qui bout. — 2° Constater les mouvements ascendants et descendants de la sciure.

8. — PRINCIPE DE LA DISTILLATION

1° Saler de l'eau jusqu'à ce qu'elle ait une saveur franchement salée. — 2° La faire bouillir dans une marmite munie de son couvercle. — 3° Au bout d'un instant, écouler les gouttelettes d'eau déposées sur ce couvercle dans un verre, et cela, jusqu'à ce qu'on en ait recueilli une certaine quantité. — 4° Déguster cette eau, et constater qu'elle n'est pas salée. (Elle l'est toujours un peu, car le sel marin est volatil à la température où l'on opère; avec un sel non volatil, tel qu'un sulfate, on pourrait constater que l'eau de condensation recueillie est pure.)

XVIII. — EXPÉRIENCES SUR LA CONDUCTIBILITÉ CALORIQUE

I. — SOLIDES

A.—1° Se procurer des fils de différents métaux, de même diamètre, et de même longueur. — 2° Les recourber deux fois à angle droit de façon à obtenir une grande branche et une petite pour chaque fil. — 3° Plonger les grandes branches dans un récipient. — 4° Fixer à l'extrémité des petites des objets de même poids (sou, bouton, etc.), avec la même quantité de cire. — 5° Introduire de l'eau bouillante dans le récipient. — 6° Constater les différents temps que mettent les divers poids à tomber (*fig.* 118).

REMARQUE. — On peut répéter l'expérience avec des baguettes droites et de même diamètre, au lieu de fils coudés, ce qui permet l'emploi d'autres substances : bois, verre, porcelaine, argile, etc.

Figure 118.

B. — Produire l'expérience du *cri* du soufre.

C. — Mettre dans une même flamme deux ustensiles identiques, munis l'un d'un manche en bois, l'autre d'un manche métallique, et constater l'inégalité d'échauffement.

D. — Couper une bouteille en deux :

1° Se procurer une forte ficelle et une bouteille. — 2° Enrouler un tour du milieu de la ficelle autour de la bouteille, en travers. — 3° Saisissant à deux les deux bouts, exécuter un mouvement de scie. — 4° Lorsque la ficelle commence à fumer, projeter une goutte d'eau froide sur l'endroit frotté. La bouteille se rompt.

REMARQUE. — Il est bon de limiter étroitement l'espace frotté en fixant de part et d'autre un tour ou deux d'une mauvaise ficelle ou même de papier. ⊥

En rodant sur du grès les bords de la section de chaque moitié de bouteille, on peut conserver ces deux moitiés ; la partie supérieure constitue un entonnoir ou une cloche tubulée, si elle est assez haute, et la partie inférieure, si le fond est plat, constitue un vase à précipiter.

2. — LIQUIDES

A. — 1° Dans un vase en verre haut, une éprouvette, par exemple, chauffer de l'eau. — 2° Y introduire de la sciure de bois, et constater la *convection.*

B. — Dans le même vase, mettre de l'eau pure. — 2° Déposer un thermomètre court dans le fond, et constater la température. — 3° Verser un peu d'éther ordinaire sur l'eau, et l'enflammer. — 4° Constater la nullité de l'ascension du thermomètre.

REMARQUES. — 1° Éviter d'approcher le flacon d'éther de toute flamme. — 2° Au lieu d'éther que l'on enflamme, on peut mettre sur l'eau de l'huile que l'on a chauffée au préalable.

3. — GAZ

1° Monter sur un support un fil de fer recourbé deux fois à angle droit en sens inverse. — 2° Avec une feuille de papier fort, faire une spirale. — 3° Disposer l'œil de la spirale sur le fil de fer. — 4° Introduire une source de chaleur au-dessous. — 5° Constater la convection de l'air par le mouvement imprimé à la spirale.

4. — TIRAGE DES CHEMINÉES

1° Se procurer un verre de lampe à pétrole, renflé. — 2° Le poser debout sur une table, après avoir mis dedans un morceau de bougie allumé, reposant lui-même sur la table. — 3° Remarquer qu'au bout de quelques instants la flamme pâlit, puis s'éteint. — 4° Recommencer l'expérience; mais, lorsque la flamme pâlit, prendre le verre avec la main, et sans lui faire quitter la table, le tirer au bord en entraînant la bougie, de manière que sa circonférence du bas dépasse un peu le bord de la table. — 5° Remarquer qu'alors la flamme se ranime. — 6° Recommencer de nouveau l'expérience au milieu de la table; mais, lorsque la flamme pâlit, placer en travers sur le haut du verre une épingle, et sur cette épingle un morceau de carton que l'on y fait adhérer par n'importe quel moyen; ce morceau de carton descendant un peu dans le tuyau, et ayant juste son diamètre en largeur. — 7° Remarquer qu'alors la flamme se ranime. — 8° Constater, en présentant une allumette enflammée de part et d'autre du carton, la présence d'un courant d'air descendant d'un côté, ascendant de l'autre.

5. — TIRER PARTI D'UNE BOUTEILLE CASSÉE

1° Remplir d'huile le fond du culot de la bouteille cassée, jusqu'à la hauteur où l'on veut la couper. — 2° Faire rougir au feu l'extrémité d'une tige de fer, et la plonger brusquement dans l'huile. — 3° La bouteille se casse instantanément au niveau du liquide, un coup sec de la main fait se séparer les deux parties. Le culot restant peut servir à divers usages [1].

REMARQUE. — On peut de même utiliser l'autre moitié après en avoir détaché la partie brisée ; pour cela, on opère de même, après avoir bouché le goulot et l'avoir mise à la renverse. — On peut encore couper la bouteille ainsi : mettre de l'eau dans le fond jusqu'au point où l'on veut qu'elle se coupe et la poser sur des charbons ardents. Elle casse juste au niveau de l'eau. Toutefois, cette expérience ne réussit sûrement que vers le fond. C'est ainsi que les charretiers se font une lanterne : ils engagent la bougie par le goulot, lequel est tourné en bas.

6. — MOUSSELINE INCOMBUSTIBLE

A. — 1° Sur une boule de métal appuyer un mouchoir de mousseline ordinaire, de façon à assurer un contact intime entre le métal et la mousseline. — 2° Sur la mousseline ainsi placée appliquer un charbon ardent. — 3° Remarquer que le charbon peut rester ainsi appliqué pendant plusieurs secondes sans que la mousseline soit brûlée, ou même roussie. (G. Tissandier.)

B. — 1° Appliquer le mouchoir précédent sur l'extrémité d'un bec de gaz, de la forme dite *papillon*, toujours de manière qu'il y ait contact intime entre le métal et la mousseline. — 2° L'y assujettir en l'attachant au-dessous par un fil de fer. — 3° Allumer le gaz au-dessus de la mousseline. — 4° Remarquer que le gaz peut brûler pendant plusieurs minutes avant de roussir la mousseline. (G. Tissandier.).

NOTA. — L'expérience qui consiste à faire bouillir de l'eau dans une boîte en papier est du même genre.

---

1. G. Tissandier.

7. — EXPÉRIENCE DE FRANKLIN SUR LA VENTILATION

1° Allumer une bougie. — 2° Se placer près d'une porte, en tenant la bougie près du sol. — 3° Ouvrir la porte et remarquer que la flamme s'incline vers l'appartement. — 4° Fermer la porte, et élever la bougie vers le haut. — 5° Ouvrir de nouveau et remarquer que la flamme s'incline vers le dehors.

8. — UN COUP DE POING FAMEUX

1° Étonner un morceau de silex (voir *Exercices généraux, Étonnement*). — 2° Remarquer, et faire remarquer qu'aucune trace de fracture n'est apparente. — 3° Le frapper d'un coup de poing; il se brise en plusieurs morceaux, ce qui peut faire croire aux spectateurs que c'est le coup de poing qui a été formidable.

9. — AUTRE EXPÉRIENCE SUR LA CONDUCTIBILITÉ DES SOLIDES

1° Prendre des baguettes des différents corps à éprouver, ayant le même diamètre et la même longueur, et aussi droites que possible. — 2° Les enfoncer par une extrémité dans un même bouchon de liège. — 3° Les chauffer ensemble par leur immersion simultanée dans de l'eau chaude. — 4° Les passer en même temps et d'un seul coup sur une bougie pour y prendre une légère couche d'acide stéarique. — 5° Après refroidissement, présenter à la fois l'extrémité de toutes ces baguettes à la flamme de la bougie, et attendre. — 6° Remarquer que l'acide stéarique fond plus vite sur certaines baguettes que sur d'autres, ce qui est mis en évidence par les gouttelettes d'acide qui se déplacent le long de ces baguettes.

XIX. — EXPÉRIENCES DIVERSES SUR LA CHALEUR

I. — EXPANSION DE LA GLACE

1° Enfermer de l'eau dans un flacon bien plein, fermer avec un bon bouchon. — 2° Congeler cette eau avec un mélange réfrigérant ou, en hiver, en l'exposant à la gelée. — 3° Constater la projection du bouchon, ou le bris du flacon.

2. — REGEL DE LA GLACE

1° Se procurer un bloc de glace et le disposer sur deux supports placés aux deux extrémités. — 2° L'entourer à demi d'un fil de fer portant suspendus des poids à ses deux bouts. — 3° Abandonner le tout plusieurs heures à lui-même, et constater le passage du fil au travers de la glace, sans diviser le bloc en deux.

3. — CALÉFACTION

1° Faire rougir une plaque de tôle bien unie. — 2° Laisser tomber dessus une goutte d'eau. — 3° Observer son maintien à l'état liquide et sphéroïdal. — 4° Remarquer qu'elle ne touche pas la plaque. — 5° Laisser refroidir lentement la plaque, et constater qu'à un moment donné la goutte se vaporise subitement.

4. — FROID PRODUIT PAR L'ÉVAPORATION

1° Se procurer un thermomètre sensible. — 2° Entourer le réservoir d'étoffe bien appliquée sur le verre. — 3° Mouiller successivement avec divers liquides en laissant évaporer chaque fois : eau, alcool, éther, sulfure de carbone. — 4° Constater les différentes dépressions du mercure.

5. — CHALEUR PRODUITE PAR LE FROTTEMENT

1° Remplir d'eau un mortier. — 2° Prendre la température de cette eau. — 3° Exécuter la manœuvre du pilon pendant assez longtemps. — 4° Prendre de nouveau la température, et constater l'élévation produite.

6. — MIROIR ARDENT OU LENTILLE ARDENTE

1° Se procurer une grosse loupe, ou un réflecteur métallique (un fond de vase concave, bien poli, peut servir). — 2° Concentrer à son aide les rayons solaires, ou ceux d'une autre source de chaleur lumineuse sur un réservoir de thermomètre. — 3° A l'aide de la chaleur solaire, enflammer du papier ou du bois.

7. — SURFUSION

1° Remplir un grand ballon à moitié d'eau. — 2° Le boucher avec un bouchon percé de trois trous, l'un pour un tube à dégagement de vapeur, l'autre pour un tube à essai, le dernier pour un thermomètre. — 3° Mettre dans le tube à essai, un morceau de phosphore et de l'eau. — 4° Chauffer doucement le ballon. — 5° Constater qu'à 44° le phosphore fond. — 6° Retirer le ballon du feu, et laisser refroidir lentement. — 7° Constater que le liquide reste dans ce même état au-dessous de 44°. — 8° Le solidifier en y jetant un très petit fragment du même corps.

8. — DÉTERMINATION DU POINT DE FUSION

1° Disposer le solide à fondre dans le récipient où il doit être fondu, et mettre le thermomètre en contact avec le corps. — 2° Chauffer ensuite et observer le thermomètre. Remarquer qu'à partir du début de la fusion il ne varie pas pendant la durée.

Remarque. — Ce procédé n'est praticable que pour des corps ayant leur point de fusion pas trop élevé, 150° au maximum ; au delà, il faut employer une disposition analogue à celle employée pour constater la surfusion ; mais, au lieu d'un bain de vapeur, il faut un bain d'un liquide pouvant atteindre la température de fusion du corps sans bouillir, ce qui permet d'aller jusqu'à 300°. Au delà, cette détermination ne peut se faire par des moyens élémentaires.

9. — MESURER
L'ÉTAT HYGROMÉTRIQUE DE L'AIR A L'AIDE DE L'HYGROMÈTRE DE CONDENSATION

A. — *Mesure approximative.*

1° Mettre un peu d'éther dans un verre à pied. — 2° Y plonger un thermomètre. — 3° Activer l'évaporation de cet éther à l'aide d'un soufflet relié par un tube de caoutchouc à un tube en verre aboutissant dans le liquide. — 4° Saisir l'instant où une légère buée apparaît sur l'extérieur du verre. — 5° Noter aussitôt la température accusée par le thermomètre qui est dedans. — 6° Dans une table des tensions maxima de la vapeur d'eau, lire à quelle tension maximum correspond cette température. — 7° Prendre la température de l'air ambiant avec un autre thermomètre. — 8° Dans la même table, chercher quelle tension maximum correspo.1 à cette température. — 9° Diviser la première tension trouvée par cette dernière : le quotient est l'état hygrométrique cherché. On l'exprime en centièmes, que l'on prend du reste habituellement par unités; ainsi 0 79 se lit et s'écrit même 79.

B. — *Mesure par l'hygromètre de Daniell.*

1° Verser goutte à goutte de l'éther sur la mousseline de la boule vide (*fig.* 119). — 2° Saisir l'instant où apparaît la buée sur la boule qui contient le liquide, et lire les indications du thermomètre qui y est contenu, en ayant soin de ne pas projeter son haleine sur l'appareil, ni de trop en approcher. — 3° Saisir de même l'instant où la buée disparaît et noter de nouveau la température intérieure. — 4° Prendre

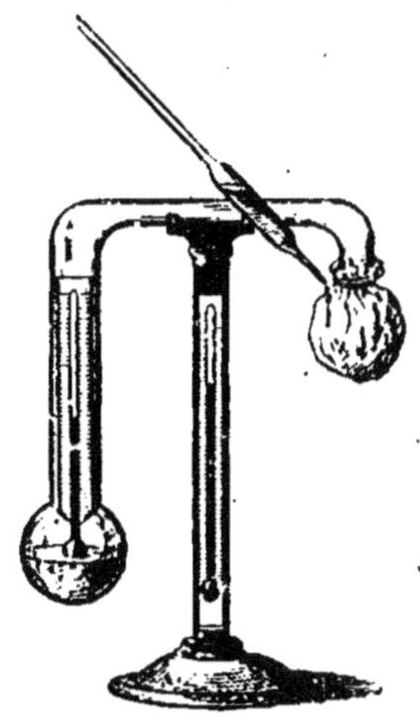

Fig. 119.

la moyenne des deux températures. — 5° Continuer comme il est dit plus haut (A).

C. — *Mesure par l'hygromètre d'Alluard.*

1° Introduire de l'éther dans le récipient de l'appareil. — 2° Mettre la tubulure qui aboutit dans ce récipient en communication avec un soufflet. — 3° Souffler. — 4° Saisir l'instant où apparaît la buée sur la face antérieure du récipient, et noter la température accusée par le thermomètre qui est plongé dedans. — 5° Saisir de même l'instant où disparaît la buée, et noter de nouveau la température. — 6° Prendre la moyenne des deux températures. — 7° Continuer comme en A.

10. — DÉGAGEMENT DE CHALEUR, OU PRODUCTION DE FROID PAR L'AIR COMPRIMÉ

1° Prendre un thermomètre et le fixer à la portée de la main. — 2° S'armer d'un soufflet et souffler énergiquement sur son réservoir, en tenant le soufflet très près de ce réservoir. — 3° Constater que le thermomètre monte. — 4° Recommencer l'expérience, à une distance plus grande. — 5° Constater qu'alors le thermomètre baisse.

REMARQUE. — On peut faire de la glace avec un soufflet. Voici comment : enfoncer dans l'ouverture du tuyau du soufflet un morceau de papier buvard, enroulé en cylindre et découpé en franges. Tremper ces franges dans de l'éther ou de la benzine, puis souffler vigoureusement. Au bout de quelques instants, remarquer que le papier se couvre d'une véritable *gelée blanche.*

11. — NOTION DE LA QUANTITÉ DE CHALEUR
(CAPACITÉ CALORIFIQUE)

1° Prendre un égal poids d'eau et d'huile (ou tout autre liquide). — 2° Chauffer de l'huile jusqu'à une température quelconque, 80° par exemple. — 3° Prendre la température de l'eau, soit 15°. — 4° Mêler cette eau à l'huile chaude, et agiter de manière à obtenir une émulsion aussi homogène que possible. — 5° Prendre la température de ce mélange. — 6° Constater que cette température n'est pas du tout la moyenne des deux autres, mais lui est bien inférieure, ce qui prouve qu'il faut beaucoup plus de chaleur pour chauffer l'eau que pour chauffer un même poids d'huile porté à la même température.

12. — GLACE OBTENUE PAR LE FROID DU A L'ÉVAPORATION

1° Mettre de l'éther ou du sulfure de carbone dans un verre. — 2° Enfermer de l'eau dans un tube à essai mis dans le verre, ou dans un couvercle de flacon, en étain ou en fer-blanc, mis à flotter sur l'éther. — 3° Faire arriver dans ce dernier le courant d'air provenant d'un soufflet. — 4° Constater qu'au bout de peu de temps, l'eau est congelée.

13. — PRÉPARATION D'UN LIQUIDE INCONGELABLE

A. — Mélanger de l'eau avec trois fois son volume d'alcool dénaturé

B. — Préparer une solution saturée à froid de chlorure de calcium

C. — Préparer une solution saturée à froid de chlorure de magnésium.

D. — Mélanger de l'eau avec son volume de glycérine.
Ces quatre liquides sont incongelables, et peuvent, à ce titre, être employés dans les compteurs, gazomètres, etc.

XX. — ÉTUDE DES PHÉNOMÈNES DUS A LA CHALEUR RAYONNANTE

I. — PROPAGATION DE LA CHALEUR DANS LE VIDE

1° Se procurer un petit flacon à large col. — 2° Le boucher avec un bouchon percé de deux trous, et trempé préalablement dans la paraffine pour être tout à fait imperméable. — 3° Introduire dans l'un un thermomètre, dont le réservoir atteigne au centre du flacon. — 4° Introduire dans l'autre un tube de verre d'environ 80 centimètres de long, qui traverse juste le bouchon. — 5° Luter soigneusement les deux tubulures, soit avec de la paraffine, soit avec une solution de cire à cacheter dans l'alcool, soit simplement avec de la bougie fondue. — 6° Remplir tube et flacon de mercure. — 7° Renverser le tube dans une cuve à mercure, comme dans l'expérience de Torricelli. — 8° Le mercure descend et laisse un vide dans le flacon. Présenter une source de chaleur, et constater que le mercure du thermomètre monte.

2. — POUVOIR ÉMISSIF

1° Se procurer un vase pouvant contenir de l'eau chaude. — 2° Le recouvrir successivement de diverses substances : noir de fumée, craie, etc. — 3° Placer chaque fois, *la température de l'eau restant la même*, un thermomètre à *une même distance*. — 4° Constater l'inégalité de l'ascension du mercure dans chaque cas. — 5° Etablir la liste des corps employés, par ordre de *pouvoir émissif*.

REMARQUE. — Il est plus commode de se construire un *cube de Leslie*. On prend une boîte cubique ou prismatique en fer-blanc, bien étanche. On recouvre chaque face latérale d'une substance différente, en laissant la quatrième face libre, ce qui fait quatre substances, en y comprenant l'étain. On le remplit d'eau chaude et on met le couvercle. Il suffit de le tourner devant le thermomètre pour faire les quatre essais.

3. — POUVOIR RÉFLECTEUR

1° Prendre des plaques de diverses substances : cuivre, acier, fer-blanc, verre, verre couvert de noir de fumée, etc. — 2° Placer la source de chaleur sur une table. — 3° A quelque distance, placer une des plaques sur la table, dans un plan vertical, et de façon que les rayons calorifiques lui arrivent sous un angle d'environ 40° à 50°. Elle doit être à la même hauteur que la source. — 4° Placer le thermomètre sur le trajet des rayons réfléchis ; se rappeler que l'angle d'incidence est égal à l'angle de réflexion. — 5° Constater et noter la valeur de l'ascension du thermomètre. — 6° Remplacer la plaque par une autre, et faire la même constatation. Et ainsi de suite. — 7° Classer les substances dont sont composées les plaques par ordre de *pouvoir réflecteur*.

4. — MIROIRS ARDENTS

1° Prendre deux poêlons de cuivre, à fond hémisphérique et bien poli. — 2° Les placer sur le flanc, en face l'un de l'autre, à une certaine distance, les centres à la même hauteur. — 3° Évaluer à vue d'œil la position du centre de la sphère à laquelle appartient chacun de ces fonds. — 4° Au milieu de la distance qui sépare chacun de ces centres du fond lui-même, c'est-à-dire aux foyers de ces sortes de miroirs, placer d'un côté un thermomètre, de l'autre une source de chaleur. — 5° Remarquer que le thermomètre monte beaucoup plus que si le miroir était enlevé, ce que l'on peut faire, du reste. — 6° Si la source de chaleur est suffisante, mettre de l'amadou à la place du thermomètre, et constater qu'il s'enflamme.

REMARQUE. — A défaut de poêlons métalliques, on peut prendre deux *plats à salade*.

5. — POUVOIR ABSORBANT

A. — 1° Recouvrir le réservoir d'un thermomètre successivement de diverses substances : noir de fumée, craie, drap, mousseline, minium, etc. — 2° Le présenter chaque fois, à *une même distance*, d'une source de chaleur *maintenue constante*. — 3° Constater l'inégalité de l'ascension du mercure dans chaque cas. — 4° Établir la liste des corps employés par ordre de *pouvoir absorbant*.

B. — 1° Prendre une feuille de fer-blanc.
2° Tracer sur une de ses faces un réseau de carrés.
3° A l'aide de blanc de Troyes, et de noir de fumée délayé dans un peu d'encre ordinaire, peindre ces carrés alternativement en blanc et en noir, en adoptant la disposition du damier.
4° De l'autre côté de la feuille, à l'aide d'un peu de cire, coller,

derrière chaque carré, un petit objet métallique, tel qu'un sou, un bouton en métal, etc.

5° Dresser verticalement la feuille.

6° Disposer au devant de la face coloriée une lampe à alcool (à 20 centimètres), ou un bec de gaz (à 30 centimètres).

7° Allumer la source de chaleur.

8° Remarquer que les objets collés derrière les carrés noirs tombent bien avant ceu collés derrière les carrés blancs.

REMARQUE. — Cette expérience peut être variée de bien des manières.

6. — POUVOIR DIATHERMANE DU VERRE

1° Se procurer un flacon carré, un peu grand. — 2° Y introduire un thermomètre, et boucher. — 3° Disposer ce flacon entre une source de chaleur et un autre thermomètre. La source de chaleur doit être une flamme. — 4° Constater que celui du flacon monte, et non l'autre. — 5° Recommencer l'expérience, en plaçant le deuxième thermomètre entre la source de chaleur et le flacon. — 6° Constater que, dans ce cas, le thermomètre du flacon monte plus lentement que l'autre, mais finit par monter plus haut. — 7° Éloigner la source de chaleur, et abandonner en place flacon et thermomètre. — 8° Constater, au bout de deux ou trois heures, que le thermomètre du flacon n'a que peu baissé, tandis que l'autre n'accuse que la température de l'air ambiant. — 9° Recommencer l'expérience avec le *cube de Leslie* au lieu de la flamme, et remarquer qu'alors le thermomètre du flacon ne monte dans aucun cas.

7. — ALLUMER DU FEU A DISTANCE

1° Disposer du papier sur un support quelconque.

2° S'armer d'une loupe et, à son aide, diriger les rayons du soleil sur le papier, en se plaçant de façon à la mettre au foyer.

3° Remarquer l'inflammation du papier. On peut ainsi allumer de l'étoffe, du bois, une cigarette, etc.

REMARQUE GÉNÉRALE. — Toutes les expériences précédentes peuvent être faites avec un thermomètre ordinaire. Mais il est plus avantageux, surtout pour celles où la chaleur doit agir à distance, de les effectuer avec un thermomètre à air quelconque, un thermomètre différentiel, par exemple. Si l'on ne possède aucun thermomètre à air, on peut employer, à titre de thermoscope, l'appareil qui a servi à démontrer la dilatation du gaz (voir Manipulation sur les *Dilatations*).

XXI. — OBSERVATIONS MÉTÉOROLOGIQUES

I. – NUAGES

1° Noter la *nature* des nuages (*cumulus, stratus, nimbus*, etc.). — 2° Noter leur *direction*. (Il en résulte la connaissance du *vent supérieur.*) — 3° Noter leur *couleur*.

2. — VENT INFÉRIEUR

A. — *Noter sa direction.*

a) A l'aide de la *girouette; b*) en humectant son doigt et le tenant en l'air. (Le côté qui se refroidit le plus vite est celui d'où vient le vent.)

B. — *Noter sa vitesse.*

(*Construction d'un anémomètre*). — Fixer quatre demi-coquilles de noix, à l'aide de colle, aux deux extrémités de deux bâtonnets en croix. Ces deux bâtonnets sont supportés par une tige qui pivote en même temps, et qui porte un taquet. Ce taquet est fait de telle sorte qu'à chaque rotation il soulève un petit guichet d'une boîte; par cette ouverture tombe une petite bille ou un petit caillou. Autant de cailloux tombés, autant de tours faits par la tige. Cette tige doit avoir une hauteur suffisante pour recevoir le vent de tous les côtés.

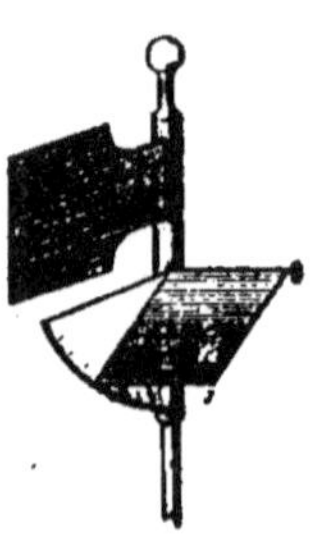

Fig. 120.

C. — *Noter son intensité.*

1° Fixer un pivot de bois en terre, et monter dessus une douille en bois, telle qu'un vieux moyeu d'une petite voiture, pouvant tourner aisément autour du pivot (*fig*. 120.) — 2° Sur le côté de la douille fixer une feuille de fer-blanc ou de carton, un peu grande, dans le plan même du pivot. Elle servira à l'orientation de la douille, à la façon de la girouette. — 3° A angle droit de la feuille précédente, planter dans la douille une tige qui lui soit perpendiculaire, et suspendre à cette tige une feuille de fer-blanc. — 4° Appliquer contre la même douille une feuille de carton, demi-circulaire, divisée comme un rapporteur, placée de telle façon que la tige précédente soit en son centre. Le vent, en poussant le fer-blanc, lui fera prendre une inclinaison sur la verticale, qu'on évaluera sur le rapporteur, et que l'on traduira en kilogrammes d'après le tableau ci-contre.

ANGLES	PRESSIONS	NATURE DU VENT
5°	1 kilog.	Mouvement léger.
20°	4 —	Brise légère.
35°	9 —	— fraîche.
45°	16 —	— forte.
54°	25 —	Vent fort.
60°	26 —	— violent.
64°	49 —	— très violent.
67°	64 —	Bourrasque.
69°,5	81 —	Tempête.
70°	100 —	Grande tempête.
74°,5	144 —	Ouragan.

3. — THERMOMÈTRE DU BAROMÈTRE

Prendre la hauteur du liquide sans s'avancer trop près, de sorte que l'haleine de l'observateur ne puisse le faire remonter.

4. — BAROMÈTRE FORTIN

1° Mettre le mercure de la cuvette au zéro de l'échelle. — 2° Poser une bande de papier derrière le baromètre, à la hauteur du mercure. Faire descendre le curseur à vernier au niveau du ménisque. — 3° Compter les millimètres et les dixièmes de millimètre à l'aide du vernier. — 4° Faire redescendre le mercure dans la cuvette, à l'aide de la vis. — 5° Effectuer la correction due à la température, constatée plus haut, et d'après la formule.

5. — THERMOMÈTRE SEC

Évaluer en degrés et dixièmes de degré, la hauteur du mercure.

6. — THERMOMÈTRE MOUILLÉ

1° Évaluer en degrés et dixièmes de degré, la température du jour (entretenir toujours de l'eau dans le siphon). — 2° De la comparaison avec la température du *thermomètre sec*, déduire à l'aide de la *formule psychrométrique l'état hygrométrique* de l'air.

7. — THERMOMÈTRE A MINIMA

1° Noter le point de l'index le plus rapproché du niveau de l'alcool. — 2° Après l'observation, faire remonter l'index vers le niveau de l'alcool, par de petites secousses avec le doigt.

8. — THERMOMÈTRE A MAXIMA

1° Noter le niveau du mercure. — 2° Faire rentrer la colonne de mercure dans la cuvette par de petites secousses comme précédemment, ou bien en faisant tourner l'appareil comme une fronde.

9. — PLUVIOMÈTRE

1° Verser l'eau du pluviomètre dans l'éprouvette graduée. — 2° Inscrire le nombre de millimètres. — 3° Avoir soin, à chaque fois, de refermer le robinet.

Nota. — Moyen de se construire un pluviomètre : On prend un entonnoir dont on connaît la surface du cercle supérieur supposé plan. On prend une éprouvette dont on connaît la surface du fond. On peut ainsi obtenir le rapport entre ces deux surfaces, qui permettra d'obtenir la hauteur d'eau tombée par centimètre carré. — Ainsi, si l'éprouvette a 6 centimètres carrés de base et l'entonnoir 24 centimètres carrés de cercle supérieur, le rapport des deux surfaces est $\frac{6}{24} = \frac{1}{4}$. Si dans l'éprouvette l'eau atteint 40 millimètres, c'est que, sur la surface du cercle supérieur de l'entonnoir, si celui-ci avait été plan, elle se serait élevée de $\frac{40}{4}$mm $= 10$mm, et sur 1 centimètre carré elle se serait élevée évidemment à la même hauteur.

IO. — ASPECT DU CIEL

Noter s'il est *clair*, *couvert* ou *brumeux*.

XXII. — MESURES PHOTOMÉTRIQUES

Observation générale. — Se procurer le matériel suivant : deux petits écrans blancs de même surface ; une boîte rectangulaire avec une cloison médiane noircie à l'intérieur et fermée à une extrémité par une feuille de papier huilé ; un écran blanc, une tige verticale noircie ; une feuille de papier blanc avec une tache d'huile au milieu remplaçant le photomètre de Bunsen ; des sources lumineuses d'intensités différentes.

I. — VÉRIFICATION DE LA LOI FONDAMENTALE

La quantité de lumière reçue par un objet diminue à mesure que la distance de l'objet à la source lumineuse augmente. — 1° Placer dans une chambre noire les deux petits écrans en présence d'une même source lumineuse, mais l'un beaucoup plus éloigné que l'autre. — 2° Constater la différence d'éclairement.

2. — COMPARAISON DES INTENSITÉS DE DEUX LUMIÈRES

a — A l'aide de la boîte rectangulaire.

1° Placer à la même distance du fond en papier une lumière dans chaque partie de la boîte. — 2° Constater la différence d'éclairement de part et d'autre, si les deux sources ne sont pas de même intensité. — 3° Les éloigner du fond jusqu'à égalité d'éclairement. — 4° Mesurer les distances des lumières au fond ; le quotient de leurs carrés donne le rapport inverse des intensités des lumières.

b — Photomètre de Rumford.

1° Disposer la tige noircie en avant de l'écran. — 2° Placer l'une des lumières en un point fixe et éloigner l'autre jusqu'à ce que les deux ombres portées sur l'écran vertical aient la même intensité. — 3° Mesurer les distances comme précédemment.

c — Photomètre de Bunsen.

1° Disposer l'écran avec tache d'huile entre les deux lumières de sorte que la tache paraisse opaque ; l'éclairement est alors le même sur les deux faces. — 2° Mesurer comme précédemment les distances des lumières à l'écran.

3. — COMPARAISON DE L'ÉCLAIRAGE
DE PLUSIEURS SOURCES LUMINEUSES, AU POINT DE VUE
DU PRIX DE REVIENT

1° Préparer les sources lumineuses, soit un bec de gaz, une bougie, et une lampe à huile ou à pétrole. — 2° Peser la lampe et la bougie.

— 3° Allumer d'abord le bec de gaz et la lampe, en ayant soin de régler la flamme du bec de gaz de manière à obtenir sur un écran le même éclairement. On y arrive plus facilement en employant le photomètre de Rumford. — 4° Laisser brûler pendant une demi-heure. — 5° Compter au compteur le nombre de litres de gaz dépensés pendant ce temps. — 6° Multiplier ce nombre par le prix du litre : on a le prix du gaz dépensé. — 7° Peser la lampe, évaluer la diminution de poids. — 8° Multiplier la diminution constatée par le prix du kilogramme d'huile. On a le prix de l'huile dépensée. — 9° Comparer les deux prix, qui représentent le coût du même éclairage pendant le même temps. — 10° Effectuer la même série d'expériences entre le gaz et la bougie, laquelle est pesée au bout de la demi-heure. — 11° Comparer les trois prix qui représentent l'éclairage pendant le même temps.

REMARQUE. — La deuxième série d'expériences (gaz et bougie) représente, comme la première, l'éclairage pendant un même temps, mais non le même éclairage que dans la première. Pour avoir une comparaison plus précise, il faut que les trois éclairages soient les mêmes. Il faut donc commencer par la bougie, et régler sur elle l'éclairage de la lampe et du gaz.

XXIII. — EXPÉRIENCES SUR LES MIROIRS

I. — MIROIR PLAN

1° Observer l'image donnée par un miroir plan, et constater qu'elle est toujours virtuelle, en cherchant à la recevoir sur un écran, ce qui est impossible. — 2° Regarder le miroir très obliquement, et constater la double réflexion des deux surfaces parallèles, c'est-à-dire le verre et le tain. — 3° Vérifier approximativement les lois de la réflexion à l'aide d'une règle placée parallèlement au miroir et près de lui, faisant tomber

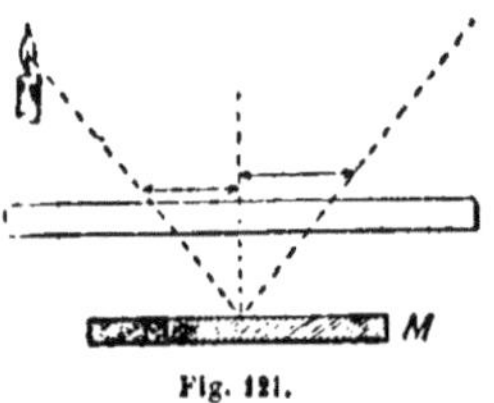

Fig. 121.

obliquement sur le miroir la lumière d'une bougie en rasant la règle, et notant que dans ce cas, le rayon réfléchi la rase aussi, et à une distance de la normale égale à la distance du rayon incident à la même normale (*fig.* 121). — 4° En conclure l'égalité des deux angles d'incidence et de réflexion.

2. — MIROIR CONCAVE

1° Recherche du *foyer principal* : faire tomber sur le miroir des rayons parallèles à l'axe, et chercher sur cet axe le point le plus éclairé à l'aide d'un petit écran de papier disposé au bout d'une règle. — 2° Recherche des *foyers conjugués* et *images* : Placer la flamme d'une bougie : a) au delà du centre du miroir, noter la *réalité*, le *sens* et la *grandeur* de l'image; b) au centre, mêmes constatations; c) entre le centre et le foyer principal, mêmes constatations; d) au foyer principal, mêmes constatations; e) entre le foyer et le miroir, mêmes constatations. — 3° Pour une position déterminée de la flamme, calculer la grandeur de l'image, et vérifier sur nature l'exactitude de la réponse trouvée.

3. — MIROIR CONVEXE

Mêmes expériences et mêmes constatations que pour le miroir concave.

Remarque. — On peut se procurer un miroir *courbe* à peu de frais, en argentant l'intérieur d'un ballon par l'un des procédés indiqués dans les Manipulations de chimie (*Métaux précieux, Aldéhydes*, etc.). On détache ensuite la calotte du fond, c'est un excellent miroir.

4. — LE SPECTRE DE BANCO

1° Se placer derrière une table formant écran pour le spectateur. — 2° Un peu en arrière, et à hauteur de la table, placer une glace sans tain sur une chaise, en l'inclinant vers la table d'environ 60°. — 3° Habiller une poupée de mousseline blanche disposée de manière à former un suaire. — 4° La promener derrière la table. Les spectateurs, si tout est bien disposé pour leur vue, la voient derrière la glace.

Nota. — Cette expérience explique le fonctionnement des fantômes dans les théâtres.

5. — DIFFUSION SPÉCULAIRE

1° Étaler une feuille de papier blanc sur le bord d'une table. — 2° Placer une bougie allumée à côté et un peu au-dessus. — 3° Remarquer que le papier est bien blanc, mais que l'on n'y voit aucune image. — 4° Abaisser la bougie, la feuille devient plus sombre. — 5° Mettre la flamme au ras de la table, et regarder le papier, le rayon visuel le rasant. — 6° Regardez l'image renversée de la flamme, assez nette.

6. — CONSTRUCTION D'UN KALÉIDOSCOPE

1° Prendre une boîte en carton étroite, cylindrique : conserver son couvercle, mais enlever le fond. — 2° Dans une vieille glace, couper trois lames de verre, ayant la longueur de la boîte, et comme largeur, le côté du triangle équilatéral inscrit dans le fond de la boîte. — 3° Enfoncer ces trois lames longitudinalement dans la boîte, disposées en prisme triangulaire équilatéral. — 4° A la place du fond, coller une rondelle de parchemin végétal. — 5° Introduire dans l'appareil de petits morceaux de verre, colorés de diverses nuances. — 6° Percer le fond du couvercle d'un petit trou, puis mettre ce couvercle en place. — 7° Regarder par le petit trou en tournant le tube; remarquer les variations du dessin.

7. — LE BOUQUET FANTOME

1° Placer debout un miroir concave. — 2° En avant, et à quelque distance (distance que l'on trouve en tâtonnant), placer une petite

Figure 122.

caisse rectangulaire ouverte, debout sur une de ses petites faces. Une boîte à cigares convient parfaitement. — 3° Suspendre à l'intérieur de cette caisse, et à la renverse, un bouquet de fleurs. — 4° Poser sur la caisse un vase porte-bouquet, et régler la hauteur du tout de telle façon que le rebord du vase soit à peu près à hauteur du milieu du miroir. — 5° Se placer au delà de la boîte, et remarquer qu'à une certaine distance on croit voir le bouquet dans le vase (*fig.* 122).

8. — DÉCALQUE OPTIQUE

1° Placer le dessin à copier, et la feuille sur laquelle on veut le relever, à côté l'un de l'autre sur une table. — 2° Placer entre les deux une feuille de verre à vitre, dans un plan vertical. — 3° Se placer soi-même du côté du dessin, et mettre sa main droite sur la feuille blanche. — 4° Regarder cette feuille au travers de la vitre; grâce à la réflexion sur le verre, on voit le dessin projeté sur elle, il suffit d'en suivre les contours avec un crayon.

9. — MESURER LA HAUTEUR D'UN ARBRE A L'AIDE D'UN MIROIR

1° Placer par terre un miroir, à quelque distance de l'arbre, de telle sorte qu'il soit bien horizontal. — 2° Se placer debout à côté du miroir,

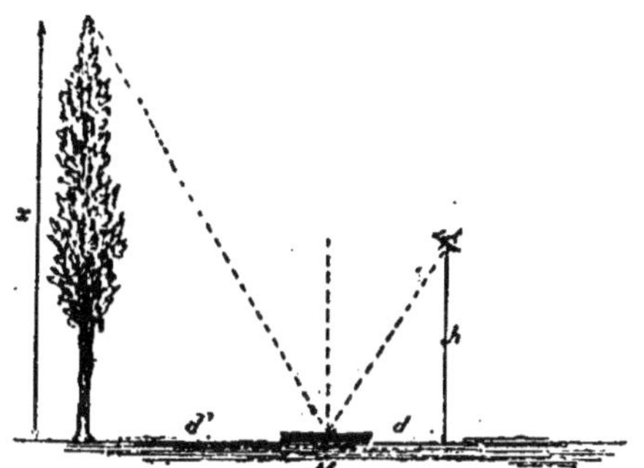

Figure 123.

de façon à y voir dedans le point extrême de l'arbre. — 3° Mesurer ou faire mesurer la distance d du pied de la perpendiculaire abaissée des yeux sur le sol au point du miroir où l'on voit la pointe. — 4° Mesurer de même la distance d' de ce dernier point au pied de l'arbre. On doit connaître la hauteur h de ses yeux au-dessus du sol lorsque l'on est debout (*fig.* 123). — 5° Écrire $\frac{d}{d'} = \frac{x}{h}$ (triangles semblables), d'où $x = \frac{dh}{d'}$.

XXIV. — ÉTUDE DE LA RÉFRACTION EN GÉNÉRAL

I. — CONSTATATION D'UN FAIT USUEL

1° Vérifier qu'un bâton plongé obliquement dans l'eau semble brisé.
— 2° Se rendre compte du changement de direction qu'éprouvent les
rayons lumineux en passant de l'eau dans l'air.

2. — EXPÉRIENCE DE LA PIÈCE DE MONNAIE

1° Placer une pièce de monnaie dans un vase à parois non transparentes. — 2° S'éloigner jusqu'à ce qu'on ne l'aperçoive plus, ce qui
arrive lorsque les rayons lumineux sont interceptés par la paroi du
vase. — 3° Verser de l'eau dans le vase jusqu'à ce que l'on puisse apercevoir de nouveau la pièce par suite du redressement des rayons lumineux.

3. — LAMES

1° Poser une lame de verre sur une feuille de papier où l'on a tracé
des lignes très fines. — 2° Remarquer qu'on aperçoit dans les lignes
une solution de continuité qu'on ne voit pas sans cela.

4. — RÉFLEXION TOTALE

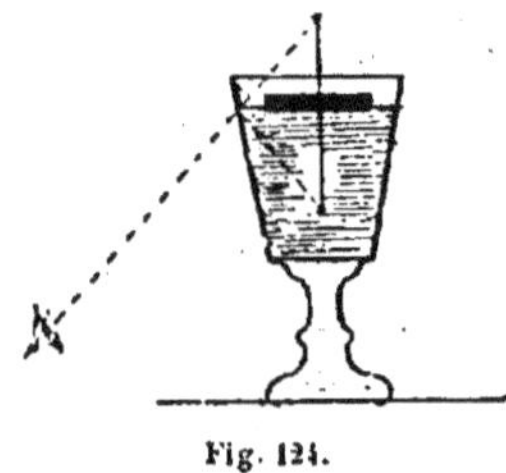

Fig. 124.

1° Enfoncer une épingle dans un large
bouchon. — 2° Faire flotter le bouchon
sur l'eau, l'épingle en bas, dans un verre
dont l'évasement soit le double de la surface du bouchon. — 3° Regarder par en
dessous jusqu'à ce que l'épingle paraisse
être au-dessus du bouchon. — 4° Constater
que le rayon visuel fait avec la surface
supérieure du liquide un angle supérieur
à l'angle limite de l'eau (*fig.* 124).

5. — PRISME

1° Faire arriver un rayon lumineux sur un prisme. — 2° Constater
qu'il est dévié vers la base lorsqu'il sort de l'autre côté. — 3° Remar-

quer de plus que ce rayon lumineux est décomposé, c'est-à-dire que
la lumière blanche n'est plus franche. — 4° Faire
tourner le prisme sur lui-même, et remarquer
que le rayon qui en sort se déplace dans l'espace.
Noter sa *déviation minimum*.

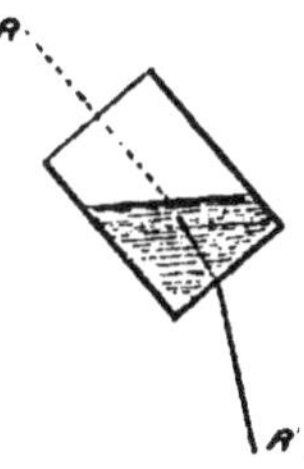

Figure 125.

REMARQUE. — Le coin d'une caisse en verre peut
servir de prisme. On peut aussi utiliser comme prisme
un verre à demi plein d'eau que l'on incline de façon
à faire entrer le rayon lumineux par la surface de l'eau,
et à le laisser sortir par le fond du verre, ou *vice
versa* (*fig.* 125). Constater aussi que les objets vus au
travers du prisme paraissent relevés.

6. — DÉMONSTRATION DES LOIS DE LA RÉFRACTION

1° Prendre une terrine pleine d'eau (*fig.* 126). — 2° Découper une
feuille de carton en cercle. — 3° Tracer deux diamètres rectangulaires, et planter une épingle à leur rencontre. — 4° Plonger ce carton dans l'eau, perpendiculairement à sa surface, jusqu'à affleurement
de l'un des diamètres. — 5° Prenant une autre épingle, et plongeant

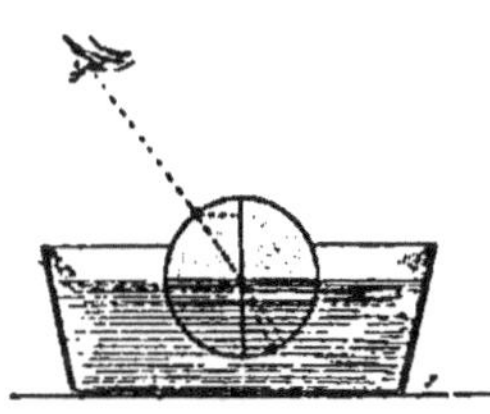

Figure 126.

la main dans l'eau, chercher le bord
du carton dans la partie immergée, où
il faut la planter pour que, l'œil restant immobile, elle soit masquée par
l'épingle du centre, et la planter au
point trouvé. — 6° Planter une troisième épingle sur le bord opposé,
c'est-à-dire en dehors de l'eau, et dans
l'alignement apparent des deux premières. — 7° Sortir le carton de l'eau,
et constater que les trois épingles ne sont pas du tout en ligne droite,
et que celle qui était immergée est plus basse qu'elle ne paraissait
être. — 8° De chacune des deux épingles situées au bord, abaisser
des perpendiculaires sur le diamètre qui était vertical. — 9° Comparer entre elles les longueurs de ces deux perpendiculaires, et en
déterminer le rapport : on doit trouver 3/4, puisque l'on a opéré avec
l'air et l'eau. — 10° Recommencer l'expérience, en changeant les
épingles de place, et vérifier que l'on trouve toujours ce nombre-là,
ce qui vérifie les lois [1].

REMARQUE. — Le même appareil peut servir à démontrer les lois de la

1. Tom Tit. *La Science amusante.*

réflexion. Il suffit de placer la deuxième épingle, non plus dans l'eau, mais en dehors, en cherchant en quel point il faut la mettre pour que son image réfléchie se confonde avec celle du centre. On met la troisième sur cet alignement et, abaissant deux perpendiculaires sur le diamètre vertical, on remarque qu'elles sont dans l, prolongement l'une de l'autre, ce qui vérifie les lois.

XXV. — EXPÉRIENCES SUR LES LENTILLES

I. — LENTILLES CONVERGENTES

1° Recherche du *foyer principal*. — Faire tomber sur la lentille des rayons parallèles, et chercher à l'aide d'un écran le point le plus éclairé de cet axe. — 2° Recherche des *foyers secondaires* et *images*. — Placer une flamme de bougie :

<table>
<tr><td>a) Au delà du double de la distance focale principale.</td><td rowspan="5">} Noter la réa-
lité, le sens,
la grandeur
de l'image.</td></tr>
<tr><td>b) Au double de la distance focale principale........</td></tr>
<tr><td>c) A moins du double, mais au delà du foyer.........</td></tr>
<tr><td>d) Au foyer principal...............................</td></tr>
<tr><td>e) Entre le foyer et la lentille.......................</td></tr>
</table>

— 3° Pour une position donnée de la flamme, calculer la grandeur de l'image, vérifier sur nature l'exactitude de la réponse.

2. — LENTILLES DIVERGENTES

1° Recherche du *foyer principal :* a) couvrir une des faces de la lentille de noir de fumée, sauf en deux points symétriquement placés par rapport à l'axe principal; b) recevoir sur l'autre face un faisceau de lumière parallèle; c) disposer un écran à une distance telle que la distance entre les deux images que l'on y obtient soit double de la distance entre les deux points non noircis. La distance de l'écran à la lentille est la distance focale principale. — 2° Mêmes expériences que pour les lentilles convergentes. — 3° Comme au 3° des *lentilles convergentes.*

3. — LENTILLE D'EAU

1° Remplir d'eau un petit ballon. — 2° Constater qu'on peut s'en servir comme *loupe* (*fig.* 127). — 3° Constater qu'on peut s'en servir aussi comme lentille à concentrer les rayons lumineux. — 4° Constater enfin qu'on peut s'en servir comme lentille à concentrer les rayons calorifiques du soleil; enflammer de l'amadou, du papier, etc.

4. — THÉORIE DES LUNETTES

A. — *Lunette astronomique.* — 1° Prendre une lentille biconvexe de la main gauche, et, étendant le bras, regarder un objet éloigné au travers, ou recevoir son image

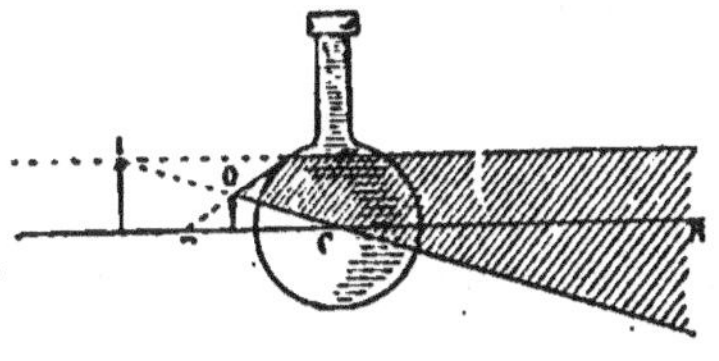

Figure 127.

sur un écran translucide. — 2° Prendre une autre lentille, biconvexe de la main droite, et la placer entre l'œil et la première lentille, ou en avant de l'écran sur laquelle on reçoit l'image donnée par cette première lentille. — 3° Remarquer la différence de grandeur accusée par l'image. — 4° Varier les positions respectives des deux lentilles, et jusqu'à obtenir le maximum d'agrandissement *uni au maximum de netteté.* — 5° Vérifier alors les positions respectives qu'elles occupent par rapport à leurs foyers, et constater qu'on ne peut recueillir sur un écran l'image que l'on voit. Évaluer le grossissement.

REMARQUE. — La même expérience explique la théorie du microscope composé.

B. — *Lunette de Galilée.* — Même expérience, sauf que la lentille de la main droite est une lentille biconcave, et qu'il faut l'approcher davantage de la première lentille pour voir l'image.

5. — THÉORIE DU TÉLESCOPE A RÉFLEXION

1° Disposer un miroir concave en face d'un objet éloigné. — 2° Chercher l'image avec un écran. — 3° Placer sur le trajet des rayons, entre le miroir concave et l'écran, un petit miroir plan incliné à 45° sur l'axe du premier miroir. — 4° Chercher la nouvelle image avec l'écran. — 5° Interposer, sur le trajet des rayons, entre le miroir plan et la nouvelle position de l'écran, une lentille biconvexe. — 6° Regarder l'image à travers cette lentille. — 7° Varier les positions de cette lentille jusqu'à obtenir le maximum d'agrandissement, *uni au maximum de netteté.* — 8° Vérifier alors les positions respectives des trois objets : miroir concave, miroir plan, et lentille. Constater qu'on ne peut recevoir la dernière image sur un écran. Évaluer le grossissement.

6. — CONSTRUCTION D'UNE LUNETTE RUDIMENTAIRE

1° Autour d'un cylindre de bois (manche à balai, etc.) enrouler une feuille de carton, et en réunir les bords. — 2° Sur ce cylindre de carton, recommencer l'opération pour avoir un second cylindre. Le premier pourra donc entrer et glisser dans le second. — 3° Noircir les deux cylindres en dedans. — 4° Découper dans du liège une rondelle d'un diamètre égal au gros cylindre, et l'enfoncer dedans à la profondeur de 2 centimètres, en l'y collant. — 5° Placer par-dessus une lentille biconvexe, et l'y assujettir convenablement. — 6° Par-dessus la lentille, coller une rondelle de liège de même forme que la précédente, et rasant le bord. — 7° Effectuer le même travail à l'une des extrémités du petit cylindre, sauf que la lentille choisie sera plus petite, que ce sera une lentille biconcave, si l'on veut une lentille de Galilée, et que le trou visuel des rondelles sera étroit. — 8° Assembler les deux tubes en faisant entrer le petit par son extrémité ouverte dans l'extrémité ouverte du grand.

XXVI. — ÉTUDE DE LA DISPERSION DE LA LUMIÈRE

I. — DÉCOMPOSITION DE LA LUMIÈRE SOLAIRE

1° Se placer dans une chambre obscure ayant une ouverture du côté du soleil. — 2° Fermer cette ouverture avec un volet présentant un très petit trou, ou mieux une fente très étroite, dirigée horizontalement. — 3° Prendre un prisme, et le placer très près de la fente, l'arête réfringente lui étant parallèle, et de telle façon qu'il soit dans la position de la *déviation minimum*. — 4° Recevoir l'image produite sur un écran blanc

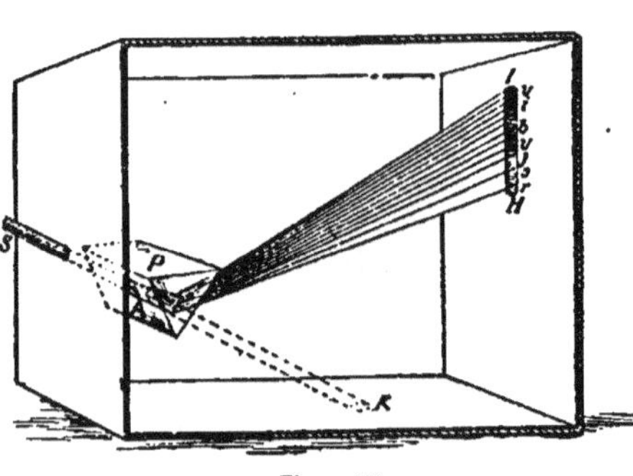

Figure 128.

placé préalablement à 4 ou 5 mètres de distance. — 5° Remarquer que l'image obtenue est un spectre solaire, dont on pourra observer les détails (*fig.* 128).

REMARQUE. — Si l'on dispose d'une lentille achromatisée, on peut obtenir un spectre beaucoup plus net en procédant ainsi : Placer le prisme comme il vient d'être dit, puis, sur le trajet des rayons, placer la lentille à une distance de la fente égale au double de la distance focale principale, et l'écran de l'autre côté de la lentille, à la même distance. Avec une lentille non achromatisée, la netteté obtenue est moins grande.

2. — CONSTATER QUE LES COULEURS DU SPECTRE SONT SIMPLES

1° Interposer sur le trajet des rayons sortant du prisme un écran arrêtant au passage six des rayons colorés (on y arrive par tâtonnement). — 2° Recevoir le septième sur un second prisme, puis, à sa sortie, sur l'écran blanc. — 3° Constater que sa couleur n'a pas changé.

3. — CONSTATER QUE LES COULEURS DU SPECTRE SONT INÉGALEMENT RÉFRANGIBLES

1° Coller sur un carton noir, l'une à la suite de l'autre, deux bandes étroites de papier, l'une rouge, l'autre violette. — 2° Les regarder à travers un prisme. — 3° Constater qu'elles sont déplacées toutes les deux, mais inégalement, et la bande rouge moins que la violette.

REMARQUE. — L'expérience se fait au jour.

4. — RECOMPOSITION DE LA LUMIÈRE BLANCHE

A. — 1° Disposer et exécuter la décomposition comme dans l'expérience I. — 2° Recevoir les rayons émanant du prisme sur un miroir concave (*fig.* 129). — 3° Présenter un petit écran au foyer du miroir. — 4° Constater qu'on y reçoit une image blanche.

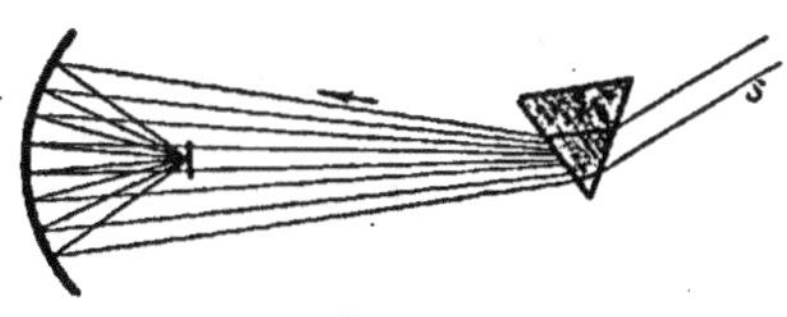

Figure 129.

B. — Opérer de même avec une lentille concave.

C. — 1° Introduire le manche d'un porte-plume dans le trou percé au centre d'un disque de Newton. — 2° Faire tourner le disque avec la main. — 3° Remarquer la nuance uniforme de gris blanc qu'il prend.

REMARQUE. — On peut construire facilement un disque de Newton. On procède ainsi : 1° prendre un disque de carton d'environ 0m,30 de diamètre ; 2° percer un trou en son centre ; 3° peindre en noir une petite zone autour du centre, ainsi que le bord du disque ; 4° découper une feuille de papier blanc de la grandeur du disque en trente-cinq secteurs ; 5° colorer cinq de ces secteurs en rouge, cinq en jaune, etc., en employant toutes les couleurs du spectre ; — 6° coller ces secteurs sur le disque, les uns à côté des autres, les couleurs se suivant dans l'ordre où elles se trouvent dans le spectre, et de manière à former une série de cinq secteurs.

5. — RECOMPOSITION DE LA LUMIÈRE BLANCHE AVEC DEUX COULEURS COMPLÉMENTAIRES

A. — 1° Se procurer deux lames de verre, l'une rouge et l'autre verte (ou l'une jaune et l'autre violette, ou encore, l'une orangée et l'autre bleue). — 2° Regarder successivement à travers chacune d'elles, et constater que les objets paraissent être de la couleur de la lame à travers laquelle on regarde. — 3° Superposer les deux lames, et regarder ainsi à travers les deux à la fois. — 4° Constater que les objets ont repris leur couleur naturelle.

Figure 130.

B. — 1° Plier un carton en deux. — 2° Dans chacun des deux feuillets découper une ouverture en forme d'étoile à quatre branches, disposée de telle sorte qu'en rabattant les deux feuillets l'un sur l'autre les dents de l'une des étoiles correspondent aux interstices de l'autre (*fig.* 130). — 3° Sur l'une des ouvertures ainsi pratiquées appliquer une lame de verre vert. — 4° Disposer le carton debout sur une table, les feuillets à angle droit, devant un écran blanc. — 5° Placer derrière chaque ouverture une bougie. — 5° Constater la formation sur l'écran d'une étoile octogonale, dont les dents sont alternativement rouges et vertes, et le milieu blanc [1].

----

1. Tom Tit. *La Science amusante.*

6. — ANALYSE DE LA COULEUR D'UN CORPS

1° Découper une bandelette étroite de ce corps, la fixer sur un fond noir et l'éclairer fortement. — 2° Se placer à 1 ou 2 mètres de distance. 3° Le regarder à travers un prisme. — 4° Constater la nature du spectre qu'elle donne, et en déduire quelles sont les couleurs du spectre solaire absorbées par le corps.

REMARQUE. — On opère de même pour analyser la couleur transmise par un corps transparent coloré ou la couleur d'une flamme.

7. — CONSTATER QUE LE SPECTRE D'UNE SOURCE LUMINEUSE VARIE AVEC SA TEMPÉRATURE

1° Introduire un fil de platine (ou tout autre fil métallique) dans la partie incolore d'une flamme. — 2° L'observer au travers d'un prisme. — 3° Remarquer qu'à mesure que sa température s'élève, on voit apparaître successivement le rouge, puis l'orangé, et ainsi de suite.

8. — OBSERVATION DES RAIES DU SPECTRE SOLAIRE

A. — Dans l'*Expérience* 1, si le spectre est suffisamment pur, on le voit sillonné perpendiculairement à sa longueur de raies obscures qui sont les *raies du spectre*. En fixer la position.

B. — 1° Au moment où un rayon de soleil entre dans la chambre obscure par la fente du volet, prendre le prisme à la main, et, se plaçant à une distance de la fente égale à 3 ou 4 mètres, regarder cette fente à travers le prisme, en tenant les arêtes parallèles aux bords de la fente. — 2° Remarquer les raies nettement visibles, et en fixer la position.

9. — EXPÉRIENCE DU RENVERSEMENT DES RAIES

A. — 1° Observer au spectroscope la flamme d'une lampe garnie avec de l'alcool salé. — 2° Remarquer l'énorme raie jaune du sodium. — 3° Observer ensuite la lumière d'un fil de platine incandescent. — 4° Constater que l'on n'y voit pas de raies. — 5° Interposer entre le fil de platine incandescent et le spectroscope la flamme de la lampe à alcool salé. — 6° Constater sur le spectre de platine une énorme raie noire dans la position où l'on devrait voir la raie jaune du sodium.

B. — 1° Regarder la lumière du jour avec le spectroscope. — 2° Interposer devant la fente du spectroscope un petit ballon plein d'hydrogène, et contenant un petit fragment de sodium. — 3° Tout en le laissant à cette place, le chauffer doucement. — 4° Quand le sodium commence à se vaporiser, remarquer la raie noire qui apparaît là où le sodium devrait donner sa raie jaune.

10. — ANALYSE SPECTRALE

Nous supposons que l'on possède un *spectroscope à vision directe*, appareil d'un maniement facile, puisqu'il ressemble à une lunette d'approche, et se manœuvre comme elle, et à la portée de tout le monde, vu la modicité de son prix. Du reste, la manière de se servir des autres spectroscopes diffère à peine de la manière de se servir de celui-ci.

1° Allumer un bec Bunsen ou une lampe à alcool, et régler la flamme de manière à la rendre aussi incolore que possible. — 2° Regarder cette flamme à travers le spectroscope pour voir si elle y donne quelques indications. Si oui, en prendre note pour ne pas les attribuer aux substances que l'on va y plonger en vue de les étudier. Il est presque certain que l'on verra la raie jaune du sodium plus ou moins atténuée, car on la voit presque toutes les fois que l'on fait une observation dans l'air. — 3° Introduire dans la flamme le corps dont on veut faire l'analyse spectrale, et le regarder à travers le spectroscope. On mettra ce corps sur le bord de la flamme seulement. S'il s'agit de composés métalliques dont on veut reconnaître le métal, on en fait une dissolution. On y plonge l'extrémité d'un fil de platine, terminée en boucle, puis on la trempe dans l'acide chlorhydrique qui forme un chlorure et on l'introduit dans la flamme. En opérant sur une solution de chlorure lui-même, point n'est besoin de l'emploi de l'acide chlorhydrique.

REMARQUES. — 1° Pour analyser les gaz, on les illumine dans les tubes de Geissler au moyen de la bobine d'induction et on les regarde simplement à travers le spectroscope. — 2° Pour étudier la lumière des astres, il suffit de les regarder directement à l'aide du spectroscope, comme s'il s'agissait d'employer une lunette. — 3° S'il s'agit d'un métal très peu volatil, on peut faire jaillir, entre deux conducteurs formés de ce métal, une étincelle électrique à l'aide de la bobine d'induction ; on regarde cette étincelle à travers le spectroscope. — 4° Si l'on possède un spectroscope ayant un micromètre, on peut repérer les raies sur cette échelle et comparer ainsi les spectres des différents corps observés. Ce n'est que dans ce cas que l'on fait de la véritable analyse spectrale.

XXVII. — ÉTUDE DE DIVERSES PROPRIÉTÉS DES RADIATIONS LUMINEUSES

I. — EXPÉRIENCES DE PHOSPHORESCENCE

A. — 1° Se procurer des écailles d'huîtres, et les concasser en petits fragments. — 2° Les calciner au rouge, puis les laisser refroidir. — 3° Les exposer à la lumière solaire pendant quelques minutes. — 4° Les ramener de suite dans l'obscurité. — 5° Observer la lueur qu'elles répandent (propriété du sulfure de calcium).

B. — 1° Se placer dans l'obscurité. — 2° Casser quelques morceaux de sucre. — 3° Observer les lueurs qui apparaissent, si l'air est suffisamment sec.

C. — 1° Disposer du phosphore dans un air sec (un flacon dont on a desséché l'air par du chlorure de calcium). — 2° Placer ce flacon dans l'obscurité. — 3° Observer la lueur qui ne tarde pas à apparaître. — 4° Placer le flacon sous le récipient d'une machine pneumatique après en avoir enlevé le bouchon. — 5° Faire le vide. — 6° Constater que la lueur diminue jusqu'à disparaître.

2. — EXPÉRIENCES DE FLUORESCENCE

(Transformation des vibrations extra-rapides en vibrations moins rapides, et par conséquent, visibles.)

A. — 1° Préparer une solution aqueuse de sulfate de quinine. — 2° La mettre dans un vase en verre. — 3° La placer sur le trajet d'un rayon solaire. — 4° Constater : a) que la lumière reste blanche après la traversée ; b) que la liqueur, vue de derrière, est incolore ; c) que la liqueur, vue du côté où elle reçoit le rayon de soleil, est bleu azur.

B. — 1° Préparer une solution de sulfate de quinine, comme il vient d'être dit. — 2° A l'aide d'un pinceau imbibé de cette solution, tracer un dessin sur une feuille de papier blanc. — 3° Exposer ce papier à la lumière blanche. — 4° Constater que le dessin se voit à peine. — 5° Interposer entre la source lumineuse et le papier un verre violet foncé. — 6° Constater qu'alors, le papier est invisible, et le dessin apparaît.

C. — 1° Découper quelques fragments d'écorce fraîche de *marronnier d'Inde*. — 2° Les projeter à la surface d'un vase plein d'eau. — 3° Exposer le vase au soleil. — 4° Constater que bientôt, des courants bleuâtres descendent dans le liquide (fluorescence de l'*esculine*) [1].

NOTA. — L'expérience réussit mieux si on opère dans la chambre obscure, et si on reçoit les rayons à travers un verre violet, après les avoir concentrés par une lentille.

3. — EXPÉRIENCE DE CALORESCENCE

(Transformation de vibrations peu rapides en vibrations plus rapides, et par conséquent, visibles.)

1° Préparer une solution concentrée d'iode dans le sulfure de carbone. — 2° La mettre dans un ballon. — 3° Placer ce ballon sur le trajet des rayons solaires. — 4° Constater que la lumière ne passe presque pas à travers le ballon. — 5° Au foyer de la lentille, constituée par le ballon, mettre de l'amadou, du papier, du zinc noirci. — 6° Constater qu'ils y sont bientôt portés à l'incandescence, et s'enflamment.

4. — IMITATION DE QUELQUES MÉTÉORES LUMINEUX

A. — *Couleur de l'atmosphère et crépuscule.* — 1° Dissoudre de la résine dans de l'alcool, ou du savon dans de l'eau, ou de l'extrait de saturne dans de l'eau. — 2° Verser la dissolution dans un flacon carré, ou dans une cuve à glaces parallèles, comme celle que l'on emploie pour montrer des animaux aquatiques vivants à l'aide de la lanterne magique. — 3° Regarder la lumière du jour réfléchie par un nuage blanc, à travers le récipient. — 4° Regarder de même une lumière vive. — 5° Regarder de même le soleil (peu de temps). — 6° Constater la coloration produite et ses variations suivant l'épaisseur du liquide.

REMARQUE. — L'eau de Cologne, le verre opalin de certains abat-jour, la fumée de tabac, peuvent aussi être utilisés.

B. — *Arc-en-ciel.* — 1° Remplir un ballon d'eau distillée. — 2° L'éclairer très vivement avec une forte lumière, et, si possible, avec un rayon solaire. — 3° Projeter sur un écran blanc la lumière *réfléchie à l'intérieur.* — 4° Remarquer l'effet produit.

C. — *Couronnes.* — 1° Faire entrer un rayon solaire dans la chambre obscure. — 2° Se placer à peu près sur son trajet. — 3° Laisser tomber sur ce trajet de la poudre de lycopode, ou tout autre poudre fine et homogène. — 4° Remarquer l'effet produit.

D. — *Halos.* — 1° Préparer une solution saturée d'alun. — 2° L'introduire dans un flacon carré, ou la cuve à glaces parallèles. — 3° Placer ce vase sur le trajet d'un rayon solaire, ou de toute autre lumière vive. — 4° Ajouter au liquide quelques gouttes d'alcool. — 5° Regarder la lumière au travers. — 6° Remarquer le halo produit, grâce à la précipitation de l'alun.

XXVIII. — MICROGRAPHIE

I. — EMPLOI DE LA LOUPE

1° Se munir d'une loupe formée d'une lentille parfaitement limpide. Les *biloupes* et les *triloupes* sont très utiles dans certains cas. — 2° Prendre la loupe de la main droite et la porter près de l'œil; elle doit toujours être maintenue à une très faible distance de cet organe. — 3° S'exercer à observer des objets délicats, tels qu'une fleur, en éloignant ou rapprochant l'objet jusqu'à la vision distincte. — 4° Prendre une aiguille emmanchée et un scalpel, ou une lame fine de canif, pour dissocier mécaniquement l'objet à étudier, c'est-à-dire, dans le cas présent, la fleur. — 5° Compter les *étamines.* — 6° Remarquer pour chacune, d'elles, le *filet,* le *connectif,* et les *anthères.* — 7° Ouvrir une anthère à l'aide du scalpel, et y remarquer la *loge,* ainsi que les *grains de pollen.* Dans certaines fleurs, on peut les compter aisément. — 8° Remarquer les trois parties du pistil : l'*ovaire,* le *style* et le *stigmate.* — 9° Ouvrir l'ovaire en travers ou en long, compter le nombre des loges et le nombre d'*ovules* contenues dans chacune d'elles; remarquer leur mode de *placentation,* et noter s'ils sont *anatropes, orthotropes,* ou *campulitropes.*

Remarques. — 1° Quand la lentille est malpropre, la frotter exclusivement avec une peau de chamois, ou une peau de gant. Cette observation s'applique à tous les instruments d'optique. — 2° Si l'on est obligé de dissocier les objets tout en les regardant, prendre la loupe de la main gauche, et regarder de l'œil gauche. Il en est encore ainsi quand on veut dessiner ce que l'on voit. Du reste, dans toutes les recherches micrographiques, il est bon d'exercer tantôt l'un, tantôt l'autre œil, afin d'éviter le *strabisme*. — 3° Si l'on veut éclaircir un objet trop sombre, il suffit souvent de le plonger dans l'eau, ou dans la glycérine, et de l'étudier dans ces liquides. On peut aussi le placer ou le dissocier sur une lame de verre, ce qui permet l'éclairage par en dessous.

2. — MONTAGE ET MANIEMENT DU MICROSCOPE.

1° Visser le corps du microscope sur son pied. — 2° Mettre un objectif et un oculaire en place (on a ordinairement plusieurs objectifs et plusieurs oculaires de différents numéros, et on les choisit pour chaque observation, suivant le grossissement que l'on veut obtenir, en se souvenant que ce n'est pas tant le grossissement qui fait la valeur d'un microscope que sa *faculté de pénétration*, c'est-à-dire sa facilité à faire apparaître nettement les détails des objets, et en se souvenant aussi que plus on grossit l'image d'un objet, plus on en diminue

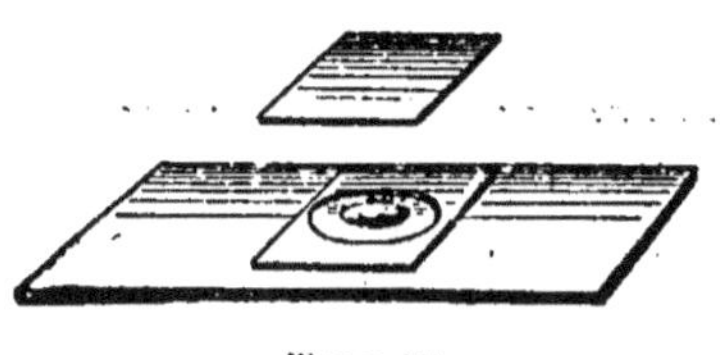

Figure 131.

la clarté). Après chaque séance d'étude, les objectifs et les oculaires doivent être essuyés et renfermés soigneusement dans leurs boîtes respectives. — 3° Placer le miroir concave en regard d'un nuage (ou d'un mur) vivement éclairé, ce qui est préférable à la lumière directe, et l'incliner de façon à ce qu'il renvoie le faisceau réfléchi dans l'axe du microscope. — 4° Prendre une lame de verre dite *porte-objet*, et placer dessus l'objet à observer, une aile de mouche, par exemple. — 5° Déposer dessus une goutte d'eau à l'aide d'une baguette de verre. — 6° Recouvrir le tout d'une lamelle de verre mince (*fig* 131). — 7° Mettre le *porte-objet* ainsi préparé sur la platine de l'instrument, la *préparation* bien en face de l'objectif et tournée vers lui, et l'assujettir à l'aide des deux ressorts ou *valets*. — 8° Mettre l'appareil au point : *a*) *mise au point brusque*. — Faire glisser le tube du microscope dans l'anneau avec la main, jusqu'à ce que l'on voie apparaître confusément la silhouette de l'objet : *b*) *mise au point lente*. — Ensuite, à l'aide de la vis micrométrique, descendre le tout très lentement, jusqu'à ce que les détails de l'objet se voient nettement. En aucun cas, ne laisser toucher la préparation à l'objectif, car les lames casseraient et rayeraient l'objectif qui serait perdu. — 9° Observer, en déplaçant latéralement et doucement le porte-objet, si c'est nécessaire, pour voir toute la préparation.

REMARQUE. — Si l'objet a besoin d'être éclairé par-dessus, concentrer sur lui des rayons lumineux à l'aide d'une loupe. Beaucoup d'instruments ont cette loupe qui leur est articulée.

3. — DESSIN AU MICROSCOPE

Une observation microscopique n'est souvent utile qu'autant qu'on en conserve des traces. Aussi faut-il s'exercer à dessiner tout ce que l'on y voit. On peut dessiner à la *vue*, ou à la *chambre claire*. Ce dernier procédé est employé pour obtenir d dessins rigoureux, mais dans la majorité des cas, le dessin à la vue est suffisant, surtout quand on est devenu d'une certaine habileté dans ce genre d'exercice. Cette habileté est indispensable à acquérir, car on n'a pas toujours une chambre claire à sa disposition.

A. — *Dessin à la vue.* — 1º Préparer le microscope comme pour l'observation. — 2º Mettre à droite une feuille de papier sur laquelle on dessinera de la main droite. — 3º Mettre l'œil gauche à l'oculaire et regarder *en même temps* le papier de l'œil droit. — 4º Dessiner ce que l'on voit dans le microscope. On arrive très vite à l'habitude de voir dans le microscope, tout en ouvrant les deux yeux.

B. — *Dessin à la chambre claire.* — 1º Préparer le microscope comme précédemment. — 2º Monter la chambre claire sur le tube du microscope. — 3º Placer à côté et au-dessous de la partie saillante de la chambre claire une feuille de papier. — 4º Regarder dans l'appareil au travers de l'orifice supérieur de la chambre claire, avec un seul œil. — 5º Remarquer que, du même œil, on voit et l'objet à dessiner et le papier. Dessiner, en en suivant simplement les contours.

4. — VÉRIFIER LE POUVOIR PÉNÉTRANT D'UN MICROSCOPE

1º Prendre quelques grains fins de la poussière de tripoli. — 2º Les préparer comme pour les observer, c'est-à-dire en faire une *préparation micrographique.* — 3º Observer au microscope en question. Ces grains, étant des carapaces de *diatomées*, présentent des lignes d'organisation d'une finesse extrême. Un bon microscope doit permettre de les voir nettement, tout en ne les grossissant que médiocrement.

REMARQUE. — Cette expérience doit être faite quand on fait l'acquisition d'un microscope On doit rejeter tout instrument qui ne donne dans ce cas que des lignes indécises.

5. — MESURE DU POUVOIR GROSSISSANT D'UN MICROSCOPE

1° Se procurer un *micromètre objectif* (lame analogue au porte-objet, portant une échelle divisée en dixièmes de millimètre; il en existe aussi divisées en centièmes de millimètre) et une chambre claire. — 2° Monter l'appareil commé pour une observation, en fixant le micromètre à la place du porte-objet et mettant au point. — 3° Adapter la chambre claire au tube, et placer au-dessous de sa partie saillante une échelle en millimètres, tracée sur papier blanc. — 4° Regarder, et remarquer que l'on voit les deux images, dont les traits se masquent mutuellement. — 5° Compter le nombre de divisions de l'échelle du papier recouvert par une des divisions du micromètre, soit douze divisions. — 6° Calculer le grossissement par la formule G (grossissement en longueur) $= N \times 100$.

6. — MESURE DU DIAMÈTRE RÉEL DES OBJETS

1° Disposer l'appareil comme dans l'expérience précédente, mais avec le porte-objet contenant l'objet à mesurer, à la place du micromètre. — 2° Noter le nombre de divisions de l'échelle du papier que recouvre le diamètre apparent de l'objet. — 3° Diviser ce nombre par le grossissement du microscope. On a ainsi le diamètre absolu de l'objet.

7. — OBSERVATION MICROSCOPIQUE

A. — *Sang.* — 1° Se procurer un peu de sang frais. — 2° Avec une baguette de verre en prendre une goutte, et la déposer sur le porte-objet. — 3° Couvrir avec la lamelle. — 4° Observer sous un grossissement de 300 diamètres. On doit apercevoir nettement : *a*) des globules rouges de forme circulaire ou elliptique, suivant l'origine du sang (*fig.* 132) ; *b*) des globules blancs de forme moins régulière et moins uniforme (*fig.* 133); *c*) des corpuscules variables en dimension et en forme (graisse, pigment); *d*) des éléments filamenteux (fibrine). — 5° Faire des *essais microchimiques*

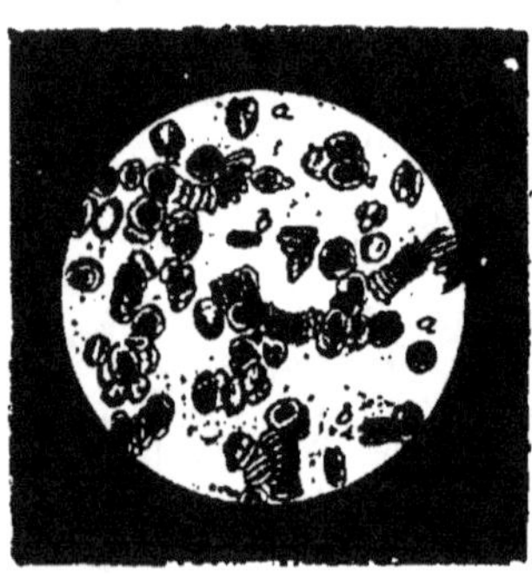

Figure 132.

pour caractériser et étudier plus à fond les corps précédents. (On

appelle *essais microchimiques* des réactions chimiques que l'on pro-
voque sur l'objet en observation, sans le sortir du porte-objet ni
le découvrir) : *a)* faire agir un alcali ou un chlorure alcalin, et
constater que les globules rou-
ges sont ramollis et que la
fibrine se dissout; *b)* faire agir
de l'eau pure, ils sont dé-
formés, et les globules blancs
montrent un noyau; *c)* faire
agir de l'acide acétique, les

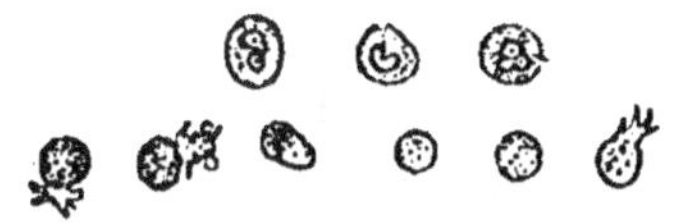

Figure 133.

globules rouges sont dissous, les globules blancs montrent un
noyau, la fibrine est gonflée et finit par se dissoudre; *d)* faire agir
de l'éther, la graisse se dissout. — 6° Noter tous ces détails et dessiner les plus importants.

REMARQUES. — 1° Pour se procurer du sang humain, il suffit de piquer
n'importe quelle partie du corps avec la pointe d'une aiguille d'acier qu'on a
préalablement passée légèrement dans une flamme. Il sort une perle de sang
que l'on porte avec l'aiguille sur le porte-objet. On peut agir de même avec
les animaux. — 2° Souvent le sang est trop épais pour l'observation, il faut
le diluer. A cet effet, on délaie un blanc d'œuf dans cinq à six fois son volume
d'eau contenant quatre centièmes de chlorure de sodium. On a ainsi un *sérum
artificiel* dans lequel on délaie le sang à observer. — 3° Les réactions microchimiques sont provoquées à l'aide de réactifs en dissolution dans l'eau distillée. On en apporte une goutte avec une baguette de verre sur le porte-
objet, au bord de la lamelle. Souvent cela suffit pour que le liquide pénètre
au-dessous. S'il ne le fait pas, présenter la pointe d'une feuille de papier
buvard à l'autre bord de la lamelle, comme si on voulait la soulever. Il se
produit une sorte d'aspiration qui fait pénétrer le réactif. C'est ainsi que se
font aussi toutes les colorations, les éclaircissements, etc., des préparations
microscopiques. — 4° Souvent l'on voit, dans les préparations, des sphères
transparentes, très réfringentes, ce sont des bulles d'air.

, B. — *Farine.* — 1° Délayer quelques grains de farine dans l'eau distillée. — 2° En porter une goutte sur le porte-objet, recouvrir avec la
lamelle, en la faisant glisser pour qu'il ne reste pas d'air interposé. —
3° Observer; on doit distinguer : *a)* les grains d'*amidon*; *b)* le *gluten*,
lequel ne s'aperçoit bien qu'en faisant glisser la lamelle de part et
d'autre; alors il se montre en filaments striés; *c)* les *pellicules de son*. —
4° Faire quelques réactions microchimiques : *a)* faire agir une solution
de potasse caustique à 1,85 pour 100, les grains d'amidon se gonflent
si c'est de la farine de pomme de terre, non, si c'en est une autre;
b) faire agir de la teinture d'iode : les grains d'amidon bleuissent et le
gluten jaunit. — 5° Noter et dessiner ce que l'on voit.

REMARQUE GÉNÉRALE. — Lorsqu'on a une préparation bien réussie, il est utile de la conserver pour des études ultérieures, et surtout pour des études comparatives. Dans ce cas, il faut avant tout, éviter sa dessiccation. Pour cela on fait la préparation avec de la glycérine au lieu de la faire à l'eau, ou, si elle est déjà préparée, à l'eau ou autrement, on introduit de la glycérine sous la lamelle comme s'il s'agissait d'un réactif ordinaire. Puis, sans rien déranger, on sort le tout de dessus la platine.

D'autre part, on a préparé, une fois pour toutes, une dissolution de cire à cacheter dans de l'alcool. On prend de cette dissolution avec un pinceau, et on scelle les contours de la lamelle, aussi proprement que possible. La préparation peut ainsi se conserver indéfiniment.

On peut aussi se servir du baume du Canada, employé chaud. Une fois solidifié, il inclut la préparation et retient la lamelle, ce qui dispense de luter à la cire.

D'une façon générale, on emploie souvent la glycérine pour éclaircir les préparations, qu'on doive les conserver ou non.

8. — EMPLOI DU MICROSCOPE DE POCHE

On appelle ainsi une sorte de petite loupe Stanhope montée dans un tube, et qui peut servir à obtenir des grossissements assez considérables. — La préparation des échantillons à observer se fait comme s'il s'agissait d'une observation au microscope ordinaire, mais au lieu de les mettre sur une lame, on les dépose directement sur l'envers de la loupe, c'est-à-dire le côté tourné vers l'intérieur du tube, et on regarde de l'autre côté, soit à contre-jour, soit au-dessus d'un miroir placé dessous.

9. — EMPLOI DE L'EAU COMME LOUPE
(LOUPE IMPROVISÉE)

1º Prendre un très petit anneau métallique que l'on peut constituer soi-même avec du fil de fer (On peut se contenter d'un anneau de fil ordinaire, mais il est difficile à maintenir assez rigide; on peut aussi prendre une feuille de carton dans laquelle on pratique un trou de 5 ou 6 millimètres de diamètre. — 2º Déposer une goutte d'eau sur l'anneau. — 3º Au travers de cette goutte, regarder les petits objets, comme avec une loupe. — 4º Remarquer qu'ils apparaissent notablement grossis.

REMARQUE. — En ajoutant de la glycérine à cette eau, on en retarde l'évaporation, et on peut s'en servir près d'une heure.

XXIX. — EMPLOI DES APPAREILS DE PROJECTION

1. — DESSIN A LA CHAMBRE NOIRE

1° Préparer une feuille de papier calque (voir Manipulations de chimie systématique, *Étude des hydrocarbures usuels*). — 2° Placer la chambre noire devant l'objet à dessiner, l'orifice tourné vers lui, et dans une position commode pour le dessin. — 3° Placer la feuille de papier calque sur la *glace à dessiner* (*fig.* 134). — 4° Mettre au point, si la chambre est *à objectif*. — 5° Exécuter son dessin, en suivant les contours de l'image. On s'entourera la tête, et en même temps, l'instrument, d'un voile noir

Figure 134.

si l'on opère en plein air. La précaution est souvent nécessaire pour mettre au point.

Remarques. — 1° Si l'on ne possède pas de chambre noire, on peut s'en construire une : *a*) confectionner une boîte rectangulaire en bois ou en carton ; *b*) au centre d'une des petites faces latérales, percer un trou étroit dont le contour soit bien net ; *c*) contre la face opposée, appliquer, en dedans de la boîte, une feuille de verre étamé, inclinée de 45° sur cette face, et reposant sur le fond, de manière à renvoyer les rayons lumineux verticalement vers le haut ; *d*) fixer ce miroir à demeure ; *e*) supprimer la partie du couvercle située au-dessus de ce miroir, et la remplacer par une lame de verre (glace à dessiner). — 2° Le papier transparent, préparé par immersion, dans un mélange d'une partie d'huile de ricin avec deux ou trois parties d'alcool à 90°, est excellent pour cette expérience.

2. — DESSIN A LA CHAMBRE CLAIRE

A. — Voir Manipulations de micrographie.

B. — Avec un *prisme à réflexion totale*, on peut faire un *dessin de chambre claire.* — 1° Placer le prisme de façon qu'il ait ses arêtes horizontales, et l'une de ses faces rectangulaires dans un plan vertical et tournée vers l'objet à reproduire. La deuxième face rectangulaire se trouve ainsi dans un plan horizontal. — 2° Placer au-dessous le papier sur lequel on veut dessiner. On voit sur sa surface la reproduction de l'objet. — 3° En suivre les contours (*fig.* 135).

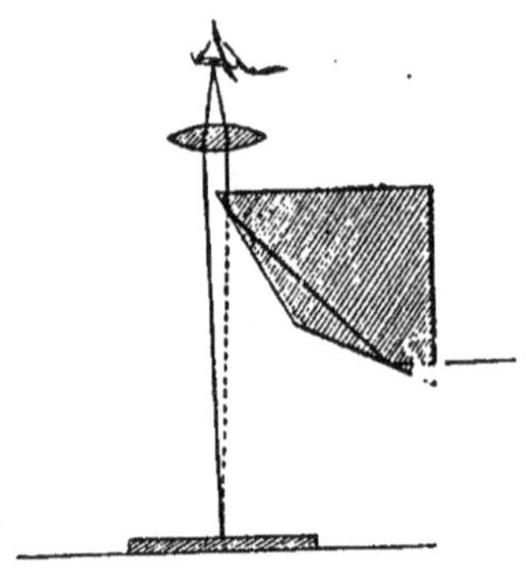

Figure 135.

REMARQUES. — 1° Cette expérience ne peut bien se faire qu'en s'enfermant dans une chambre obscure. L'objet est placé au dehors, et les rayons qui en émanent entrent dans la chambre par un petit orifice et rencontrent le prisme placé près de cet orifice. — 2° Le dessin théorique ci-contre représente une chambre claire destinée à faire comprendre l'emploi du prisme, mais, dans la pratique, il n'est pas nécessaire de mettre l'œil au-dessus de ce prisme, et la lentille indiquée n'est pas indispensable.

3. — DESSIN AU KALÉIDOSCOPE

1° Placer le kaléidoscope, à demeure, sur un support placé sur une table, et bien à portée de l'œil. On a dû auparavant le tourner de manière à obtenir le dessin que l'on désire copier. — 2° Disposer sa feuille de papier sur la table, bien à portée de la main. — 3° Dessiner à vue la figure que l'on voit dans l'appareil.

4. — PROJECTION A L'AIDE DE LA LANTERNE MAGIQUE
(APPAREIL DE PROJECTION)

1° Préparer la lanterne (voir ci-après : *Remarques*). — 2° Disposer un écran blanc vertical. — 3° Placer la lanterne en face de l'écran, son objectif tourné vers lui et à la hauteur du centre de cet écran. — 4° Faire l'obscurité dans la salle. — 5° Allumer la lanterne et régler l'éclairage (*fig.* 136). — 6° Mettre au point l'objectif, en s'efforçant d'obtenir sur l'écran un cercle éclairé tout à fait uniforme dans son éclairage. — 7° Introduire dans la coulisse disposée à cet effet la première *vue* à projeter, et achever la mise au point à son aide. — 8° L'appareil peut fonctionner. Remplacer la première *vue* par une deuxième, celle-ci par une troisième, et ainsi de suite.

REMARQUES. — A. — *Éclairage :* a) *Lampe à huile.* — Si l'on emploie une lampe à huile, il faut user chaque fois de l'huile neuve, et la lampe doit être toujours propre. La puissance de la lumière de cette lampe est augmentée si l'on fait dissoudre dans l'huile 100 grammes de camphre par litre. La mèche doit être propre et taillée nettement. Allumer la lampe un quart d'heure avant l'expérience afin de pouvoir régler l'éclairage sur la température de l'air enfermé dans la lanterne.

b) *Lampe à pétrole.* — C'est la meilleure pour les projections avec un appareil élémentaire. Il faut n'employer que du pétrole rectifié, et ne remplir le réservoir qu'aux trois quarts.

c) *Chalumeau oxhydrique.* — C'est l'appareil qui donne l'éclairage le plus intense après l'arc voltaïque. On fait arriver l'hydrogène par l'une des tubulures du chalumeau, celle qui aboutit au bec annulaire, et l'oxygène par l'autre tubulure, celle qui aboutit au bec central. Le bâton de chaux doit être tourné de temps en temps pour présenter au dard du chalumeau une surface neuve. Éviter d'élever trop la température au début si l'on ne veut point voir se briser le bâton.

L'hydrogène doit être préparé à l'avance et renfermé dans un gazomètre. On peut se construire un gazomètre simple à l'aide d'une grande bonbonne de verre, dite *marie-jeanne.* On en détache le fond. On la place dans un baquet qu'elle remplit à peu près. On verse de l'eau autour et dedans de manière à la remplir. Puis on la ferme avec un bouchon à deux tubes, dont l'un, qui amène l'hydrogène, descend jusqu'au fond, et l'autre, qui doit l'emmener, est fermé par un robinet, ou garni d'un tube en caoutchouc à pince. Autour du col on a suspendu des poids pour assurer une pression suffisante.

Figure 136.

L'hydrogène peut aussi être préparé au fur et à mesure à l'aide d'un *appareil* à *production continue* comme ceux que l'on trouve dans les laboratoires (voir *Exercices généraux, Manipulation des gaz*). On peut se faire un autre appareil de ce genre à l'aide d'une bouteille à fond presque plat. On perce ce fond de plusieurs trous, puis après avoir mis dans la bouteille des rognures de zinc, on l'introduit dans un vase plus grand contenant l'acide. On le bouche avec un bouchon traversé par un tube à robinet, ou à pince. Le liquide pénètre dedans, dégage de l'hydrogène, qui ne tarde pas à s'accumuler dans la bouteille si elle est fermée, et refoule l'acide au dehors, jusqu'à ce qu'on donne une issue au gaz. On remplace souvent l'hydrogène par le gaz d'éclairage là où l'on peut en disposer. C'est ce qu'il y a de plus simple. Enfin, on peut, à défaut d'hydrogène et de gaz d'éclairage, utiliser l'air lui-même après l'avoir carburé. A l'aide d'une soufflerie, on l'envoie au chalumeau, ou on le refoule sous un gazomètre, après l'avoir obligé à barbotter dans un récipient contenant une essence ou un carbure liquide (essence de térébenthine, de pétrole, benzine, etc.).

L'oxygène doit être préparé à l'avance et conservé dans un gazomètre ou dans un sac *ad hoc*. Il doit avoir été lavé dans un flacon laveur contenant de l'eau additionnée d'un peu de potasse ou de chaux. Si le sac est raide, le mettre dans un endroit chaud pour qu'il s'assouplisse.

Le bâton de chaux est ainsi préparé. Prendre un bloc de chaux vive; à l'aide d'une petite scie le débiter en prismes de 20 à 25 millimètres d'épaisseur; avec une râpe, transformer les prismes en cylindres. Percer au centre du bâton un trou dans lequel doit entrer la broche du porte-chaux. On peut aussi mouler de la chaux éteinte, mais elle donne une lumière moins vive. Les bâtons une fois faits doivent être conservés avec de la chaux vive en poudre dans des flacons cachetés. La craie peut remplacer la chaux, mais son usage est moins avantageux.

d) *Lumière oxycalcique.* — On remplace la flamme de l'hydrogène par la flamme d'une lampe à alcool. Le reste comme pour le chalumeau oxhydrique. On dirige le jet de l'oxygène sur le centre de la flamme, après avoir partagé les brins de la mèche en deux faisceaux.

B. — *Écran.* — On peut projeter les images sur le mur s'il est bien blanc et suffisamment lisse. On se sert aussi d'écrans en papier blanc. Mais le plus souvent on confectionne un écran en calicot; c'est le seul système qui permette de projeter les images par derrière, ce qui les fait voir par transparence. Si l'on veut projeter les images par devant, le calicot n'a aucune préparation à subir à moins qu'il ne soit trop fin, auquel cas, il faut le badigeonner avec de l'eau contenant par litre 50 grammes de gomme arabique et 200 grammes de magnésie. Mais dans le cas contraire il faut le rendre au moins translucide. On y arrive en le mouillant au moment d'opérer avec une éponge imbibée d'eau additionnée de 10 à 15 pour 100 de glycérine; l'eau doit ruisseler sur la toile. Si on ne peut employer le mouillage à l'eau, on le traite une fois pour toutes de la façon suivante : l'enduire sur chaque face d'une couche de vernis copal, la deuxième couche n'étant appliquée qu'après dessiccation de la première; l'écran est ainsi rendu translucide pour toujours [1].

C. — *Vues à projeter.* — Il est inutile de dire que toutes les vues à projeter doivent être sur fond transparent, par conséquent sur verre. On peut cependant projeter des dessins sur papier calque, si ce papier est assez translucide; on projette de même des vues sur feuilles de gélatine.

Les meilleures de ces vues sont les photographies. Pour la préparation de *positifs* sur verre, voir *Manipulations sur la photographie.* — Mais on peut confectionner soi-même toutes les vues nécessaires sans le secours de la photographie. Il suffit d'exécuter le dessin sur du verre dépoli, que l'on rend ensuite transparent par un vernis. Ainsi veut-on projeter un dessin pris dans un livre? Sur une plaque de verre dépoli posée sur la gravure, et dont la

---

1. Molteni.

translucidité est suffisante pour permettre de voir au travers, on calque le dessin avec un crayon de mine de plomb, dur et fin, tel que les crayons Faber. Le travail terminé, on passe dessus, à l'aide d'un pinceau très léger, une couche de vernis copal, ou de baume du Canada. Le dessin est ainsi couvert d'un enduit protecteur, et la plaque est devenue transparente.

On peut aussi dessiner directement sur du verre poli, avec de l'*encre à écrire sur le verre* (voir Manipulations de chimie systématique, *Exercices divers sur les matières colorantes*), ou même simplement avec de l'encre de Chine un peu épaisse. Il est toujours bon, pour que l'encre prenne mieux, dans le cas où l'on emploie cette dernière, de passer une couche de gomme sur la plaque. Si l'on veut colorier le dessin, on broie les couleurs avec 4 grammes de gomme, 2 grammes de sucre et 20 grammes d'eau additionnée d'une goutte d'acide phénique. Il ne faut employer que des couleurs transparentes; on se servira donc du *bleu de Berlin* (et non *bleu de Prusse*), du *carmin de cochenille* dissous dans l'ammoniaque, du *carmin de garance* (sans ammoniaque), de la *laque violette*, de la *laque jaune*, du *vert végétal*, de la *terre de Sienne brûlée*, du *bitume*, de l'*encre de Chine* [1].

On peut se faire soi-même du verre dépoli (Manipulations de chimie systématique, *Étude des composés de l'aluminium*). Voici un autre procédé : Dissoudre 15 grammes de mastic et 15 grammes de sandaraque dans 250 grammes d'éther, puis étendre sur le verre avec un pinceau mou, et laisser sécher. On peut aussi utiliser des plaques photographiques avariées en procédant ainsi : les débarasser du bromure d'argent par l'immersion dans l'hyposulfite de soude, opérée à l'obscurité; les laver soigneusement sans friction; les plonger dans un bain de chlorure de baryum; après quelques secondes, les en retirer et les plonger dans un bain d'acide sulfurique dilué, en les y agitant continuellement; enfin les laisser sécher.

On peut enfin décalquer directement sur verre une gravure à l'encre typographique. Pour cela, nettoyer soigneusement le verre, et couler à sa surface une couche de vernis à l'essence qu'on laisse sécher. Tremper la gravure dans l'eau, ou mieux dans l'alcool, puis la sécher imparfaitement entre deux feuilles de papier buvard. La poser tout humide sur le vernis, et faire adhérer en tous les points. Trois ou quatre heures après, tamponner le papier avec une éponge humide, puis le prenant par un coin, l'enlever doucement, le dessin reste sur le verre. Quand ce dessin est sec, passer une couche de vernis.

D. — Il est très avantageux de pouvoir projeter de petits animaux vivants ou des plantes minuscules vivantes, telles que des algues. A cet effet, il faut se confectionner une petite cuve à eau à faces de verre, susceptible d'être mise dans la lanterne de projection. On se fait un cadre de bois analogue à un cadre de tableau, mais n'ayant que trois côtés. Puis, sur les deux faces, on colle des lames de verre à vitre, ou mieux de glace, à l'aide de baume du Canada, de colle forte, ou de cire à cacheter. Pour opérer, on met de l'eau dans la cuve, et dans cette eau, les objets à projeter, puis on place le tout dans la lanterne.

---

1. Molteni.

E. — Si l'on possède un microscope ordinaire, à pied articulé, on peut l'utiliser comme *microscope solaire* ou de *projection*. Il suffit d'incliner le tube de manière à le rendre horizontal, de le placer sur une fenêtre derrière le volet, lequel doit être percé d'un trou par où le tube pénètre à l'intérieur de l'appartement. A l'aide du miroir on dirige les rayons solaires sur l'objet bien assujetti sur les platines. En face, on place un écran comme à l'ordinaire.

XXX. — PHOTOGRAPHIE

I. — PRÉPARATIFS

1° Se procurer un *daguerréotype*, ou *chambre noire*, à soufflet, avec un *objectif* de bonne qualité, son *obturateur* et sa collection de *diaphragmes*. — 2° S'assurer que tout ce matériel fonctionne bien. — 3° Se procurer deux ou trois *châssis à glaces* pour y mettre les *plaques sensibles*. — 4° Se procurer des *voiles* de calicot noir, ou du moins très foncé, dont un grand, et un ou deux petits pour envelopper les châssis à glace. — 5° Se procurer deux *cuvettes* rectangulaires, larges, en verre, porcelaine, ou gutta-percha. Les nettoyer soigneusement. — 6° Se procurer un *châssis à positifs* pour tirer les épreuves positives. — 7° Acheter des *plaques sensibles* au *gélatino-bromure d'argent*, toutes préparées, et les conserver dans un endroit obscur. — 8° Préparer de l'eau distillée, et en remplir une fontaine d'appartement ou, à son défaut, un grand flacon à robinet. — 9° Préparer un *réduit* obscur, où auront lieu toutes les manipulations, sauf la *pose*. L'obscurité doit y être absolue. — 10° Se procurer une *lanterne à verres rouges*, pour s'éclairer dans le réduit. — 11° Se procurer du *papier albuminé* tout préparé, pour *épreuves positives*. — 12° Préparer les bains suivants :

a. — Bain de développement.

Liqueur A { Oxalate neutre de potasse. . . . 250 gr.
{ Eau distillée. . . . . 1 000 gr.

Filtrer après dissolution.

Liqueur B { Sulfate de protoxyde de fer . . . 250 gr.
{ Acide tartrique. . . . . 4 gr.
{ Eau distillée . . . . 1 000 gr.

Filtrer après dissolution.

Composer le bain en y faisant entrer la liqueur A pour les trois quarts. La liqueur B doit être versée dans la liqueur A par petites quantités, et en agitant.

En préparer une certaine quantité, car ce bain est meilleur après quelques jours de préparation. Conserver dans un flacon très propre et bien bouché, mis à l'abri de la lumière.

b. — Bain de fixage du cliché.

    Eau distillée . . . .   100 gr.
    Hyposulfite de soude cristallisé. . . . .   20 gr.

Conserver dans un flacon bien propre et bien bouché.

c. — Bain de chloruration du papier albuminé.

    Chlorhydrate d'ammoniaque. . . . .   5 gr.
    Eau distillée. . . . .   100 gr.

Même procédé de conservation.

d. — Bain de sensibilisation du papier.

    Azotate d'argent cristallisé. . . . .   18 gr.
    Eau distillée. . . . .   100 gr.

Mêmes précautions pour la conservation, et à l'obscurité. Après que ce bain a servi quelque temps, il jaunit ; on y ajoute 1 gramme de bicarbonate de soude, on agite, on ramène au volume primitif par addition d'une solution d'azotate d'argent à 18 pour 100, et on filtre.

e. — Bain de virage.

    Eau distillée.. . . . .   100 gr.
    Chlorure d'or. . . . .   0 gr. 1.
    Acétate de soude. . . . .   2 gr.

Dissoudre séparément les deux sels, et ne mêler les deux liquides qu'un peu avant de s'en servir. Ne pas filtrer.

f. — Bain de fixage pour positif.

    Eau distillée . . . .   100 gr.
    Hyposulfite de soude cristallisé . . . . .   25 gr.

Conserver comme l'autre.

2. — PRÉPARATION DU CLICHÉ

1º Placer le daguerréotype devant l'objet à photographier. — 2º Le couvrir du grand voile noir après avoir enlevé l'obturateur. — 3º Passer la tête sous le voile, en se tenant à l'arrière de l'appareil, et examiner l'image de l'objet sur la glace dépolie qui constitue le fond de la chambre. — 4º Mettre cette image au point, soit en allongeant ou raccourcissant le soufflet, soit en manœuvrant la crémaillère de l'objectif. — 5º Introduire derrière l'objectif un diaphragme dont l'ouverture soit en raison inverse de la lumière qui frappe l'objet à photographier. — 6º Remettre l'obturateur en place. — 7º Prendre un châssis à glaces contenant une plaque sensible et l'introduire à la place qui lui est réservée dans le fond de la chambre. La plaque sensible a été placée dans ce châssis, à l'avance, dans le réduit obscur, et ce châssis est, depuis ce moment, enveloppé dans un petit voile noir. On introduit le tout sous le grand voile noir qui est resté sur l'appareil, et ce n'est qu'à ce moment qu'on enlève le petit voile. — 8º Soulever la coulisse du châssis à glaces qui masque la plaque sensible. — 9º Enlever l'obturateur. La *pose* est commencée. Le temps de sa durée est indéterminable; il doit être inversement proportionnel à l'éclairage, et varie avec la nature de l'objet à photographier et sa distance. L'expérience seule peut habituer l'opérateur à ne prendre que le temps de pose nécessaire. En tout cas, avec les plaques au gélatino-bromure d'argent, elle doit être très courte, et, pour les photographies ordinaires, n'excède jamais une minute; souvent même, quelques secondes suffisent. Avec les plaques préparées spécialement pour photographies instantanées, une fraction de seconde suffit. — 10º Remettre l'obturateur en place. — 11º Baisser la coulisse, enlever le châssis à glaces, l'envelopper de son voile noir, et l'emporter dans le réduit obscur. — 12º *Développer* ou *révéler* l'image par le *bain de développement*. Prendre la plaque dans la main gauche, en la saisissant par un coin, et verser dessus le liquide du bain à l'aide d'un verre, jusqu'à ce que l'image soit bien visible par transparence. C'est sur la face sensibilisée, et par conséquent impressionnée, qu'il faut verser le liquide. — 13º Laver à grande eau sous le robinet de la fontaine à eau distillée. — 14º Plonger la plaque dans le *bain de fixage du cliché*, sous une épaisseur de 0^m,020 de liquide. Les parties blanches doivent devenir tout à fait transparentes. — 15º Laver à grande eau sous le robinet de la fontaine. — 16º Laisser sécher; on peut porter la plaque à la lumière. Le cliché est fait.

Remarques. — 1º C'est le sulfate de fer qui, dans le bain de développement, joue le rôle d'agent révélateur. Il existe beaucoup d'autres corps qui

peuvent jouer le même rôle avec plus de rapidité, tels que l'acide pyrogallique,
l'hydroquinone, etc. Mais, précisément parce que le sulfate de fer agit plus
lentement, son emploi est préférable pour des débutants, qui peuvent ainsi
mieux surveiller son action révélatrice, et la régler. — 2° On peut conserver
quelque temps les plaques impressionnées avant de les développer, à la condition de les maintenir dans la plus complète obscurité. — 3° Une fois le cliché
obtenu, si l'on ne doit pas l'utiliser immédiatement pour l'obtention des positifs, il est bon de le vernir. — 4° Il peut arriver que le bain de développement ne puisse amener l'image à la netteté voulue. Cela peut tenir à diverses
causes : soit à ce que ce bain est mal préparé, soit à ce que le temps de pose
n'a pas été suffisant, etc. On peut renforcer le cliché par l'usage du bain suivant, après le fixage : *bain à renforcer* :

<pre>
Eau distillée. . . . .   100 gr.
Acide pyrogallique cristallisé . . . .   0 gr. 5.
Acide acétique cristallisable. . . . .   10 gr.
Alcool absolu. . . . .   9 gr.
</pre>

Cette liqueur s'altère, en préparer peu à la fois. Au moment de s'en servir,
l'additionner de quelques gouttes d'une solution faible d'azotate d'argent.
La verser sur la plaque à l'aide d'un verre. — 5° On peut utiliser une plaque
qui a reçu une impression, mais n'a pas été développée, et aussi une plaque
voilée par une exposition intempestive à la lumière avant d'avoir servi. Il
suffit de les immerger pendant trois minutes dans un bain d'eau distillée contenant 2 pour 100 de bichromate de potasse, puis les laver à grande eau, et
les dresser verticales sur une feuille de papier buvard pour les faire sécher,
le tout à l'obscurité[1]. — 6° Pour enlever le vernis d'un cliché, le laisser
séjourner pendant dix minutes dans un bain d'alcool ; frotter ensuite légèrement avec un tampon de coton imbibé d'alcool, laisser tremper encore un peu,
et laver à l'eau.

3. — PRÉPARATION DU PAPIER POUR ÉPREUVES POSITIVES

1° Prendre le papier albuminé que l'on s'est procuré, le découper en
feuilles de la dimension du *châssis pour positifs*, et, s'il n'est pas encore
chloruré, l'étendre par sa face albuminée sur le *bain de chloruration*. L'y
laisser flotter trois minutes, et le sécher entre des doubles de papier
buvard. Éviter qu'il reste des bulles d'air entre le papier et le bain. —
2° *Sensibiliser* le papier chloruré, en l'étendant par sa face chlorurée
sur le *bain de sensibilisation*. L'y laisser flotter quatre à cinq minutes,
l'égoutter, et le suspendre jusqu'à dessiccation complète. Éviter qu'il
reste des bulles d'air entre le papier et le bain. Cette sensibilisation
doit se faire à l'obscurité, et le papier être conservé de même. On peut
sensibiliser plusieurs feuilles à l'avance et les conserver, dans un
cahier de papier buvard, à l'obscurité.

---

1. G. Tissandier.

4. — TIRAGE DES ÉPREUVES POSITIVES

1° Se placer à l'obscurité ; prendre le *châssis à positifs*, l'ouvrir, déposer sur sa glace le cliché, sur ce dernier, le papier sensibilisé, la couche sensible contre le cliché lui-même, fermer le châssis, et porter le tout à la lumière diffuse, en tournant la glace du châssis vers le haut. — 2° Le temps d'exposition est indéterminable. Il varie avec l'intensité de la lumière, etc. Pour s'arrêter à temps, ouvrir légèrement l'un des volets du châssis, sans découvrir l'image, et examiner la teinte que prend le papier. Ne pas attendre qu'il soit trop foncé. — 3° Quand le résultat voulu est obtenu, emporter le châssis dans le réduit obscur. — 4° *Virer* l'image en la sortant du châssis et en plongeant la feuille d'abord dans un bain d'eau distillée, puis dans le *bain de virage*. Quand les teintes foncées sont devenues violettes, reporter la feuille dans le bain d'eau, pendant quelques instants, jusqu'à ce qu'elle ait cédé à cette eau tout le liquide provenant du bain de virage. — 5° *Fixer* l'image en plongeant la feuille dans le *bain de fixage pour positifs*. On l'y laisse quinze minutes. Le bain doit être neuf pour chaque séance, mais il peut être de préparation ancienne. — 6° Laver à l'eau distillée en laissant la feuille plongée dans cette eau pendant une dizaine d'heures. Laisser sécher à l'air. — 7° Vernir ensuite pour conserver et coller sur carton. Acheter le vernis tout préparé.

REMARQUES GÉNÉRALES. — 1° Dans toutes les opérations dont l'ensemble constitue la Photographie, la plus grande propreté est de rigueur. — 2° Ne pas se laisser décourager par les premiers insuccès ; ce n'est qu'avec le temps et l'exercice que l'on arrive à obtenir des résultats passables. — 3° On peut préparer des positifs sur verre pour *appareils de projection* (lanterne magique): on n'a qu'à mettre une plaque sensible à la place du papier dans le châssis à positifs, mais le fixage doit être fait comme s'il s'agissait d'un cliché. — 4° On obtient un bon vernis pour papier, à l'épreuve de l'eau, en faisant digérer pendant quinze jours 1 partie de *gomme Damar*, et 6 parties d'acétone dans un flacon bien bouché. On décante ensuite la partie liquide limpide, et l'on y ajoute 4 parties de collodion. Laisser éclaircir par le repos. — 5° On peut extraire l'argent resté dans les bains de fixage (70 à 80 pour 100 de l'argent employé). Pour cela, chauffer ces liquides avec le liquide révélateur, au bain de développement, ayant aussi servi, et qui est ainsi également utilisé. Au bout de peu de temps, il se sépare de la poudre d'argent qui se précipite, on la recueille, on la lave et il suffit de la dissoudre dans l'acide azotique pour avoir de nouveau de l'azotate d'argent. — 6° On peut écrire sur une photographie complètement achevée sur papier avec l'encre suivante : mêler et dissoudre ensemble 10 parties d'iodure de potassium, 1 partie d'iode, 1 partie de gomme arabique, et 30 parties d'eau. On écrit sur un coin noir de l'épreuve. Au bout de quelques jours, l'écriture se détache en blanc [1].

---

[1]. G. Tissandier.

5. — PHOTOGRAPHIE SUR LE LINGE

1° Prendre de la mousseline très fine. — 2° La débarrasser de ses apprêts. — 3° Faire une couche mince d'un encollage formé de 425 grammes d'eau distillée, 1 gr. 25 de chlorhydrate d'ammoniaque et un blanc d'œuf. — 4° Appliquer sur cet encollage le côté de l'étoffe qui doit recevoir la photographie, l'y laisser cinq minutes, puis sécher avec soin. — 5° Appliquer le côté de l'étoffe ainsi albuminé sur un bain saturé d'azotate d'argent dans l'eau distillée, à 10° C, et l'y laisser flotter cinq minutes. Opérer à l'obscurité. — 6° Obtenir l'image sur ce linge le jour même de la sensibilisation. — 7° Virer et fixer, comme s'il s'agissait du papier. Ce linge peut être lavé et savonné.

6. — PHOTO-CALQUE

Soit un dessin à reproduire.

1° Rendre transparent le papier sur lequel se trouve le dessin, ou le copier sur du papier calque (voir Manipulations de chimie systématique, *Étude des hydrocarbures*). — 2° Placer le dessin ainsi traité dans le châssis pour positifs, au-dessus d'une plaque sensible ordinaire, et exposer quelques minutes à la lumière diffuse. — 3° Développer et fixer l'image négative ainsi obtenue, comme à l'ordinaire. — 4° Placer ensuite ce cliché dans le même châssis pour positifs, au-dessus du papier sensibilisé, et exposer à la lumière diffuse. — 5° On obtient ainsi une image positive que l'on fixe et vire comme à l'ordinaire.

XXXI. — ÉTUDE DES PHÉNOMÈNES MAGNÉTIQUES

I. — ÉTUDE DES PROPRIÉTÉS GÉNÉRALES DES AIMANTS

1° Se procurer un barreau droit d'acier aimanté. — 2° Le rouler dans de la limaille de fer, et constater qu'elle ne s'attache que vers les deux extrémités, ce qui prouve qu'*un aimant a deux centres d'action* (première propriété). — 3° Ain... ter une aiguille à tricoter (voir ci-après : *Fabrication d'un aimant*). — 4° La suspendre par un fil en son milieu. — 5° Présenter un des pôles du barreau à une des extrémités de cette aiguille, constater une attraction ou une répulsion. — 6° Présenter ensuite l'autre pôle du barreau à la même extrémité de l'aiguille et constater un effet contraire au premier, ce qui montre que *les deux pôles ne sont pas de même nature* (deuxième propriété). — 7° Présenter successivement les deux pôles du barreau à l'une des extrémités de l'aiguille, puis à l'autre extrémité répéter le même essai, et constater que *les pôles de nature contraire s'attirent et que les pôles de même nature se repoussent* (troisième propriété). — 8° Suspendre l'aiguille au-dessus du barreau, et constater qu'*elle se place parallèlement à lui, les pôles de nature contraire en regard*, et que si le milieu de l'aiguille n'est pas au-dessus du milieu du barreau, *celle-ci s'incline vers le pôle du barreau le plus rapproché* (quatrième propriété).

2. — CONSTITUTION DES AIMANTS

a. — 1° Présenter l'un des pôles du barreau à une plume d'acier, celle-ci s'y attache. — 2° La soulever, et présenter son extrémité libre à une deuxième plume qui s'y attache aussi. — 3° Continuer avec une troisième plume, et ainsi de suite. Constater ainsi que le pôle se reporte vers l'extrémité de la dernière plume.

b. — 1° Aimanter une aiguille à tricoter. — 2° La briser en deux, et constater que chacune des deux moitiés possède les propriétés d'un aimant complet. — 3° Casser en deux chacune de ces deux moitiés, et constater que chacun des quatre quarts possède encore les propriétés d'un aimant complet. — 4° Continuer ainsi la division aussi loin qu'on le peut.

3. — ACTION DE LA TERRE SUR LES AIMANTS

1° Tenir l'aiguille suspendue à la main, loin de tout objet en fer. — 2° Remarquer qu'elle dirige un de ses pôles vers le nord. — 3° Si l'on a tracé antérieurement une méridienne, remarquer que l'aiguille se dirige à l'ouest de cette méridienne. — 4° Noter l'angle que font ces deux directions : c'est l'*angle de déclinaison*. — 5° Remarquer aussi que l'aiguille s'incline sur l'horizontale (cet effet et le précédent constituent la cinquième propriété générale des aimants). — 6° Comparer cette cinquième propriété à la quatrième.

4. — ACTION DIRECTRICE DE LA TERRE

a. — 1° Peser une aiguille à tricoter. — 2° L'aimanter. — 3° La peser de nouveau, constater que son poids n'a pas augmenté, ce qui prouve que la terre n'exerce pas sur l'aiguille d'attraction verticale.

b. — 1° Mettre un flotteur en liège sur une terrine d'eau. — 2° Disposer l'aiguille précédente sur ce flotteur. — 3° Remarquer qu'il ne se dirige pas nécessairement vers le nord, ce qui prouve que la terre n'exerce pas sur l'aiguille d'attraction horizontale.

5. — CONSTRUCTION D'UNE BOUSSOLE

1° Sur une feuille de papier, tracer une circonférence. — 2° Tracer deux de ses diamètres perpendiculairement l'un par rapport à l'autre. Marquer l'un N et S et l'autre O et E. — 3° Diviser la circonférence en degrés (on peut se contenter de la diviser en parties de 5 degrés, sauf au voisinage du point N). — 4° La coller sur une petite planche de même dimension. — 5° Fixer à cette planche un support quelconque, placé au bord, et possédant un branchement s'avançant à angle droit jusqu'au-dessus du centre de la circonférence. — 6° Suspendre par un fil une aiguille aimantée à ce support.

6. — EMPLOI DE LA BOUSSOLE

a). — *Orientation.* — 1° Abandonner la boussole à elle-même, loin de toute masse de fer. — 2° Lorsque l'aiguille est en repos, faire tourner la planche-support de manière que la ligne N-S fasse, à l'est de l'aiguille, l'angle de déclinaison. — 3° Fixer la planche dans cette position, la direction N indique le nord.

b). — *Direction.* — Supposons que l'on veuille suivre une direction S-S-O. — 1° Tourner la planche-support de la boussole, lorsqu'elle est au repos, de sorte que la ligne N-S fasse un angle de 157° 1/2, moins l'angle de déclinaison, à l'ouest de l'aiguille, c'est-à-dire à sa gauche. — 2° Marcher droit devant soi, toujours dans le prolongement de cette ligne N-S.

c). — *Mesure d'un angle.* — 1° Placer la planche-support de la boussole sur l'angle, de sorte que le point de suspension de l'aiguille soit au-dessus du sommet de l'angle, et que la ligne N-S coïncide avec le côté de l'angle le plus éloigné de la direction que prend naturellement l'aiguille. — 2° Lire l'angle compris entre cette ligne N-S et l'aiguille. — 3° Tourner la boussole, de manière à faire coïncider la ligne N-S avec le second côté de l'angle. — 4° Lire l'angle compris entre cette ligne et l'aiguille. — 5° Retrancher le deuxième angle du premier, c'est la valeur angulaire cherchée.

Remarque. — Si, lorsque tout est placé, on s'aperçoit que l'aiguille se dirige à l'intérieur de l'angle, on procède ainsi : 1° Lire l premier angle compris entre la ligne N-S et l'aiguille. — 2° Lire le deuxième angle après avoir placé la ligne N-S sur le second côté. — 3° Additionner les deux angles : c'est le résultat cherché.

7. — AIMANTATION

a). — *Par friction.* — 1° Prendre une aiguille à tricoter. — 2° Appuyer sur l'une de ses extrémités l'un des pôles d'un barreau aimanté. — 3° Tirer le barreau, en appuyant toujours, jusqu'à l'autre extrémité. — 4° Recommencer cette friction plusieurs fois, en ayant soin de toujours reporter, sans toucher, le même pôle du barreau à la même extrémité de l'aiguille.

b). — *Par l'action de la terre.* — 1° Prendre une aiguille à tricoter. — 2° La disposer dans le méridien magnétique en lui donnant autant que possible l'inclinaison magnétique. — 3° L'abandonner dans cette position pendant plusieurs jours. — 4° Pour augmenter l'aimantation, la frapper de quelques coups de marteau tous les jours sans la changer pour cela de position.

8. — CONSTRUCTION D'UNE BOUSSOLE ÉLÉMENTAIRE
TRÈS SENSIBLE

1° Prendre un bouchon de liège, une bouteille, deux porte-plume. — 2° Disposer un appareil identique à celui décrit dans la cinquième expérience de la Manipulation sur les *Conditions d'équilibre des solides.* — 3° Traverser le bouchon de liège d'une aiguille à tricoter aimantée. La boussole est construite.

9. — LIGNES DE FORCE MAGNÉTIQUE

1° Étendre horizontalement une feuille de papier blanc sur un grand barreau aimanté, posé à plat sur une table. — 2° Saupoudrer cette feuille de limaille de fer. — 3° La frapper de petits coups secs, sans la déranger. — 4° Remarquer la disposition en courbes allant d'un pôle à l'autre, que prend la limaille de fer. Ces courbes sont les *lignes de force* de l'aimant.

XXXII. — ÉTUDE DES PHÉNOMÈNES GÉNÉRAUX DE L'ÉLECTRICITÉ STATIQUE

I. — DÉVELOPPEMENT DE L'ÉLECTRICITÉ PAR LE FROTTEMENT

(Premier phénomène général)

1° Se procurer un bâton de verre tel qu'un gros tube. — 2° Le frotter vivement avec de la flanelle ou du drap, préalablement chauffé si le temps est humide. — 3° Déchirer une feuille de papier en très petits morceaux. — 4° Constater que le bâton frotté attire ces morceaux de papier.

REMARQUE. — La même expérience peut être faite avec du papier en remplacement du verre. On prend une feuille de papier quelconque, on la plie plusieurs fois de manière à la réduire en une lanière de 1 à 2 centimètres de largeur. On la chauffe ensuite jusqu'à ce que le papier devienne brûlant, puis on la passe vivement, et plusieurs fois, entre deux doigts qui la serrent suffisamment. On constate alors qu'elle attire les corps légers. On peut même en tirer une étincelle électrique. En appliquant une feuille de papier ainsi électrisée contre du bois verni, elle y reste fortement adhérente, et pour longtemps [1].

2. — CONSTRUCTION D'UN PENDULE ÉLECTRIQUE

1° Prendre un tube ou une baguette de verre, et le couder à angle droit. — 2° Attacher à une extrémité un fil traversant une petite boule taillée dans de la moelle de sureau ou dans du liège. — 3° Implanter ce tube dans le bouchon d'un petit flacon qui sert de support.

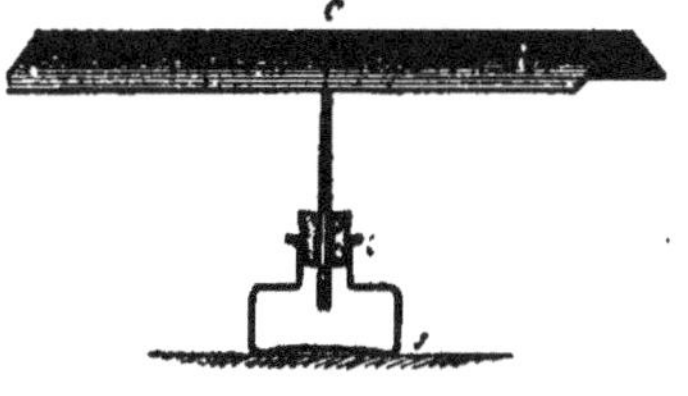

Figure 137.

REMARQUES. — 1° Un fil de fer ou une baguette de bois peuvent suffire, mais alors le fil doit être en soie. — 2° On peut construire un indicateur d'électrisation plus élémentaire : façonner une lanière en papier comme dans la remarque du § I, et la mettre à cheval par son milieu sur une pointe quelconque, cela fait une sorte de boussole électrique qui se tourne lorsqu'on lui présente un corps électrisé (*fig.* 137) [2].

---

1. Réné Leblanc.
2. Idem.

3. — CONDUCTIBILITÉ ÉLECTRIQUE
(2e Phénomène général)

1° Recommencer l'expérience du § 1 en ne frottant que la moitié du bâton. — 2° Constater que cette moitié seule est électrisée, car seule elle attire les morceaux de papier ou la balle du pendule électrique. — 3° Frotter de même une baguette de métal et constater qu'elle n'attire aucun corps léger. — 4° Emmancher cette baguette métallique sur un tube en verre, la frotter de nouveau. — 5° Constater qu'alors elle est électrisée.

4. — DISTINCTION DE DEUX ÉLECTRICITÉS ET DE LEUR ACTION RÉCIPROQUE
(3e Phénomène général)

1° Frotter un bâton de verre comme au § 1 et le présenter à la balle du pendule électrique. — 2° Remarquer que la balle est d'abord attirée, puis, après contact, repoussée. — 3° Frotter de la même manière un bâton de résine. — 4° Le présenter à la même balle déjà électrisée par le bâton de verre, et constater une attraction. — 5° Recommencer cette double expérience en sens inverse, à titre de vérification.

REMARQUE. — Le bâton de résine peut être remplacé par un bâton de soufre, un bâton de cire à cacheter, une baguette d'ébonite, un bâton de verre dépoli.

5. — PRODUCTION SIMULTANÉE DES DEUX ÉLECTRICITÉS
(4e Phénomène général)

1° Se procurer deux petits plateaux en bois. — 2° Emmancher sur le milieu de chacun une baguette de verre pour pouvoir les tenir en main. — 3° Sur la face de l'un d'eux opposée au manche, coller une feuille de verre à vitre avec de la cire. — 4° Entourer l'autre de drap. — 5° Frotter les deux plateaux l'un contre l'autre. — 6° Constater, comme au § 4, qu'ils possèdent chacun une électricité différente.

6. — ÉQUIVALENCE DES ÉLECTRICITÉS CONTRAIRES.
(5e Phénomène général)

1° Électriser de nouveau les deux plateaux précédents et de la même manière. — 2° Les présenter à la fois, et sans les séparer, à la balle du pendule. — 3º Constater qu'il n'y a ni attraction ni répulsion. — 4º Les séparer, et les présenter séparément, et constater qu'ils sont cependant électrisés.

7. — ÉLECTRISATION DU CORPS HUMAIN PAR FROTTEMENT

1º Faire monter un assistant sur un tabouret isolé (à pieds de verre, ou reposant sur des verres ou des assiettes). — 2º Le frapper sur le dos avec une peau de chat. — 3º Présenter le pendule et constater qu'il est électrisé. — 4º Présenter la pointe du doigt à n'importe quelle partie de son corps et constater qu'on en tire une étincelle.

REMARQUE. — Si l'opérateur est monté sur un tabouret isolé, on peut constater qu'il est lui-même électrisé, mais d'une électricité contraire.

8. — ÉLECTRISATION PAR LE CHOC

1º Se placer dans l'obscurité. — 2º Casser du sucre. — 3º Constater qu'il se produit des étincelles.

REMARQUE GÉNÉRALE. — Toutes ces expériences, et en général toutes celles d'électricité statique, ne réussissent bien que par un temps sec. En tout cas, il est toujours nécessaire d'essuyer soigneusement, et même de chauffer tous les appareils dont on se sert, surtout les supports isolants, pour faire disparaître toute trace d'humidité.

9. — TÊTE DE MÉDUSE.

1º Attacher une touffe de lanières très étroites à un petit bâton. — 2º Mettre ce bâton en communication avec une source d'électricité. — 3º Remarquer que toutes ces lanières se séparent les unes des autres de manière à former une touffe hérissée. Les lanières en papier sont les meilleures.

IO. — RÉPULSION DES LIQUIDES ÉLECTRISÉS.

1º Prendre un gobelet de fer-blanc. — 2º En percer le fond de plusieurs trous assez rapprochés les uns des autres. — 3º Le remplir d'eau. — 4º L'électriser, et remarquer qu'alors les veines liquides se dispersent en rosée. (Tyndall.)

II. — MACHINE ÉLECTRIQUE DES ENFANTS

1º Percer le fond d'un grand flacon cylindrique en son milieu. — 2º Boucher l'orifice avec un bouchon traversé par une baguette de verre. — 3° Boucher le goulot avec un bouchon dans lequel s'engage le bout carré d'une manivelle faite d'avance. — 4° Munir une planchette de deux montants latéraux, échancrés en haut, et écartés de la longueur de la panse du flacon. — 5° Poser le flacon sur ces supports, le faisant reposer par la baguette et par le goulot. — 6° Ganter sa main gauche d'un gant de peau ; la saupoudrer d'amidon. — 7° De la main droite, tourner l'appareil, la main gauche appuyant sur le flacon. — 8° Pendant ce temps, un aide tient, suspendu à un cordonnet en soie, une fourchette dont les dents sont près du flacon et en tire des étincelles.

12. — LIGNES DE FORCE ÉLECTROSTATIQUES

1° Se procurer de l'essence de térébenthine privée d'eau, et en verser dans un vase large. — 2° Saupoudrer la surface de ce liquide avec du sulfate de quinine en poudre. — 3° Faire aboutir en deux points du liquide deux conducteurs communiquant respectivement avec les conducteurs positif et négatif d'une machine électrostatique un peu forte. — 4° Remarquer la disposition en courbes allant d'un conducteur à l'autre, que prennent les particules du sel. Ces courbes sont les *lignes de force* de ces conducteurs [1].

XXXIII. — ÉTUDE DE L'INFLUENCE ÉLECTROSTATIQUE

I. — PHÉNOMÈNE GÉNÉRAL DE L'INFLUENCE

1° Se procurer un cylindre métallique, quel qu'il soit. — 2° Le suspendre à des fils de soie disposés de façon à ce que le tout puisse être soutenu d'une seule main. — 3° Avec des fils de toile, suspendre six balles de sureau au-dessous du cylindre, en enroulant les fils autour et en les mettant deux à deux, une paire à chaque extrémité et l'autre au milieu. — 4° Approcher lentement le cylindre d'un corps bien électrisé, une machine électrostatique, par exemple. — 5° Remarquer le phénomène que présentent les pendules suspendus au cylindre. — 6° Toucher le cylindre avec le doigt, en n'importe quel point, puis l'éloigner du corps influent. — 7° Remarquer le nouveau phénomène que présen-

---

1. P. Poiré. *Revue pédagogique.*

tent les pendules. — 8° Vérifier, en le présentant à un pendule préalablement chargé d'une électricité connue, quelle est la nature de l'électricité répandue sur le cylindre, et constater qu'elle est contraire à celle du corps influent.

2. — CHARGE ET DÉCHARGE PAR ÉTINCELLES

1° Prendre le cylindre précédent ou tout autre corps conducteur. — 2° L'approcher brusquement et assez près de la machine. — 3° Remarquer l'étincelle qui se produit. — 4° Si le corps qu'on a présenté était supporté par un bâton de verre ou des fils de soie, constater, à l'aide du pendule, qu'il est électrisé comme précédemment, avec deux fluides, et si on l'a touché, avec un seul. — 5° En approcher un autre corps conducteur et remarquer une nouvelle étincelle. — 6° Vérifier que le premier conducteur n'est plus électrisé ou, du moins, l'est à un degré moindre. — 7° Si les conducteurs sont de différentes natures, remarquer que les étincelles ne sont pas de même couleur.

3. — CONSTRUCTION D'UN ÉLECTROMÈTRE A FEUILLES D'OR

1° Détacher le fond d'un flacon, et roder les bords de la section. — 2° Prendre une petite tige métallique armée d'une boule, une tête de pique-feu, par exemple. — 3° L'enfoncer dans un bouchon (*fig.* 138). — 4° Coller à la partie inférieure de la tige deux petites lanières découpées dans une feuille d'or, de façon à ce qu'elles soient côte à côte. (La tige peut avoir un crochet inférieur, et les deux feuilles n'en former qu'une placée à cheval sur ce crochet.) — 5° Enfoncer le bouchon dans le goulot du

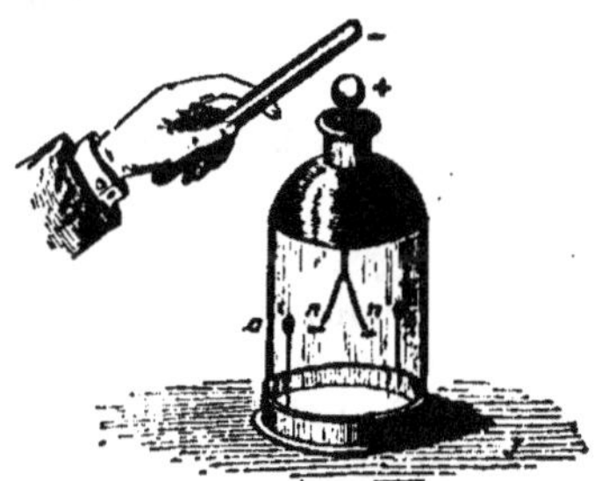

Figure 138.

flacon, et dresser ce dernier sur une soucoupe. — 6° Quand on veut s'en servir, mettre sur la soucoupe, quelques heures auparavant, des fragments de chlorure de calcium.

REMARQUE. — Si l'on n'a pas de feuilles d'or, les remplacer par deux balles de sureau suspendues à des fils de toile. On se sert de cet électromètre pour les mêmes usages que le pendule électrique. Deux feuilles de clinquant ou d'étain peuvent aussi être utilisées.

4. — POUVOIR DES POINTES

1° Sur la machine électrostatique, fixer une pointe métallique. — 2° Remarquer que dans ce cas il est impossible de la charger. — 3° Pendant le fonctionnement, approcher de la pointe la main ou la

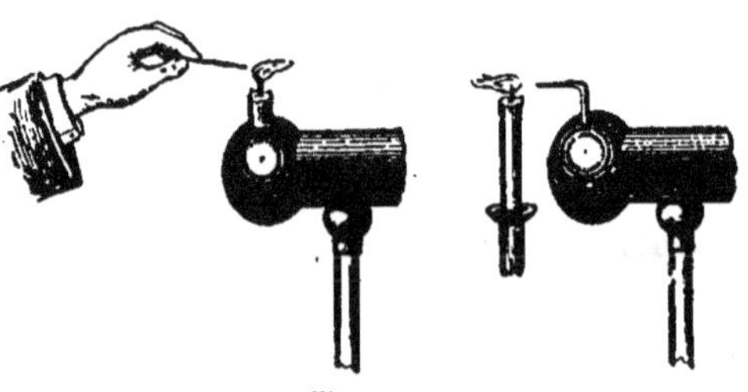

Figure 139.

flamme d'une bougie, et remarquer le courant d'air qui s'en écoule (*fig.* 139). — 4° Si l'on opère dans l'obscurité, remarquer une aigrette lumineuse à l'extrémité de la pointe.

REMARQUE. — Si l'on ne peut fixer la pointe sur la machine, y placer la bougie elle-même, et présenter la pointe à la flamme, le phénomène est à peu près le même.

5. — THÉORIE DU PARATONNERRE DE FRANKLIN

1° Électriser une boule métallique. — 2° La placer sur le goulot d'une carafe. — 3° Approcher un pendule électrique à la hauteur de la boule : remarquer que la boule attire d'abord le pendule, puis le repousse et le maintient à distance. — 4° Approcher une pointe de la boule, et remarquer qu'au fur et à mesure que l'on s'approche, le pendule se rapproche de la boule et finit par la toucher. La pointe a, en quelque sorte, déchargé la boule.

6. — THÉORIE DU PARATONNERRE DE MELSENS

1° Se procurer une cage ordinaire d'oiseau ou un panier à salade en fils métalliques. — 2° Enfermer dedans un électromètre à feuilles d'or. — 3° Électriser la cage et vérifier en dehors, et à l'aide du pendule électrique, qu'elle est bien électrisée. — 4° Remarquer que l'électromètre n'accuse aucun signe d'électrisation.

7. — CONSTRUCTION D'UN ÉLECTROPHORE

1° Prendre une boîte en bois, telle qu'une boîte à fromage d'Auvergne, et en diminuer la hauteur du pourtour, de manière à ne plus avoir qu'un léger rebord au-dessus du fond, 2 centimètres au plus. — 2° Faire fondre de la résine (souvent on ajoute un peu de cire jaune pour empêcher la résine de se fendiller, une fois solidifiée). — 3° La couler dans la boîte et laisser refroidir. — 4° Se procurer un plateau en métal et l'attacher à des fils de soie de manière à pouvoir le tenir suspendu à une main. — 5° Ou prendre un plateau en bois, et coller tout autour des feuilles d'étain à chocolat et le suspendre comme précédemment. — 6° Pour s'en servir, battre ou frotter vivement le gâteau de résine bien sec avec une peau de chat ou du gros drap. — 7° Appuyer le plateau métallique, toucher ce dernier avec le doigt, et, de l'autre main, l'enlever immédiatement par les fils de soie. On peut en tirer des étincelles.

REMARQUES. — 1° Toutes les expériences précédentes, et en général celles qui suivront, nécessitent une machine électrostatique ; mais pour ceux qui n'en possèdent pas, l'électrophore peut la remplacer. Il est moins puissant, mais il conserve plus longtemps son électricité. — 2° On peut faire un excellent électrophore en employant, au lieu de résine, le mélange suivant :

Colophane.	250 gr.
Térébenthine	60 gr. (pas l'essence).
Gomme arabique.	500 gr.
Suif.	15 gr.

Fondre et couler. — 3° On emploie aussi tout simplement une feuille d'ébonite, mais de temps en temps, il faut la frotter avec du papier-verre très fin.

8. — TUBE ÉTINCELANT

1° Se procurer un tube de verre un peu gros. — 2° Découper dans une feuille d'étain à chocolat de très petits losanges. — 3° Les coller sur le tube de façon à ce qu'ils forment ensemble une spirale allongée d'une extrémité à l'autre, et en espaçant leurs pointes de 1 à 2 millimètres. — 4° Présenter le dernier de l'une des extrémités à une machine électrostatique, tout en tenant le tube, le pouce appuyé sur le premier de l'autre extrémité (opérer dans l'obscurité). — 5° Constater la chaîne d'étincelles formées.

9. — GRÊLE ÉLECTRIQUE

1º Se procurer deux petits plateaux métalliques. — 2º Assurer la communication de l'un d'eux avec le sol, tout en le posant à plat sur une table, et suspendre l'autre au-dessus par un isolant quelconque, à une distance de 2 à 3 centimètres. — 3º Placer sur le plateau inférieur de très petits morceaux de papier. — 4º Mettre en communication le plateau supérieur avec la machine électrostatique. — 5º Remarquer la danse qu'effectuent les morceaux de papier.

10. — ÉLECTRISATION DU CORPS HUMAIN
PAR CONDUCTIBILITÉ

1º Faire monter un assistant sur un tabouret isolé. — 2º Lui faire toucher la machine électrostatique, et faire fonctionner. — 3º Constater par le pendule, ou en tirant des étincelles, que le corps de l'assistant est électrisé.

11. — MOYEN SIMPLE DE CONSTATER L'INFLUENCE
ÉLECTRIQUE

1º Mettre une règle plate en bois en équilibre sur un verre renversé. — 2º Au-dessous de l'extrémité de la règle mettre de très petits morceaux de papier sur un support assez élevé. — 3º Approcher de l'autre extrémité de la règle un corps électrisé. — 4º Constater que les morceaux de papier sont attirés par la règle.

12. — POUVOIR DES POINTES SUR LA TÊTE DE MÉDUSE

1º Électriser la baguette à touffe de papier dont on s'est servi dans la manipulation précédente. — 2º En approcher une grosse aiguille dont on masque la pointe avec le doigt. — 3º Remarquer que les lanières divergent moins. — 4º Démasquer la pointe et constater que les lanières ne divergent plus du tout.

XXXIV. — ÉTUDE DE LA CONDENSATION ÉLECTRIQUE

1. – CONSTRUCTION D'UN CONDENSATEUR
(CARREAU FULMINANT)

1º Se procurer un carreau de verre à vitre, encadré ou non. — 2º Coller sur l'une de ses faces une feuille d'étain, laissant entre son bord et celui du carreau, et cela dans les deux dimensions, une distance égale au huitième de cette dimension. Ce sera l'armature collectrice. — 3º En faire autant sur l'autre face, mais ajouter en outre d'un côté une bande d'étain allant de la feuille au bord du carreau, ou

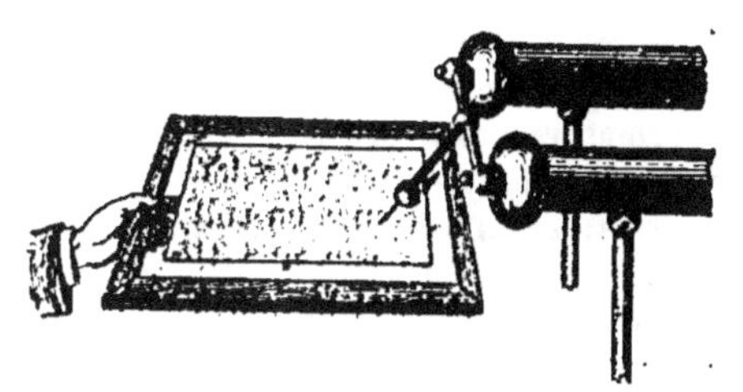

Figure 140.

du cadre. On a ainsi l'*armature condensatrice* (*fig.* 140). — 4º Avec un peu de cire fixer au milieu de chaque feuille d'étain un petit pendule électrique.

2. – EXPÉRIENCE DE LA CONDENSATION

1º Présenter la feuille complètement isolée à la machine électrostatique en tenant l'appareil par son pourtour, un doigt posé sur la bande qui arrive au bord. — 2º Porter l'appareil sur un support, disposé de telle sorte que le carreau soit dans un plan vertical. — 3º Remarquer que le pendule de l'armature collectrice s'écarte seul.

3. – DÉCHARGE DU CONDENSATEUR

a). — *Décharge instantanée.* — 1º Pendant que le condensateur est sur son support, toucher simultanément les deux armatures avec un arc métallique que l'on tient isolé dans la main à l'aide d'une feuille de caoutchouc, ou d'un ruban de soie, ou d'un manche de verre. — 2º Remarquer que l'étincelle est beaucoup plus forte que celles qui émanaient de la machine. — 3º Remarquer que le pendule qui s'écartait est tombé.

b). — *Décharge lente.* — 1º Recharger le condensateur et le replacer sur son support. — 2º Toucher avec un doigt l'armature collectrice. — 3º Toucher ensuite du doigt l'armature condensatrice. — 4º Continuer ainsi en les touchant toutes deux alternativement. — 5º Remarquer le jeu des pendules pendant ce temps, et en déduire l'explication de la condensation. — 6º Continuer jusqu'à ce qu'ils ne s'écartent plus du tout.

4. — CONSTRUCTION D'UNE BOUTEILLE DE LEYDE

1º Se procurer un flacon quelconque. — 2º Coller sur le fond et sur les parois, jusqu'aux deux tiers de leur hauteur, une feuille d'étain. Ce sera l'armature extérieure ou condensatrice. — 3º Remplir l'intérieur de feuilles d'étain menues jusqu'au niveau de la feuille extérieure. Ce sera l'armature intérieure ou collectrice. — 4º Boucher le flacon par un bouchon traversé par une tige métallique descendant dans les feuilles de l'intérieur, et terminée à l'extérieur par une boule ou une boucle.

REMARQUE. — On peut remplacer l'étain intérieur par de la grenaille de plomb, ou même par de l'eau. La main, mouillée avec de l'eau salée, peut aussi suppléer l'étain extérieur. Une bouteille de Leyde très rudimentaire peut être constituée par un verre à moitié plein d'eau dans lequel plonge une fourchette, et que l'on tient avec une main mouillée.

5. — CHARGE ET DÉCHARGE DE LA BOUTEILLE DE LEYDE

a). — *Charge.* — 1º Prendre la bouteille par la panse, en embrassant de la main l'armature extérieure. — 2º Présenter le bouton de la tige à la machine électrostatique. — 3º Si l'on veut montrer que l'armature extérieure est électrisée, monter pendant la charge sur un tabouret isolé et présenter un doigt de l'autre main au pendule électrique, on constate une attraction.

REMARQUE. — On peut charger la bouteille en sens opposé, c'est-à-dire en la tenant par la tige, et en présentant sa panse à la machine. Le rôle des armatures est alors interverti.

b). — *Décharge instantanée.* — Procéder comme avec le carreau fulminant, c'est-à-dire présenter simultanément à la panse et à la tige les deux extrémités d'un arc métallique isolé.

c). — *Décharge lente.* — 1º Placer la bouteille sur un support iso-

lant. — 2° Toucher alternativement la tige et la panse, en commençant
par la tige, et continuer tant qu'il apparaît des étincelles.

6. — CONDENSATEUR VIVANT

1° Monter sur un tabouret isolé. — 2° Mettre sur un de ses poings
une feuille de caoutchouc. — 3° Toucher la machine avec l'autre main.
— 4° Prier un assistant d'appliquer sa main sur la feuille. — 5° Faire
fonctionner la machine. — 6° Lâcher cette dernière et présenter cette
main à l'autre main de l'assistant. Constater une étincelle et une commotion.

7. — COMMOTION

a). — *Commotion individuelle.* — 1° Charger la bouteille de Leyde ou
le carreau fulminant, comme à l'ordinaire. — 2° Opérer la décharge
instantanée en se servant des deux mains au lieu d'un arc.

b). — *Commotion collective.* — 1° Voir l'expérience du condensateur
vivant. — 2° Si on veut la faire éprouver à un plus grand nombre de
personnes, les prier de faire la chaîne en se tenant par la main. —
3° Prendre la bouteille par la panse, et la charger comme à l'ordinaire.
— 4° Prendre, de l'autre main, la main libre de l'assistant qui est à
une extrémité de la chaîne. — 5° Présenter la tige de la bouteille à la
main libre de l'assistant qui est à l'autre extrémité.

8. — FIGURES DE LICHTEMBERG

1° Charger une bouteille de Leyde comme à l'ordinaire. — 2° Prendre
le gâteau de résine de l'électrophore et l'essuyer. — 3° Tenant la bouteille par la panse, tracer une figure quelconque sur le gâteau avec la
tige. — 4° Prenant ensuite la bouteille par la tige, tracer de même une
autre figure avec l'arête du fond. — 5° Insuffler sur le gâteau un
mélange de minium et de soufre pulvérisé, à l'aide d'un insufflateur
de poudre insecticide. — 6° Remarquer la distribution des deux
poudres sur le gâteau dessinant chacune une figure et prouvant que les
armatures ne possèdent pas la même électricité.

9. — CONSTRUCTION D'UNE BATTERIE ÉLECTROSTATIQUE

1° Prendre un grand nombre de feuilles de zinc ou d'étain. — 2° Les
empiler en les séparant par des feuilles de papier enduit de paraffine.

— 3º Faire dépasser à droite les feuilles métalliques de rang impair.
— 4º Faire dépasser à gauche les feuilles métalliques de rang pair. —
5º A l'aide de pinces métalliques relier ensemble toutes les feuilles
dépassant d'un même côté. — 6º Pour charger cet appareil, mettre en
communication avec la machine l'une de pinces, et l'autre en communication avec le sol. — 7º Pour la décharger, mettre les deux pinces
en communication entre elles.

10. — INFLAMMATION PAR L'ÉTINCELLE ÉLECTRIQUE

1º Attacher à l'une des armatures d'un condensateur un fil métallique
descendant dans un godet contenant du sulfure de carbone ou de
l'éther. — 2º Présenter l'autre armature, ou un fil métallique y communiquant, à la surface du liquide. — 3º Constater que presque toujours l'étincelle qui jaillit enflamme le liquide.

11. — PERCER UNE CARTE DE VISITE

1º Provoquer la décharge instantanée d'un condensateur comme à
l'ordinaire, mais en intercalant, entre l'une des armatures et l'arc
métallique, une carte de visite ou tout autre papier fort. — 2º Constater, en regardant à contre-jour, que le papier est percé d'un trou
nettement visible.

12. — EFFET LUMINEUX DANS LE VIDE

1º Prendre un long tube de verre et le courber en fer à cheval. —
2º Le remplir de mercure, et le renverser, chaque extrémité dans une
cuvette à mercure séparée, comme pour l'expérience barométrique. Le
fixer à un support approprié. — 3º Mettre en communication le mercure d'une des cuvettes avec le sol. — 4º Mettre en communication le
mercure de l'autre cuvette avec une boule métallique isolée placée
près de la machine électrostatique. — 5º Faire fonctionner cette dernière après avoir fait l'obscurité dans la salle. — 6º Remarquer qu'à
chaque étincelle qui éclate entre la machine et la boule, une lueur
apparaît dans la chambre barométrique au coude du tube.

Remarque. — L'expérience est encore plus belle avec un condensateur. Le
tube doit avoir près de 2 mètres de long. On peut en obtenir un de cette
longueur en soudant deux autres tubes ordinaires.

13. — EFFET LUMINEUX DANS UN SOLIDE

1º Enfiler un citron sur une pointe métallique, de manière que la pointe pénètre jusque près du centre du fruit. — 2º Enfoncer une autre pointe métallique au pôle opposé du citron jusqu'à une faible distance de la première. — 3º Faire passer la décharge de la bouteille de Leyde dans les deux pointes, et remarquer l'illumination du citron dans l'obscurité [1].

REMARQUE. — L'expérience peut se faire avec un œuf, ou une pomme.

XXXV. — ÉTUDE DES PHÉNOMÈNES GÉNÉRAUX DUS A L'ÉLECTRICITÉ DYNAMIQUE

I. — CONSTATATION DE LA PRODUCTION D'ÉLECTRICITÉ PAR UNE ACTION CHIMIQUE

1º Se procurer un bocal large, et y verser de l'eau acidulée au dixième par de l'acide sulfurique. — 2º Se procurer deux lames d'égale surface, l'une en zinc, l'autre en cuivre. — 3º Les plonger dans le liquide, et les y laisser sans qu'elles se touchent (si le vase n'est pas en verre, les faire reposer sur une feuille ou des baguettes de verre placées dans le fond). — 4º Constater par le dégagement des bulles de gaz le premier phénomène, *l'action chimique,* c'est-à-dire l'attaque, par le zinc, de l'eau acidulée. — 5º Approcher doucement un pendule électrique très léger de l'une des lames (elles doivent saillir un peu au-dessus du liquide), le zinc par exemple, et constater à petite distance, une attraction, bientôt suivie d'une répulsion. — 6º Constater le même phénomène sur l'autre lame. — 7º Vérifier comme à l'ordinaire la nature de l'électricité communiquée au pendule par chacune des lames. — 8º Faire communiquer entre elles les deux lames, et répéter les essais précédents. — 9º Constater qu'alors il n'y a d'attraction, ni d'un côté ni de l'autre.

REMARQUES. — 1º Il est bon d'employer des lames aussi grandes que possible, si l'on veut que les phénomènes électriques soient assez apparents, car la

---

1. Arthur Good.

force attractive est très faible. — 2° En se servant d'un électroscope condensateur, au lieu d'une simple pendule électrique, la production d'électricité est rendue beaucoup plus visible. — 3° On peut encore constater la production d'électricité dans les actions chimiques par l'expérience suivante : Plonger une lame de cuivre dans de l'acide azotique étendu, en la mettant en communication par un fil métallique avec le plateau inférieur, d'un électroscope condensateur, le liquide communiquant lui-même avec le sol par un autre fil. L'électroscope se charge d'électricité négative. Si c'est le liquide qui communique avec l'électroscope, ce dernier se charge d'électricité positive. — 4° Dans les expériences précédentes, on peut charger une petite bouteille de Leyde à armatures métalliques, ce qui est encore une preuve de la production d'électricité Il suffit de faire communiquer l'un des fils avec l'une des armatures, et l'autre fil avec la deuxième armature, et maintenir le contact pendant assez longtemps.

2. — PILE A AUGES

A. — *Montage d'une pile à auges.*

1° Préparer la pile : *a*) décaper les zincs et les cuivres ; *b*) placer les fils aux deux bornes. — 2° Verser dans les auges le liquide excitateur : eau acidulée au dixième par l'acide sulfurique (*fig.* 141). — 3° Constater, comme dans l'expérience 1, la production d'électricité aux deux pôles. Pour

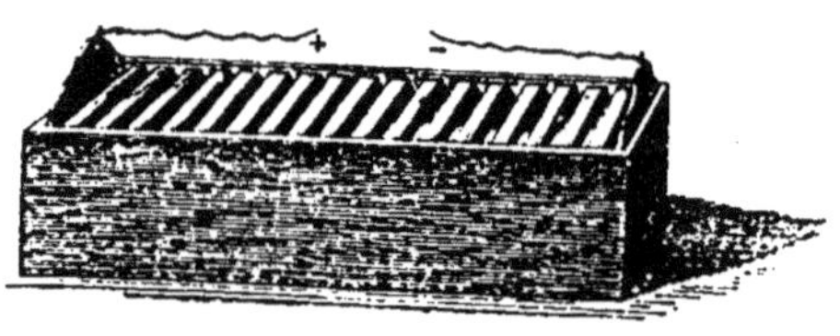

Figure 141.

cela, faire aboutir chaque fil à une plaque métallique qui doit attirer le pendule électrique.

REMARQUES. — 1° Le liquide excitateur peut servir deux heures, en une ou plusieurs fois. — 2° L'acide sulfurique du commerce, étant le plus souvent préparé par la combustion des pyrites, ne convient guère pour les piles, mais on peut le rendre propre à cet usage. A cet effet, verser 5 cent. cubes d'huile à brûler par litre d'acide sulfurique, attendre la formation du dépôt qui va se produire, et n'employer que l'acide décanté. — 3° L'acide sulfurique peut être remplacé par le sulfate de zinc à 18° B, qui sert jusqu'à ce qu'il marque 40° B. A ce moment, on en enlève une partie, et on la remplace par de l'eau pure. Il donne aux piles une constance plus grande, mais une force électromotrice un peu moindre. En l'additionnant d'un dixième d'une solution saturée de sel ammoniac, on obtient un courant plus intense. — 4° Quand on a fini de se servir d'une pile, il faut la vider et laver les lames métalliques à grande eau. — 5° Quand on veut s'en servir de nouveau, il faut décaper les lames de cuivre et de zinc.

B. — *Construction d'une pile à auges.*

1° Se procurer une petite caisse en bois à parois très épaisses, et beaucoup plus longue que large. — 2° La rendre étanche à l'aide d'un mastic quelconque. — 3° Creuser dans les deux parois longues des rainures perpendiculaires au fond, et se faisant face deux à deux. — 4° Faire dissoudre de la cire à cacheter dans de l'alcool; puis, à l'aide d'un pinceau, en badigeonner tout l'intérieur de la caisse, y compris les rainures. — 5° Découper des lames de zinc et de cuivre de la dimension de la section de la caisse. — 6° Enfoncer une lame de zinc et une lame de cuivre accouplées dans chaque paire de rainures, en ayant soin que les lames de même nature soient toutes tournées du même côté. — 7° Passer de la solution de cire dans les rainures pour les rendre étanches. — 8° Aplatir l'extrémité d'un fil de cuivre, de laiton, ou même de fer, au marteau ou à la lime, et l'appliquer contre la dernière lame de zinc, en l'y assujettissant par un coin de bois enfoncé entre cette lame et la paroi. En faire autant à la dernière lame de cuivre qui est à l'autre extrémité de la caisse. L'appareil est construit et peut fonctionner comme précédemment.

Remarques. — 1° Tous les fils qui servent à conduire le courant électrique doivent être recouverts de soie, ou de gutta-percha. S'ils ne le sont pas, il faut toujours les maintenir sur des supports isolants, et ne les manier qu'avec les doigts gantés avec des *doigts* de caoutchouc. — 2° Avant chaque expérience, les extrémités des fils doivent être décapés à la lime, ou au papier de verre, et l'on doit en faire autant aux *pinces* ou autres organes destinés à les relier aux lames de cuivre et de zinc, et, en général, à toutes les surfaces métalliques qui doivent être en contact pour livrer passage au courant.

3. — PILE DE VOLTA

A. — *Montage de la pile de Volta.*

1° Décaper soigneusement les lames de zinc et de cuivre. — 2° Préparer le liquide excitateur comme pour la *pile à auges.* — 3° Mettre à tremper dedans les rondelles de drap. — 4° Placer une lame de cuivre sur le fond du bâti de la pile. — 5° Placer dessus une rondelle de drap im'..bée de liquide excitateur. — 6° Placer au-dessus une rondelle de zinc. — 7° Placer au-dessus une deuxième lame de cuivre, et ainsi de suite en terminant par une lame de zinc. — 8° Placer les fils aux bornes, et constater la production d'électricité comme il est dit précédemment.

B. — *Construction d'une pile de Volta.*

1° Se munir d'un certain nombre de gros sous, et les décaper à l'acide azotique. — 2° Dans un fond de vieux seau, découper un nombre égal de rondelles de zinc, d'égal diamètre. — 3° Dans de la flanelle ou du drap, découper un nombre égal de rondelles, et d'égal diamètre, puis les mettre à tremper dans le liquide excitateur préparé comme ci-devant. — 4° Sur une soucoupe, placer l'extrémité aplatie d'un fil et mettre dessus un des sous, en le calant par des éclats de bois pour qu'il soit bien horizontal. — 5° Sur le sou, mettre une rondelle de drap imbibé. — 6° Sur cette dernière, mettre une rondelle de zinc, et ainsi de suite. — 7° Placer sur la dernière rondelle de zinc, l'extrémité aplatie d'un fil, et l'y maintenir par un poids un peu lourd (ou mieux, fendre l'extrémité de ce fil, et engager dans la fente la dernière rondelle de zinc). La pile est construite, et fonctionne comme précédemment.

REMARQUE. — La pile de Volta doit être montée rapidement, et seulement au moment de s'en servir. Lorsque son service est terminé, la démonter immédiatement, et en jeter tous les éléments dans une cuve d'eau.

4. — VÉRIFIER QUE DANS UNE PILE
LA FORCE ÉLECTROMOTRICE EST PROPORTIONNELLE AU NOMBRE
DES COUPLES ET NON A LEUR SURFACE

1° Monter une pile de Volta avec deux ou trois couples. — 2° Constater comme à l'ordinaire le dégagement de l'électricité par les électroscopes, et remarquer le degré d'intensité des phénomènes d'attraction ou de répulsion. — 3° Ajouter à la pile quelques couples. — 4° Constater que l'intensité des phénomènes s'est accrue. — 5° Continuer ainsi jusqu'à ce que l'on ait employé tous les couples dont on dispose. — 6° Monter une autre pile de Volta avec des disques plus larges, et dont on mettra un nombre tel, que la somme de leurs surfaces soit égale à la somme des surfaces des couples employés dans la première pile. — 7° Vérifier alors le dégagement de l'électricité, et constater que les phénomènes d'attraction présentent beaucoup moins d'intensité que dans le premier cas.

5. — PILE DE DANIELL

A. — *Montage d'une pile de Daniell.*

1° Mettre le vase poreux dans le vase extérieur. — 2° Introduire la lame de zinc dans l'espace compris entre les deux. — 3° Introduire la

lame de cuivre dans le vase poreux. — 4° Assujettir les fils aux deux
lames. — 5° Vider dans le vase extérieur le liquide excitateur : eau
acidulée au dixième par l'acide sulfurique. — 6° Vider dans le vase
poreux le *liquide dépolarisant* : eau saturée à froid par 300 grammes de
sulfate de cuivre par litre. La pile peut fonctionner.

REMARQUES. — 1° Voir Remarques relatives à la *pile à auges.* — 2° Les
deux liquides doivent atteindre le même niveau dans les deux vases. — 3° Le
liquide dépolarisant allant en s'appauvrissant, on peut entretenir sa richesse en
mettant des cristaux de sulfate de cuivre dans le vase poreux, ou mieux encore,
en mettant ces cristaux dans un petit ballon à long col, que l'on remplit d'eau,
et que l'on renverse sur le vase poreux, en l'y laissant à demeure. — 4° Il
n'est question ici que d'un seul couple, mais si la pile doit en avoir plusieurs,
il faut les réunir. Si l'on veut la force électromotrice maxima, on réunit le
zinc d'un couple au cuivre de l'autre, et ainsi de suite, par des fils convenablement disposés. Si on veut la quantité d'électricité maxima, on réunit tous
les cuivres ensemble, et tous les zincs ensemble. Le 1er cas est le couplage
en tension ou *en série*, le 2e est le couplage *en quantité* ou *en batterie.*

B. — *Construction d'une pile de Daniell.*

1° Prendre un bocal un peu large. — 2° Se procurer un vase poreux
(biscuit, terre non vernie, porcelaine dégourdie, etc.). — 3° Prendre
une lame de zinc quelconque, et la contourner de façon à en faire un
cylindre concentrique au vase poreux. — 4° Prendre une lame de cuivre
quelconque. — 5° Monter le tout comme précédemment. — 6° Assujettir les fils aux deux lames, en fendant l'extrémité de ces fils, et en
faisant entrer les lames dans la fente ainsi produite.

REMARQUES. — 1° On peut prendre comme bocal extérieur n'importe quel
récipient à large ouverture. — 2° On peut prendre comme vase poreux, un
petit pot à fleurs, dont on a obturé le trou du fond par un tampon d'argile,
ou encore une vieille bougie de porcelaine filtrante. — 3° Si les lames sont
trop épaisses pour pouvoir entrer dans une fente du fil, on place simplement
ce dernier contre elles, en l'y assujettissant d'une manière quelconque, par
exemple à l'aide d'un morceau de bois fendu et placé à cheval sur la lame et le
fils réunis, ou à l'aide d'un fixe-cravate, ou au moyen d'une pince de blanchis-
seuse. — 4° Si l'on n'a pas de vase poreux, on peut disposer l'appareil ainsi :
a) mettre dans le fond du bocal du sulfate de cuivre pilé ; *b)* coucher dessus la
plaque de cuivre, ou un fil de cuivre long et plié ; *c)* assujettir à la plaque
le fil conducteur, lequel, sur toute la longueur qui traversera le liquide
excitateur, doit être recouvert de gutta-percha, ce que l'on peut du reste faire
soi-même ; *d)* mettre au-dessus une mince couche de sable ; *e)* suspendre la
lame de zinc jusque sur le sable ; *f)* verser de l'eau dans le vase. La pile est
prête à fonctionner. C'est la pile Callaud-Minotto. — 5° Avant de se servir

des vases poreux, il faut les nettoyer, et les laisser séjourner quelques jours dans l'eau. Pour empêcher la formation de sels grimpants, on peut les vernir, ou encore les enduire de cire ou de paraffine sur une hauteur de 2 à 3 centimètres à partir du bord supérieur.

6. -- PILE DE BUNSEN

A. — *Montage de la pile de Bunsen.*

1° Préparer la pile (voir *Montage de la pile Daniell*, sauf que la lame de cuivre est remplacée par un prisme de charbon de cornue). — 2° Verser dans le vase extérieur le liquide excitateur : eau acidulée par un dixième d'acide sulfurique. — 3° Verser dans le vase poreux le liquide dépolarisant : acide azotique à 40° Baumé. La pile maintenant est prête à fonctionner (*fig.* 142).

Figure 142.

REMARQUES. — 1° Voir Remarques relatives à la *pile à auges* et à la *pile Daniell*. — 2° Avant chaque expérience, le charbon doit être frotté à la lime, et, de temps en temps, il faut, en outre, le chauffer fortement. Après l'expérience, on peut le conserver dans l'acide azotique, ainsi que le vase poreux. — 3° L'acide azotique peut servir jusqu'à 26° B. En y ajoutant un cinquantième d'acide sulfurique, il peut encore servir une fois. — 4° Le liquide excitateur ordinaire peut avantageusement être remplacé par le suivant :

Eau. . . . . 20 volumes
Acide sulfurique concentré. 1   —
Acide chlorhydrique concentré. 1   —

5° Le liquide dépolarisant ordinaire peut avantageusement être remplacé par le suivant :

Acide azotique ordinaire. . . . . 1 volume
Acide chlorhydrique concentré. 1   —
Eau acidulée au vingtième par l'acide sulfurique 1   —

B. — *Construction d'une pile de Bunsen.*

1° Préparer le même matériel que pour la construction d'une pile Daniell, sauf qu'il faut prendre un morceau de charbon de cornue à la place de la lame de cuivre. — 2° Monter comme s'il s'agissait de monter une pile Daniell. — 3° Verser les liquides comme précédemment.

REMARQUES. — 1° Voir Remarques relatives à la *pile à auges* et à la *pile Daniell*. — 2° Ici, le vase poreux est indispensable. — 3° Si l'on n'a pas de charbon de cornue (la forme prismatique n'est pas indispensable), on lo remplace par un bâton de charbon de bois ainsi préparé : on le fait rougir au feu, puis on le plonge encore rouge dans du mercure. Si l'on n'a pas de mercure en quantité suffisante, on peut prendre un morceau de coke, mais la forme des fragments de coke et leur structure celluleuse sont un obstacle que l'on tourne ainsi : on pulvérise le coke, et, avec cette poussière et un peu de colle forte, on en fait une pâte épaisse avec laquelle on façonne un bâton qu'on laisse sécher. Quand il est sec, on le porte à la température du rouge sombre sans le mettre dans le feu. Il peut servir ensuite.

7. — PILE AU BICHROMATE (A UN SEUL LIQUIDE)

A. — *Montage de la pile au bichromate.*

1° Après avoir nettoyé le bocal (ou la bouteille, si c'est une pile-bouteille), le remplir aux deux tiers avec le liquide suivant (mélange du liquide excitateur avec un dépolarisant) ainsi préparé : *a*) mélanger 92 grammes de bichromate de potasse (ou de soude) cristallisé, avec 94 grammes d'acide sulfurique concentré; *b*) broyer jusqu'à former une bouillie épaisse; *c*) additionner de 900 grammes d'eau, de manière à obtenir une dissolution complète. — 2° Placer le bouchon, et par conséquent, les charbons. — 3° Adapter les fils aux bornes du bouchon. — 4° Descendre le zinc dans le liquide. La pile fonctionne.

Remarques. — 1° Voir les Remarques relatives aux piles précédentes. — 2° Quand l'expérience est finie, remonter le zinc au-dessus du liquide, le reste peut demeurer en place. — 3° Quand le liquide est devenu d'une couleur très foncée, il doit être renouvelé.

B. — *Construction d'une pile au bichromate.*

1° Prendre un bocal-bouteille à large ouverture. — 2° Se procurer un bouchon s'adaptant à cette ouverture, rendu isolant par une solution alcoolique de cire à cacheter ou de la paraffine. — 3° Percer ce bouchon de deux entailles rectangulaires, l'une pour recevoir un charbon, l'autre pour recevoir une lame de zinc. La couche isolante sera également étendue dans ces entailles. — 4° Introduire le charbon dans l'une d'elles, en l'y fixant par un arrêt quelconque, tel qu'une cheville de bois passée au travers. — 5° Verser dans le bocal le liquide préparé comme précédemment. — 6° Mettre le bouchon en place. — 7° Descendre le zinc au travers de l'entaille qui lui est réservée, en l'y suspendant par une cheville passée au travers. La pile fonctionne.

Remarques. — 1° Voir les Remarques relatives aux piles précédentes. —

2° Le charbon et le zinc doivent dépasser le bouchon d'une certaine hauteur au-dessus pour que l'on puisse leur fixer les fils à l'aide de pinces. — 3° Quand l'expérience est finie, il suffit d'enlever le zinc.

8. — PILE LECLANCHÉ

A. — *Montage d'une pile Leclanché.*

1° Verser dans le vase le liquide excitateur : solution concentrée de sel ammoniac. — 2° Introduire dans ce liquide le charbon, avec son dépolarisant adhérent. — 3° Introduire la baguette de zinc, en la séparant du corps précédent par une cale en bois, si le vase n'est pas disposé pour qu'elle en soit séparée naturellement. La pile fonctionne.

REMARQUES. — 1° Voir les Remarques relatives aux piles précédentes. — 2° Le dépolarisant qui adhère au charbon est un solide, formé de bioxyde de manganèse et de charbon de cornue en grains, solidifié par pression. — 3° La pile ainsi montée peut fonctionner pendant plusieurs mois. Il suffit d'ajouter de l'eau de temps en temps.

B. — *Construction d'une pile Leclanché.*

1° Se procurer un vase quelconque. — 2° Façonner un prisme de charbon comme il a été dit plus haut. — 3° Pulvériser du bioxyde de manganèse, le mêler à du charbon de cornue, ou à du coke concassé en petits fragments. — 4° Ajouter un peu de colle forte et de l'eau, et broyer le tout de manière à en faire une bouillie épaisse. — 5° Entourer le prisme de charbon de cette bouillie, comprimer tout ensemble entre deux planches, et mettre à sécher jusqu'à dessiccation complète. — 6° Adapter le fil à la partie supérieure du charbon, laquelle n'est pas entourée du mélange. — 7° Introduire dans le vase le liquide excitateur préparé comme précédemment. — 8° Y plonger le charbon préparé comme il vient d'être dit. — 9° Y plonger également une lame de zinc armée de son fil, et que l'on maintiendra écartée du charbon par une cale en bois. La pile peut fonctionner.

REMARQUES. — 1° Voir Remarques relatives aux piles précédentes. — 2° Autre moyen d'obtenir un charbon : prendre 40 parties de bioxyde de manganèse, 44 parties de graphite, 9 parties de goudron, 0,6 de soufre et 6,4 d'eau, les solides étant d'abord pulvérisés. Placer ce mélange dans un moule où on le comprime fortement. Chauffer ensuite à 350° environ [1].

---

1. G. Tissandier.

9. — PRINCIPE DES ACCUMULATEURS

1° Faire l'expérience du *voltamètre* (voir Manipulations de chimie systématique, *Etude de l'eau*). — 2° L'expérience terminée, réunir les deux fils et présenter le circuit ainsi [formé au-dessus d'uno aiguille aimantée très sensible (ou à un galvanomètre), constater la déviation que subit l'aiguille, et noter soigneusement le sens de cette déviation. — 3° Enlever les fils de la pile, et les replacer au voltamètre. — 4° Réunir de nouveau les extrémités libres, et représenter le fil à la même aiguille. - 5° Constater une nouvelle déviation de l'aiguille, mais dans un sens inverse de celui de la précédente déviation, ce qui prouve que le voltamètre est lui-même une pile qui produit un courant en sens inverse de celui qui a décomposé l'eau. — 6° Remarquer qu'en même temps, les volumes des az recueillis diminuent, ce qui montre que l'eau se reconstitue.

REMARQUES. — 1° L'expérience réussit mieux si les électrodes, c'est-à-dire les parties de fil engagées sous les éprouvettes, sont en plomb. — 2° Si l'on ne veut pas recueillir les gaz, il est inutile d'employer les éprouvettes, les électrodes de plomb peuvent être simplement plongées dans le liquide tout en étant séparées. On les met à une courte distance. Le phénomène est ainsi beaucoup plus apparent. Cette disposition permet même l'emploi de véritables plaques de plomb, ce qui rend le phénomène de courant inverse tout à fait aisé à constater.

10. — MANŒUVRE DES ACCUMULATEURS

A. — *Montage d'un accumulateur.*

1° Verser dans le vase l'eau à décomposer, acidulée par un dixième d'acide sulfurique. — 2° Fermer avec le couvercle qui porte les lames de plomb. — 3° Fixer des fils aux bornes du couvercle. — 4° Adapter l'autre extrémité de ces fils aux deux pôles d'une pile ordinaire. — 5° Faire fonctionner la pile. — 6° Remarquer le dégagement des bulles gazeuses qui se portent sur les lames de plomb. — 7° Arrêter l'opération quand les bulles commencent à se dégager à la surface du liquide. L'accumulateur est *chargé*. On s'en sert comme d'une véritable pile.

REMARQUES. — 1° L'accumulateur peut rester chargé pendant plusieurs semaines. — 2° Pendant ce temps, il faut éviter de le remuer trop. — 3° Lorsque les lames de plomb sont neuves, l'appareil ne fonctionne pas aussi bien que lorsqu'il a déjà été chargé plusieurs fois. On peut *préparer* ces lames neuves, en le chargeant plusieurs fois de suite, tantôt dans un sens, tantôt

dans l'autre, c'est-à-dire en rendant chaque lame tantôt positive tantôt négative; ou encore en les immergeant, pendant quelques heures, dans un mélange
de 1 partie d'acide azotique, 2 parties d'acide sulfurique et 17 parties d'eau, et
les rinçant ensuite à grande eau. — 4° Quand l'accumulateur est composé de
plusieurs couples, il faut toujours pour la charge les coupler *en quantité.*

B. — *Construction d'un accumulateur.*

1° Se procurer un bocal à large ouverture. — 2° Lui façonner un
couvercle en bois, que l'on recouvre d'une solution de cire à cacheter
dans l'alcool, de façon à le rendre isolant. — 3° Le percer de deux
trous destinés au passage des fils. Recouvrir les parois de l'intérieur
de ces trous de la couche isolante. — 4° Prendre deux feuilles de
plomb d'égale dimension. — 5° Les appliquer l'une sur l'autre en les
séparant par une feuille de caoutchouc épaisse, ou du drap. —
6° Enrouler le tout autour d'un manchon de bois. — 7° Enlever le caoutchouc et maintenir les spires en place en interposant entre les feuilles
des cales en gutta-percha, paraffine ou cire à cacheter. — 8° Suspendre
au couvercle cette double feuille de plomb ainsi enroulée. — 9° Fixer
les fils à chaque feuille, et les passer par les trous du couvercle. —
10° Descendre le tout dans le liquide du vase. — 11° Charger et faire
fonctionner l'appareil comme précédemment.

Remarques. — 1° Si l'on n'a pas de plomb en feuilles, on peut prendre
deux morceaux de plomb quelconques que l'on suspend au couvercle, en
les maintenant à courte distance l'un de l'autre, mais l'appareil ne fonctionne pas aussi bien, parce que la surface du plomb est moindre. — 2° Si
l'on n'a que de petites feuilles de plomb, on les accouple les unes à côté
des autres en les enserrant dans une monture quelconque, mais en maintenant chaque plaque séparée de ses voisines par un corps isolant (bois paraffiné, etc.).

II. — VÉRIFIER QUE LES PILES SONT DES APPAREILS ÉLECTRIQUES A FAIBLE POTENTIEL

1° Faire fonctionner une pile. — 2° Présenter les deux fils l'un à
l'autre et constater qu'il ne se produit pas d'étincelle, à moins que l'on
ne dispose d'un grand nombre de couples, et encore l'étincelle est-elle
faible. — 3° Pour faire apparaître l'étincelle, si la pile est assez forte,
prendre une lime de la main gauche et appuyer l'un des fils dessus
avec le pouce de cette main. De la main droite, promener l'extrémité
de l'autre fil sur la surface rugueuse de la lime. A la rencontre de
chaque aspérité, on voit se produire une petite étincelle.

12. — AMALGAMATION D'UN ZINC

Dans toutes les piles, il est avantageux d'employer du zinc amalgamé au lieu du zinc pur. Pour amalgamer une lame de zinc, on procède comme il suit :

1º Verser de l'eau dans un vase profond, et l'aciduler de son seizième en volume d'acide sulfurique. — 2º Plonger la lame de zinc dans cette eau, et l'y laisser quelques instants. — 3º La frotter avec une brosse métallique trempée dans le mercure. — 4º Frotter ensuite avec un chiffon pour étendre le mercure, et obtenir une surface brillante et sans taches. — 5º Laver le zinc à grande eau, et mettre à égoutter pour recueillir le mercure qui découle de sa surface.

REMARQUES. — 1º Le chlorure de mercure en dissolution peut être employé à la place du mercure lui-même. — 2º Quelquefois, on met du mercure au fond du vase de la pile qui doit contenir le zinc; l'amalgamation se fait d'elle-même sous l'influence du courant, si le zinc plonge dans ce liquide. Cela n'est guère possible que dans les piles *Daniell, Bunsen* et *Leclanché*.

XXXVI. — EXPÉRIENCES SUR L'ÉLECTRO-CHIMIE

1. — ANALYSE DE L'EAU PAR LE VOLTAMÈTRE

Voir la Manipulation sur l'eau (*Chimie systématique*).

REMARQUE. — L'élément Daniell ne peut décomposer l'eau, car il ne dégage pas assez de chaleur.

2. — DÉCOMPOSITION OU ÉLECTROLYSE D'UN SEL NON ALCALIN PAR LE COURANT ÉLECTRIQUE

1º Préparer une solution concentrée de sulfate de cuivre. — 2º L'introduire dans un tube en U (*fig.* 143). — 3º Dans l'une des branches du tube introduire le fil positif d'une pile, dans l'autre le fil négatif. — 4º Dans la branche du fil positif verser doucement sur le liquide un peu de teinture de tournesol. — 5º Mettre la pile en train. — 6º Observer que le fil négatif se recouvre de poudre rouge ; si l'on

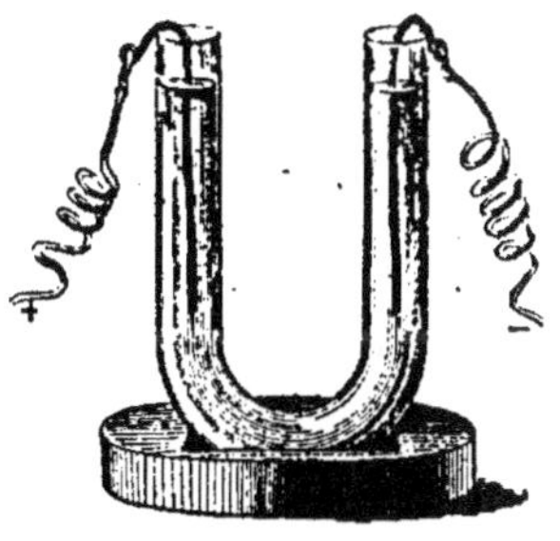

Figure 143.

y avait attaché une plaque de cuivre, on pourrait constater après l'expérience qu'elle a augmenté de poids. — 7° Observer que le tournesol rougit et qu'il se dégage un gaz du côté positif ; si l'on y avait attaché une plaque de cuivre, on pourrait constater après l'expérience qu'elle a diminué de poids.

REMARQUE. — La même expérience peut se faire dans un simple verre, seument l'emploi du tournesol n'est plus possible.

3. — ÉLECTROLYSE D'UN SEL ALCALIN

1° Mêmes préparatifs exécutés sur du sulfate de potasse, et même expérimentation. — 2° Ajouter du tournesol rougi du côté du fil négatif. — 3° Observer que le tournesol rougi redevient bleu.

NOTA. — On peut observer la réaction avec de l'eau de mauves qui devient verte d'un côté, rouge de l'autre, avec une zone violette au milieu.

4. — DESSIN A L'ÉTAIN

1° Préparer une solution saturée de protochlorure d'étain. — 2° La verser sur une plaque de verre formant cuvette, grâce à un rebord en cire. — 3° Faire toucher au liquide le fil négatif. — 4° Promener sur le liquide le fil positif de façon à tracer un dessin (opérer doucement pour donner le temps aux cristaux de se former. — 5° Observer l'effet produit [1].

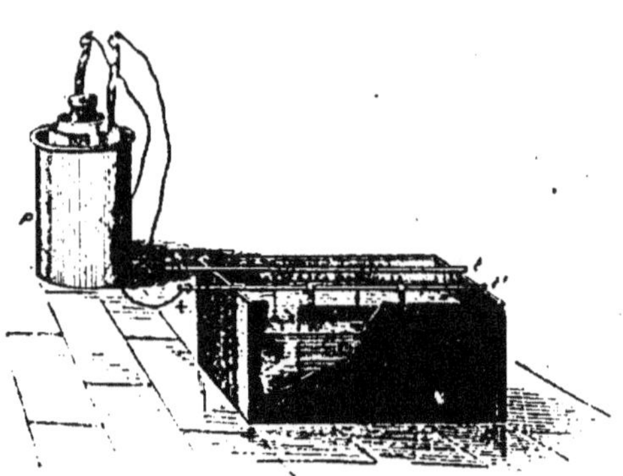

Figure 144.

5. — CUIVRAGE ÉLECTRIQUE OU GALVANISATION

Mêmes expériences qu'au n° 2, en remplaçant la lame du fil négatif par l'objet à cuivrer, préalablement décapé (*fig.* 144).

NOTA. — Si l'objet à cuivrer n'est pas métallique, le rendre conducteur soit en l'enduisant de plombagine avec un pinceau, soit en l'enduisant d'azotate d'argent, que l'on réduit à la lumière, ou qu'on sulfure à un dégagement d'acide sulfhydrique.

1. Feydeau. *Chimie amusante.*

6. — ARGENTURE ÉLECTRIQUE

1º Dissoudre dans un ballon 5 grammes d'azotate d'argent dans 100 centimètres cubes d'eau distillée. — 2º Y ajouter 3 grammes de cyanure de potassium dissout dans très peu d'eau. — 3º Filtrer, et laver le précipité sur le filtre. — 4º Dissoudre le précipité dans de l'eau et ensuite ajouter de l'eau jusqu'à obtenir 250 centimètres cubes. C'est le *bain d'argenture*. — 5º Décaper ou métalliser l'objet à argenter. L'argent, comme presque tous les autres métaux, ne prend bien que sur le cuivre. Il convient donc de cuivrer d'abord les objets sur lesquels on veut déposer un autre métal. — 6º Placer l'objet au fil négatif dans le bain, et une lame d'argent au fil positif si l'expérience doit durer un peu longtemps. — 7º Après le dépôt, frotter la couche au blanc d'Espagne pour la rendre brillante.

REMARQUE. — La dorure électrique se fait de même. Mais le bain est formé de 1 gramme de chlorure d'or dans 10 grammes d'eau distillée, précipités ensuite par 10 grammes de ferrocyanure de potassium dissous dans 100 grammes d'eau distillée. Le bain, pendant la dorure, est maintenu au bain-marie à 60º [1].

7. — MÉTALLISATION D'UN INSECTE

1º Prendre un insecte peu fragile (hanneton, carabe, lucane, etc.) et le métalliser à l'azotate d'argent que l'on sulfure ensuite. — 2º Le galvaniser au cuivre.

NOTA. — On peut ensuite le dorer, l'argenter, etc.

8. — GRAVURE ÉLECTRO-CHIMIQUE

1º Former avec de la cire une cuvette sur la plaque à graver (cuivre, verre, etc.). — 2º Verser dans cette cuvette une solution concentrée de salpêtre. — 3º Appuyer le fil négatif sur le bord de la plaque. — 4º Avec le fil positif, tracer le dessin au travers de la solution.

NOTA. — Pour graver sur le verre, on peut intervertir les fils.

9. — RETAILLAGE D'UNE LIME

1º Dégraisser soigneusement la lime, et l'essuyer. — 2º La mettre dans un verre haut, à côté et très près d'un charbon de cornue, auquel

---

1. Bulgnet.

on la relie par un fil de fer en haut. — 3º Verser dans le verre un mélange de 100 grammes d'eau, 6 grammes d'acide azotique et 3 grammes d'acide sulfurique. — 4º Observer l'effet produit [1].

IO. — CUIVRAGE DE L'ARGENT SANS PILE

1º Mettre un objet d'argent dans un bain de sulfate de cuivre. — 2º Remarquer qu'il ne se cuivre pas. — 3º Le toucher avec un morceau de fer, et remarquer qu'immédiatement il se cuivre parfaitement.

II. — REPRODUCTION D'UNE MÉDAILLE

A. — *Préparation du moule : a. — Moule en plâtre.* — 1º Voir Chimie systématique, *Manipulation sur les composés du calcium.* — 2º Plonger le moule pendant cinq minutes dans un bain de stéarine fondue. — 3º Le rendre conducteur sur la surface à métalliser, en le frottant avec un pinceau chargé de plombagine, ou encore en l'enduisant d'une solution aqueuse ou alcoolique d'azotate d'argent, et l'exposant ensuite à une émanation d'acide sulfhydrique.

b. — *Moule en gutta-percha.* — 1º Recouvrir de plombagine la surface de la médaille dont on veut une reproduction. — 2º Ramollir la gutta dans l'eau chaude. — 3º L'appliquer sur la médaille avec les doigts en exerçant une très forte pression. (Rendre le moule conducteur comme il est dit ci-devant.)

c. — *Moule en stéarine.* — 1º Fondre la stéarine dans un vase en terre. — 2º L'additionner de 1 à 2 dixièmes de cire. — 3º Ajouter un peu de plombagine et brasser le tout. — 4º Chauffer fortement la médaille. — 5º L'entourer d'un rebord de carton formant cuvette. — 6º Huiler légèrement la surface avec un pinceau. — 7º Verser la stéarine dans la cuvette. — 8º Après refroidissement, détacher le moule et le rendre conducteur comme il est dit ci-devant.

B. — *Préparation du bain.* — Préparer le bain comme s'il s'agissait d'une simple galvanisation.

C. — *Opération.* — 1º Faire arriver le fil positif de la pile dans le bain. Pour une action un peu longue, il faut le munir d'une plaque de même nature que le métal à déposer. — 2º Suspendre le moule au fil

---

1. G. Tissandier.

négatif, en faisant faire à ce fil le tour de la tranche de ce moule. — 3° Disposer le moule horizontalement dans la cuve. — 4° Mettre la pile en train. — 5° Quand l'opération est terminée, détacher le moule de la couche métallique qui s'est déposée, et qui constitue la reproduction de la médaille, ce qui se fait sans difficulté ; quelquefois, cependant, il faut un peu ramollir la gutta à l'eau chaude.

REMARQUES. — 1° Les opérations de galvanoplastie et celles de galvanisation exigent un courant lent, aussi le liquide excitateur des piles ne doit-il être acidulé qu'au vingtième, au lieu du dixième. — 2° L'opération de galvanoplastie doit durer quarante-huit heures environ. — 3° Le bain doit être maintenu saturé dans toute la hauteur du vase. — 4° La surface du zinc de la pile doit être à peu près égale à celle du moule. — 5° Le sulfate de cuivre, (s'il s'agit d'un dépôt de cuivre), doit être très pur. — 6° Si l'on veut toute la médaille à la fois, c'est-à-dire un solide ayant deux faces comme elle, il faut faire un moule de chacune des deux faces, avec rebords égaux à la moitié de l'épaisseur de la médaille, plombaginer les deux empreintes et réunir les deux moules par leurs rebords que l'on colle, laissant un ou deux orifices sur la tranche pour que le liquide pénètre dedans, enfin, enrouler le fil négatif autour de cette tranche préalablement plombaginée aussi. Cette expérience est difficile à réussir. — 7° On peut obtenir un moule en papier : a) mouiller l'objet à mouler ou estamper ; b) appliquer une feuille de papier filtre, et, avec une brosse, frapper dessus de façon à la faire appliquer exactement sur le bas-relief, sans aucun souci des déchirures ; c) par-dessus cette feuille, en appliquer une seconde de la même manière, puis une troisième, en mouillant toujours un peu ; d) quand aucune partie du bas-relief n'est à nu, continuer toujours le même travail, mais en remplaçant le papier filtre par du papier mouillé avec de la colle de pâte. On ne s'arrête que lorsqu'on a obtenu une épaisseur suffisante. — 8° On peut faire un moule en cire de la façon suivante : a) placer sur le corps à mouler une feuille d'étain mince et lisse ; b) presser fortement cette feuille sur le corps avec un tampon de cire à modeler, et continuer à appliquer de la cire jusqu'à épaisseur suffisante ; c) enlever ensuite le moule de cire. La feuille d'étain reste adhérente, et rend la plombagination inutile.

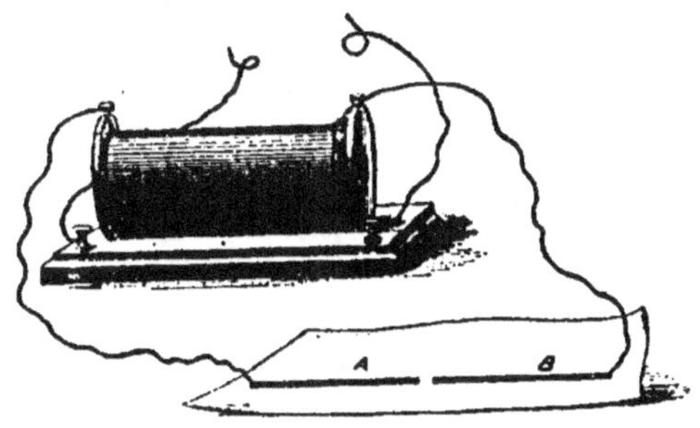

Figure 115.

12. — EXPÉRIENCE DE TRANSPORT PAR LES COURANTS

1° Sur une feuille de papier, tracer deux gros traits d'encre contenant beaucoup de ce liquide, et aboutissant à 1 millimètre l'un de l'autre. — 2º Pendant qu'ils sont frais, tremper dans chacun d'eux les fils d'une bobine d'induction. — 3º Faire fonctionner la bobine (*fig.* 145). — 4º Remarquer que les deux traits marchent l'un vers l'autre et finissent par se rejoindre [1].

XXXVII. — EXPÉRIENCES SUR LES PHÉNOMÈNES DE L'ÉLECTROMAGNÉTISME

I. — ORIENTATION D'UN AIMANT PAR UN COURANT

1º Prendre une aiguille aimantée et la poser sur un pivot, ou mieux, la suspendre à un fil. — 2º Réunir les deux fils émanant d'une pile en fonction. — 3º Tendre le fil unique ainsi formé au-dessus de l'aiguille en mettant le fil dans le plan vertical passant par l'axe de l'aiguille et parallèlement à elle. — 4º Remarquer que l'aiguille est déviée de sa position d'équilibre, et tend à se mettre en croix avec le fil, en faisant avec lui un angle d'autant plus ouvert que le courant est plus fort (attendre pour évaluer cet angle que l'aiguille ait pris une nouvelle position d'équilibre). — 5º Remarquer de quel côté est allé le pôle austral de l'aiguille, c'est-à-dire à la gauche d'un observateur *qui serait dans le fil, regardant l'aiguille, et recevant le courant par les pieds*. — 6º Mettre le fil de la même manière, mais au-dessous de l'aiguille. — 7º Constater qu'elle est de même déviée, mais dans l'autre sens.

REMARQUES. — 1º On peut aussi poser l'aiguille sur un bouchon de liège flottant sur l'eau, au lieu de la suspendre, mais alors la deuxième partie de l'expérience n'est plus possible qu'en mettant le fil dans l'eau, ce qui n'est pas toujours pratique.

2º On peut réunir dans le même appareil la pile et l'aimant, par une expérience bien simple : *a*) prendre un cristallisoire plein d'eau acidulée; *b*) déposer sur cette eau une aiguille à tricoter aimantée, portée par un flotteur; *c*) placer dans le liquide deux baguettes, l'une en cuivre, l'autre en zinc, en les inclinant en sens inverse l'une de l'autre; elles doivent avoir une extrémité hors de l'eau; *d*) poser un fil de fer, un couteau, une lame de fer-blanc, etc., en travers, en le faisant passer sur les extrémités des deux baguettes; *e*) constater que, dès que cette traverse est en place, l'aiguille dévie, et tend à se mettre en croix avec elle.

---

1. P. Poiré. *Revue pédagogique.*

2. — TRANSLATION D'UN AIMANT PAR UN COURANT

1° Poser une aiguille aimantée sur un bouchon flottant sur l'eau. — 2° Présenter le fil formant circuit fermé à cette aiguille, perpendiculairement à son axe, et non au-dessus de son milieu, mais vers l'une des pointes. — 3° Constater que le flotteur se meut de façon à ce que l'aiguille, tout en restant perpendiculaire au courant, l'ait au-dessus de son milieu, le pôle austral toujours à gauche.

3. — ORIENTATION D'UN COURANT PAR UN AIMANT

1° Dans une rondelle de bois ou un large bouchon de liège, pratiquer deux fentes parallèles. — 2° Engager dans l'une de ces fentes une lame de cuivre et, dans l'autre, une lame de zinc, toutes les deux débordant au-dessous. — 3° Dans un large vase, verser de l'eau acidulée au dixième par l'acide sulfurique. — 4° Sur ce liquide, faire flotter l'*équipage* construit, c'est-à-dire la rondelle avec ses deux plaques. On a ainsi une véritable pile. — 5° Réunir les deux plaques par un fil suffisamment rigide pour que la boucle formée ait une partie rectiligne, et se tienne bien dans un plan vertical (*fig.* 146). — 6° Au-dessus du circuit ainsi fermé, présenter une aiguille fortement aimantée, parallèlement au fil. — 7° Remarquer que l'équipage tourne et tend à se mettre en croix avec l'aimant, de façon à ce que celui-ci ait le pôle austral de l'aiguille à sa gauche.

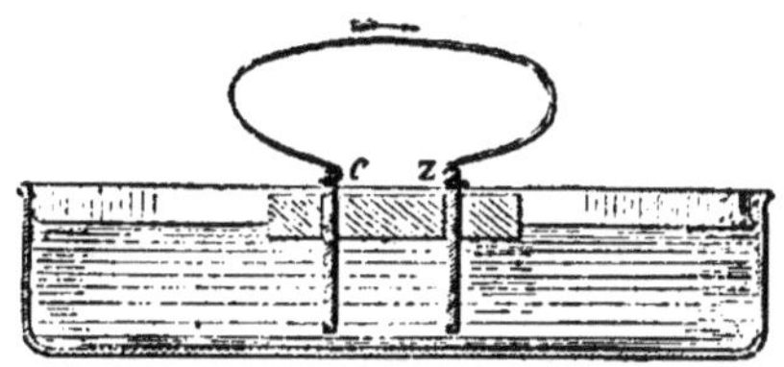

Figure 146.

4. — TRANSLATION D'UN COURANT PAR UN AIMANT

1° Prendre le même appareil que dans l'expérience précédente. — 2° Présenter l'aiguille aimantée non plus au-dessus du circuit, mais à l'intérieur de la boucle formée par celui-ci, perpendiculairement à son plan vertical, et de façon à ce que le milieu de l'aiguille ne soit pas dans ce plan. — 3° Constater que l'équipage se déplace de manière à faire passer le plan vertical de sa boucle par le milieu même de l'aimant, le pôle austral restant toujours à gauche.

5. — CONSTRUCTION D'UN GALVANOMÈTRE

1º Prendre ou construire une petite boîte rectangulaire dont les deux grandes faces latérales soient enlevées. — 2º Sur le milieu du couvercle, et dans le sens de sa longueur, pratiquer une fente un peu plus longue que la moitié d'une aiguille à tricoter. — 3º Autour de cette boîte, et dans le sens de la longueur, enrouler plusieurs tours d'un fil métallique isolé par de la gutta-percha ou de la soie (la soie blanche est préférable à toute autre), en ayant soin de laisser la fente béante. — 4º Poser le *multiplicateur* ainsi confectionné sur une tablette *ad hoc* et l'y fixer. — 5º Aimanter une aiguille à tricoter, puis la casser en deux moitiés bien égales. — 6º Attacher les deux aiguilles obtenues à un fil de soie ou de chanvre, distantes l'une de l'autre de l'épaisseur de la boîte, et parallèlement l'une à l'autre, les pôles de nom contraire en regard. — 7º Descendre le couple ainsi formé par la fente de la boîte, de sorte que l'aiguille inférieure soit dans la boîte même et que l'aiguille supérieure reste au-dessus. — 8º Fixer le fil à un support faisant corps avec la tablette, et préparé d'avance : un gros fil de fer coudé, par exemple. — 9º L'appareil est construit : pour mesurer l'intensité d'un courant, relier les deux bouts du fil métallique restés libres avec ceux d'une pile, et constater la déviation de l'aiguille.

REMARQUES. — 1º Pour évaluer les angles plus commodément, il est bon de préparer un limbe divisé, en carton, que l'on dispose au-dessus du multiplicateur, mais au-dessous de l'aiguille supérieure. Le 0 de ce limbe doit coïncider avec le plan vertical passant par la fente de la boîte. — 2º Avant de se servir de cet appareil, il faut d'abord l'orienter, de manière que la fente et le 0 du limbe soient dans le plan du méridien magnétique.

6. — ACTION DES COURANTS SUR LES COURANTS

A. — 1º Monter l'équipage de l'*expérience* 3, en arrangeant la boucle de telle façon qu'elle ait une partie rectiligne. — 2º Confectionner un cadre en bois. — 3º Enrouler autour de ce cadre, et dans son plan, plusieurs tours de fil métallique isolé. — 4º Réunir les deux extrémités de ce fil aux pôles d'une pile. — 5º Prenant ce cadre à la main, le présenter par un de ses côtés à la partie rectiligne du circuit de l'équipage, et de telle façon que ces deux portions de courant soient parallèles. — 6º Remarquer que la portion du courant de l'équipage, à laquelle on présente le cadre, se rapprochera le plus possible de ce cadre si les deux courants sont de même sens, et s'en éloignera au contraire le plus possible si les deux courants sont de sens contraires.

B. — 1° Présenter de nouveau le cadre à l'équipage, mais de telle sorte que son côté ne soit pas parallèle à la partie rectiligne du circuit. — 2° Remarquer que cette partie du fil de l'équipage tournera, et se mettra parallèlement au cadre, si les deux aimants ont des directions convergentes ou des directions divergentes, et, qu'au contraire, elle se mettra en croix avec le cadre, si l'un des courants allant vers le point de croisement de leurs directions, l'autre va en sens inverse.

7. — ACTION DE LA TERRE SUR LES COURANTS

1° Monter l'équipage de l'expérience 3. — 2° L'abandonner à lui-même, loin de tout aimant et de toute masse de fer. — 3° Constater que l'équipage tourne sur lui-même lentement, et, qu'après bien des oscillations, il finit par s'arrêter dans un plan perpendiculaire au méridien magnétique.

8. — AIMANTATION PAR UN COURANT

1° Prendre une aiguille à tricoter, et la placer dans un tube de verre. — 2° Enrouler en hélice autour de ce tube un fil métallique isolé. — 3° Mettre en communication les extrémités de ce fil avec les pôles d'une pile. — 4° Lancer le courant. — 5° Constater, au bout d'une demi-heure, que l'aiguille est fortement aimantée.

9. — CONSTRUCTION D'UN ÉLECTRO-AIMANT

1° Prendre une petite baguette de *fer doux*, c'est-à-dire pur (*fig.* 147). — 2° En-rouler un fil métallique isolé, aussi long que possible, autour de cette baguette, et l'y fixer à demeure par un moyen quelconque. — 3° L'électro-aimant est construit. Pour le faire fonctionner, mettre en communication les deux extré-mités du fil que l'on a laissées libres avec les pôles d'une pile. — 4° Remar-quer que lorsque le courant passe, le fer se comporte comme un aimant, et attire, par exemple, des clous, mais que, lorsqu'on interrompt le courant, les clous se détachent d'eux-mêmes.

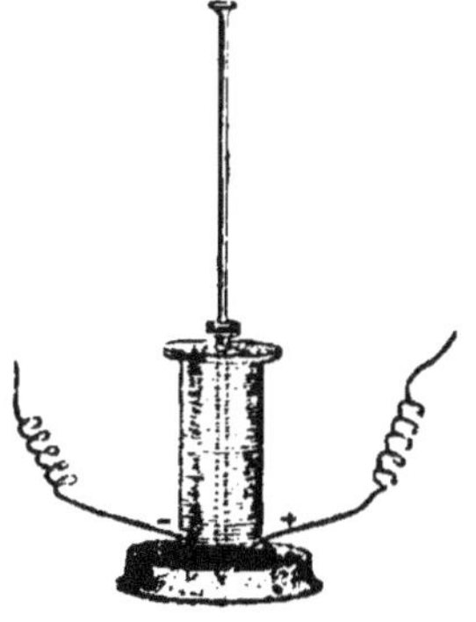

Figure 147.

10. — CONSTRUCTION D'UN APPAREIL
PROPRE A EXPLIQUER LE PRINCIPE DE LA SONNERIE ÉLECTRIQUE
ET DU TÉLÉGRAPHE ÉLECTRIQUE

1º Construire un électro-aimant comme le précédent, mais court. — 2º Prendre un couteau de table, c'est-à-dire un couteau dont la virole soit munie d'une saillie. — 3º Le placer horizontalement, de

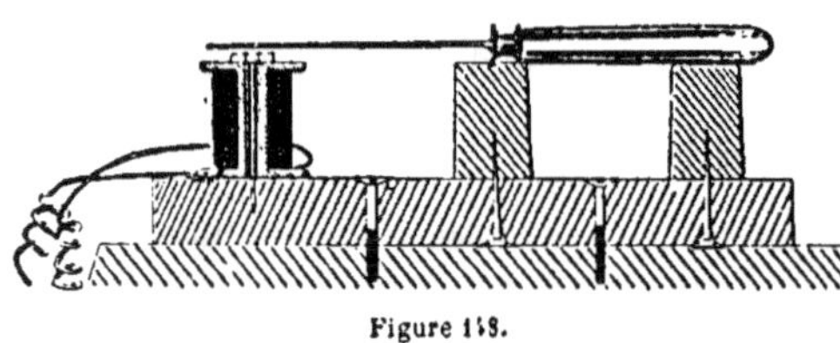

Figure 148.

sorte que l'extrémité de la lame soit au-dessus d'un des pôles de l'électro-aimant, sans toutefois le toucher. — 4º Relier le fil de l'électro-aimant avec la pile (*fig.* 148).

— 5º Lancer le courant et remarquer que la lame du couteau est attirée, faisant basculer le couteau autour de la saillie de la virole. — 6º Interrompre le courant et remarquer que le couteau, emporté par le poids du manche, retourne à sa position d'équilibre. — 7º Répéter cette manœuvre plusieurs fois et rapidement pour imiter les mouvements du manipulateur télégraphique [1].

11. — DÉMONSTRATION DE LA LOI DES COURANTS SINUEUX

1º Monter une pile comme à l'ordinaire et réunir les extrémités des deux fils en les assujettissant l'un à l'autre, de manière à fermer le circuit. — 2º Dresser une partie du fil de ce circuit, de façon à ce qu'elle soit rectiligne. — 3º Replier le reste du fil à l'extrémité de cette partie rectiligne, pour le retour, et l'entortiller en hélice autour d'elle. (Ceci suppose que le fil est isolé.) On a ainsi une portion de courant rectiligne et une portion sinueuse qui ont les mêmes extrémités. — 4º Présenter cette partie du circuit ainsi préparée à une aiguille aimantée, comme dans l'expérience 1. — 5º Constater que l'aiguille n'est pas déviée.

12. — LIGNES DE FORCE D'UN COURANT

1º Disposer une feuille de carton horizontalement, après l'avoir percée d'un trou en son milieu. — 2º Faire passer le fil d'un circuit élec-

---

1. René Leblanc.

lrique par ce trou, ce fil étant à peu près perpendiculaire au carton.
— 3° Saupoudrer le carton de limaille de fer. — 4° Faire passer le
courant. — 5° Remarquer que les brins de limaille se disposent en
courbes, en *lignes de force*, autour du fil [1].

XXXVIII. — EXPÉRIENCES SUR LES PHÉNOMÈNES D'INDUCTION

I. — CONSTRUCTION DE BOBINES D'INDUCTION

1° Prendre un petit cylindre de bois, évidé suivant son axe. —
2° Enrouler autour un fil de cuivre d'environ 10 mètres de long et un
peu gros. Ce fil doit être isolé. — 3° Disposer les extrémités libres
du fil de manière à pouvoir les rattacher facilement à d'autres conducteurs. — 4° Prendre un cylindre de carton pouvant emboîter la bobine
précédente. — 5° Enrouler autour un fil de cuivre plus fin que le premier et d'au moins 100 mètres de long, également isolé. — 6° Disposer les extrémités libres de ce fil de manière à pouvoir les rattacher
facilement à d'autres conducteurs. — 7° Fixer l'une des bobines, celle
de bois par exemple, debout sur une planchette. L'autre doit rester
mobile.

REMARQUES. — 1° L'isolement des tours de spire des fils doit être absolu.
On peut l'assurer en employant le vernis suivant qui ne dispense nullement de
l'emploi de fils isolés par une gaine de soie ou de gutta-percha : faire dissoudre de la gomme laque dans l'alcool, introduire cette solution dans un tube
en U plongé dans un bain-marie, faire passer le fil dedans, et l'enrouler à
mesure sur l'arc de la bobine. Après chaque couche de fils, passer une couche
au pinceau d'un autre vernis composé du liquide précédent augmenté de la
moitié de son volume d'alcool, et additionné d'un peu de paraffine. — 2° Éviter
de mettre les bobines en communication avec de trop fortes piles, qui peuvent provoquer des étincelles entre deux tours de spire du fil, et supprimer
ainsi l'isolement.

2. — INDUCTION VOLTA-ÉLECTRIQUE

1° Mettre en communication les fils d'une pile avec la bobine à gros
fil, qui sera la *bobine inductrice*, le courant étant appelé lui-même *cou-*

---

1. P. Poiré.

rant inducteur. — 2º Placer l'autre bobine près de la première ou mieux l'emboîter avec. — 3º La mettre en communication avec un galvanomètre. — 4º Lancer le courant de la pile. — 5º Constater qu'à l'instant où il *commence* l'aiguille du galvanomètre est déviée sous l'action d'un *courant induit* engendré dans la bobine à fil fin, appelée pour cette raison *bobine induite.* — 6º Remarquer de plus que l'aiguille est déviée du côté opposé à celui où l'aurait déviée le courant inducteur, ce que l'on exprime en disant que le *courant induit* est *inverse* de l'autre. On a dû, au préalable, s'assurer du sens de la déviation de cette aiguille sous l'action du courant de la pile. — 7º Constater que, une fois le courant établi, l'aiguille *revient au zéro du galvanomètre et y persiste*, donc il n'y a *pas de courant induit.* — 8º Interrompre le courant et constater qu'à l'instant de l'interruption l'aiguille du galvanomètre dévie du côté opposé à la première déviation, c'est-à-dire du même côté que la ferait dévier le courant de la pile ; c'est ce que l'on exprime en disant que dans ce cas le *courant induit* est *direct.* — 9º Établir de nouveau le courant après avoir éloigné la bobine induite. — 10º Prendre en main cette bobine induite et la rapprocher brusquement de l'autre. — 11º Constater au galvanomètre un courant induit *inverse.* — 12º La laisser en place et constater la *non-existence* d'un courant induit. — 13º L'éloigner brusquement et constater un courant induit *direct.* — 14º Remettre la bobine induite près ou sur la bobine inductrice, après avoir soulevé les zincs des piles de la moitié de leur hauteur. — 15º Rabaisser les zincs (il faut que cela puisse se faire pour tous les couples à la fois), ce qui revient à augmenter le courant. — 16º Constater au galvanomètre un courant induit *inverse.* — 17º Les laisser en place et constater qu'il n'y a *plus de courant induit.* — 18º Les remonter tous ensemble et constater un courant induit *direct.*

3. — INDUCTION MAGNÉTO-ÉLECTRIQUE

1º Prendre un électro-aimant et le mettre en relation avec la pile. — 2º Placer la bobine induite sur une table, près de l'électro-aimant, et reliée au galvanomètre. — 3º Lancer le courant de la pile, ce qui revient à aimanter l'électro-aimant, c'est-à-dire à faire *naître un magnétisme inducteur.* — 4º Constater qu'à l'instant même, l'aiguille du galvanomètre accuse un courant induit *inverse* de celui de la pile. — 5º Laisser le courant tel qu'il s'est établi, et constater qu'il n'y a *plus de courant induit.* — 6º Interrompre le courant, c'est-à-dire faire cesser le magnétisme inducteur, et constater qu'il se forme un courant induit *direct.* — 7º Prendre à la main un électro-aimant en activité, ou un barreau aimanté ordinaire, et l'approcher brusquement de la bobine induite. — 8° Constater un courant induit *inverse*, c'est-à-dire le même qu'au 4°. — 9° Le laisser un instant à la distance où on l'a amené, et constater qu'il n'y a *pas de courant induit*. — 10° L'éloigner brusquement et constater un courant induit *direct*. — 11° Diminuer le *magnétisme inducteur* de l'électro-aimant par le moyen indiqué au 14° de l'expérience précédente, après avoir placé la bobine induite près de lui. — 12° L'augmenter comme il est dit au 15°, et constater qu'il se produit un courant induit *inverse*. — 13° Lui conserver sa valeur un instant et constater qu'il ne se produit *plus de courant induit*. — 14° Le diminuer comme au 18° et constater un courant induit *direct*.

REMARQUES. — 1° Cette expérience, au 12°, peut être faite autrement, à l'aide d'un simple barreau aimanté. Il suffit de remuer un morceau de fer doux devant l'aimant pour augmenter son magnétisme. — 2° L'induction magnétique suggère un moyen de renforcer l'action du courant inducteur sur la bobine induite, dans la production de l'induction volta-électrique. Pour cela, mettre une tige de fer doux, ou plusieurs bouts de fil de fer, dans le creux de la bobine de bois.

4. — SELF-INDUCTION

1° Relier l'un des fils d'une pile à un galvanomètre. — 2° Prendre l'autre fil à la main et en toucher brusquement l'autre borne du galvanomètre. — 3° Remarquer que le circuit étant ainsi fermé, l'aiguille dévie et accuse un certain angle de déviation. — 4° Laisser le fil au contact de la borne, et remarquer que presque aussitôt l'aiguille dévie un peu plus, ce qui montre qu'au moment où le circuit a été fermé, le courant de la pile n'a pas accusé toute sa valeur, contrarié qu'il était par un *courant induit de sens inverse* qui s'est développé à ce moment dans le fil, et qui est l'*extra-courant de fermeture*. — 5° Supprimer brusquement le contact du fil avec la borne, et remarquer qu'à cet instant l'aiguille dévie encore davantage, ce qui montre qu'à l'action du courant ordinaire s'ajoute alors l'action d'un *courant induit de sens direct*, qui se crée à l'instant même pour disparaître du reste aussitôt.

REMARQUES. — 1° Cette expérience est délicate, et ne réussit qu'avec des appareils bien disposés. — 2° Elle explique pourquoi il arrive quelquefois que lorsqu'on sépare vivement deux fils formant un circuit d'une pile, on perçoit une étincelle, alors que lorsqu'on les a réunis, même avec autant de vivacité, on n'a rien perçu du tout.

5. — EMPLOI DE LA BOBINE DE RUHMKORFF

1° Monter une pile. — 2° En relier les deux fils avec deux bornes auxquelles aboutissent les deux extrémités du fil de la bobine intérieure (inductrice), lesquelles bornes se trouvent ordinairement sur la tablette qui porte tout l'appareil. — 3° Attacher deux autres fils aux bornes auxquelles aboutissent les deux extrémités du fil de la bobine extérieure (induite), lesquelles bornes se trouvent ordinairement sur la bobine elle-même. Ces fils sont destinés à recueillir le courant induit. — 4° Régler la distance du *marteau interrupteur* au *noyau de fer doux* qui est dans la bobine intérieure, de telle sorte qu'il n'en soit pas trop éloigné. Ce réglage se fait à l'aide de la vis disposée à cet effet. Avoir soin que le contact entre la vis et ce marteau existe toujours, mais soit cependant interrompu quand la tête du marteau touche le noyau. — 5° Lancer le courant de la pile. — 6° Remarquer que le marteau, s'il est convenablement réglé, est attiré par le noyau de fer, puis repoussé, puis attiré de nouveau et ainsi de suite, la succession de ces mouvements se faisant avec une grande rapidité et se traduisant par un bruissement très sonore. Il peut se faire que le marteau ne soit pas attiré tout d'abord. Dans ce cas, l'ébranler avec le doigt, cela suffit pour que son mouvement de va-et-vient continue. — 7° A l'aide des deux fils de la bobine induite, recueillir le courant induit, et effectuer une des expériences ci-après.

Remarques. — 1° Dans certaines bobines de Ruhmkorff, notamment dans les bobines médicales, le noyau de fer doux est mobile. On l'enfonce plus ou moins, suivant qu'on veut obtenir un courant induit plus ou moins fort. — 2° Un certain nombre de ces bobines ont un condensateur électrique logé dans l'épaisseur de la tablette. Il se compose d'une série de feuilles d'étain, séparées par des feuilles de papier trempé dans de la résine. Les feuilles d'étain du rang pair débordent les feuilles de papier d'un côté, et sont pincées ensemble par une pince en communication avec l'une des bornes par où arrive le courant de la pile. Celles du rang impair débordent le papier de l'autre côté, et sont pincées de la même manière pour être mises en communication avec l'autre borne par où le courant retourne à la pile. Ce condensateur a pour effet de fortifier le courant induit, en faisant disparaître l'extra-courant qui se produit sur le fil inducteur à chaque ouverture ou chaque fermeture de son courant. Il faut s'assurer de temps en temps que ce condensateur fonctionne bien, c'est-à-dire que les feuilles qui le composent sont bien en place, et bien reliées aux bornes. — 3° Les bobines ont aussi habituellement un commutateur de Berlin, ou un commutateur de Ruhmkorff. On s'en sert pour changer le sens du courant inducteur, et par conséquent le sens des courants induits. On peut aussi arrêter brusquement le premier, en enlevant le commutateur des contacts. — 4° Il faut éviter de relier une bobine de Ruhmkorff avec une pile trop forte, car on peut ainsi provoquer des étincelles entre les tours de spire d'un même fil, et supprimer ainsi l'isolement qui doit être rigoureux. On dit alors que la *bobine est brûlée*, il faut la reconstruire entièrement. — 5° Toutes les expériences que l'on fait avec la bobine de Ruhmkorff peuvent être faites avec les bobines de démonstration dont il a été question dans les expériences 1, 2 et 3.

Seulement, pour cela, il faut leur adapter un dispositif, quel qu'il soit, qui permette d'interrompre le courant inducteur aussi fréquemment que possible.

6. — EFFETS PHYSIOLOGIQUES DES COURANTS INDUITS.

1° Préparer une bobine de Ruhmkorff avec sa pile. — 2° Lancer le courant de la pile. — 3° Prendre à chaque main un des fils de la bobine induite. — 4° Constater l'effet produit. — 5° Si la bobine est à noyau de fer mobile, commencer l'expérience le noyau étant presque hors de sa place, puis l'enfoncer peu à peu et constater l'accroissement des effets en intensité. — 6° Si ce noyau est une réunion de fils de fer mobiles, commencer l'expérience un seul fil étant dans la bobine, puis ajouter les autres successivement et constater l'accroissement des effets en intensité. — 7° Faire aboutir l'un des fils de la bobine induite dans une cuvette pleine d'eau, dans laquelle on a placé un objet en métal, tel qu'une pièce de monnaie. — 8° Prendre l'autre fil d'une main. — 9° Avec la main restée libre, tâcher de prendre la pièce au fond de la cuvette, et constater l'extraordinaire difficulté que l'on éprouve à y arriver. — 10° Faire communiquer l'un des fils de la bobine induite avec une plaque métallique placée par terre devant une porte fermée. — 11° Relier l'autre fil à la serrure de cette porte. — 12° Constater l'effet physiologique que l'on éprouve lorsque, posant le pied sur la plaque, on veut ouvrir la porte.

REMARQUES. — 1° Pour les expériences physiologiques, il est prudent de n'employer qu'une petite bobine et une faible pile. — 2° Pour les expériences de ce genre où l'on doit prendre les extrémités du fil induit à la main, on se sert habituellement de poignées métalliques reliées à ce fil. — 3° Les effets sont plus intenses si les mains sont mouillées, surtout avec de l'eau salée.

7. — EFFETS MÉCANIQUES DES COURANTS INDUITS

1° Préparer une bobine de Ruhmkorff avec sa pile. — 2° Lancer le courant de la pile. — 3° Faire éclater une étincelle entre les deux fils de la bobine induite. — 4° A l'aide de cette étincelle, répéter les expériences du *perce-carte*, du *perce-verre*, etc., que l'on effectue avec la bouteille de Leyde.

REMARQUE. — Ne pas chercher à obtenir des étincelles trop longues, car on s'exposerait à en faire éclater une dans l'intérieur de la bobine. A ce propos, faisons observer que toutes les fois que l'on fait fonctionner la bobine à vide, c'est-à-dire, sans utiliser le courant induit, le circuit de ce courant doit être fermé par la réunion des deux fils.

8. — EFFETS CALORIFIQUES DES COURANTS INDUITS

1° Préparer une bobine de Ruhmkorff avec sa pile. — 2° Relier les extrémités du fil induit par un fil de fer très fin. — 3° Lancer le courant de la pile. — 4° Constater l'échauffement, peut-être l'incandescence, peut-être même la fusion et la combustion de ce fil de fer. — 5° Répéter toutes les expériences d'inflammabilité par l'étincelle électrique (10, *Manipulation sur la condensation*).

9. — EFFETS LUMINEUX DES COURANTS INDUITS

1° Préparer une bobine de Ruhmkorff avec sa pile. — 2° Faire le *vide barométrique* dans un ballon dont le bouchon est traversé par deux tiges métalliques terminées à l'intérieur du ballon par des boules, placées en face l'une de l'autre. (Pour le *vide barométrique*, voir la *Manipulation sur les phénomènes pneumatiques*.) — 3° Relier les fils de la bobine induite à ces tiges. — 4° Se placer dans l'obscurité. — 5° Lancer le courant de la pile. — 6° Observer l'effet lumineux produit à l'intérieur du ballon, sans qu'il y ait d'étincelles (effluve électrique). — 7° Répéter, avec la bobine, l'expérience 12, de la *Manipulation sur la condensation*. — 8° Si l'on possède un tube de Geissler, en relier les extrémités aux fils de la bobine induite, et constater l'effet produit. — 9° Produire l'étincelle dans l'air, dans le vide, dans un autre gaz, et constater les différences.

10. — EFFETS CHIMIQUES DES COURANTS INDUITS

1° Préparer une bobine de Ruhmkorff avec sa pile. — 2° Introduire dans une petite cloche, sur une cuve à mercure, un mélange d'azote et d'oxygène ou d'hydrogène. — 3° Faire aboutir dans ce mélange deux fils de cuivre bien isolés du mercure, et dont les pointes seront à une petite distance l'une de l'autre. — 4° Relier ces deux fils aux bornes de la bobine induite. — 5° Lancer le courant de la pile. — 6° Laisser fonctionner pendant une heure. — 7° Constater que la cloche contient au bout de ce temps de l'acide azotique dans le premier cas, et de l'ammoniaque dans le second.

11. — EXPÉRIENCE DÉMONSTRATIVE DU PRINCIPE DES MACHINES MAGNÉTO-ÉLECTRIQUES

1° Placer la bobine à fil fin sur une table en la reliant à un galvanomètre. — 2° Prendre un barreau aimanté et le suspendre au niveau de

la bobine par une ficelle attachée aussi haut que possible, le barreau
étant très près de cette bobine. — 3° Écarter ce barreau de sa position d'équilibre, puis l'abandonner à lui-même, il prend un mouvement de pendule devant la bobine. — 4° Remarquer qu'à chacune de
ses oscillations, l'aiguille du galvanomètre se porte alternativement de
côté et d'autre du zéro de l'appareil, accusant ainsi la production de
courants induits alternatifs de sens, conformément à ce qui a été
constaté dans l'expérience 3 (7°, 8°, 9° et 10°).

REMARQUES. — 1° En remplaçant l'aimant par un électro-aimant en activité,
on établirait de même le principe des *machines dynamo-électriques.* —
2° Au lieu de disposer le barreau aimanté en pendule, on peut l'attacher à la
circonférence d'une roue que l'on fait tourner devant la bobine, de telle sorte
qu'il en passe très près à chaque tour de roue.

12. — CONSTRUCTION D'UN TÉLÉPHONE BELL RUDIMENTAIRE

1° Prendre un flacon un peu étroit, mais à large col. — 2° En détacher le fond. — 3° Roder soigneusement les bords de la section ainsi
faite. — 4° Boucher cette section avec un système de
bouchon ainsi préparé : *a*) prendre un large bouchon
pouvant obturer ce fond de flacon ; *b*) le partager suivant le sens de son épaisseur, comme si l'on voulait
en faire deux du même diamètre ; *c*) évider au centre
chacun de ces deux bouchons de demi-épaisseur, de
manière à ne garder de chacun qu'une sorte de cadre
en liège ; *d*) emprisonner entre les deux une plaque très
mince de tôle d'acier, d'un diamètre presque égal, et
aussi fortement serrée que possible ; *e*) avec ce système,
une fois bien assujetti, boucher la section du flacon. —
5° Boucher le goulot du flacon avec un autre système de
bouchon ainsi préparé : *a*) traverser le bouchon par un
barreau aimanté cylindrique, d'une longueur telle que, 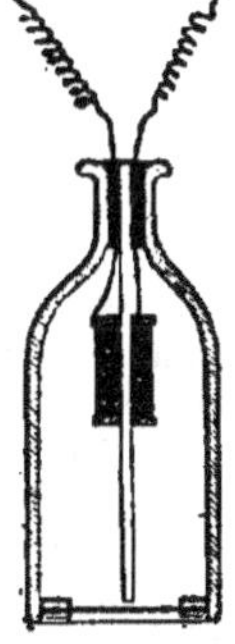
lorsque le bouchon sera dans le goulot, l'extrémité du barreau arrive
très près de la plaque de tôle sans cependant la toucher ; *b*) enrouler
autour de ce barreau un fil isolé de cuivre, dont les extrémités traver-
seront le même bouchon pour saillir au dehors ; *c*) boucher le goulot
avec le bouchon ainsi préparé (*fig.* 149). — 6° Le téléphone est prêt,
mais pour s'en servir il faut préparer un deuxième appareil identique
au premier. Les deux extrémités du fil de l'un étant reliées aux deux
extrémités du fil de l'autre, il suffira de parler contre la tôle d'acier
de l'un pour que l'on entende le bruit dans l'autre en l'appliquant
contre l'oreille.

Figure 149.

13. — CONSTRUCTION D'UN MICROPHONE

1° Prendre une planchette de sapin très légère, et la fixer sur quatre bouchons de liège en guise de pieds. — 2° Fixer sur le côté un support en bois perpendiculaire à sa surface, et faisant bien corps avec elle. —

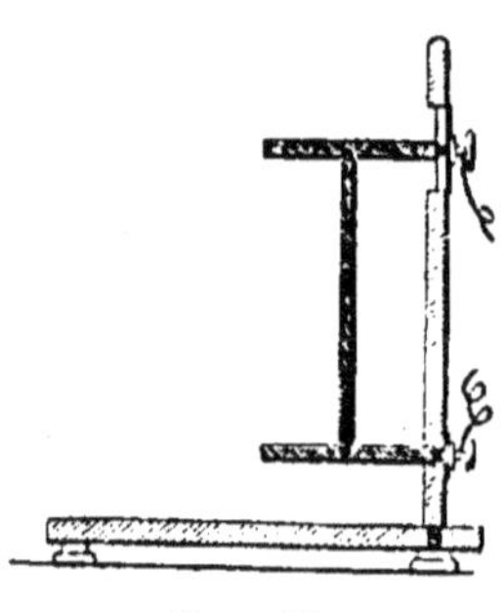

Figure 150.

3° Implanter dans ce support, perperdiculairement à sa hauteur, deux bâtons de charbon de cornue ou de charbon préparé comme il a été dit à propos des piles, ces charbons étant éloignés d'environ 5 centimètres, et présentant chacun à leur extrémité libre, sur les faces qui se font vis-à-vis, une petite cavité creusée en godet. — 4° Tailler en crayon les deux extrémités d'un autre bâton de charbon d'une longueur égale à l'écartement des deux autres, et le placer de telle façon que ses deux pointes soient engagées dans les deux cavités qu'ils présentent. Ce charbon doit pouvoir ballotter très légèrement dans cette position.

Remarque. — Le microphone est ainsi construit, mais seul, il ne sert à rien. Pour l'utiliser, il faut en faire le *transmetteur* d'un appareil téléphonique dont l'un des appareils préparés dans l'expérience précédente servira de *récepteur*. A cet effet : *a*) monter une *pile faible (Leclanché)*; *b*) relier l'un des pôles à l'un des charbons perpendiculaires au support du microphone ; *c*) relier l'autre charbon au téléphone; *d*) relier le téléphone à l'autre pôle de la pile (*fig.* 150); *e*) placer une montre sur la planchette du microphone, la pile fonctionnant, et le récepteur à l'oreille; *f*) constater qu'on entend le tic tac comme un bruit extraordinaire. On peut ainsi entendre des bruits très légers, comme la marche d'un insecte (surtout si la surface de la planchette est recouverte d'un papier émeri). On peut même parler sur cette planchette, la parole est entendue amplifiée dans le téléphone. Dans ce dernier cas, on a réalisé le *téléphone Ader*.

MANIPULATIONS
DE MÉCANIQUE ÉLÉMENTAIRE

I. — EXPÉRIENCES SUR LES PRINCIPES GÉNÉRAUX DE LA MÉCANIQUE

I. — VÉRIFICATION DE L'INERTIE

A. — 1° Se procurer un certain nombre de petits disques en bois, de 1 à 2 centimètres d'épaisseur, tels que des pions de *jeu de dames*. — 2° Les empiler les uns sur les autres. — 3° A l'aide d'une règle plate tenue bien horizontalement, appliquer un coup vif et sec sur la tranche de l'un d'eux. — 4° Constater que si le coup a été convenablement donné, le disque frappé a été enlevé sans que la pile se soit écroulée.

Figure 151.

B. — 1° Prendre une règle carrée en bois. — 2° La suspendre par les deux bouts à deux lanières de papier pliées en deux et tenues de part et d'autre par deux assistants (*fig.* 151). — 3° A l'aide d'un bâton bien rigide, et suffisamment massif, tel qu'un manche à balai, frapper un coup vif et sec sur le milieu de la règle. — 4° Constater que cette règle est brisée en deux, sans que les lanières soient déchirées.

1° A la face inférieure de la traverse supérieure d'un chambranle de porte, ficher un couteau par sa pointe après l'avoir mouillé au préalable. — 2° Remarquer où tombent les gouttes d'eau qui s'écoulent du couteau. — 3° Placer une noix ou une amande sur leur trace. — 4° Frapper le chambranle d'un coup de poing. — 5° Le couteau tombe et casse la noix.

2. — MESURE D'UNE FORCE

Soit à mesurer la force de traction d'un homme.

1° Attacher un dynamomètre ou un peson de boulanger (peson à ressort à boudin) à un corps fixe, tel qu'un mur. — 2° Tirer sur le crochet de l'instrument jusqu'à refus de force. — 3° Constater le poids
marqué sur la graduation. C'est la force demandée.

REMARQUE. — Si l'on n'a pas de dynamomètre, ou si l'instrument n'est pas
construit pour mesurer une force aussi grande, on peut opérer avec une
balance. A cet effet, on attache à l'un des bras du fléau, une corde passant
sur une poulie de renvoi, de telle sorte que la traction puisse s'opérer horizontalement. Puis on charge le plateau de l'autre bras avec des poids que l'on
augmente jusqu'à ce que la force arrive à équilibrer juste la balance. Il reste
à totaliser ces poids. Pour mesurer des forces de *poussée*, de *pression*,
d'*appui*, etc., on procède à peu près de même, le dispositif seul varie. Quant
à la force de *support*, la valeur des poids supportés en donne directement la
mesure.

3. — VÉRIFIER LE PARALLÉLOGRAMME DES FORCES

1° Planter, contre une planche verticale un peu longue, deux clous, à

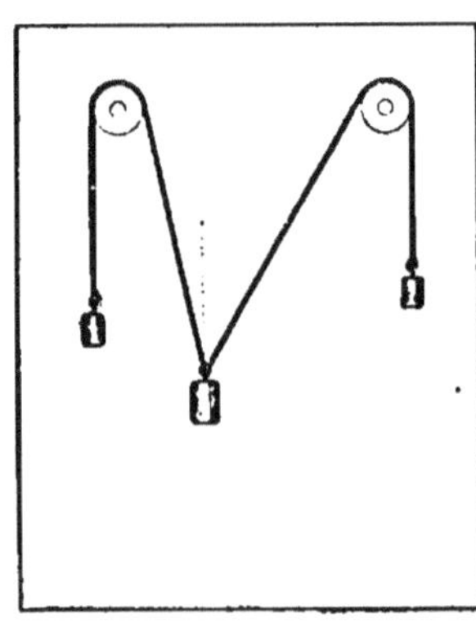

Figure 152.

30 centimètres de distance l'un de l'autre. — 2° Monter une poulie sur chacun
d'eux, ou, si l'on n'a pas de poulies,
les enduire d'huile. — 3° Passer par-
dessus ces deux clous une ficelle terminée à ses deux extrémités par deux
boucles. — 4° Suspendre à ces deux
boucles deux poids égaux. — 5° Suspendre au milieu de la ficelle, par un
fil court, un poids plus fort que les
autres, mais inférieur à leur somme. —
6° Constater qu'il entraîne le système
jusqu'à un certain point où il s'arrête.
— 7° Quand l'équilibre est établi,
remarquer que le fil du poids médian
indique par sa direction prolongée dans
l'angle des deux brins de ficelle laté-
raux la bissectrice de cet angle, et que cette bissectrice est tracée
suivant la diagonale du losange que l'on construirait sur les deux
directions des brins latéraux, et enfin que le poids serait évidemment soutenu par une force égale et contraire qui, par conséquent,

peut être considéré comme équivalant aux deux poids latéraux. — 8° Recommencer l'expérience en mettant des poids inégaux aux deux boucles (*fig.* 152). — 9° Quand l'équilibre est établi, remarquer que la figure précédente s'est déformée, que la direction indiquée par le fil du poids médian n'est plus la bissectrice de l'angle, mais qu'elle est toujours la direction de la diagonale d'un parallélogramme construit sur les deux directions des brins latéraux, et qu'enfin la force qui le supporterait directement peut aussi être considérée comme équivalant aux deux poids latéraux.

4. — RÉSULTANTE DE DEUX FORCES PARALLÈLES

1° Graduer une règle carrée et l'armer de pitons, comme il a été dit pour la démonstration de la *loi du levier* (voir Physique, Manipulation sur le *Levier* et la *Balance*). — 2° Se procurer une série de petits poids égaux et façonnés de la même manière. — 3° Suspendre deux de ces poids de part et d'autre du point de suspension et à des distances égales ; remarquer l'équilibre. — 4° Enlever ces deux poids et les suspendre ensemble au piton du milieu, sous le point de suspension. — 5° Remarquer qu'il y a encore équilibre, et que tout porte à croire que la pression est la même sur le point de suspension. On peut du reste s'en assurer expérimentalement, en suspendant la règle, non pas à un point fixe, mais à un corps flexible ou extensible, et l'on remarque qu'il ne fléchit pas plus dans un cas que dans l'autre. — 6° En conclure que la force du milieu s'exerce *parallèlement aux deux autres au milieu de la distance qui les sépare* et a *une valeur égale à leur somme.*— 7° Recommencer l'expérience en mettant plusieurs poids de chaque côté, à égale distance deux à deux du point de suspension, de manière à obtenir l'équilibre. — 8° Les enlever deux à deux (en prenant toujours ceux qui sont symétriquement placés) et les suspendre au milieu. — 9° Constater que l'équilibre se maintient toujours. En déduire les mêmes conclusions que ci-dessus. — 10° Recommencer l'expérience en prenant le même nombre de poids, et en les disposant en nombre inégal de chaque côté, suspendus en deux points seulement, que l'on trouve en tâtonnant jusqu'à ce qu'il y ait de nouveau équilibre. On a ainsi deux forces inégales agissant de part et d'autre du point de suspension. — 11° En déduire que, puisqu'il y a équilibre, la chaîne de poids du 8°, suspendue au milieu de la règle, produit sur elle le même effet que les deux chaînes inégales du 10°. — 12° Remarquer qu'elle est égale à leur somme et que sa direction est parallèle. — 13° Remarquer les distances qui séparent du milieu les deux chaînes inégales, et constater qu'elles sont entre elles inversement comme la valeur des poids de ces chaînes.

5. — FORCE CENTRIFUGE

A. — 1° Confectionner une petite fronde d'écolier (un morceau de cuir attaché à deux brins égaux de ficelle). — 2° Mettre une petite pierre dans la poche de la fronde, puis, tenant les deux brins de la corde, faire tourner le tout dans un plan vertical. — 3° Quand l'appareil a pris un mouvement suffisamment uniforme, lâcher l'un des brins. — 4° Constater que la pierre part avec une grande violence et suivant la tangente à la circonférence tracée dans l'espace.

Remarque. — Avec un peu d'exercice, on peut arriver à atteindre un but, placé de façon à bien montrer que la trajectoire rectiligne de la pierre est tangente à la courbe.

B. — 1° Monter une grosse bobine de bois sur un pivot vertical graissé autour duquel elle puisse facilement tourner. — 2° Fixer par son milieu une règle plate sur la bobine. — 3° Assujettir solidement sur la règle deux tubes de verre fermés à un bout, les bouts fermés se touchant au milieu de la règle, et les deux autres bouts étant relevés de manière à donner aux tubes une inclinaison de 20° environ. — 4° Remplir à moitié ces deux tubes d'eau (*fig.* 153). — 5° Enrouler une ficelle autour de la bobine. — 6° Tirer vivement la ficelle, de manière à entraîner tout le système dans un mouvement de rotation aussi vif que possible. — 7° Remarquer que les tubes se sont vidés.

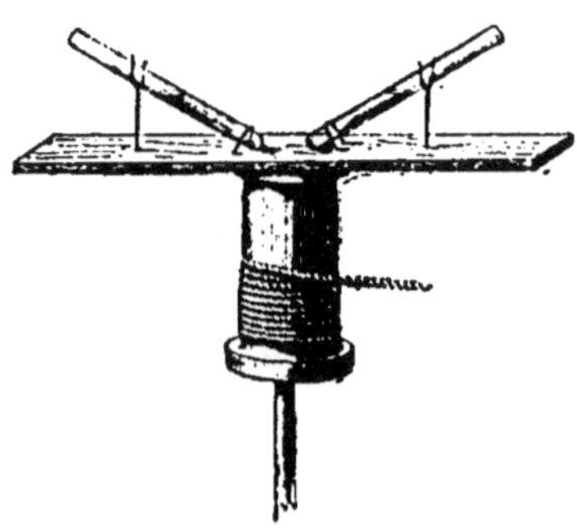

Figure 153.

6. — VÉRIFICATION DE LA PROPORTIONNALITÉ DES FORCES AUX ACCÉLÉRATIONS

1° Préparer la machine d'Atwood comme pour vérifier les lois de la *chute des corps*, mais en remplaçant les masses ordinaires par des rondelles de laiton, ou de toute autre substance, toutes égales en poids.

— 2º Mettre de chaque côté, par exemple, huit rondelles, puis charger à gauche du poids additionnel p, égal en poids à une des rondelles. — 3º Soit e' l'espace parcouru par le système surchargé, au bout d'une seconde, l'accélération sera $\gamma = 2e'$ (puisque $e = \frac{\gamma t^2}{2}$, quant $t = 1$, on a $e = \frac{\gamma}{2}$, d'où $\gamma = 2e$). — 4º Prendre à droite une des rondelles, et la placer à gauche. La masse totale n'a pas changé, mais la force accélératrice est égale à $10p - 7p = 3p$. — 5º Recommencer la chute et noter l'espace e'' parcouru pendant une seconde. — 6º Remarquer que $\gamma' = 2e''$, et que $\gamma' = 3\gamma$. — 7º Prendre encore une des rondelles à droite, et la placer à gauche. La force est devenue $11p - 6p = 5p$. — 8º Recommencer la chute, et en déduire comme précédemment que $\gamma'' = 5\gamma$. La loi est donc vérifiée.

7. — NOTION DU TRAVAIL

1º Placer une planche sur un support disposé en son milieu de telle sorte qu'elle puisse osciller autour de lui. — 2º Attacher à l'une des extrémités de cette planche un poids quelconque. — 3º Placer sur l'autre extrémité un poids égal. — 4º Constater qu'il y a équilibre parfait. — 5º Soulever ce deuxième poids et le laisser retomber au même point de la planche. — 6º Constater que bien qu'il soit égal à l'autre, il fait basculer la planche de son côté. — 7º Le laisser retomber de plus haut et constater que le mouvement de bascule est encore plus accentué, et ainsi de suite si on laisse retomber ce poids d'une hauteur de plus en plus grande.

REMARQUE. — On peut se faire une idée du travail effectué dans chacune de ces chutes en ajoutant au poids attaché à l'autre extrémité de la planche un poids additionnel capable de maintenir l'équilibre contre le choc de l'autre côté, ce à quoi on n'arrive qu'en tâtonnant. On constate ainsi que plus la hauteur de chute est grande, plus il faut augmenter la force de résistance du second bras de la planche pour faire contrepoids aux chocs.

8. — TRANSFORMATION DU TRAVAIL EN FORCE VIVE ET RÉCIPROQUEMENT

1º Attacher les deux bouts d'un tuyau ou d'une cordelette de caoutchouc aux deux dents d'une fourche. — 2º Façonner un petit prisme en bois, qui servira de projectile à lancer par cette espèce d'arc. D'un côté, on lui fait une entaille pour que le caoutchouc ne glisse pas quand on le bandera. — 3º Disposer à une certaine distance (2 mètres, par

exemple) un obstacle devant servir de cible, par exemple un prisme de
bois debout sur une table, en équilibre assez instable pour être renversé par un léger choc. — 4º Lancer le projectile sur ce but en ayant
soin de tirer très peu le caoutchouc qui sert de ressort. Le but est renversé. — 5º Tirer davantage le ressort, et lancer de nouveau le même
projectile sur le but que l'on a chargé d'un poids supplémentaire. Il
tombe, à moins qu'il ne soit trop chargé ; dans ce cas, on y met un
poids moins lourd. — 6º Continuer ainsi en augmentant chaque fois,
d'une part la charge à renverser, d'autre part la force élastique du
caoutchouc. — 7º Remarquer qu'ainsi la force du caoutchouc engendre
un travail qui va en augmentant, se transforme chaque fois en force
vive, et renverse chaque fois un obstacle plus résistant, ce qui prouve
que la force vive redevient du travail de plus en plus considérable.

9. — DISTINCTION ENTRE L'ÉNERGIE POTENTIELLE ET L'ÉNERGIE ACTUELLE

1º Disposer une planche avec un poids d'un côté comme dans l'expérience 7. — 2º Au-dessus de l'autre extrémité, placer une poulie à
une certaine hauteur. — 3º Passer sur la poulie une ficelle portant à
ses deux extrémités des poids égaux à celui qui est sur la planche. —
4º Attirer avec la main l'un de ces poids jusque sur la planche. —
5º Retirer vivement la main, le poids qui se trouvait remonté descend,
et remonte celui que l'on avait descendu jusqu'à ce qu'ils soient tous
deux à la même hauteur, effectuant ainsi un travail. Le poids remonté
ainsi suspendu au-dessus de la planche possède maintenant ce travail
en puissance : c'est de l'*énergie potentielle*. — 6º Pour la rendre *actuelle*,
couper avec des ciseaux la ficelle qui retient le poids qui a servi de
moteur. Le poids suspendu au-dessus de la planche tombe et fait basculer celle-ci, effectuant ainsi un travail égal à celui qu'avait effectué
le poids moteur.

Remarque. — Cette expérience permet aussi de distinguer le *travail moteur*
du *travail résistant*, et de constater *que dans un appareil en équilibre ils
sont égaux*. En effet, le poids qui tombe du haut de la poulie jusqu'à la moitié
de la distance qui sépare la poulie de la planche effectue un travail égal à son
poids, multiplié par cette demi-distance. Or c'est précisément le même produit
que l'on obtient en multipliant l'autre poids par la hauteur dont il s'élève jusqu'à ce qu'ils soient tous deux en équilibre, c'est-à-dire à la même hauteur.
C'est là le *travail résistant*.

IO. – MOYEN SIMPLE DE DÉBOUCHER UNE BOUTEILLE PLEINE

1º Poser contre un mur un chiffon quelconque. — 2º Frapper le fond
de la bouteille contre ce chiffon en la tenant horizontalement. —
3º Au bout de deux ou trois coups, le bouchon sort; relever vivement
la bouteille [1].

II. — ÉTUDE DU LEVIER ET DES POULIES

I. – LOI DU LEVIER

Voir Manipulations de physique, *Étude de la balance.*

2. – ÉTUDE DE LA POULIE FIXE

A. — 1º Se procurer une poulie et la suspendre par sa chape à un
point fixe. — 2º Passer une corde sur sa gorge. — 3º Suspendre un
poids déterminé à l'un des brins de la corde, et le laisser aller librement. — 4º Constater qu'il faut suspendre un poids égal à l'autre brin
pour faire équilibre au premier et que, de plus, l'équilibre a lieu à
quelque hauteur que soit chacun des deux poids.

B. — 1º Attacher la chape à une corde passant sur la gorge d'une
autre poulie B fixée à un support. — 2º Lui faire équilibre par un poids
placé à l'autre extrémité de la corde. — 3º Passer une corde sur la
gorge de la *poulie en expérience* A. — 4º Au lieu de laisser tomber les
deux brins verticalement comme dans l'expérience précédente, fixer
l'un d'eux à un mur, par exemple, et faire passer l'autre sur une troisième poulie C fixée de l'autre côté et suspendre un poids à ce brin. —
5º En même temps ajouter les poids nécessaires à la corde qui passe
sur la poulie B jusqu'à équilibre du tout. — 6º Evaluer ce supplément
de poids et le diviser par le *poids agissant*, suspendu à la corde qui
passe sur la poulie C. — 7º Mesurer la sous-tendante de l'arc embrassé
par la corde sur la poulie A, et diviser cette longueur par le rayon de
cette poulie. — 8º Constater que ce quotient est égal au précédent.

---

1. G. Tissandier.

3. — ÉTUDE DE LA POULIE MOBILE

A. — 1° Prendre une poulie A sur laquelle portera l'expérience. —
2° Passer une corde sur sa gorge et la suspendre, la chape en bas, au
moyen de cette corde entre deux poulies fixes sur lesquelles passent les
brins de la corde. — 3° Attacher des poids à ces brins, et constater
qu'ils doivent être égaux pour l'équilibre.

B. — 1° Prendre les mêmes dispositions, mais l'un des brins, au
lieu de passer sur une poulie fixe, est fixé à un mur. — 2° Suspendre
un poids à la chape de la poulie mobile, tel qu'il soit équilibré par
l'autre poids, et la résistance du mur. — 3° Diviser ce poids de la
poulie mobile par le poids qui lui fait équilibre au bout de la corde. —
4° Mesurer la sous-tendante de l'arc embrassé par la corde sur la
poulie mobile, et diviser cette longueur par le rayon de cette poulie. —
5° Constater que ces deux quotients sont égaux. — 6° Rapprocher la
poulie fixe du mur, de façon à rendre parallèles les deux brins de la
corde qui passent sur la poulie mobile. — 7° Constater alors qu'il suffit de mettre au bout du brin qui passe sur la poulie fixe un poids
moitié moindre que celui suspendu à la chape pour lui faire équilibre.

4. — ÉTUDE DES MOUFLES

1° Monter les moufles, c'est-à-dire suspendre une moufle à un point
fixe, puis attacher une corde au crochet situé à l'autre extrémité de sa
chape, la faire passer sur une poulie de la deuxième moufle, puis la
ramener sur une poulie de la première, la faire passer ensuite sur une
deuxième poulie de la deuxième moufle pour la ramener encore à la
première, et ainsi de suite jusqu'à ce que la corde ait été passée sur
toutes les poulies. Son bout libre reste provisoirement flottant. —
2° Laisser pendre la deuxième moufle sous la première et accrocher un
poids déterminé au crochet de sa chape. — 3° Compter le nombre de
cordons allant d'une moufle à l'autre. — 4° Constater que pour faire
équilibre au poids déjà suspendu, il suffit de suspendre au bout libre
de la corde un poids égal au premier *divisé par le nombre des cordons*.
— 5° Compter le nombre des poulies. — 6° Tirer sur la corde pour
faire monter la moufle inférieure et avec elle le poids suspendu. —
7° Mesurer de combien ce poids s'élève, et de combien un point déterminé de bout libre de la corde s'abaisse du même coup. — 8° Constater que le poids s'est élevé de la longueur dont le point déterminé de
la corde s'est abaissée, *divisé par le nombre des poulies*.

5. — UN TOUR DE FORCE

1° Prendre deux gros bâtons, tels que des manches à balai. — 2° Attacher au milieu de l'un d'eux une cordelette. — 3° Faire placer les deux bâtons parallèlement l'un à l'autre, à 1 mètre de distance, par exemple, et soutenus chacun par un ou plusieurs assistants se faisant face. — 4° Passer la cordelette autour des deux bâtons à la fois, et cela plusieurs fois, le bout resté libre étant mis entre les mains d'un autre assistant, le plus faible si l'on veut. — 5° Prier les assistants qui tiennent les bâtons de faire tous leurs efforts pour les empêcher de se rapprocher, et commander à l'assistant qui tient la corde de tirer sur elle. — 6° Constater qu'à moins que les personnes qui tiennent les bâtons ne soient très fortes ou très nombreuses, les bâtons se rapprochent malgré elles [1].

6. — CONSTRUCTION DE LEVIERS DES TROIS GENRES

A. — Voir l'expérience 1. (Premier genre.)

B. — 1° Prendre une règle carrée. — 2° Fixer à l'une de ses extrémités un piton rond, qui sera le *point d'appui*, en l'articulant à un clou planté dans un support fixe. — 3° Sur deux faces opposées, planter des pitons à crochet également distants les uns des autres. — 4° Suspendre un poids à l'un des pitons de l'une des faces. — 5° Au piton immédiatement opposé, accrocher une ficelle passant sur une poulie fixée à un support mobile que l'on aura rapproché. — 6° Suspendre à cette ficelle un autre poids pour faire équilibre au premier, en maintenant le levier horizontal. Pour le moment, ce sera un poids égal. — 7° L'appareil étant ainsi disposé, si l'on rapproche le poids immédiatement suspendu au levier du point d'appui, on a un *levier du deuxième genre* ; si, au contraire, on l'en éloigne, on a un *levier du troisième genre*. — 8° Remarquer que dans ces cas le poids suspendu à l'extrémité de la corde doit pour l'équilibre varier en grandeur, de manière à vérifier toujours la *loi du levier*. Il doit être diminué dans le cas du levier de deuxième genre, et augmenté dans le cas du levier du troisième genre.

---

1. Tom Tit. *La Science amusante.*

III. — ÉTUDE DES AUTRES MACHINES SIMPLES

I. — ÉTUDE DU TREUIL

A. — *Construction d'un treuil.* — 1° Prendre un cylindre de bois. — 2° Le traverser de part en part, suivant son axe, d'une tringle de fer légère qu'on laissera dépasser de 1 centimètre ou 2 de chaque côté pour avoir les *tourillons*. — 3° Confectionner deux supports pour porter ces tourillons. — 4° A l'une des extrémités du cylindre, fixer une baguette rigide perpendiculairement à son axe, et l'armer à son extrémité libre d'un crochet quelconque. On aura ainsi la *manivelle*. — 5° Attacher une ficelle à l'extrémité de la manivelle et une autre au milieu du cylindre. Le treuil est complet.

B. — *Propriété du treuil.* — 1° Attacher un poids déterminé à la ficelle du milieu du treuil. — 2° Attacher un poids à la ficelle de la manivelle, tel qu'il y ait équilibre, c'est-à-dire que le treuil ne tourne ni d'un côté ni de l'autre. La ficelle du milieu du treuil doit pendre du côté opposé à la manivelle. — 3° Diviser le poids suspendu à la mani-velle par le poids suspendu au treuil. — 4° Mesurer la longueur de la manivelle depuis l'axe jusqu'au point d'insertion de la ficelle. — 5° Mesurer le rayon du cylindre. — 6° Diviser la première de ces lon-gueurs par la seconde. — 7° Constater que ce quotient est égal au quotient des poids.

2. — ÉTUDE DU PLAN INCLINÉ

1° Disposer une planche lisse sur une table, non horizontalement, mais avec une certaine inclinaison, 30° par exemple. — 2° A l'extré-mité de la planche la plus éloignée de la table, fixer une poulie, placée en porte à faux sur le vide, au delà de la planche. — 3° Poser un poids déterminé sur la planche, attaché à une corde qui passe sur la poulie, et porter à son extrémité libre un autre poids tel qu'il y ait équilibre, c'est-à-dire que le poids qui est sur la planche ne monte ni ne des-cende. — 4° Diviser la valeur du poids suspendu à la corde par la valeur de celui qui est sur la planche. — 5° Mesurer la hauteur du bord le plus élevé de la planche au-dessus de la table, et la longueur de la projection de la planchesur la table. — 6° Diviser la première dimension par la seconde. — 7° Constater que le quotient est égal à celui des poids.

REMARQUE. — Cette égalité n'est jamais rigoureuse, à cause du frottement dû à la résistance que présentent les aspérités de la planche. En savonnant celle-ci, on réduit cette résistance au minimum possible.

3. — ÉTUDE DE LA VIS

1° Se procurer une grosse vis en bois, ou en fer, munie de son *écrou*. — 2° Lui adapter deux tourillons aux extrémités, comme s'il s'agissait d'un treuil. — 3° Disposer deux supports sur lesquels on la fera reposer par ses tourillons. — 4° Fixer sur le côté de la tête de la vis une corde à laquelle on suspendra un poids déterminé. — 5° Attacher à l'écrou une autre corde allant passer de là sur une poulie et portant à son extrémité libre un autre poids. — 6° Choisir ce dernier tel qu'une fois en place le système soit en équilibre, c'est-à-dire que la vis ne puisse tourner sous l'action du poids qui agit à droite ou à gauche de sa tête, ni, par conséquent, l'écrou avancer. — 7° Diviser le poids agissant sur la vis par le poids attaché à l'écrou. — 8° Mesurer la hauteur du pas de l'hélice de la vis, et la circonférence du cylindre de cette même vis. — 9° Diviser la première de ces dimensions par la seconde. — 10° Constater que ce quotient est égal à celui des poids.

REMARQUE. — Cette égalité ne peut jamais être obtenue rigoureusement, à cause des frottements et des difficultés d'agencement que présente l'expérience.

4. — ÉTUDE DES ROUES QUI SE CONDUISENT

A. — 1° Prendre deux roues d'inégal rayon, à jantes lisses, et les placer sur des supports tels qu'elles puissent tourner librement sur leur axe, dans un plan vertical. — 2° Rapprocher les supports de sorte que les jantes arrivent au contact et soient assez serrées l'une contre l'autre pour que si l'une est mise en mouvement, l'autre soit entraînée sans glissement. — 3° Faire tourner l'une d'elles, l'autre tourne en sens inverse. — 4° Compter le temps que met la plus grande à faire un tour, d'un mouvement uniforme, et diviser le produit de $2 \times 3,1416$ par ce nombre de secondes : on obtient ainsi un quotient qui est la *vitesse angulaire* de cette roue. — 5° En faire autant pour la petite pendant qu'elle tourne avec la grande. — 6° Diviser la vitesse angulaire de la grande roue par celle de la petite. — 7° Mesurer leurs rayons. — 8° Diviser le rayon de la petite par celui de la grande. — 9° Constater que ce quotient est l'inverse du précédent.

B. — 1° Sur la tranche des jantes de ces roues fixer un crochet auquel on attachera une corde. — 2° Attacher des poids à ces cordes, de façon qu'il y ait équilibre, c'est-à-dire que les roues ne tournent ni l'une ni l'autre sous l'action de ces poids ainsi suspendus aux extrémités de leurs diamètres horizontaux. Cela exige évidemment qu'elles soient assez serrées l'une contre l'autre pour qu'il n'y ait pas de glissement indépendant, ce qui est assez difficile à réaliser. — 3° Diviser le poids suspendu au flanc de la petite par celui suspendu au flanc de la grande. — 4° Mesurer les rayons des deux roues et diviser celui de la petite par l'autre. — 5° Constater que ce quotient est égal à celui des poids.

5. — ÉTUDE DES ENGRENAGES

L'étude des *roues dentées* est la même que celle des *roues qui se conduisent par simple frottement.* Mais pour l'expérimentation, chaque roue dentée doit être montée à l'extrémité d'un cylindre et réaliser ainsi un véritable treuil avec lequel on opère comme on l'a vu pour l'étude du treuil.

On remarquera que le *rapport entre le nombre des dents* des deux roues qui *engrènent est égal au rapport entre leurs rayons.*

TABLE DES MATIÈRES

EXERCICES GÉNÉRAUX

I. — Emploi des appareils de chauffage.

Pages.

Lampe à alcool 7
Brûleurs à gaz. 8
Fourneaux à charbon 9
Fourneaux à pétrole 9
Fourneaux à gaz. 9

II. — Travail du verre.

Couper un tube 9
Courber un tube 10
Étirer un tube. 10
Effiler un tube. 10
Évaser un tube 11
Confection d'un tube à essai. 11
Fermer un tube. 11
Confection d'une ampoule sur un tube 11
Soudure de deux tubes. 12
Percer du verre. 12
Couper une feuille de verre 12
Couper un verre de lampe. 12

III. — Préparation des bouchons et des flacons.

Préparation des bouchons 13
Préparation des flacons. 14

IV. — Chauffage et Réfrigération.

Choix des vases. 14
Chauffage direct à l'alcool, au gaz ou au pétrole. 15
Chauffage direct au charbon. 15
Chauffage au bain de sable. 15
Chauffage au bain-marie. 16
Chauffage à l'étuve. 16
Réfrigération à l'air. 16
Réfrigération à l'eau, condensation des vapeurs. 17
Réfrigération à la glace. 17
Réfrigération par un mélange réfrigérant. 17

V. — Division.

Contusion 18
Étonnement 18

                                                  Pages.

Trituration. 18
Mouture. 18
Précipitation. 19
Sublimation. 19
Triage des poussières 19

VI. — Vaporisation.

Évaporation 20
Ébullition 20
Distillation. 20
Distillation fractionnée. 21
Sublimation. 21
Distillation sèche 21
Dessiccation de l'air ou d'un gaz 22

VII. — Dissolution.

Dissolution simple. 22
Macération. 22
Décoction 23
Lixiviation. 23

VIII. — Calcination.

Calcination proprement dite 23
Carbonisation. 24
Grillage 24
Incinération 24
Fusion. 24

IX. — Cristallisation.

Cristallisation par évaporation. 25
Cristallisation par refroidissement. 25
Cristallisation par fusion. 25
Cristallisation par sublimation. 26

X. — Séparation mécanique.

Décantation 26
Siphonation 27
Aspiration 27
Filtration. 27

XI. — Manipulation des gaz.

Production. 29
Recueillement. 30
Transvasement. 30
Lavage. 31
Dessiccation. 31
Mesurage 32

MANIPULATIONS DE CHIMIE

PREMIÈRE DIVISION

CHIMIE SYSTÉMATIQUE

I. — Étude de l'hydrogène.

Pages.

Préparation   33
Propriétés physiques.   33
Propriétés chimiques, combustion, lampe philosophique   34

II. — Étude de l'oxygène.

Préparation   36
Propriétés.   36

III. — Étude de l'eau.

Substances dissoutes dans l'eau ordinaire   37
Décomposition de l'eau par le fer.   37
Substances solides dissoutes dans l'eau.   38
Analyse de l'eau par le voltamètre   38
Synthèse eudiométrique   39
Détermination de la quantité de matières terreuses en suspension dans
    l'eau   39

IV. — Étude du soufre et de l'acide sulfureux.

Propriétés physiques du soufre   40
Propriétés chimiques   40
Préparation de l'acide sulfureux   40
Propriétés physiques   40
Propriétés chimiques.   41

V. — Étude de l'acide sulfurique et de l'acide sulfhydrique.

Préparation de l'acide sulfurique   42
Propriétés de l'acide sulfurique   42
Préparation de l'acide sulfhydrique.   43
Propriétés de l'acide sulfhydrique.   43

VI. — Étude de l'air et de l'azote.

Analyse de l'air par le phosphore à chaud et préparation de l'azote . . .   44
Autres matières contenues dans l'air   44
Analyse de l'air par le pyrogallate de potasse   45
Préparation de l'azote par l'azotite d'ammoniaque   45
Propriétés de l'azote   46
Combustion renversée   46

VII. — Étude du bioxyde et du protoxyde d'azote.

Pages.

Préparation du bioxyde d'azote 47
Ses propriétés. 47
Préparation du protoxyde d'azote 48
Ses propriétés. 48

VIII. — Étude de l'acide azotique.

Préparation de l'acide azotique 48
Étude des propriétés de l'acide azotique 49

IX. — Étude de l'ammoniaque.

Préparation 50
Propriétés 51

X. — Étude du phosphore et de l'acide phosphorique.

Os 52
Propriétés du phosphore 52
Acides phosphoriques. 52
Préparation du phosphure d'hydrogène inflammable. 53
Distinguer un phosphate d'un arséniate. 53
Moyen d'obtenir un liquide lumineux. 53

XI. — Étude du chlore et de l'iode.

Préparation du chlore. 53
Ses propriétés chimiques 54
Propriétés de l'iode. 54
Iodure d'azote 55
Encre effaçable. 55

XII. — Étude de l'acide chlorhydrique.

Préparation. 55
Préparation d'une solution. 55
Propriétés physiques. 56
Propriétés chimiques 56
Eau régale 56

XIII. — Étude du charbon.

Noir animal 56
Noir de fumée 57
Préparation du carbone pur 57
Propriétés réductrices. 57
Propriétés absorbantes 57
Préparation du charbon de Berzélius à couper le verre 58
Peinture pour tableaux noirs. 58
Préparation du charbon de cornue. 59

XIV. — Étude de l'oxyde de carbone. — Propriétés de la flamme.

Pages

Préparation de l'oxyde de carbone par l'acide oxalique   59
Ses propriétés   59
Étude des propriétés de la flamme.   59

XV. — Étude de l'acide carbonique.

Préparation de l'acide carbonique par le marbre ou la craie.   62
Propriétés physiques de l'acide carbonique.   62
Étude des propriétés chimiques de l'acide carbonique.   62

XVI. — Étude du sulfure de carbone.

Préparation du sulfure de carbone.   63
Ses propriétés physiques.   64
Ses propriétés chimiques   64

XVII. — Étude de la silice et de l'acide borique.

Silice.   65
Acide borique   66

XVIII. — Étude des oxydes et des sulfures métalliques.

Réduction du sexquioxyde de fer par l'hydrogène.   66
Réduction du sulfure d'antimoine par l'hydrogène   67
Influence du charbon sur les oxydes.   67
Suroxydation d'un oxyde par un autre oxyde.   68

XIX. — Propriétés des sels.

Sursaturation et cristallisation subite.   68
Fusion aqueuse et fusion ignée   68
Inaltérabilité d'un sel dans sa dissolution.   69
Action des sels sur les sels, réalisée en précipités arborescents   69

XX. — Vérification des lois de Berthollet.

Action des acides sur les sels   70
Action des bases sur les sels   70
Action des sels sur les sels   71

XXI. — Propriétés et Réactions caractéristiques des principaux sels.

Azotates   71
Sulfates   71
Carbonates.   72
Phosphates.   72
Silicates   72
Chlorures.   72
Sulfures   73

XXII. — Étude des composés du potassium.

Pages.

Caractères des sels de potasse. 73
Extraction du carbonate neutre de potasse 73
Préparation du carbonate acide de potasse. 74
Préparation de l'eau de Javel 74
Propriétés oxydantes de l'azotate et du chlorate de potasse 74
Composer un feu de Bengale 74
Liquides inflammateurs. 75
Serpent de pharaon. 75

XXIII. — Étude des composés du sodium.

Caractères des sels de soude. 76
Préparation du sulfate de soude. 76
Préparation de la soude à l'ammoniaque. 76
Préparation de la soude caustique. 76
Emploi du borax pour les essais au chalumeau. 76
Eau de mer artificielle pour aquarium 77

XXIV. — Étude des sels ammoniacaux.

Caractères des sels ammoniacaux. 77
Production d'ammoniaque par les corps azotés 78
Préparation du chlorhydrate d'ammoniaque 78
Sublimation du chlorhydrate d'ammoniaque. 78
Préparation et propriétés du sulfhydrate d'ammoniaque 78

XXV. — Étude des composés du calcium et du baryum.

Caractères des sels de chaux. 79
Préparation de la chaux. 79
Extinction de la chaux 80
Constatation expérimentale de la chaleur dégagée dans l'hydratation de
    la chaux. 80
Propriétés de l'eau de chaux. 80
Préparation d'un mortier. 81
Action du chlore sur la chaux. 81
Moulage à l'aide du plâtre 81
Réduction du bioxyde de baryum par l'hydrogène. 81
Caractériser un sel de baryte 81
Sceller un tube de verre dans une douille quelconque. 82
Durcir du plâtre 82

XXVI. — Étude des composés de l'aluminium.

Préparation de l'alumine. 82
Caractères des sels d'alumine 82
Préparation de l'alun de potasse 83
Propriétés des aluns 83

Pages.

Imperméabilisation d'un tissu 84
Distinction entre une argile et une marne. 84
Fabrication d'une pierre à aiguiser artificielle. 84
Fabrication d'un papier-verre économique. 84
Dépolir du verre 85
Fabrication d'une pierre d'émeri à repasser. 85

XXVII. — Étude des composés du magnésium et du zinc.

Caractères des sels de magnésie. 85
Lumière du magnésium. 85
Préparation de magnésie blanche. 86
Propriétés du zinc. 86
Préparation d'une encre à écrire sur le zinc 87
Caractères des sels de zinc 87
Givre artificiel 87

XXVIII. — Étude du fer et de ses composés.

Trempe du fer ou de l'acier. 87
Propriétés chimiques du fer. 88
Préparation du protoxyde de fer. 88
Préparation du sesquioxyde de fer anhydre. 88
Réduction du sesquioxyde de fer par l'hydrogène. 88
Préparation du sulfure de fer par le soufre et le fer. 88
Préparation du bleu de Prusse. 88
Préparation du sulfate de fer 89
Fer pyrophorique. 89
Distinguer le fer de l'acier. 69
Reconnaître les sels de protoxyde et de sesquioxyde de fer 89

XXIX. — Étude de l'étain, de ses composés et des composés du manganèse et de l'antimoine.

Caractères des sels d'étain. 90
L'oursin métallique. 90
Oxydation et désoxydation de l'étain au chalumeau 91
Propriétés de l'étain. 91
Préparation du protochlorure d'étain. 91
Préparation du bichlorure d'étain hydraté. 91
Vérifier la pureté du bioxyde de manganèse 92
Préparation du permanganate de potasse. 92
Caractériser un sel d'antimoine 92
Préparer l'alliage de Darcet. 92

XXX. — Étude du plomb et de ses composés.

Caractères des sels de plomb. 93
Propriétés du plomb. 93
Oxydes de plomb 93
Arbre de Saturne 94

Pages.

Préparation de la céruse. 94
Propriétés de la céruse 94
Propriétés colorantes du chromate de plomb 95

XXXI. — Étude du cuivre et de ses composés.

Caractères des sels de cuivre. 95
Propriétés du cuivre. 95
Oxyde de cuivre hydraté. 96
Réduction de l'oxyde de cuivre par l'hydrogène. 96
Préparation du sulfure de cuivre. 96
Pouvoir oxydant de l'azotate de cuivre. 96

XXXII. — Étude du mercure et de ses composés.

Caractères des sels de mercure. 97
Propriétés du mercure. 97
Préparation des chlorures 97
Le mercure imprimeur. 98
Serpent de pharaon au sulfocyanure. 98

XXXIII. — Étude des composés des métaux précieux.

Reconnaître les sels d'argent. 98
Arbre de Diane. 99
Propriétés spéciales de l'argent 99
Azotate d'argent. 99
Or 99
Argenture chimique. 99
Vérifier un objet d'argent. 99
Argenture du verre. 100
Dessin à l'ammoniaque 100
Lampe sans flamme 100

XXXIV. — Étude générale des matières organiques.

Reconnaître une matière organique ou la présence d'une matière organique dans un corps 101
Reconnaître de suite si une matière organique est azotée ou non. . . 101
Déterminer la quantité de matières minérales contenues dans un corps organique 101
Séparation des composés organiques qui composent une substance organique, ou analyse immédiate 101

XXXV. — Étude du formène.

Préparation. 102
Propriétés. 103

XXXVI. — Étude de l'éthylène.

Pages

Préparation   104
Ses propriétés   104

XXXVII. — Étude du gaz d'éclairage.

Préparation du gaz   105
Ses propriétés   106

XXXVIII. — Étude des hydrocarbures usuels.

Essence de térébenthine   106
Benzine   107
Pétrole   107
Préparer du papier-calque   107
Préparation d'une cire à cacheter les flacons   107

XXXIX. — Étude de l'alcool éthylique.

Fermentation alcoolique   108
Extraction de l'alcool du vin ou d'une liqueur fermentée . .   108
Propriétés de l'alcool éthylique   108
Essai alcoométrique du vin   108

XL. — Étude des aldéhydes.

Aldéhyde éthylique   110
Glucose   111

XLI. — Étude des acides acétique et oxalique.

Préparation de l'acide acétique   112
Préparation de l'acide oxalique   112
Gravure sur fer ou acier par l'acide oxalique ou le sel d'oseille   112
Leurs propriétés générales   113
Préparation d'un papier buvard pour enlever les taches d'encre   113

XLII. — Étude de l'éther éthylacétique (acétique).

Préparation   113
Ses propriétés   114
Lampe sans flamme   114
Lampe sans flamme pour purifier l'air   114

XLIII. — Étude des savons.

Fabrication du savon   115
Imperméabilisation d'un tissu à l'aide du savon   115
Propriétés des savons   115
Préparation d'un crayon pour dessiner sur verre, porcelaine et métaux.   115

XLIV. — Étude des glucosides.

Pages.

Sucre de canne. 116
Amidon. 117
Cellulose. 118

XLV. — Étude des propriétés des matières colorantes nâturolles.

Propriétés générales. 119
Propriétés particulières. 120

XLVI. — Exercices divers sur les matières colorantes.

Préparer une laque colorante. 122
Préparation d'une encre noire 122
Préparation d'une encre colorée 123
Préparation d'une encre à écrire sur le zinc. 123
Préparation d'une encre sympathique. 123
Préparation d'une encre à marquer le linge. 123
Préparation d'une encre à tampon 123
Illustration d'une bougie. 124
Encre à écrire sur le verre. 124

XLVII. — Étude du lait.

Étude générale. 124
Étude du beurre. 125
Étude de la caséine. 125
Étude du lactose. 125
Étude des sels. 125

DEUXIÈME DIVISION

CHIMIE ANALYTIQUE

I. — Recherche de la nature de la base d'un sel.

127

II. — Recherche de la nature de l'acide d'un sel.

Essais préliminaires. 128
Réactions 129

III. — Recherche de la nature de l'acide dans un sel organo-métallique.

Pages.
Essais préliminaires.   130
Essais définitifs   131

IV. — Expériences d'hydrotimétrie.

132

V. — Dosage de l'acide phosphorique assimilable contenu dans un superphosphate de chaux.

133

VI. — Expérience de chlorométrie.

Essai chlorométrique d'un chlorure de chaux solide.   135
Essai chlorométrique d'un chlorure liquide.   136

VII. — Essai alcalimétrique.

136

VIII. — Essai acidimétrique.

137

IX. — Analyse des cendres végétales.

138

X. — Calcimétrie.

138

XI. — Analyse élémentaire d'une matière organique.

Opérations préliminaires.   139
Analyse d'une matière non azotée.   139
Analyse d'une matière azotée.   140

XII. — Essai des sucres.

Préparation de la liqueur d'épreuve.   141
Préparation de la liqueur d'essal   141
Dosage du glucose.   142
Dosage du sucre.   142

XIII. — Essai d'un savon.

Dosage des acides gras.   142
Dosage de l'alcali   143
Dosage de l'eau   143
Dosage de la glycérine.   143
Dosage de la masse des matières étrangères.   144

XIV. — Essai d'une farine.

Dosage de l'eau   144
Dosage de l'amidon   144
Dosage du gluten.   145
Dosage des cendres   145
Essai de la matière grasse   145
Dosage de l'azote   145

XV. — Essai des vins.

Pages.

Dosage de l'alcool. 146
Dosage de l'extrait sec. 146
Dosage des cendres. 146
Dosage des acides libres 146
Dosage du tartre. 147
Dosage du glucose. 147
Dosage du plâtre. 147

XVI. — Essai du lait.

Dosage du beurre 148
Dosage de la caséine. 149
Dosage du lactose 149
Dosage de l'extrait sec. 149
Dosage des cendres 149

XVII. — Essai des engrais azotés.

Recherche de la présence des azotates dans un engrais. 150
Dosage de l'azote nitrique dans un engrais 150
Dosage de l'azote ammoniacal et organique dans un engrais. 150
Dosage de l'azote organique séparément. 151

XVIII. — Détermination de la nature des fibres d'un tissu.

Distinguer le coton du chanvre et du lin 151
Distinguer le coton de la laine 152
Distinguer la soie de la laine et du coton. 152

XIX. — Essai des couleurs fixées sur les fils et tissus.

153

MANIPULATIONS DE PHYSIQUE

TROISIÈME DIVISION

I. — Étude des propriétés générales des corps.

Impénétrabilité d'un liquide. 155
Adhérence. 155
Attraction moléculaire 155
Divisibilité. 155
Porosité. 156
Compressibilité et élasticité des solides. 156
Ténacité des solides 156
Dureté des solides 157
Incompressibilité relative des liquides. 157

	Pages.
Compressibilité et élasticité des gaz.	157
Expansibilité des gaz.	157
Poids des gaz	158
Pluie colorée dans un tube.	158
Mesure de la force d'adhérence d'un liquide pour un solide	159
Porosité du papier pour la vapeur d'eau	159

II. — Étude des conditions d'équilibre des solides.

Étude du centre de gravité d'un corps mince	159
Détermination du centre de gravité d'un corps massif	159
Équilibre des corps suspendus	160
Équilibre des corps soutenus.	160
Transformation de l'équilibre instable en équilibre stable	161
Mettre un anneau en équilibre dans un plan horizontal	161
Cône ascensionnel	161
Équilibre du corps humain.	162
La canne sur le doigt.	162
Équilibre par la giration.	162
Les trois principaux mouvements de la terre.	162
Construction d'un poussah	163
Le danseur de corde.	163
La boîte mystérieuse.	163

III. — Étude de la chute des corps et des lois du pendule.

Détermination d'une verticale et d'une horizontale.	164
Chute des corps dans le vide.	164
Loi des espaces	165
Loi des vitesses	166
Loi de l'isochronisme.	167
Loi des longueurs.	167
Loi des substances.	167
Loi des intensités	168
Expérience de Foucault.	168

IV. — Étude de la balance.

Démonstration de la loi du levier.	169
Vérifier la justesse d'une balance.	170
Vérifier la sensibilité d'une balance.	170
Pesées.	170
Expériences relatives à la manière de placer les poids sur les plateaux.	171
Vérifier que la romaine est assujettie à la loi du levier.	172
Balance improvisée	172

V. — Étude des phénomènes généraux de l'hydrostatique.

Principe de Pascal.	173
Construction d'une presse hydraulique élémentaire	173
Pression sur le fond des vases.	174

Pages.
Pression de bas en haut 174
Pressions latérales 175
Fioles des quatre éléments 176
Vases communiquants 176
Principe du jet d'eau 177
Poisson à réaction 177
Balance hydraulique 178
Tourniquet chimique 178

VI. — Expériences sur la capillarité et les phénomènes connexes.

Études des phénomènes capillaires. 178
Osmose 180
Tension superficielle des liquides 180
Diffusion des liquides. 181
Attractions et répulsions capillaires 182
Compte-gouttes. 182
Plonger la main dans l'eau sans se mouiller 182
Flotteur plus lourd que l'eau 183
Curieuse propriété du camphre 183
Gouttes marcheuses 183
L'Argyronète 183
Principe de l'électromètre capillaire de Lippmann 183

VII. — Étude du principe d'Archimède et de ses applications.

Démonstration du principe 184
Détermination du volume d'un corps. 185
Ludion. 185
Soulèvement d'un fardeau immergé 185
Problème d'Archimède 186
Conditions d'équilibre des corps immergés 186
L'âne chargé de sel. 186

VIII. — Détermination des poids spécifiques.

Détermination du poids spécifique d'un solide par la balance hydrosta-
tique 187
Détermination du poids spécifique d'un solide par l'aréomètre de Ni-
cholson. 187
Détermination du poids spécifique d'un solide par la méthode du flacon. 188
Détermination du poids spécifique d'un liquide par la balance hydrosta-
tique 189
Détermination du poids spécifique d'un liquide par l'aréomètre de Fah-
renheit 189
Détermination du poids spécifique d'un liquide par la méthode du flacon. 190
Emploi des aréomètres à poids constant 190
Emploi de l'alcoomètre centésimal 190
Détermination du poids spécifique d'un liquide. 190

IX. — Étude de la pression atmosphérique et de la loi de Mariotte.

Pages.
Le verre d'eau renversé. 191
Construction et usage de la pipette. 191
L'œuf dans la carafe 192
Crève-vessie 192
Coupe-pommes. 193
Théorie de la ventouse 193
Suspension aérienne 193
Arrache-pavé. 193
Influence de la pression atmosphérique sur la teneur des eaux en gaz . 194
Mettre un tonneau en vidange. 194
La bouteille magique. 194
Ascension d'un verre de lampe 194
Expérience de Torricelli. 195
Évaluation de la pression atmosphérique. 195
Observation barométrique. 196
Démonstration de la loi de Mariotte 196
Hémisphères de Magdebourg rudimentaires. 197

X. — Expériences sur les phénomènes d'hydrodynamique.

Construction d'une pompe aspirante 179
Construction d'une pompe foulante 198
Fontaine de Héron 198
Siphon ordinaire 199
Siphon à écoulement constant. 199
Siphon ascendant. 200
Vase de Tantale 200
Fontaine intermittente. 200
Confectionner une pompe à incendie. 201
Filtre-siphon 201

XI. — Expériences diverses sur les phénomènes pneumatiques.

Emploi de la machine pneumatique. 202
Emploi de la machine de compression 203
Emploi du soufflet. 203
Emploi de la trompe à eau. 204
Vide barométrique. 204
Pistolet à air comprimé 204
Cloche à plongeur (principe). 205
Transvasement par l'air comprimé. 205
Fontaine de compression (pompe à bière). 205
Jet d'eau chimique 205
Jet d'eau dans le vide. 206
Expérience sur l'écoulement des gaz. 206
Résistance de l'air 206
Construction d'un vaporisateur rudimentaire 207

XII. — Expériences diverses sur la production et la propagation du son.

Pages.
Constatation des vibrations sonores. 207
Emploi du diapason 208
Propagation du son par l'air. 209
Non-propagation du son dans le vide. 209
Propagation du son par les solides. 210
Réflexion du son (constatation) 210
Propagation du son par les tuyaux. 211
Inscription des vibrations. 211
Résonance. 212

XIII. — Expériences diverses sur les théories de l'acoustique.

Construction d'un sonomètre. 212
Vérification des lois des cordes sonores. 213
Constitution de la gamme. 214
Gamme de bouteilles. 214
Gamme de bois. 214
Préparation d'un tuyau sonore 215
Production du son dans les tuyaux. 215
Flamme chantante. 216
Vérification des lois des tuyaux sonores. 216

XIV. — Étude de la dilatation.

Vérifier la dilatation des solides. 216
Observer la dilatation des liquides 216
Observer la dilatation des gaz. 217
Maximum de densité de l'eau. 217
Sonnerie pyro-électrique. 217
Sonnerie thermo-électrique. 218
Effets divers de la dilatation des gaz. 218
Démonstration de la dilatation linéaire par la loi du levier. 218

XV. — Construction du thermomètre à alcool.

Choix du tube. 219
Remplissage du tube. 219
Graduation. 219

XVI. — Étude des propriétés des vapeurs.

Formation des vapeurs. 220
Formation des vapeurs dans le vide. 220
Mesure des tensions maxima. 221
Formation des vapeurs dans les gaz. 221
Tension maximum d'une vapeur à une température déterminée (méthode
    de Dalton) 221

XVII. — Étude de l'ébullition.

Pages.

Constatation du phénomène. 222
Mesure du point d'ébullition 223
Influence de la présence de l'air sur l'ébullition 223
Influence des substances dissoutes dans l'eau 223
Influence de la pression sur le point d'ébullition. 224
Le bouillant de Franklin. 224
Phénomène de la convection 224
Principe de la distillation. 224

XVIII. — Expériences sur la conductibilité calorifique.

Solides. 225
Liquides. 226
Gaz. 226
Tirage des cheminées 226
Tirer parti d'une bouteille cassée. 227
Mousseline incombustible. 227
Expérience de Franklin sur la ventilation. 228
Un coup de poing fameux 228
Autre expérience sur la conductibilité des solides 228

XIX. — Expériences diverses sur la chaleur.

Expansion de la glace 228
Regel de la glace 229
Caléfaction. 229
Froid produit par l'évaporation. 229
Chaleur produite par le frottement 229
Miroir ardent ou lentille ardente 229
Surfusion. 230
Détermination du point de fusion. 230
Mesurer l'état hygrométrique de l'air à l'aide de l'hygromètre de conden-
    sation 230
Dégagement de chaleur, ou production de froid par l'air comprimé. . . 231
Notion de la quantité de chaleur (capacité calorifique). 232
Glace obtenue par le froid dû à l'évaporation 232
Préparation d'un liquide incongelable. 232

XX. — Étude des phénomènes dus à la chaleur rayonnante.

Propagation de la chaleur dans le vide 233
Pouvoir émissif. 233
Pouvoir réflecteur. 233
Miroirs ardents 234
Pouvoir absorbant. 234
Pouvoir absorbant. 234
Pouvoir diathermane du verre. 235
Allumer du feu à distance. 235

XXI. — Observations météorologiques.

Pages.

Nuages   236
Vent inférieur.   236
Thermomètre du baromètre.   237
Baromètre Fortin   237
Thermomètre sec   237
Thermomètre mouillé   237
Thermomètre à minima   238
Thermomètre à maxima   238
Pluviomètre.   238
Aspect du ciel.   238

XXII. — Mesures photométriques.

Vérification de la loi fondamentale   239
Comparaison des intensités de deux lumières   239
Comparaison de l'éclairage de plusieurs sources lumineuses, au point
    de vue du prix de revient.   239

XXIII. — Expériences sur les miroirs.

Miroir plan.   240
Miroir concave.   241
Miroir convexe.   241
Le spectre de Banco.   241
Diffusion spéculaire.   241
Construction d'un kaléidoscope.   242
Le bouquet fantôme   242
Décalque optique.   243
Mesurer la hauteur d'un arbre à l'aide d'un miroir.   243

XXIV. — Étude de la réfraction en général.

Constatation d'un fait usuel.   244
Expérience de la pièce de monnaie.   244
Lames.   244
Réflexion totale   244
Prisme.   244
Démonstration des lois de la réfraction   245

XXV. — Expériences sur les lentilles.

Lentilles convergentes   246
Lentilles divergentes.   246
Lentille d'eau   246
Théorie des lunettes.   247
Théorie du télescope à réflexion.   247
Construction d'une lunette rudimentaire.   248

XXVI. — Étude de la dispersion de la lumière.

Pages.

Décomposition de la lumière solaire.   248
Constater que les couleurs du spectre sont simples   249
Constater que les couleurs du spectre sont inégalement réfrangibles . .   249
Recomposition de la lumière blanche   249
Recomposition de la lumière blanche avec deux couleurs complémen-
  taires.   250
Analyse de la couleur d'un corps.   251
Constater que le spectre d'une source lumineuse varie avec sa tempéra-
  ture   251
Observation des raies du spectre solaire.   251
Expérience du renversement des raies   251
Analyse spectrale   252

XXVII. — Étude de diverses propriétés des radiations lumineuses.

Expériences de phosphorescence.   253
Expérience de fluorescence.   253
Expérience de calorescence.   254
Imitation de quelques météores lumineux.   254

XXVIII. — Micrographie.

Emploi de la loupe.   255
Montage et maniement du microscope.   256
Dessin au microscope   257
Vérifier le pouvoir pénétrant d'un microscope.   257
Mesure du pouvoir grossissant d'un microscope.   258
Mesure du diamètre réel des objets.   258
Observation microscopique.   258
Emploi du microscope de poche   260
Emploi de l'eau comme loupe (loupe improvisée)   260

XXIX. — Emploi des appareils de projection

Dessin à la chambre noire   261
Dessin à la chambre claire.   261
Dessin au kaléidoscope.   262
Projection à l'aide de la lanterne magique (appareil de projection). . .   262

XXX. — Photographie.

Préparatifs.   266
Préparation du cliché   268
Préparation du papier pour épreuves positives   269
Tirage des épreuves positives.   270
Photographie sur le linge   271
Photo-calque   271

XXXI. — Étude des phénomènes magnétiques.

Pages

Étude des propriétés générales des aimants 271
Constitution des aimants. 272
Action de la terre sur les aimants 272
Action directrice de la terre 272
Construction d'une boussole 273
Emploi de la boussole 273
Aimantation 274
Construction d'une boussole élémentaire très sensible 274
Lignes de force magnétiques 274

XXXII. — Étude des phénomènes généraux de l'électricité statique.

Développement de l'électricité par le frottement 275
Construction d'un pendule électrique 275
Conductibilité électrique 276
Distinction de deux électricités et de leur action réciproque 276
Production simultanée des deux électricités 276
Équivalence des électricités contraires 276
Électrisation du corps humain par frottement 277
Électrisation par le choc 277
Tête de Méduse 277
Répulsion des liquides électrisés 277
Machine électrique des enfants 277
Lignes de force électrostatiques 278

XXXIII. — Étude de l'influence électrostatique.

Phénomène général de l'influence 278
Charge et décharge par étincelles 279
Construction d'un électromètre à feuilles d'or 279
Pouvoir des pointes 280
Théorie du paratonnerre de Franklin 280
Théorie du paratonnerre de Melsens 280
Construction d'un électrophore 281
Tube étincelant 281
Grêle électrique 282
Électrisation du corps humain par conductibilité 282
Moyen simple de constater l'influence électrique 282
Pouvoir des pointes sur la tête de Méduse 282

XXXIV. — Étude de la condensation électrique.

Construction d'un condensateur (carreau fulminant) 283
Expérience de la condensation 283
Décharge du condensateur 283
Construction d'une bouteille de Leyde 284
Charge et décharge de la bouteille de Leyde 284
Condensateur vivant 285

Pages.

Commotion   285
Figures de Lichtemberg   285
Construction d'une batterie électrostatique.   285
Inflammation par l'étincelle électrique.   286
Percer une carte de visite   286
Effet lumineux dans le vide.   286
Effet lumineux dans un solide   287

XXXV. — Étude des phénomènes généraux dus à l'électricité dynamique.

Constatation de la production d'électricité par une action chimique. . . .   287
Pile à auges.   288
Pile de Volta   289
Vérifier que dans une pile la force électromotrice est proportionnelle au
    nombre des couples et non à leur surface   290
Pile de Daniell   290
Pile de Bunsen   292
Pile au bichromate (à un seul liquide)   293
Pile Leclanché.   294
Principe des accumulateurs.   295
Manœuvre des accumulateurs   295
Vérifier que les piles sont des appareils électriques à faible potentiel. . .   296
Amalgamation d'un zinc.   297

XXXVI. — Expériences sur l'électro-chimie.

Analyse de l'eau par le voltamètre   297
Décomposition ou électrolyse d'un sel non alcalin par le courant élec-
    trique   297
Électrolyse d'un sel alcalin.   298
Dessin à l'étain   298
Cuivrage électrique ou galvanisation   298
Argenture électrique.   299
Métallisation d'un insecte.   299
Gravure électro-chimique.   299
Retaillage d'une lime.   299
Cuivrage de l'argent sans pile   300
Reproduction d'une médaille.   300
Expérience de transport par les courants   301

XXXVII. — Expériences sur les phénomènes de l'électromagnétisme.

Orientation d'un aimant par un courant.   302
Translation d'un aimant par un courant.   303
Orientation d'un courant par un aimant.   303
Translation d'un courant par un aimant.   303
Construction d'un galvanomètre   304
Action des courants sur les courants   304
Action de la terre sur les courants   305

Pages.
Aimantation par un courant 305
Construction d'un électro-aimant. 305
Construction d'un appareil propre à expliquer le principe de la sonnerie
    électrique et du télégraphe électrique. 306
Démonstration de la loi des courants sinueux 306
Lignes de force d'un courant. 306

XXXVIII. — Expériences sur les phénomènes d'induction.

Construction de bobines d'induction. 307
Induction volta-électrique 307
Induction magnéto-électrique 308
Self-induction. 309
Emploi de la bobine de Ruhmkorff. 309
Effets physiologiques des courants induits. 311
Effets mécaniques des courants induits. 311
Effets calorifiques des courants induits 312
Effets lumineux des courants induits 312
Effets chimiques des courants induits. 312
Expérience démonstrative du principe des machines magnéto-élec-
    triques. 312
Construction d'un téléphone Bell rudimentaire 313
Construction d'un microphone 314

MANIPULATIONS DE MÉCANIQUE ÉLÉMENTAIRE

QUATRIÈME DIVISION

I. — Expériences sur les principes généraux de la mécanique.

Vérification de l'inertie. 315
Mesure d'une force 316
Vérifier le parallélogramme des forces. 316
Résultante de deux forces parallèles. 317
Force centrifuge. 318
Vérification de la proportionnalité des forces aux accélérations. 318
Notion du travail 319
Transformation du travail en force vive et réciproquement. 319
Distinction entre l'énergie potentielle et l'énergie actuelle 320
Moyen simple de déboucher une bouteille pleine 320

II. — Étude du levier et des poulies.

Loi du levier 321
Étude de la poulie fixe. 321

	Pages.
Étude de la poulie mobile	322
Étude des moufles	322
Un tour de force	323
Construction de leviers des trois genres.	323

III. — Étude des autres machines simples.

Étude du treuil	324
Étude ⁱ plan incliné.	324
Étude ae la vis.	525
Étude des roues qui se conduisent.	325
Étude des engrenages.	326

Paris. — Imprimerie LAROUSSE, rue Montparnasse, 17.

BIBLIOGRAPHIE

DES

Ouvrages à consulter pour les EXPÉRIENCES ET MANIPULATIONS

BOUDRÉAUX. — *Manipulations de chimie.*

BUIGNET. — *Manipulations de physique* (Lib. Baillière et fils).

DRINCOURT et DUPAYS. — *Cours de physique* (Lib. Arm. Colin).

FEYDEAU. — *Chimie amusante* (Lib. Illustrée).

GIRARDIN. — *Leçons de chimie appl. à l'industrie* (Lib. Masson).

JUNGFLEISCH. — *Manipulations de chimie* (Lib. Baillière et fils).

RÉNÉ LEBLANC. — *Manipulations de chimie* (Lib. André-Guédon).

L. MATHIEU. — *Vade-mecum des travaux pratiques du laboratoire de chimie* (Lib. Delagrave).

P. POIRÉ. — *Leçons de chimie* (Lib. Delagrave).

TOM TIT. — *La Science amusante* (Lib. Larousse).

TISSANDIER. — *Recettes et procédés utiles* (Lib. Masson).

TISSANDIER. — *Récréations scientifiques* (Lib. Masson).

TROOST. — *Traité de chimie* (Lib. Masson).

TRAVAUX MANUELS

TRAVAUX MANUELS à l'École primaire (*Guide pratique des*), suivant le Programme officiel; par G. DUMONT, ingénieur des Arts et Manufactures, examinateur des candidats au certificat d'aptitude à l'enseignement manuel, et G. PHILIPPON, inspecteur du travail manuel.

Cours élémentaire et moyen. 1 vol. in-8°, 650 gravures, 10ᵉ édit. — Relié toile, **3 fr.**; — cartonné, titre doré, **2 fr. 50**; — broché, **2 fr.**

Cet ouvrage convient particulièrement aux Écoles maternelles et aux Écoles élémentaires *sans atelier;* il contient des Exercices de *collage, pliage, découpage, cartonnage, tissage, tressage, vannerie, modelage, travaux divers.*

COURS NORMAL de TRAVAUX MANUELS. Travaux de 1ʳᵉ et de 2ᵉ catégorie, — *Menuiserie, Ajustage, Tour, Forge;* par MM. DAUJAT, professeur de travaux manuels à l'Ecole normale de Lyon, et G. DUMONT. 380 grav. — Rel. toile, **4 fr.**; — cart., titre doré, **3 fr. 50.** broché. . . . . **3 fr.**

DESSIN-MODELAGE (*Guide pratique de*). Installation de salles; mise au point; modelé; sculpture; principaux styles; par M. CAPELLARO, statuaire, professeur à l'Ecole normale supérieure de Saint-Cloud. 1 vol. in-8°, illustré de nombreuses gravures, broché, **2 fr.** — Cartonné, titre doré, **2 fr. 50.** — Relié toile. . . . . **3 fr.**

L'ENSEIGNEMENT PROFESSIONNEL
Au degré primaire
Par Réné LEBLANC
Inspecteur général de l'Instruction primaire pour l'Enseignement manuel et expérimental.

I. L'ENSEIGNEMENT AGRICOLE. Un volume in-8°, illustré de 60 gravures et de 4 planches en couleurs, broché. . . . . **2 fr. 50**

Extrait de l'Enseignement agricole : Expériences scientifiques et agricoles pour l'Ecole primaire. (Commentaire illustré des programmes officiels.). . . . . **45 cent.**

II. L'ENSEIGNEMENT MANUEL. Un volume in-8°, illustré de 150 gravures et de 4 planches en couleurs, broché. . . . . **2 fr. 50**

Extrait de l'Enseignement manuel : Commentaire des programmes officiels; indication des exercices à faire dans les écoles élémentaires, supérieures, normales ou dans les cours d'adultes, veillées instructives, etc. 150 gravures. . . . . **45 c.**

9 782019 195113